全球深水油气地质志 卷五

中国海油南海油气能源院士工作站系列成果

非洲西部被动大陆边缘深水油气地质

张功成 陈国俊 薛莲花 等著

石油工业出版社

内容提要

本书系统总结了非洲西部被动大陆边缘深水油气地质特征，具体分为勘探历程、构造特征、地层和沉积、成藏要素、勘探潜力等。书中包含了丰富的勘探实例和地质图件，将西非的油气资源概况细致全面地展现给读者，对于该地区未来的油气勘探开发有一定的指导意义。

本书适合油气行业工作者和高等院校相关专业师生阅读。

图书在版编目（CIP）数据

非洲西部被动大陆边缘深水油气地质 / 张功成等著. —北京：石油工业出版社，2025.1

（全球深水油气地质志）

ISBN 978–7–5183–6163–2

Ⅰ.①非… Ⅱ.①张… Ⅲ.①大陆边缘–含油气盆地–油气勘探–研究–非洲 Ⅳ.① P618.130.2

中国国家版本馆 CIP 数据核字（2023）第 134075 号

审图号：GS京（2024）1011号

出版发行：石油工业出版社

（北京安定门外安华里2区1号　100011）

网　　址：www.petropub.com

编辑部：（010）64523841　　图书营销中心：（010）64523633

经　　销：全国新华书店

印　　刷：北京中石油彩色印刷有限责任公司

2025年1月第1版　2025年1月第1次印刷

787×1092毫米　开本：1/16　印张：21

字数：540千字

定价：200.00元

（如出现印装质量问题，我社图书营销中心负责调换）

版权所有，翻印必究

《全球深水油气地质志》
编委会

主　编：张功成

副主编：屈红军　冯杨伟　陈国俊　庞奇伟

委　员：（按姓氏笔画排序）

　　　　田　兵　苏　龙　李　林　汪成辞　范玉海

　　　　金　莉　封从军　高金尉　薛莲花

丛书序

当前海洋深水领域油气勘探开发已成为全球热点。据统计，在近几年世界大油气发现中，海域新发现储量占总发现储量的 80%，深水区在全球油气大发现中具有重要地位。

世界深水油气发现主要集中在东非、西非及南美大西洋被动大陆边缘、墨西哥湾和澳大利亚西北陆架。油气资源最富集的盆地类型是被动大陆边缘盆地，其资源量占世界待发现油气资源量的 49%，具有巨大的勘探潜力，深受国际油气巨头的关注。

纵观世界油气发现史，未来大油气田的发现仍然可期。全球海域面积占地球总面积的 71%，约 $3.6 \times 10^8 \mathrm{km}^2$，其中具含油气远景的盆地面积约 $7800 \times 10^4 \mathrm{km}^2$，特别是深水、超深水领域勘探程度较低，随着深海油气勘探开采技术的快速发展，深水、超深水领域油气贡献的主体地位愈加稳固。

我国在深水领域油气勘探开采方面起步晚，经验积累少，技术迭代慢，加快对深水含油气盆地的认识和积累实践经验已是迫在眉睫。

由中国海油南海油气能源院士工作站专家张功成主编的《全球深水油气地质志》丛书，包括《全球深水油气地质学纲要》《南美洲东部被动大陆边缘深水油气地质》《北大西洋被动大陆边缘深水油气地质》等 9 卷，以板块构造、成盆、成烃、成藏研究为主线，从全球深水和主要盆地群两个层次，系统阐述了全球深水盆地群的大地构造、盆地地质、油气地质和典型油气田特征。

该丛书图文并茂，内容丰富，资料翔实，可为从事油气行业的领导、技术专家、研究人员和关心石油工业的学者提供参考，也对从事油气专业的高等院校师生具有借鉴意义。

在此，我谨对该丛书的成功出版表示祝贺！

中国工程院院士

2024 年 12 月

FOREWORD

At present, the exploration and development of deepwater petroleum has become a significant global focus. According to statistics recently, in the world's major oil and gas discoveries, the newly discovered reserves in the offshore areas has accounted for 80% of the total discovered reserves, and the deepwater area has an important position in the global oil and gas discovery.

The world's deepwater hydrocarbon discoveries are mainly concentrated in the passive continental margins of East and West Africa, the Atlantic in South America, as well as the Gulf of Mexico and the continental shelf of Northwestern Australia. Passive continental margin basins are the richest basins in terms of hydrocarbon resources, accounting for 49% of the world's undiscovered hydrocarbon resources. These basins with huge exploration potential has attracted the attention of international oil and gas giants.

Throughout the history of hydrocarbon exploration, the discovery of large oil and gas fields around the world in the future remains possible. The marine area covers about 71% of the earth's total surface, approximately $3.6 \times 10^8 km^2$ in which the area with hydrocarbon prospects is about $7800 \times 10^4 km^2$, particularly in deep and ultra-deepwater settings with the low level exploration degree. With the rapid development of the marine oil and gas exploration and exploitation technology, the contribution of deepwater and ultra-deepwater hydrocarbon has gained a firm foothold in the oil and gas industry.

China's started relatively late in the oil and gas exploration and exploitation in the deepwater domain, resulting in less experience and slower technological progress in this field. Therefore, it's imperative to expedite the comprehension understanding of the deepwater petroliferous basins and cultivate practical experience.

Petroleum Geology of Global Deepwater, which was edited by Zhang Gongcheng from the CNOOC Nanhai Oil and Gas Energy Academician Workstation and CNOOC Research Institute. The series consists of nine volumes, including *Compendium of Petroleum Geology in Global Deepwater*, *Petroleum Geology in Deepwater Area in the Passive Continental Margin in Eastern South America*, *Petroleum Geology in Deepwater Area in the Passive Continental Margin in North Atlantic Ocean*, etc. Taking the classical studies of plate tectonics, basin formation, hydrocarbon generation and accumulation as the principle line, the book systematically explains the geotectonics, basin geology, petroleum geology and typical oil and gas field characteristics of the world's deepwater basin groups from the global deepwater and major basin groups respectively.

These series are illustrated with words and pictures, and will be a useful reference for the executives, technical experts, researchers and scholars engaged in petroleum industry, as well as for teachers and students of colleges specializing in oil and gas.

I would like to take this opportunity to congratulate the authors on the series of this book!

Xie Yuhong
Academician of China Engineering Academy
December 2024

丛书前言

深水油气、深层油气、非常规油气是当今全球油气勘探的三大热点。

一般将水深300m或500m作为"浅水区"与"深水区"的界线。受板块构造控制，全球深水盆地主要分布在大西洋大陆边缘、东非大陆边缘、西太平洋大陆边缘、环北冰洋大陆边缘和新特提斯大陆边缘五大区域，前三者呈近南北向分布，后两者呈近东西向分布，总体呈"三竖两横"的分布格局。

全球深水油气盆地勘探面积高达约 $2400 \times 10^4 km^2$，全球海洋油气资源的44%分布在深水区，只是目前勘探程度低，但勘探前景广阔。

全球深水区油气勘探从20世纪60年代开始至今已接近70年，但前期进展缓慢，21世纪以来发展加快。全球深水油气其勘探历程总体可划分为探索阶段(1960—1974年)、起步阶段(1975—1984年)、早期阶段(1985—1995年)和快速发展阶段(1996年至今)。

当前，深水区已经成为全球常规油气勘探的热点和油气增储上产的最重要领域，全球共发现约2000个油气田。近年来，世界重大油气发现的70%是来自深水领域。

深水油气是人类未来相当长时期内赖以生存与发展的重要资源之一，从全球油气发现史来看，深水油气目前仍处于大发现阶段。

《全球深水油气地质志》丛书的出版，在于总结过去，推动未来，将有助于企业界、专家、学者、博士生、硕士生、本科生及社会各界了解全球深水油气地质，为我国开展全球深水油气勘探开发奠定基础。

基于全球深水盆地群"三竖两横"五个巨型带的创新认识，在各卷内容安排上，除大西洋大陆边缘盆地深水油气地质分四卷阐述外（卷二、卷三、卷四、卷五），全球深水油气地质学纲要及其他各带均单独成卷论述。

各卷书目如下：

卷一　全球深水油气地质学纲要

卷二　墨西哥湾盆地深水区油气地质

卷三　南美洲东部被动大陆边缘深水油气地质

卷四　北大西洋被动大陆边缘深水油气地质

卷五　非洲西部被动大陆边缘深水油气地质

卷六　东非东部被动大陆边缘深水油气地质

卷七　西太平洋活动大陆边缘深水油气地质

卷八　环北极深水油气地质

卷九　新特提斯会聚大陆边缘深水油气地质

张功成

中国海油南海油气能源院士工作站专家

入选全球前 2% 顶尖科学家 2021、2022、2024 年度科学影响力排行榜

2024 年 12 月

PREFACE

Deepwater oil and gas, deep-buried oil and gas, and unconventional oil and gas are the three hot spots of global oil and gas exploration.

Generally, the water depth of 300m or 500m is taken as the boundary between the 'shallow water area' and 'deep water area'. Controlled by plate tectonics, the global deepwater basins are mainly distributed in five regions, the Atlantic continental margin, the East African continental margin, the Western Pacific continental margin, the Arctic continental margin, and the Neo-Tethys continental margin. The first three regions are distributed in the north-south direction, and the last two regions are distributed in the east-west direction, with the general distribution pattern of "three longitudinal and two latitudinal basin belts".

The exploration area of the global deepwater oil/gas basin is as high as about $2400 \times 10^4 km^2$, and 44% of the global marine oil and gas resources are distributed in the deepwater area, with low exploration degree and broad exploration prospects.

Deepwater oil/gas exploration has been developed for nearly 70 years since the beginning of the 1960s, with slow progress in the early stage and rapid development since the new century. The exploration history can be generally divided into the Exploratory Phase (1960-1974), Start-up Phase (1975-1984), Emerging Phase (1985-1995) and Rapidly Developing Phase (1996-present).

The deepwater area has become the hot spot of global conventional oil/

gas exploration and the most important field for increasing oil/gas reserves and production. Up to now, approximately 2000 oil/gas fields have been discovered. In recent years, 70% of the world's major oil/gas discoveries have come from deepwater areas.

Marine deepwater oil/gas is one of the most important resources on which mankind's survival and development will depend for a considerable period of time in coming years, and it is still in the stage of great discovery.

The publication of the *Petroleum Geology of Global Deepwater* aims to summarize the past and promote the future, and will help enterprises, experts, scholars, doctors, masters, undergraduate students, and other sectors of society to understand the global deepwater hydrocarbon geology and lay the foundation for China's deepwater hydrocarbon exploration and development.

Based on the innovative understanding of the five mega-zones of global deepwater basins group,'three longitudinal and two latitudinal basin belts', the contents of the volumes are organized in such a way that the global deepwater oil and gas geology outline and other beds are separately discussed in each Volume except the deepwater hydrocarbon geology of the basins of the Atlantic continental margin is dealt with in four volumes (Volume II、Volume III、Volume IV、Volume V) .

The bibliographies of the volumes are as follows:

Volume I *Compendium of Petroleum Geology in Global Deepwater*

Volume II *Petroleum Geology in Deepwater Area in the Gulf of Mexico Basin*

Volume III *Petroleum Geology in Deepwater Area in the Passive Continental Margin in Eastern South America*

Volume IV *Petroleum Geology in Deepwater Area in the Passive Continental Margin in North Atlantic Ocean*

Volume V *Petroleum Geology in Deepwater Area in the Passive Continental Margin in Western Africa*

Volume VI *Petroleum Geology in Deepwater Area in the Passive Continental Margin in Eastern East Africa*

Volume VII *Petroleum Geology in Deepwater Area in the Active Continental Margin in the Western Pacific Ocean*

Volume VIII *Petroleum Geology in Deepwater Area in the Circumpolar Region*

Volume IX *Petroleum Geology in Deepwater Area in the Continental Margins in the Neo-tethys Ocean*

Zhang Gongcheng

CNOOC South China Sea Oil & Gas Energy Academician Workstation expert

Named to the Top 2% of the World's Top Scientists 2021、2022、2024

Science Impact Ranking

December 2024

本卷前言

非洲西部被动大陆边缘与墨西哥湾、巴西东部大陆边缘合称全球深水油气的"金三角",油气资源丰富。非洲西部被动大陆边缘也是板块构造理论的发源地,因超高丰度的湖泊相泥质烃源岩、盐构造和重力滑脱构造而闻名于世。

白垩纪至今,非洲西部被动大陆边缘盆地经历了冈瓦纳超级大陆裂解、过渡和被动大陆边缘等演化阶段,形成了独具特色的被动大陆边缘盆地。

非洲西部被动大陆边缘盆地主力烃源岩是下白垩统湖泊相泥质烃源岩,也是全球湖泊相烃源岩最发育的区域之一。此外,该区海相烃源岩也是重要的烃源岩类型之一。

非洲西部被动大陆边缘的储层包括盐下和盐上两套,深水浊积岩和生物礁灰岩是主力储层,深海泥岩和盐岩是非常优越的盖层。该区域的盐构造、重力滑脱构造、断块构造是形成圈闭的主要因素。

非洲西部被动大陆边缘深水区形成了众多大油气田,发现的油气田从中段几内亚湾向北段、南段扩展,油气层从盐上向盐下、油气藏类型从构造向隐蔽发展,勘探潜力巨大。该地区包含全球级别的冈瓦纳板块裂解、超高丰度湖泊相泥质烃源岩、巨型深水扇、盐构造、重力滑脱构造等前缘科学问题,是研究这些基础科学问题的天然实验室。

全书共七章。第一章由张功成、陈国俊撰写;第二章由陈国俊、张英撰写;第三章由薛莲花、陈国俊、张英撰写;第四章由陈国俊、薛莲花撰写;第五章由屈红军、薛莲花撰写;第六章、第七章由张功成、陈国俊撰写。全书由张功成、薛莲花定稿。

张功成　陈国俊
2024 年 12 月

Preface to this volume

The passive continental margin of western Africa, together with the Gulf of Mexico and the continental margin of eastern Brazil, is known as the "Golden Triangle" of global deepwater oil and gas, with abundant oil and gas resources. The passive continental margin in western Africa is also the birthplace of plate tectonic theory. It is famous for its ultra-high abundance lacustrine argillaceous source rocks, salt structures and gravity detachment structures.

From the Cretaceous to the present, the passive continental margin basin in western Africa has undergone the evolution stages of Gondwana supercontinent breakup, transition and passive continental margin, forming a unique passive continental margin basin.

The main source rock of the passive continental margin basin in western Africa is the Early Cretaceous lacustrine argillaceous source rock, and is also one of the most developed areas of the global lacustrine source rock. Moreover, the marine source rocks in this area are one of the most important source rocks.

Reservoirs on the passive continental margin in western Africa include two sets of sub salt and suprasalt reservoirs. Deep water turbidite and biohermal limestone are the main reservoirs. Deep sea mudstone and salt rock are extremely superior caprocks. The salt structure, gravity detachment structure and fault block structure are the main factors to form traps in this area.

Many large oil and gas fields have been formed in the deep water area of the passive continental margin of West Africa. The discovered oil and gas fields have expanded from the middle gulf of Guinea to the north and south, the oil and gas layers have developed from above salt to below salt, and the types of oil and gas reservoirs have developed from structure to concealment, with huge exploration potential. This area contains global level Gondwana plate rifts, ultra-high abundance lacustrine muddy source rocks, giant deep water fans, salt structures, gravity detachment structures, and other frontier scientific issues. It is a natural laboratory for studying these basic scientific issues.

The book consists of seven chapters. Chapter 1 was written by Zhang Gongcheng and Chen Guojun; Chapter 2 was written by Chen Guojun and Zhang Ying; Chapter 3 was written by Xue Lianhua, Chen Guojun and Zhang Ying; Chapter 4 was written by Chen Guojun and Xue Lianhua; Chapter 5 was written by Qu Hongjun and Xue Lianhua; Chapter 6 and 7 were written by Zhang Gongcheng and Chen Guojun, and finalized by Zhang Gongcheng and Xue Lianhua.

Zhang Gongcheng　Chen Guojun
December 2024

目 录

- **第一章　西非主要产油国概况及油气勘探历程**
  - 第一节　自然地理概况 …………………………………………………… 1
  - 第二节　油气勘探历程 …………………………………………………… 4

- **第二章　西非构造发育特征**
  - 第一节　大地构造背景 …………………………………………………… 11
  - 第二节　构造单元划分 …………………………………………………… 14
  - 第三节　构造演化 ………………………………………………………… 20
  - 第四节　主要断裂和构造样式 …………………………………………… 43

- **第三章　西非海域盆地地层与沉积相特征**
  - 第一节　地层特征 ………………………………………………………… 54
  - 第二节　沉积相 …………………………………………………………… 76
  - 第三节　沉积充填 ………………………………………………………… 84

- **第四章　深水盆地油气地质特征**
  - 第一节　西非北段盆地油气地质特征 …………………………………… 111
  - 第二节　西非中段盆地油气地质特征 …………………………………… 135
  - 第三节　西非南段盆地油气地质特征 …………………………………… 210

- **第五章　深水盆地成藏要素特征及对比**
  - 第一节　烃源岩 …………………………………………………………… 225

第二节　储层 ………………………………………………………… 229

第三节　圈闭 ………………………………………………………… 245

第四节　油气运移 …………………………………………………… 249

第五节　成藏组合 …………………………………………………… 251

第六节　油气分布规律 ……………………………………………… 261

第七节　油气富集主控因素分析 …………………………………… 266

第六章　西非主要深水油气田

第一节　概况 ………………………………………………………… 270

第二节　主要油气田 ………………………………………………… 272

第七章　深水油气资源勘探潜力分析

第一节　油气资源概况 ……………………………………………… 289

第二节　西非被动大陆边缘盆地深水勘探潜力分析 ……………… 291

第三节　结论与认识 ………………………………………………… 298

参考文献 ………………………………………………………………… 302

Contents

- **Chapter 1 Overview and Oil-Gas Exploration History of West African Countries**

  Section 1 Overview of Natural Geography ·················· 1

  Section 2 Oil and Gas Exploration History ·················· 4

- **Chapter 2 Characteristics of Tectonic Development in West Africa**

  Section 1 Tectonic Background ·················· 11

  Section 2 Division of Tectonic Units ·················· 14

  Section 3 Tectonic Evolution ·················· 20

  Section 4 Main Faults and Structure Styles ·················· 43

- **Chapter 3 Stratigraphic and Sedimentary Facies Characteristics of the West African Offshore Basin**

  Section 1 Stratigraphic Characteristics ·················· 54

  Section 2 Sedimentary Facies ·················· 76

  Section 3 Sedimentary Filling ·················· 84

- **Chapter 4 Oil and Gas Geological Characteristics in Deep Water Basins**

  Section 1 Oil and Gas Geological Characteristics of Typical Basins of the North Part in West Africa ·················· 111

  Section 2 Oil and Gas Geological Characteristics of the Middle Part Basins in West Africa ·················· 135

Section 3　Oil and Gas Geological Characteristics of the South Part Basins in West Africa ………………………… 210

Chapter 5　Characteristics and Comparison of Reservoir Forming Elements in Deep Water Basins

Section 1　Source Rock ……………………………………… 225

Section 2　Reservoir ………………………………………… 229

Section 3　Traps ……………………………………………… 245

Section 4　Oil and Gas Migration …………………………… 249

Section 5　Reservoir Forming Assemblage ………………… 251

Section 6　Oil and Gas Distribution Law …………………… 261

Section 7　Analysis of Main Control Factors for Oil and Gas Enrichment ……………………………………… 266

Chapter 6　Discussions on Major Deepwater Oil and Gas Fields in West Africa

Section 1　Overview ………………………………………… 270

Section 2　Treatise on Oil and Gas Fields ………………… 272

Chapter 7　Analysis of Exploration Potential for Deepwater Oil and Gas Resources in West Africa

Section 1　Overview of Oil and Gas Resources in West Africa … 289

Section 2　Analysis of Deepwater Exploration Potential in Passive Continental Margin Basins in West Africa ………… 291

Section 3　Conclusion and Understanding ………………… 298

References ……………………………………………………… 302

第一章　西非主要产油国概况及油气勘探历程

非洲大陆主体位于东半球的西南部，地跨赤道南北，东濒印度洋，西临大西洋。非洲大陆及大陆边缘发育多个沉积盆地，油气资源丰富，但石油工业发展较晚，大部分地区勘探程度较低。目前大西洋海域盆地是非洲深水盆地油气勘探开发的最主要区域之一。非洲西部被动大陆边缘，与墨西哥湾、巴西东部大陆边缘合称全球深水的"金三角"，油气资源丰富。

第一节　自然地理概况

西非深水盆地位于非洲大西洋边缘地带，南北方向长度超过 1×10^4km，面积约 656×10^4km^2，其范围分布在约 28 个国家及地区，主要产油国从北至南包括塞内加尔、科特迪瓦、尼日利亚、喀麦隆、赤道几内亚、加蓬、刚果、刚果民主共和国、安哥拉、纳米比亚和南非等 10 多个国家（图 1-1）。

一、塞内加尔

塞内加尔位于西非北部。北接毛里塔尼亚，东邻马里，南接几内亚和几内亚比绍，西临佛得角群岛（图 1-1）。塞内加尔的地形主要为平原，东部和东南部有丘陵高地，西部沿岸塞内加尔盆地在 2010 年之前仅有少量非商业性的油气和重质油发现，近几年在深水区获得油气勘探的重大突破。

二、科特迪瓦

科特迪瓦位于西非中部，西与利比里亚和几内亚交界，北同马里和布基纳法索为邻，东与加纳相连，南濒几内亚湾（图 1-1）。科特迪瓦地势由西北略向东南倾斜，内陆多为海拔 400m 以下的平原和低高原，西北边境的几内亚高地和西南边境的宁巴山山地较陡峻，最高峰宁巴山（科几边境）海拔 1752m。东南部为海拔 50m 以下的沿海潟湖平原，地势低平，多红树林沼泽、沙洲、潟湖。科特迪瓦境内主要河流有柯摩河、邦达河、沙桑特拉河和加瓦拉河等。科特迪瓦南部的科特迪瓦盆地深水区有近 40 个油气发现。目前勘探活动非常活跃。

三、尼日利亚

尼日利亚位于西非中部，邻国包括西边的贝宁、北边的尼日尔，东北方与乍得接壤，正东则是喀麦隆（图 1-1），地势北高南低。北部豪萨兰高地占地超过全国面积的 1/4，平均海拔 900m；东部边境为山地，西北和东北分别为索科托盆地和乍得湖湖西盆地；中部为尼日尔—贝努埃河谷地；南部为低山丘陵，大部分地区海拔 200～500m，海岸线长，沿海为宽约 80km 的带状平原。尼日利亚河流众多，尼日尔河及其支流贝努埃河为主要河流，尼日尔河在境内长 1400km。

图 1-1　西非海岸各国区划及含油气盆地、大油气田分布（据张功成等，2019 修改）

尼日利亚是非洲最大的石油生产国和世界第六大石油出口国，也是石油输出国组织欧佩克（OPEC）成员国之一。

四、赤道几内亚

赤道几内亚位于西非中部几内亚湾，由大陆上的木尼河地区和几内亚湾内的比奥科、安诺本、科里斯科等岛屿组成。木尼河地区西濒大西洋，北接喀麦隆，东、南与加蓬交界（图1-1），为内陆高原，一般海拔500～1000m。中部山脉斯蒂贝尔峰海拔3007m，沿海为15～25km宽的狭长平原，海岸线长482km，岸线平直，少港湾。各岛都是火山岛，为喀麦隆火山在几内亚湾的延伸，主要河流为姆比尼河。赤道几内亚近20年来在其西部深水里奥穆尼盆地（Rio Muni Basin）石油勘探成果显著。

五、加蓬

加蓬位于西非海岸中部，横跨赤道线。东、南与刚果相连，北与喀麦隆接壤，西北与赤道几内亚毗邻，西濒大西洋（图1-1）。内陆为高原、山地，伊本吉山是最高山峰，海拔1575m。境内最长河流为奥果韦河，发源于刚果境内的巴泰凯高原，全长1200km，自东向西，流经全境，于让蒂尔港注入大西洋，其5大支流流域总面积达$22×10^4km^2$；其他河流包括科莫河、朗波—恩科米河和尼昂加河，均由东向西流入大西洋。西部沿海为冲积平原，海岸线长800km。加蓬盛产石油，已探明石油储量约$22×10^8bbl$，以石油为主的采掘业发展较快。

六、刚果

刚果位于西非中部，赤道横贯其中部，东、南分别与刚果民主共和国、安哥拉相连，北接中非、喀麦隆，西连加蓬，西南临大西洋（图1-1），海岸线长。东北部为海拔300m的平原，是刚果盆地的一部分；南部和西北部是高原，高度在500～1000m之间；西南部是沿海低地；高原同沿海低地之间为马永贝山地。刚果河（扎伊尔河）及其支流乌班吉河的部分地段是同刚果民主共和国的界河。境内刚果河支流有桑加河、利夸拉河等，库依路河单独入海。刚果估计石油探明储量为$15×10^8bbl$，大多数原油储量分布于海上。刚果（布）自20世纪50年代后期就开始了石油开采，石油开采完全依赖外国公司，所有开采石油都用来出口。

七、安哥拉

安哥拉位于西非南部，北邻刚果和刚果民主共和国，东接赞比亚，南连纳米比亚，西濒大西洋（图1-1），海岸线长。北部邻近刚果三角洲一带，地形开阔；内陆为安哥拉高原，平均海拔1200m，最高点为莫寇峰（2619m）；西部有滨大西洋的狭窄平原，境内多河流。安哥拉是非洲最大的产油国之一，原油产量居全球27位。2002年至2008年间，随着其深水油田产量增加，安哥拉石油生产进入爆发期，产量稳步增加。

八、纳米比亚

纳米比亚位于西非海岸南部。北与安哥拉、赞比亚接壤，东、南邻博茨瓦纳和南非，西濒大西洋（图 1-1），海岸线长约 1600km。该国地处南非高原西侧，全境大部分地区海拔 1000~2000m。纳米比亚中部为中央高地；东部为卡拉哈里盆地的一部分，位于西部偏北的布兰德山海拔 2610m，为全境最高点；西部沿海一带为沙漠型平原，平原狭长；南部的奥兰治河和北部的库内内河，分别为同南非和安哥拉的界河。纳米比亚拥有巨大的石油潜力，其大西洋沿海地区发现了大约 $112×10^8$ bbl 的原油储量。

九、南非

南非位于非洲大陆的最南端，介于南纬 22°~35° 和东经 17°~33°（图 1-1）。其东、南、西三面被印度洋和大西洋环抱，北面与纳米比亚、博茨瓦纳、津巴布韦、莫桑比克和斯威士兰接壤。南非全境大部分为海拔 600m 以上高原，德拉肯斯山脉绵亘东南，卡斯金峰高达 3660m，为全国最高点；西北部为沙漠，是卡拉哈里盆地的一部分；北部、中部和西南部为高原；沿海是窄狭平原。奥兰治河和林波波河为两大主要河流。南非石油资源匮乏，但海上是未来南非石油勘探巨大油气发现的潜力所在。

第二节　油气勘探历程

非洲是世界上重要的油气产地之一。根据全球油气资源评价结果，非洲地区待发现油气资源量（可采）为 $335.5×10^8$t（油当量），其中油 $185.8×10^8$t，气 $18.5×10^{12}$m^3，占全球待发现资源量的 10.5%。待发现的油气资源主要分布在西非被动陆缘和东非被动陆缘等盆地（张光亚等，2018）。

西非陆缘总体是被动大陆边缘，局部为转换大陆边缘，发育多个中生代、新生代盆地，称为西非海岸盆地带，可勘探面积大约为 $331×10^4$km^2，海域面积占 78%，尤以深水为主，深水面积占海域面积的 77% 左右。西非海岸盆地带内最大的盆地为塞内加尔盆地（Senegal Basin），面积达 $105×10^4$km^2；最小的盆地为盐池盆地（Saltpond Basin），面积为 $1.23×10^4$km^2。

根据盆地类型和地质特征，该盆地带自北向南可分为 3 段（图 1-2）：北段有阿尤恩盆地（Laayoune basin）、塞内加尔盆地和利比里亚盆地（Liberia Basin）；中段有科特迪瓦盆地（Côted'Ivoire Basin）、尼日尔三角洲盆地（Niger's Delta Basin）、加蓬盆地（Gabonese Basin）、下刚果盆地（Lower Congo Basin）和宽扎盆地（Kwanza Basin）；南段包括纳米比盆地（Namibia Basin）和西南非海岸盆地（Southwest Africa Basin）。

西非的油气勘探已经有 100 多年历史（中国石油经济技术研究院，2005，2007），但早期投入的工作量很少，近 20 年才加大力度。西非海岸盆地带第一口石油探井是安哥拉

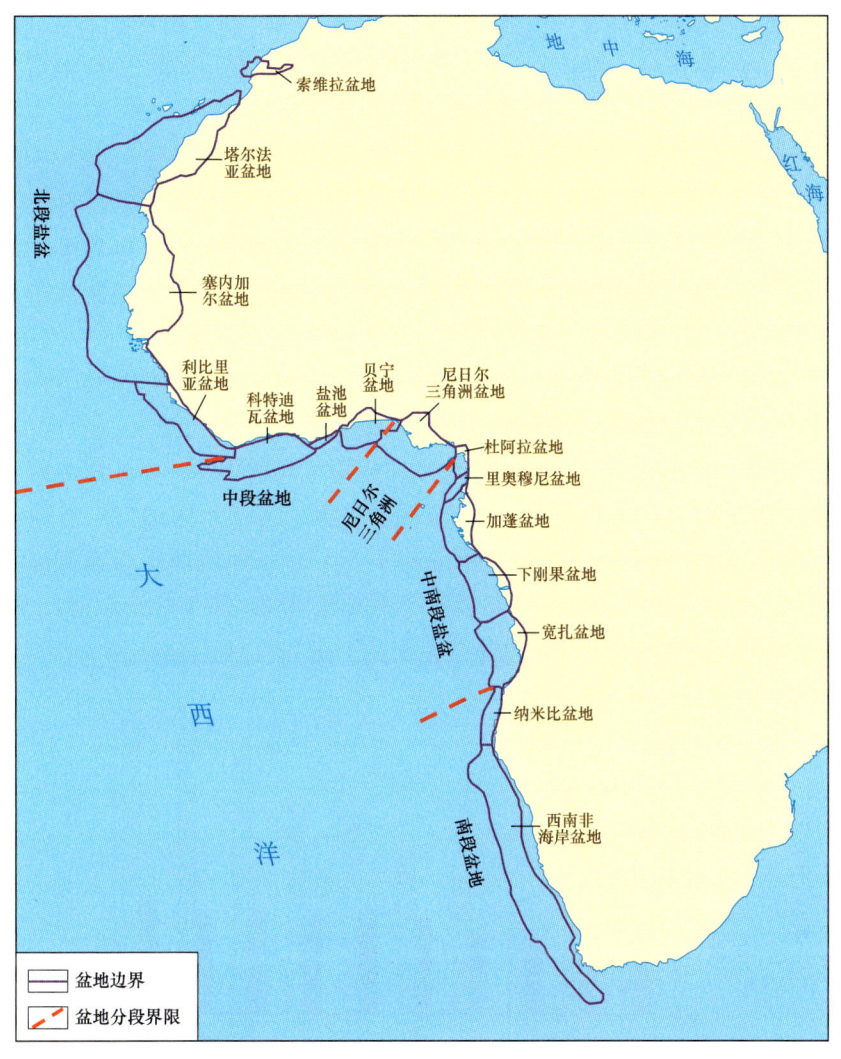

图1-2 西非海岸主要深水区盆地分布（据徐志诚等，2012修改）

辛克莱公司（Sinclair Angola）于1925年在宽扎盆地钻探的CL-1（Sinclair）井。二维地震勘探始于1951年，三维地震勘探始于1981年（邓荣敬等，2008）。随着勘探力度的加大，油气发现也接连不断。据统计，西非已经发现2095个油气田（中国石油集团经济技术研究院，2009），所有深水盆地均有不同程度的油气发现，其中中段盆地群油气最丰富（张功成等，2015）。近15年来，在西非发现可采储量大于$500×10^6$bbl（油当量）的油气田17个，11个位于尼日尔三角洲，5个位于下刚果（刚果扇）盆地，1个位于科特迪瓦盆地，单个油气田平均可采储量达$906×10^6$bbl（油当量）。

一、浅水勘探阶段

西非石油勘探正式开始于20世纪50年代初，首先在尼日尔三角洲和加蓬浅海区获得成功，接着在刚果近海也发现了油气田。迄今沿几内亚湾的十几个国家均已发现了石油和天然气。20世纪60年代以后是西非石油工业的主要发展时期,油气田主要是在此时间点以后发现,至1995年之前,西非的油气发现主要集中在陆上和深度小于200m浅水区。

二、深水勘探起步阶段

1985年之后油气勘探逐渐向深水发展,并取得了令人瞩目的成果,目前西非地区已成为全球深水勘探的热点地区,而且深水区勘探成功率也明显高于世界平均水平。1995年后,随着勘探技术的进步,特别是深海钻井技术的发展,深水勘探效率明显提升,油气发现主要分布在水深200~2000m范围内。

三、深水勘探快速活跃阶段

20世纪末至21世纪初,西非深水油气勘探获得重大进展,在西非深海区发现了大油田,而且勘探成功率明显高于墨西哥湾。在西非地区,因浅水区油气产量稳定,投资额度甚至有所下降,因此资本性支出也基本保持不变。2005年西非深水投资额超过浅水部分,2007—2012年西非深水区勘探开发投资费用增加80%(图1-3)。

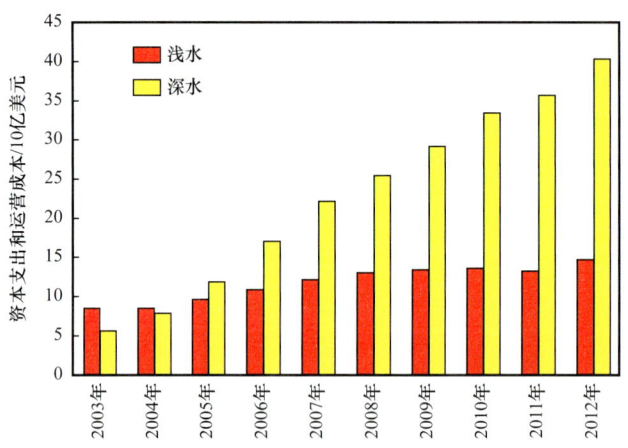

图1-3　西非地区浅水和深水勘探开发投资费用变化(据王震等,2010)

21世纪以来,西非地区油气勘探开发活动十分活跃,表现为中段向深层盐下勘探取得新突破,由中段向北段的拓展取得成功。由于地质研究程度低,勘探尚不成熟,已发现的油气资源不过是"冰山一角",还有更多的油气储量等待人们去发现。

截至2016年年底,塞内加尔盆地已发现油气田28个,其中油田9个,气田19个。盆地已发现探明和控制石油、天然气和凝析油可采储量分别为835.3×10^{6}bbl、29.6×10^{12}ft^{3}和278.4×10^{6}bbl,合计为6047.0×10^{6}bbl(油当量),天然气占比81.6%。盆地已发现的气田主要分布在毛里塔尼亚次盆和北部次盆水深大于1500m的海域及北部次盆陆上地区,深水区气田规模较大,而陆上气田规模相对较小;油田在全盆地都有分布,但储量发现集中分布在北部次盆和毛里塔尼亚次盆500~1500m的深水区(王大鹏等,2017)。

截至2012年,科特迪瓦盆地已发现43个油气田,发现的油、凝析油总储量为

$2392×10^6$ bbl，气 $6.08×10^{12}$ ft³。2007 年，英国塔洛石油（Tullow）公司在盆地内发现可采储量大于 $10×10^8$ bbl 的 Jubilee 油田（邬长武等，2012）。

里奥穆尼盆地的油气勘探始于 1968 年。1997 年前该盆地以陆上和浅水陆架区的勘探为主，一直没有大的油气发现。从 1997 年开始进行深水区的勘探，1999 年在深水区发现了 Ceiba 油田，最大产能达 12400bbl/d。之后，美国阿美拉达赫斯（Hess）公司于 2002 年先后发现了 Okume 油田和 G-13 含油气构造。截至 2009 年年底，共发现油气田 13 个，油气可采储量（2P 储量）约 $6.73×10^8$ bbl（油当量）（吕福亮等，2011）。

截至 2013 年 10 月底，加蓬盆地共有 160 余个油气藏发现，可采储量约 $56×10^8$ bbl。其中盐上发现约 113 个，可采储量约 $28×10^8$ bbl，主要分布在北加蓬次盆。盐下发现 49 个，可采储量达到 $28.4×10^8$ bbl，以油为主，主要分布在南加蓬次盆的内裂谷带和中央凸起带（黄兴文等，2015a）。

截至 2016 年年底，下刚果盆地共有 244 个油气发现，其中陆上 42 个，海上 202 个，累计油气可采储量为 $293.5×10^8$ bbl（油当量），预探井成功率可达 37.9%。其中在盐上获得 174 个油气发现，油气可采储量为 $266.9×10^8$ bbl（油当量），盐下获得 70 个油气发现，油气可采储量为 $26.6×10^8$ bbl（油当量）（逄林安，2018）。

宽扎盆地新钻 201 口探井，其中陆上 144 口，海上 57 口，陆上探井密度远高于海上，2012 年年初在宽扎盆地的深水区盐下发现了 Cameia 油田（薛保山等，2014）。

西非几内亚湾深海及安哥拉深海，和巴西近海、美国墨西哥湾成为备受业界关注的世界三大深海油气勘探"金三角"区，其中几内亚湾深海区（包括尼日利亚、赤道几内亚、喀麦隆、安哥拉）被称为"金三角"中的"金矩形区"海域，是目前油气勘探最活跃的海区（张树林等，2012）。

四、西非陆缘深水区新突破

2011—2015 年，西非深水盆地群北段取得了深水油气勘探的重大发现：塞内加尔获得了 FAN-1（原始粗略估计储量为 $2.5×10^8$～$25×10^8$ bbl）、SNE（可采资源量为 $1.5×10^8$～$6.7×10^8$ bbl）、Guembeul-1（天然气储量 $4500×10^8$ m³）和 Teranga-1 的重大发现；在毛里塔尼亚也取得了 Tortue-1、Marsouin-1 和 Ahmeyim-2 的勘探发现。上述发现显示了塞内加尔—毛里塔尼亚深水区拥有世界级的油气资源储量前景。

西非深水盆地群中、南段则主要在科特迪瓦、加纳及宽扎盆地盐下层取得了重大勘探发现，如加纳 Tano 盆地的 Sankofa East-1X 井 [$2.03×10^8$ bbl（油当量）]；安哥拉的 Lontra 1 [储量为 $9×10^8$ bbl（油当量）]，Bicuar 1A 井（$0.21×10^8$～$0.41×10^8$ t），Orca-1 井（石油总储量为 $4×10^8$～$7×10^8$ bbl）等。此外，赤道几内亚、尼日利亚、刚果民主共和国和加蓬等国家也取得了一些深水勘探发现。2011—2016 年西非深水区油气勘探新发现见表 1-1。

总体来看，非洲西部大陆边缘深水盆地油气资源储量和产量增长的势头十分强劲，剩余可采资源量丰富，勘探潜力大。近年来不断有重要的油气发现说明非洲西部大陆边缘深水盆地有广阔的勘探远景，必将对世界石油工业的发展产生重要的影响。

表1-1 2011—2016年西非深水区油气勘探新发现（据张功成等，2019）

发现井	发现时间	国家	盆地/区块	水深/m	作业者	类型	储量或勘探发现情况
Cormoran-1井	2011.1.10	毛里塔尼亚	塞内加尔/C-7	1632	达纳石油公司	气	测试日产天然气2200×10⁴~2400×10⁴ft³ [140.8×10⁶bbl（油当量）]
Bilondo Marine 2井	2011.1.25	刚果（布）	Moho-Bilondo	800	道达尔	油	钻遇77m厚的含油层
Bilondo Marine 3井	2011.1.25	刚果（布）	Moho-Bilondo	800	道达尔	油	钻遇44m厚的含油层
Tweneboa-3井	2011.1	加纳	TDA	1601	英国塔洛石油公司	气	钻遇9m厚的净气层
Tweneboa-4井	2011.4.13	加纳	TDA	1436	英国塔洛石油公司	气	钻遇18m厚的净气层
Teak-2井	2011.3.28	加纳	WCTP	884	科斯莫斯石油公司	油/气	钻遇27m厚的油气层
Sankofa-2井	2011.4.12	加纳	Sankofa	864	埃尼石油	油/气	钻遇35m厚的油气层
Canna-1井	2011.5.6	安哥拉	宽扎/17/06	445	道达尔	油	测试日产油5000bbl
Banda-1井	2011.6.1	加纳	WCTP	921	科斯莫斯石油公司	油/气	300m浊积岩中钻遇气层 [5×10⁶bbl（油当量）]
Paradise-1井	2011.6.7	加纳	Tano/CTP	1840	赫斯石油公司	油/气	钻遇149m厚的油气层 [133×10⁶bbl（油当量）]
Gye Nyame-1井	2011.7.28	加纳	Tano/OCTP	519	埃尼石油等	油/气	发现Gye Nyame油气田 [45.2×10⁶bbl（油当量）]
Akasa-1井	2011.8.24	加纳	WCTP	1158	科斯莫斯石油公司	油	钻遇33m厚的含油层 [18×10⁶bbl（油当量）]
Independance-1X井	2011.11.24	科特迪瓦	CI-401	1689	万科石油	油	钻遇8m厚的油层 [50×10⁶bbl（油当量）]
Ntomme-2A井	2012.1.18	加纳	TDA	1730	英国塔洛石油公司	气	钻遇39m厚的净气层
Enyenra-4A井	2011.12.25	加纳	TDA	1878	英国塔洛石油公司	油	钻遇32m厚的净油层
Paon-1x井	2012.6.7	科特迪瓦	CI103	2193	英国塔洛石油公司	油	钻遇31m厚的净产层 [168×10⁶bbl（油当量）]
Wawa-1井	2012.7.18	加纳	Wawa Discovery Area	587	英国塔洛石油公司	油/气	钻遇13m厚的油层和20m厚的凝析油层 [105.2×10⁶bbl（油当量）]

续表

发现井	发现时间	国家	盆地/区块	水深/m	作业者	类型	储量或勘探发现情况
Tonel-1井	2012.7.26	赤道几内亚	R	1599	奥菲尔能源公司	气	$1.33×10^8$bbl[平均可采资源]
Fortuna East-1井	2012.8	赤道几内亚	R	1853	奥菲尔能源公司	气	钻遇40m厚的气层
Fortuna Wast-1井	2012.8	赤道几内亚	R	1758	奥菲尔能源公司	气	钻遇60m厚的气层
Sankofa East-1X井	2012.9.24	加纳	Sankofa	825	埃尼石油	油/气	$2.03×10^8$bbl（油当量）/$189×10^6$bbl（油当量）
Pecan-1井	2012.12.12	加纳	Tano/CTP	2513	赫斯石油公司	油	钻遇75m厚的净油层[$90×10^6$bbl（油当量）]
Sankofa East-2A井	2013.1.17	加纳	Sankofa	990	埃尼石油	油/气	钻遇32m厚的净油层和17m厚的净气-凝析油层
Pecan North-1井	2013.2.28	加纳	TCTP	2259	赫斯石油公司	油	钻遇12m厚的净油层[$12×10^6$bbl（油当量）]
Ivoire-1X井	2013.4.25	科特迪瓦	CI-100	2280	道达尔	油	钻遇28m厚的净油层[$80×10^6$bbl（油当量）]
Diaman-1B井	2013.8.19	加蓬	加蓬	1729	科尔博特能源	油/气	钻遇盐下49～55m厚的净油气层
E-1井	2013.9.9	刚果（布）	下刚果	550	中国海油	油	发现石油
Oyo-7井	2013.10.16	尼日利亚	尼日尔三角洲	300	艾利德能源等	油/气	钻遇35m厚的净油层和28m厚的净气层
Lontra-1井	2013.12.2	安哥拉	宽扎	1319	科尔博特能源	气/油	$9×10^8$bbl（油当量）
Bicuar 1A	2014	安哥拉	宽扎	深水	缺少资料	油/气	$0.21×10^8 \sim 0.41×10^8$t
Capitaine East-1x井	2014.4.2	科特迪瓦	CI-101	2091	卢克石油公司	油/气	140m厚的砂岩中发现烃
Saphir-1XB井	2014.4.17	科特迪瓦	CI-514	2300	道达尔	油/气	钻遇40m厚的净油层[$100×10^6$bbl（油当量）]
Orca-1井	2014.5.1	安哥拉	宽扎	深水	科尔博特能源	油	$4×10^8 \sim 7×10^8$bbl（石油总储量）
SM-1井	2014.8.1	摩洛哥	Sidi Moussa offshore	990	积能能源公司	油	潜在资源量$3×10^8$bbl（20%的可能性）
Ochigufu 1NFW井	2014.9.17	安哥拉	15/06区块	1337	埃尼石油	油	发现净厚47m的油层
FAN-1井	2014.10.7	塞内加尔	Sangomar Deep	1427	凯恩能源公司	油	原始粗略估计$2.5×10^8 \sim 25×10^8$bbl

续表

发现井	发现时间	国家	盆地/区块	水深/m	作业者	类型	储量或勘探发现情况
Fortuna-2	2014.10.22	赤道几内亚	R	深水	奥菲尔能源公司	气	推测平均可采资源 $1.3×10^{12}ft^3$
Leopard-1井	2014.10.22	加蓬	加蓬	2110	壳牌	气	盐下钻遇200m厚净气层
SNE-1井	2014.11.20	塞内加尔	Sangomar Deep	1100	凯恩能源公司	油	$1.5×10^8$~$6.7×10^8$bbl（可采资源）
Tortue-1井	2015.5.29	毛里塔尼亚	塞内加尔/C-8	2700	科斯莫斯石油公司	气	钻遇107m厚的净气层［$1320.44×10^6$bbl（油当量）］
Marsouin-1井	2015.11.13	毛里塔尼亚	塞内加尔/C-8	2400	科斯莫斯石油公司	气	钻遇70m厚的净气层［$299.2×10^6$bbl（油当量）］
SNE-2井	2016.1.9	塞内加尔	Sangomar Deep	1200	凯恩能源公司	油/气	钻遇103m厚的净油气层
Guembeul-1井	2016.1.28	塞内加尔	St Louis	2735	科斯莫斯石油公司	气	发现$4500×10^8m^3$天然气［$1320×10^6$bbl（油当量）］
SNE-3井	2016.3.9	塞内加尔	Sangomar Deep	1186	凯恩能源公司	油	钻遇101m厚的净油气层
Ahmeyim-2	2016.4.11	毛里塔尼亚	塞内加尔/C-8	2800	科斯莫斯石油公司	气	钻遇78m厚净气层
BEL-1井	2016.4.11	塞内加尔	Sangomar Deep	1032	凯恩能源公司	油/气	钻遇近100m厚的净油气层
Teranga-1井	2016.5.10	塞内加尔	Cayar Offshore Profond	1800	科斯莫斯石油公司	气	钻遇31m厚的净气层［$880×10^6$bbl（油当量）］
SNE-4井	2016.5.19	塞内加尔	Sangomar Deep	940	凯恩能源公司	油/气	钻遇102m厚的净油气层

第二章　西非构造发育特征

全球构造演化的历史是多旋回的板块拼合、离散及解体往复的循环。在地质历史上，非洲大陆是冈瓦纳古陆的核心，由古老而稳定的地块组成，包括西非、北非、刚果、东非和卡拉哈里地块。在漫长的地质历史时期，非洲大陆经历了三次大的构造运动，地块内部拼合并不断地分化、甚至裂解，从而形成了现今的大地构造面貌。

第一节　大地构造背景

根据板块演化历史和沉积特征的差异等可把非洲板块的演化划分为三个阶段：第一阶段是太古代和元古代的基底形成阶段，在这个阶段，主要发生了板块碰撞拼合作用、裂谷作用、火山作用和变质作用，末期经过泛非运动的拼接，形成了冈瓦纳大陆、非洲（Africa）克拉通的雏形；第二阶段是古生代的联合大陆形成阶段，这个阶段发生多期多阶段的大规模海水进退和盆地升降作用，内陆坳陷盆地、前陆盆地和褶皱带盆地也在这个时期形成，而且接受了大套的古生代地层的沉积，并受到了后期海西构造运动的改造；第三阶段是中生代—新生代的联合大陆裂解阶段，非洲克拉通在该阶段没有大规模的构造运动，克拉通边缘处在拉张环境，发生裂谷作用与岩浆的侵入和喷出。这个时期是裂谷盆地、大陆边缘盆地、拉分盆地和三角洲形成的主要时期，而且内陆形成两大裂谷系和众多裂谷盆地，在东非和西非海岸，裂谷作用形成了大陆边缘盆地（图2-1，表2-1）。

对非洲影响最大的、也是最重要的一次构造运动是发生在6亿~6.2亿年前的前寒武纪晚期的造山运动——泛非构造运动，此次构造运动波及整个非洲，所波及地区的地层受到热动力变质和花岗混合岩化作用，使非洲大陆成为一个古老的稳定地块区。古生代以后的几次全球范围的造山运动对非洲大陆的影响微弱，褶皱山系仅见于大陆南北两端：在非洲南部为由志留系至泥盆系组成的开普海西造山带；非洲西北部为由新元古界至泥盆系组成的阿特拉斯—马格里布海西造山带。古生界地台型沉积主要发育在北非，其次为西非。北非撒哈拉古生界地台在早古生代开始发生自西向东的海进，经加里东运动转为自北向南。西部的摩洛哥中部高原经毛里塔尼亚延伸至几内亚，为晚元古代至泥盆纪的地槽活动区，海西运动早期发生强烈变形褶皱，称为西非褶皱带。南部非洲只有开普山属于海西褶皱带，然而从石炭纪至三叠纪，整个南部发育由内陆冰川开始的断裂或沉降型陆相盆地。

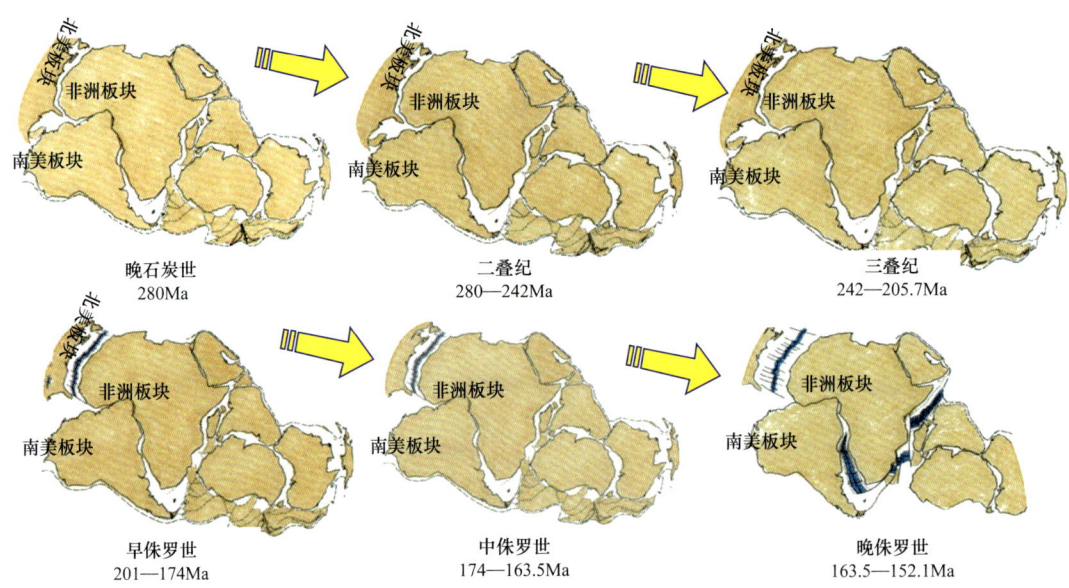

图 2-1　非洲板块晚石炭世—晚侏罗世构造演化（据 Grand et al.，1997）

表 2-1　非洲构造运动阶段划分（据关增淼等，2007）

地质年代			构造阶段与地壳运动		
				欧美	非洲
显生宙	新生代	第四纪	全新世	撒夫运动	新阿尔卑斯阶段	阿尔卑斯运动晚期	阿尔卑斯阶段
			更新世			
		新近纪	上新世			
			中新世			
		古近纪	渐新世	比利牛斯运动	老阿尔卑斯阶段	阿尔卑斯运动早期	
			始新世	拉拉米运动			
			古新世				
	中生代	白垩纪		新西末利运动			
		侏罗纪		老西末利运动			
		三叠纪		阿帕拉契运动	海西阶段	海西运动第三幕	海西阶段
	晚古生代	二叠纪		布列东运动		海西运动第二幕	
		石炭纪					
		泥盆纪				海西运动第一幕	
	早古生代	志留纪		伊里运动	加里东阶段		
		奥陶纪				泛非运动晚期	泛非阶段
		寒武纪		太康运动			
元古宙		埃迪卡拉纪		阿奈提运动		泛非运动早期	
太古宙				格林威尔运动		陆核形成阶段	
冥古宙				肯诺尔运动			

在三叠纪，非洲出现过一次火山岩浆活动的高潮，北部主要表现为大量玄武岩脉侵入，南部表现为大面积覆盖的熔岩，预示着冈瓦纳大陆开始解体。东非的索马里、坦桑尼亚至肯尼亚有晚三叠世瑞替期至早侏罗世的海相地层或蒸发岩，预示着海进已经发生。

晚三叠世至早侏罗世，由南美洲和非洲组成的西冈瓦纳，与东冈瓦纳（南极洲、印度和澳大利亚）之间发生裂谷作用，同时北美板块与非洲板块之间的中大西洋开启。早白垩世南美洲与非洲板块发生裂谷作用，并从南向北逐渐分离。南大西洋的出现主要发生在晚白垩世。晚始新世，红海和亚丁湾裂开，使非洲与阿拉伯板块分离。大陆边缘的裂谷作用也开始影响克拉通内部，形成非洲中部剪切带的陆内裂谷（图2-1）。

大陆分离，不但形成一系列边缘的海岸盆地，同时也在大陆内部形成一些断槽，形成不同海域的通道，如贝努埃和加奥地槽，内部断裂区则进一步发育为断陷盆地。

古近纪末，非洲东部在区域隆起的背景下出现了东非裂谷体系，在新近纪进一步发展，并伴随着大量的火山活动。

非洲北部的阿尔卑斯造山运动，使阿尔及利亚北部发生强烈变形。

非洲大陆的演化过程，拉张环境占主导地位，挤压环境是局部的和短暂的。因此总体上盆地的形成和展布规律比较明显，没有受到破坏、保存较好。

从成因看，非洲板块的演化发展与冈瓦纳大陆解体密切相关，特别是与地幔柱活动有关。西非板块演化始于晚三叠世—早侏罗世冈瓦纳大陆解体，据 Grand 等（1997）的研究，冈瓦纳大陆的解体与地幔深部低速层和热柱的活动有关，影响非洲板块形成和演化的热柱主要有 8 个（图 2-2），其开始活动的时期差别较大。其中，与西非构造演化密

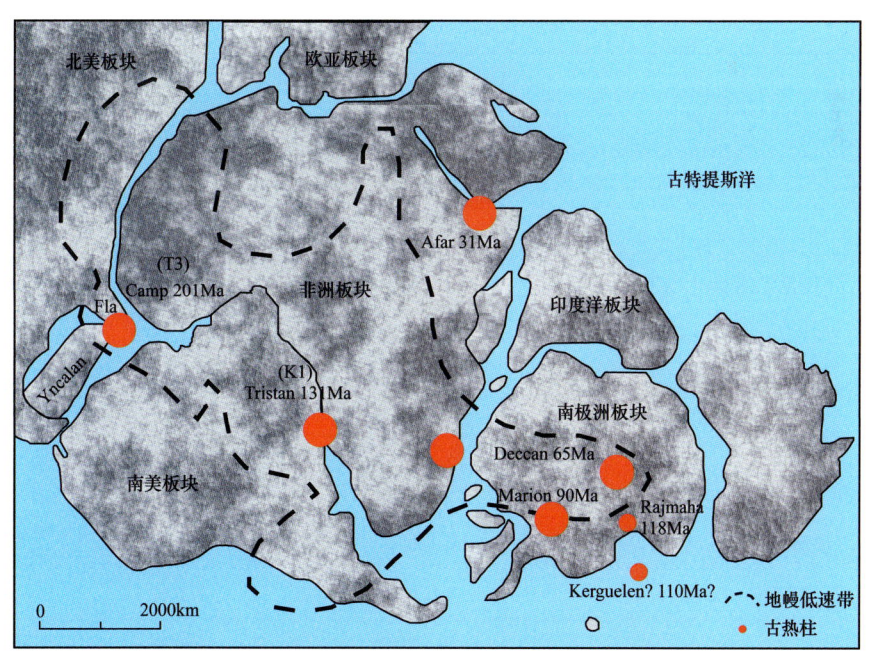

图 2-2　非洲及周围部分板块地幔低速带及热柱分布图
（据 Grand et al.，1997；Burke et al.，2003；马君等，2008）

切相关的热柱主要有两个，北部热柱（Camp）开始活动时期较早（晚三叠世），导致北美板块与非洲板块分离；白垩纪早期，南部热柱（Tristan）开始活动，导致南美板块与非洲板块分离，启动了西非构造演化的历史。因此，西非主要含油气盆地的形成演化主要与美洲板块与非洲板块的分离及大西洋的形成和持续扩张有关。

由于西非南北各段板块演化的历史不同，导致了盆地形成发育时期、演化特征、沉积充填特征存在较大差异，造成南北各段油气地质条件、成藏特征、油气富集程度的极大差别。

第二节　构造单元划分

西非被动陆缘盆地位于非洲大陆西海岸，自北向南可以分为北段、中段、尼日尔三角洲和南段盆地。北段盆地主要包括索维拉（Essaoulra）、塔尔法亚（Tarfaya）、塞内加尔盆地，为北大西洋张裂形成的被动陆缘盆地，盆内发育三叠系—侏罗系盐岩。中段盆地主要包括科特迪瓦、盐池和贝宁（Benin）盆地，其形成受赤道大西洋转换断层控制，不发育盐岩；尼日尔三角洲盆地位于大西洋几内亚湾内，是正在发展中的新生代大型三角洲。南段含盐盆地包括杜阿拉（Douala）、里奥穆尼、加蓬、下刚果、宽扎盆地和纳米比盆地，为南大西洋张裂形成的被动陆缘盆地，普遍发育下白垩统阿普特阶盐岩；南段不发育盐岩的西南非海岸盆地，是南大西洋张裂形成的被动陆缘盆地（图1-2，表2-2）。

表2-2　西非陆缘盆地类型划分和探明储量（据孙海涛等，2010）

盆地	盆地类型	探明储量 石油 /10^8t	探明储量 天然气 /10^8m^3
尼日尔三角洲（Niger Delta）	三角洲	104.72	60014.62
刚果扇（Congo Fan）	三角洲	25.58	3243.00
下刚果（Lower Congo）	含盐被动大陆边缘	16.40	4210.80
加蓬（Gabon Coastal）	含盐被动大陆边缘	6.62	710.01
塞内加尔（Senegal）	含盐被动大陆边缘	0.84	859.41
科特迪瓦（Côted' Ivoire）	走滑拉分	0.90	627.96
西南非海岸（Southwest African Coastal）	不含盐被动大陆边缘	0	1213.38
里奥穆尼（Rio Muhi）	含盐被动大陆边缘	0.83	220.02
杜阿拉（Douala）	含盐被动大陆边缘	0.12	431.83
贝宁（Benin）	走滑拉分	0.34	171.92
宽扎（Kwanza）	含盐被动大陆边缘	0.23	30.61

续表

盆地	盆地类型	探明储量	
		石油 /10⁸t	天然气 /10⁸m³
索维拉（Essaouira）	含盐被动大陆边缘	0.02	19.82
塔尔法亚（Aaiun Tarfaya）	含盐被动大陆边缘	0	0
杜卡拉（Doukkala）	含盐被动大陆边缘	0	0
塞拉利昂—利比里亚（Sierra Leone Liberia）	不含盐被动大陆边缘	0	0
苏斯（Souss Trough）	含盐被动大陆边缘	0	0

沿海岸线走向，上述盆地间一般被构造高地分隔，如加蓬盆地和下刚果盆地之间被 Casamaria 高地分隔，下刚果盆地和宽扎盆地间被 Ambriz 高地分隔，宽扎盆地与纳米比盆地间被 Benguela 高地分隔，纳米比盆地与西南非海岸盆地间以沃尔维斯海脊火山岩带为界等。规模很大的北东—北东东走向的沃尔维斯海脊火山岩带与边缘形成初期的裂谷作用同时（或稍早）形成，是非洲大陆下部地幔热柱（Tristan 热柱）产生的"热点（hot spot）"轨迹。

地理上西非的每一个海岸盆地一般由边缘陆上和海上两部分组成，边缘陆上部分主要为沿岸边缘盆地，其盆地东侧一般为前寒武纪结晶基底；海上部分主要包括浅海陆架体系、陆坡、陆隆及深海平原等。从构造上看，它们的构造特征分别属于内盆地（inner basins）和外盆地（outer basins）两个不同的盆地构造单元，内、外盆地间以先存构造、裂谷作用阶段形成的隆起或其他形式的构造高地为界。如内、外加蓬盆地间以兰巴雷内（Lambarene）隆起、甘巴（Gamba）隆起等分界，内、外宽扎盆地间被 Flamingo 台地、Benguela 台地分开。而纳米比盆地区受勘探程度及资料所限，对内、外盆地界线及内盆地的特征还了解不多。

塞内加尔盆地由北向南被一系列东西向的转换断层划分为 4 个主要的次盆（图 2-3）。北部为毛里塔尼亚次盆，范围从塞内加尔河到西撒哈拉南部；中部为达喀尔次盆，位于冈比亚河与塞内加尔河之间，有大量的火山侵入体；南部为卡萨曼斯（Casamance）次盆，从冈比亚河南部经过卡萨曼斯地区一直延伸至几内亚比绍，该次盆为盐盆地，盐底辟沿一弯曲带刺穿台地，台地下部有三叠系蒸发岩存在。卡萨曼斯次盆再向南为科纳克里次盆，与北部达喀尔盆地相似，无盐构造。

尼日尔三角洲盆地整个沿三角洲轴向展布，从盆地北部的三角洲上倾部位到三角洲远端南界的指状逆冲变形带可划分为 3 个大的构造区（图 2-4）：伸展拉张区、过渡区和挤压逆冲区。其中伸展拉张区包括陆上及近海三角洲区，过渡区主要包括泥岩底辟区、次要的逆冲和泥岩变形区、逆冲和底辟复合带；挤压逆冲区主要包括内褶皱冲断带、滑脱褶皱区和外褶皱冲断带等（Corredor，2005）。

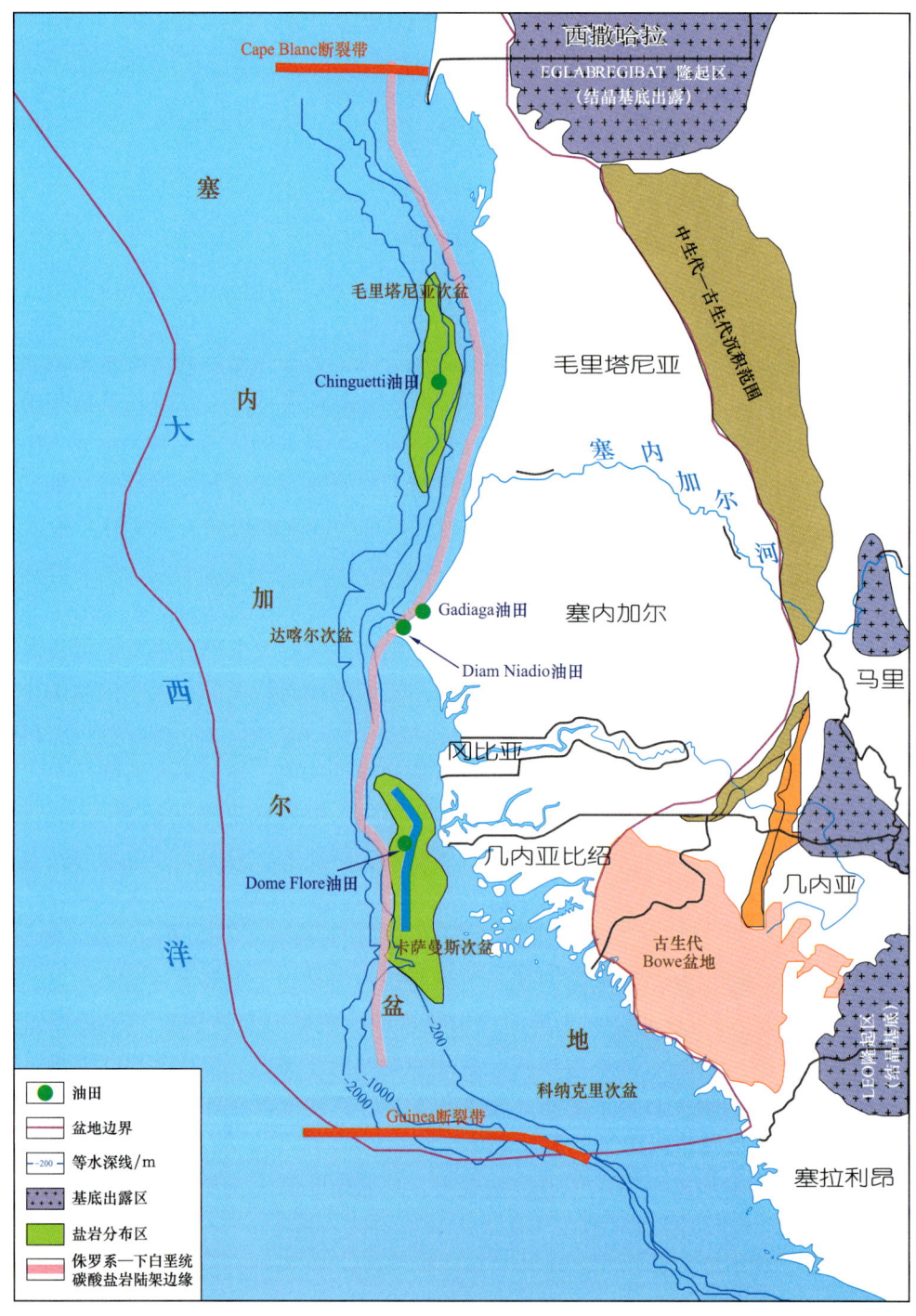

图 2-3 塞内加尔盆地构造纲要图（据 Hansen et al., 2008 修改）

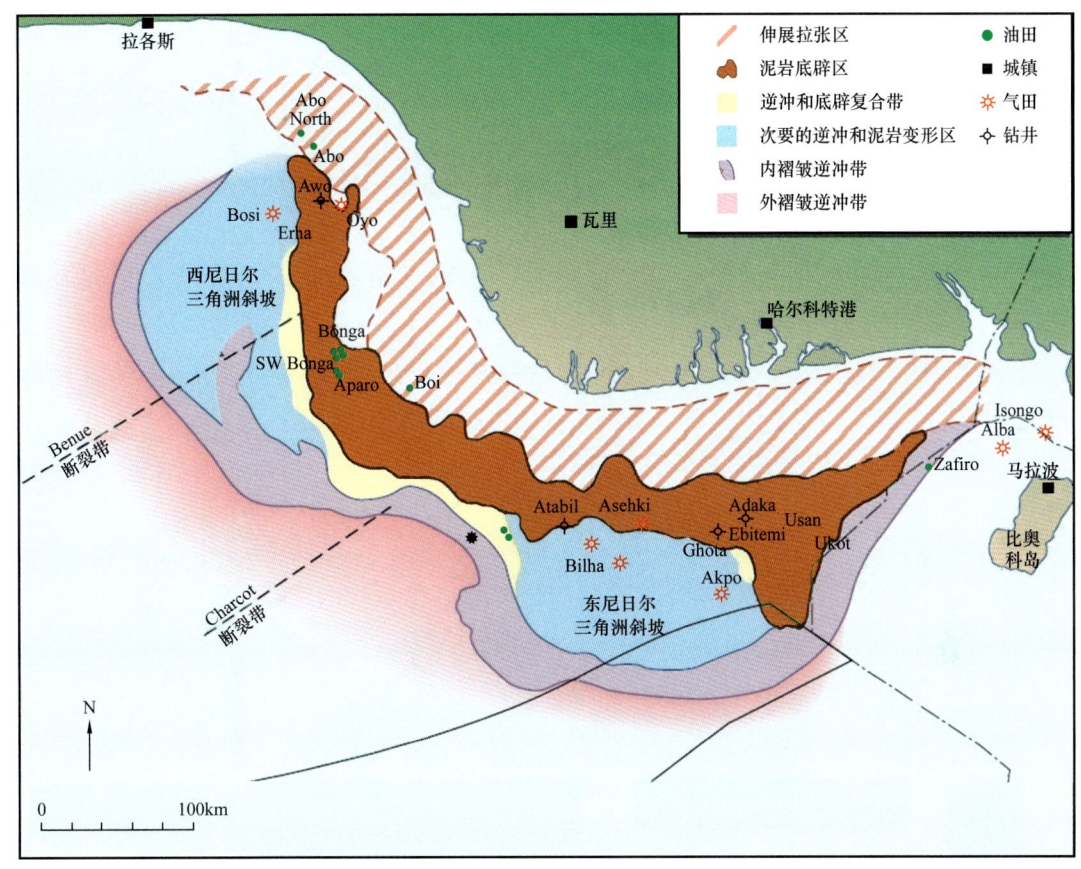

图 2-4 尼日尔三角洲盆地构造纲要图（据 Corredor et al., 2005 修改）

加蓬盆地位于古刚果和圣保罗（Sao Paulo）克拉通之间的缝合带上，包括 3 个次盆：北加蓬次盆、南加蓬次盆和内次盆（图 2-5）。其中北加蓬次盆和南加蓬次盆是在加蓬中部沉积厚度较大的奥古（Ogooue）三角洲区域，被与海岸走向成 60°的扭性断层系统即恩科米（N′Komi）断裂带分隔开来。内次盆位于北加蓬次盆的东北部，二者以北西—南东走向的兰巴雷内（Lambarene）隆起为界（赵红岩等，2017）。

宽扎盆地分为 2 个构造单元（图 2-6），分别是本格拉（Benguela）次盆和宽扎盆地的主体部分，二者之间以 Sumbe 火山链为界（杨永才等，2013）。由于盐运动对本区构造影响较大，因此根据盐运动又可将宽扎盆地主体划分为 3 个构造变形区域，自东向西为盐拉张区、转换区和盐挤压区（霍红等，2008）。

西南非海岸盆地由 3 个次盆组成（图 2-7），从北向南依次为沃尔维斯（Walvis）次盆、吕德里茨（Lüderitz）次盆和奥兰治（Orange）次盆，3 个次盆之间以隆起分隔。其中，奥兰治次盆最大，长达 1000km，宽 200～500km，其上盖层沉积厚度最大超过 12000m。每个次盆都有类似的平行于海岸线的构造带，从东到西依次为：边缘裂谷带或地堑区、中间构造转折线、中央裂谷带及边缘脊。

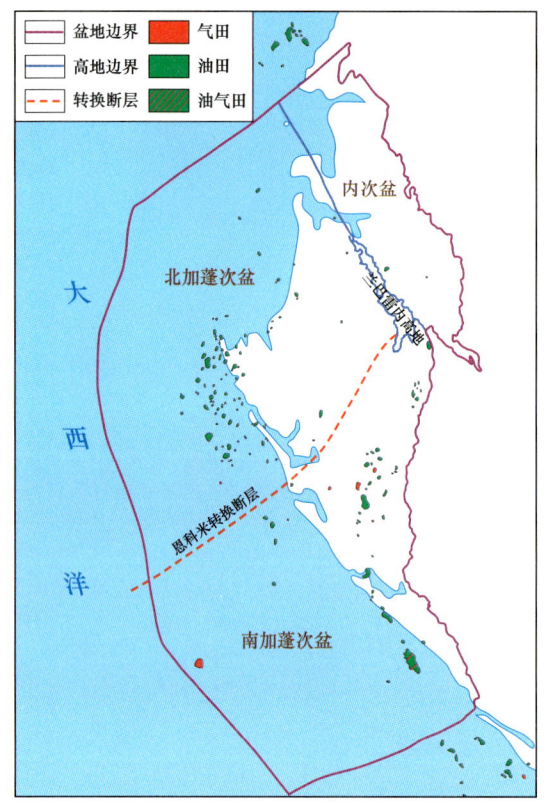

图 2-5 加蓬盆地构造单元划分图（据赵红岩等，2017）

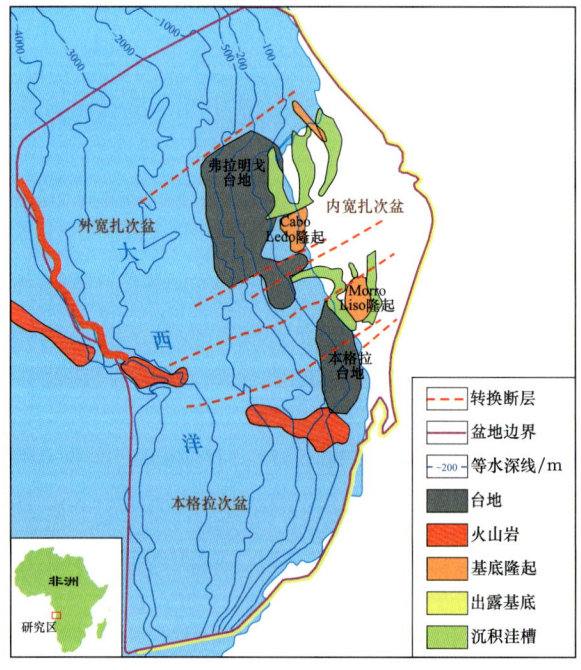

图 2-6 宽扎盆地构造纲要图（据杨永才等，2013）

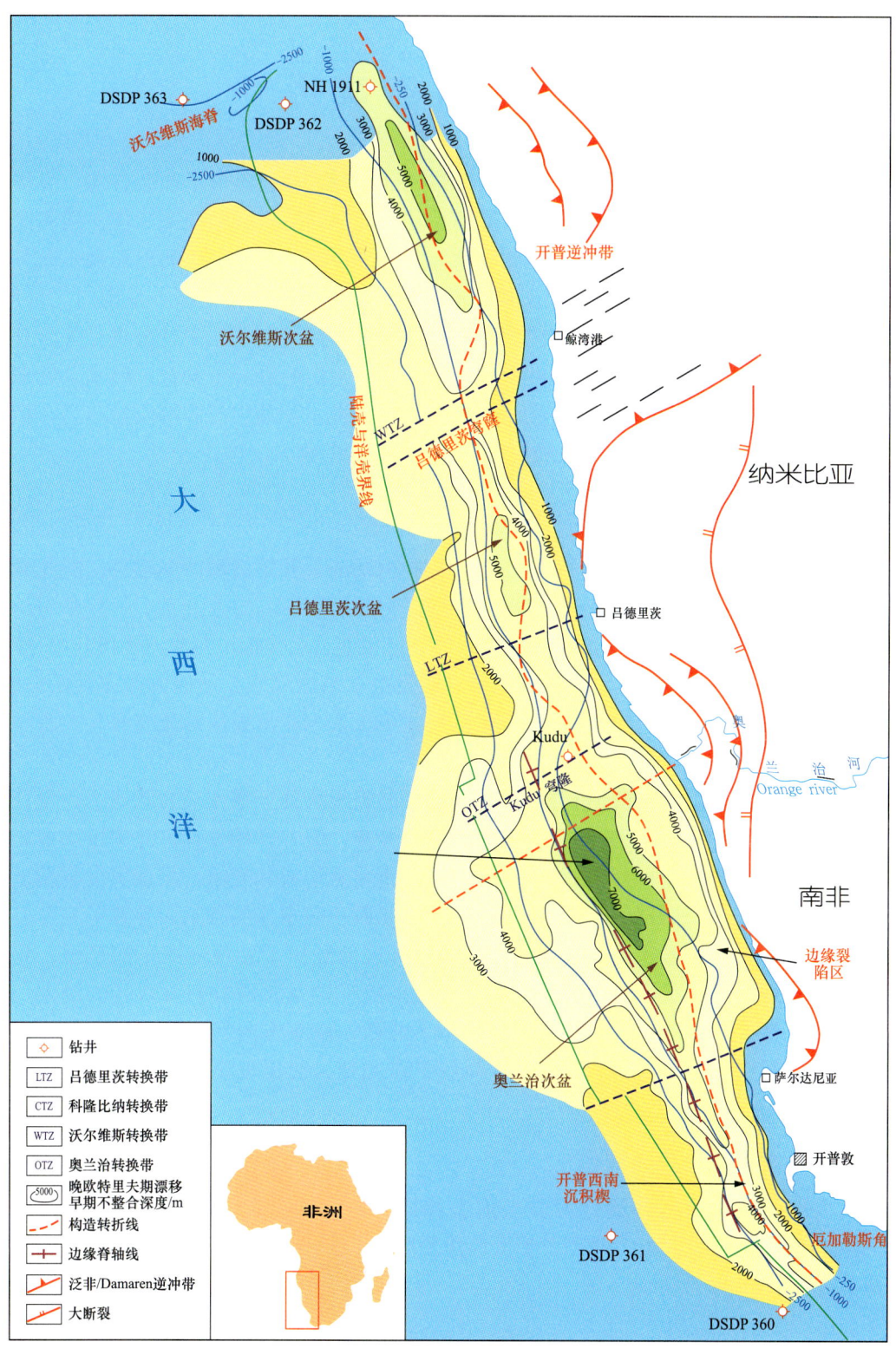

图 2-7　西南非海岸盆地构造分布图（据 Alison R et al., 1995 修改）

第三节 构造演化

从盆地演化的大地构造背景分析，西非被动陆缘盆地主要经历了前裂谷期、裂谷期和后裂谷期3个演化阶段。三叠纪，冈瓦纳大陆西北部的陆内断裂向南延伸，到中侏罗世，海底扩张使北大西洋裂开，西非北段盆地的形成主要与北大西洋的裂开和非洲与北美板块的分离有关；而冈瓦纳大陆南部、形成于侏罗纪早期的另一裂谷系则向北延伸，西非中段和南段盆地的形成主要与南大西洋的形成和非洲与南美板块的分离有关。直到中侏罗世末期，两条断裂系统交会并切穿赤道地区，它们的进一步发育，形成了后来的大西洋、南美东侧盆地和西非海岸盆地（图2-1）。因此，西非中段和南段盆地具有相同的大地构造环境，与北段盆地的大地构造环境有一定的差别。

一、西非北段构造演化

从Grand等（1997）的分析可知，北部热柱（Camp）开始活动时期较早，因此非洲板块与北美板块和欧洲板块的分离最早开始于非洲板块西北部。3亿年前，一些断裂已经发育，在断裂附近有富含金属的矿床存在。约2亿年前，北美板块与非洲板块开始分离，北美板块东部和非洲板块西北部的摩洛哥之间发生了熔岩喷发，原始大西洋开始形成。因此西非北段区域构造演化主要与三叠纪以后北美板块与非洲板块的分离和北大西洋的形成和持续扩张密切相关（图2-8、图2-9）。

二叠纪完成了超级大陆的拼合，西非北段—北美板块处于挤压应力状态下，发育前陆盆地。在中—晚三叠世，北美板块与非洲板块分离，裂谷开始发育，北美板块东北部整体处于北西—南东向伸展构造体系，导致半地堑盆地形成和充填。早侏罗世早期，南部盆地停止沉降，海底开始扩张，北部盆地处于北西—南东伸展背景，导致了北东方向的岩浆侵入和盆地的加速沉降。同时，南部局部区域经历了北西—南东的挤压，导致了小范围褶皱和反转断层的发育，可能导致盆地的反转及北西方向玄武岩的侵入。到中侏罗世，北美板块东部的大部分地区经历了北西—南东方向挤压，从而发育了小范围的褶皱和断层的反转及盆地的反转，海底扩张加速，北美板块与非洲板块开始分离（图2-10）。

1. 塞内加尔盆地构造演化

塞内加尔盆地的构造演化可分为前裂谷期、裂谷期、过渡期和被动大陆边缘期（图2-11省略了前裂谷期），是一个受大西洋发展演化和北非构造发展控制的裂谷和被动陆缘叠合盆地。

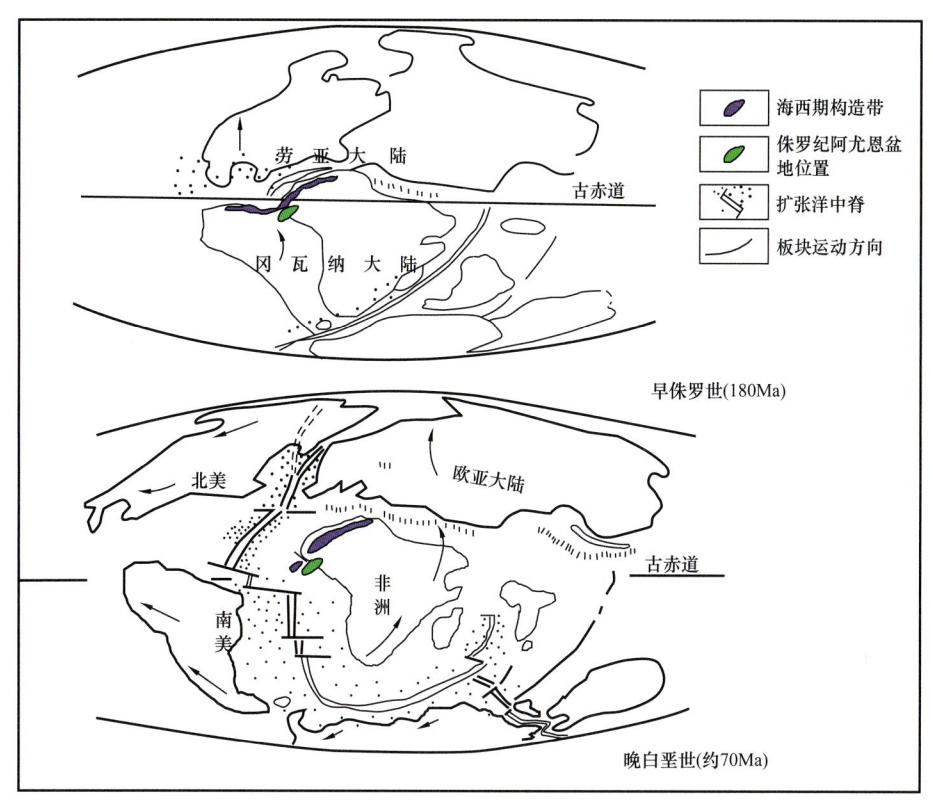

图 2-8　冈瓦纳大陆的分离和北大西洋的形成（据岳来群等，2013）

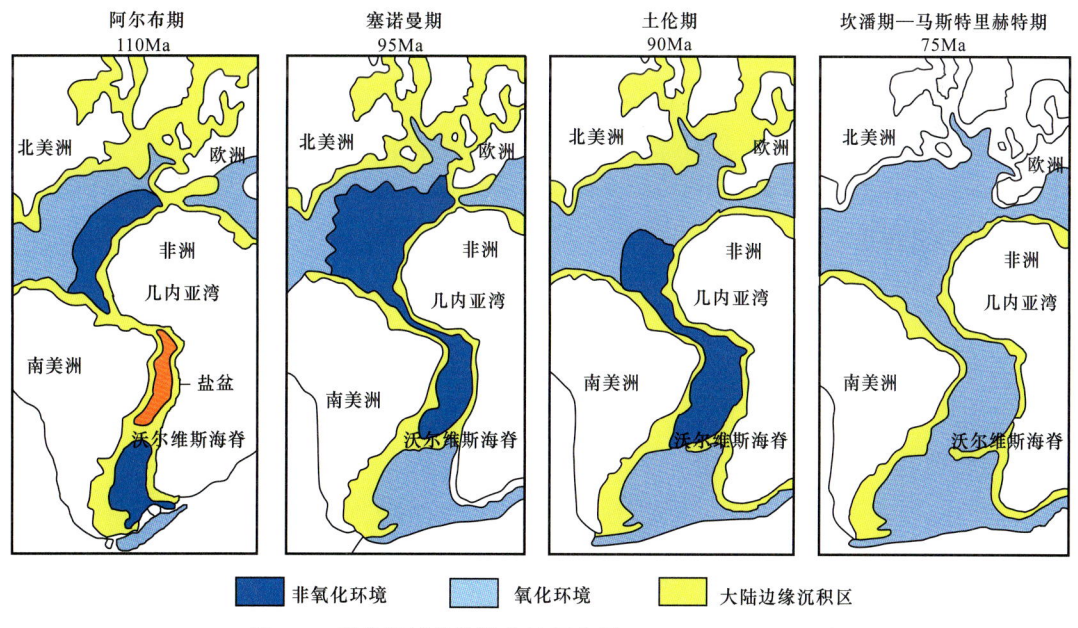

图 2-9　西非区域构造演化特征（据 Tissot B et al., 1980）

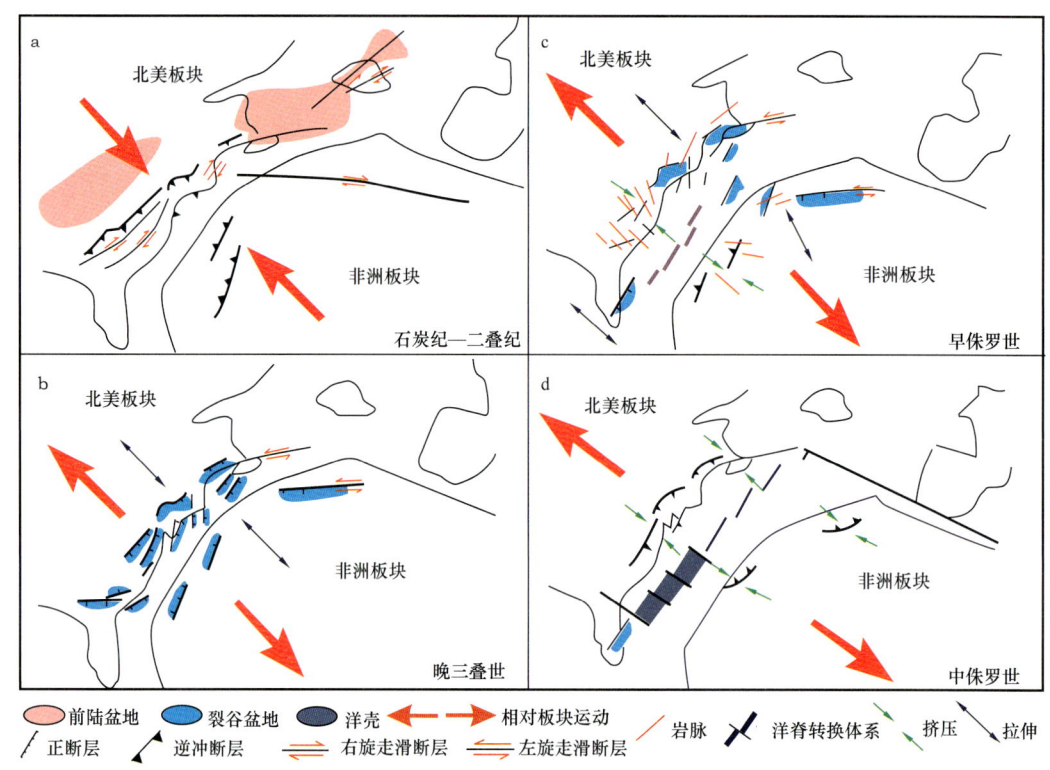

图 2-10 西非北段板块演化特征图（据 Withjack et al., 1998）
a. 石炭纪—二叠纪；b. 早侏罗世；c. 晚三叠世；d. 中侏罗世

1）前裂谷期

前裂谷期主要为前寒武纪—二叠纪之间的克拉通盆地发育期，石炭纪—二叠纪海西运动使本区处于抬升剥蚀状态，并结束了前裂谷阶段。盆地内目前识别了两种主要的前裂谷构造体系：卡萨曼斯次盆东部、南部及佛得角南部的前海西期的以地堑、地垒和翘倾断块等为特点的伸展构造体系，和盆地中部和北部主要加里东和海西运动共同作用形成的挤压构造体系。

2）裂谷期

二叠纪末冈瓦纳大陆开始解体，北部热柱（Camp）开始活动，标志着该地区开始发生裂谷作用。塞内加尔盆地作为这一裂谷体系的一部分，从三叠纪开始裂谷作用，至早侏罗世末趋于结束。

3）过渡期

早侏罗世，当裂谷作用停止后，盆地进入了构造相对稳定的过渡期演化阶段，沉积了一套盐岩地层。盐岩对塞内加尔盆地的成藏有重要意义（图 2-11）。

4）被动大陆边缘期

晚侏罗世，由于北大西洋的持续扩张，北美板块最终和非洲板块分离，塞内加尔盆地进入被动陆缘阶段，晚侏罗世—早白垩世主要受古特提斯洋影响，沉积了厚层的碳酸盐岩地层，塞诺曼期以来南北大西洋连通，塞内加尔盆地和西非其他海岸盆地开始了同步发展（图2-9）。分别受控于阿尔卑斯造山运动和非洲板块与伊比利亚板块的会聚运动，非洲西北部陆缘于古近纪和新近纪期间发生了几次大规模海平面升降。渐新世和中新世火山活动剧烈，形成了加纳利岛和佛得角岛。火山活动在毛里塔尼亚和塞内加尔境内同样很活跃。

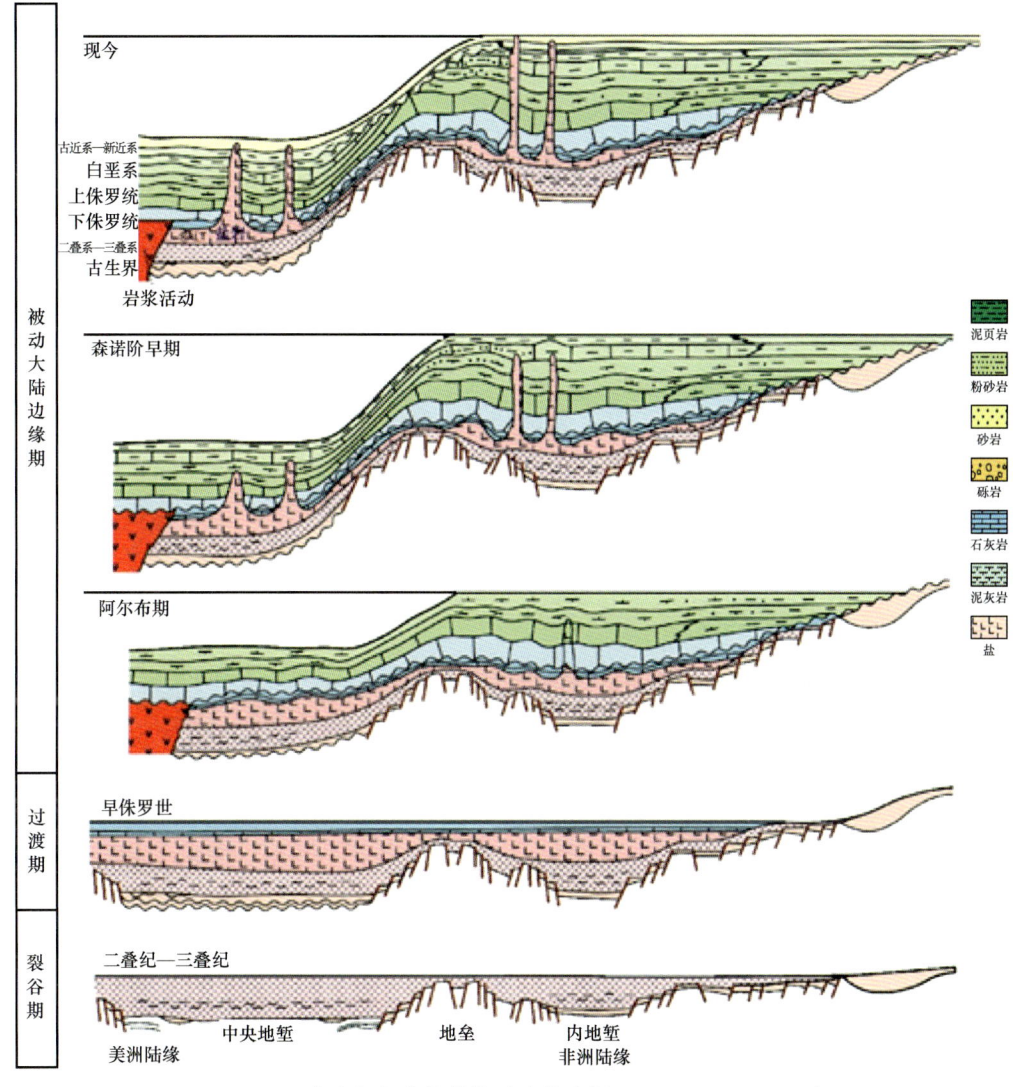

图2-11 塞内加尔盆地的构造演化（据Hansen et al., 2008）

2. 阿尤恩—塔尔法亚盆地构造演化

阿尤恩—塔尔法亚盆地主要分布在摩洛哥境内，经历了前裂谷期、裂谷期和被动大陆边缘期3个演化阶段，裂谷期和被动大陆边缘期主要受控于北大西洋的裂谷作用和北美板块、非洲板块的分离（图2-12）。

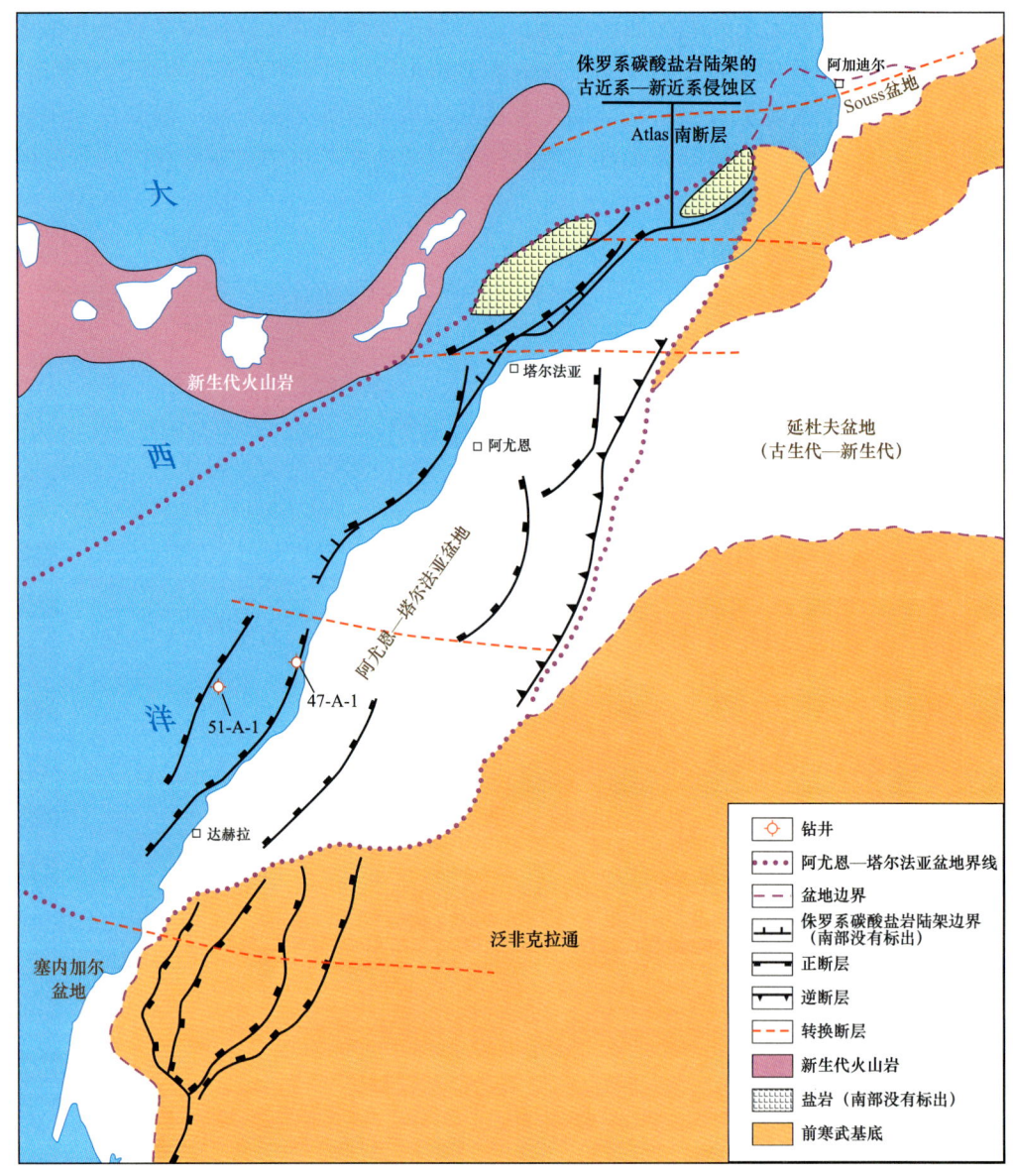

图 2-12　阿尤恩—塔尔法亚盆地区域构造纲要图

1）前裂谷期

前裂谷期主要从前寒武纪到石炭世末格舍尔期，受控于北非的构造演化背景。该时期以挤压作用为主，挤压作用时间为泥盆纪晚期到石炭世末格舍尔期。晚石炭世海西期造山运动，使盆地古生界和前寒武系发育北北东—南南西和北东—南西向两组断裂，这些断裂通常在后期演化阶段重新活动。盆地北部的前裂谷基底是阿特拉斯褶皱带的滨海延伸部分，沉积区位于离散型被动大陆边缘。

2）裂谷期

裂谷期从中三叠世格里斯巴赫期到早侏罗世普林斯巴期。受早期北大西洋打开的影响，盆地发生裂谷作用，主体始于晚三叠世，局部始于早三叠世。

晚三叠世裂谷作用的应力近似平行于下伏古生代构造线的北西西—南东东方向，盆地形成了北北东—南南西方向的张性断裂，断块位移主要沿倾向滑动，呈阶梯状向北西西方向下掉。发育了一系列北东—南西向半地堑，而这些半地堑又被东西向转换断裂带错开，因此盆地裂谷期就形成了东西分带、南北分块的构造格局。裂谷拉张作用形成的主要构造有正断层和转换断层。

在裂谷期早期，中—晚三叠世有火山活动，火山活动形成的喷发岩主要包括玄武岩和辉绿岩。沉积区处于克拉通内凹陷区。

3）被动大陆边缘期

被动大陆边缘期从早侏罗世延续至今，盆地整体以热沉降为特征。由于继承了前裂谷基底的构造格局，沿着前期存在的北东—南西向伸展断裂偶然有断裂活动。在陆架边缘西部，前期北东—南西向断层在白垩纪发生同生断裂活动；在盆地西北部还发育少量底辟构造。

在始新世到中新世期间，受比利牛斯运动和阿尔卑斯运动影响，盆地沉积盖层抬升并且部分遭受剥蚀。阿尔卑斯运动对裂后沉积只产生微小形变作用，形成了一些低幅度的向斜和背斜，而且随深度变浅这些构造的幅度也变小。

二、西非中、南段构造演化

西非中、南段的构造演化，主要经历了四个阶段：晚古生代—早中生代大陆克拉通阶段（前裂谷阶段）、中—晚中生代以来的裂谷阶段、过渡阶段和中生代末—新近纪的被动大陆边缘阶段（即后裂谷坳陷阶段，分为坳陷早期、中期和晚期）（图2-13中省略了前裂谷阶段）。

由于南美大陆与非洲大陆之间不同地段的裂开时间不同，所以沿着西非海岸南北方向各段盆地（群）的发育时间与发育程度存在一定的差异。

1. 前裂谷阶段

在晚古生代二叠纪晚期，劳亚大陆和冈瓦纳大陆拼合形成了全球范围的超级大陆—联合古陆，该超级大陆在三叠纪早期达到全盛。在晚三叠世—早侏罗世，冈瓦纳大陆开始解体，并伴随着大陆裂谷玄武岩喷发，标志着超级大陆开始分裂解体，开始了西非海岸盆地发育的前裂谷阶段。

2. 裂谷阶段

非洲大陆中生代、新生代的历史是冈瓦纳大陆分离、裂谷形成和板块漂移的历史，西非海岸盆地的形成与这一过程密切相关（图2-14）。晚侏罗世—早白垩世，大西洋与印度洋张开并形成大洋盆地，导致冈瓦纳大陆解体，亦揭开了南大西洋两岸盆地的油气成藏历史。

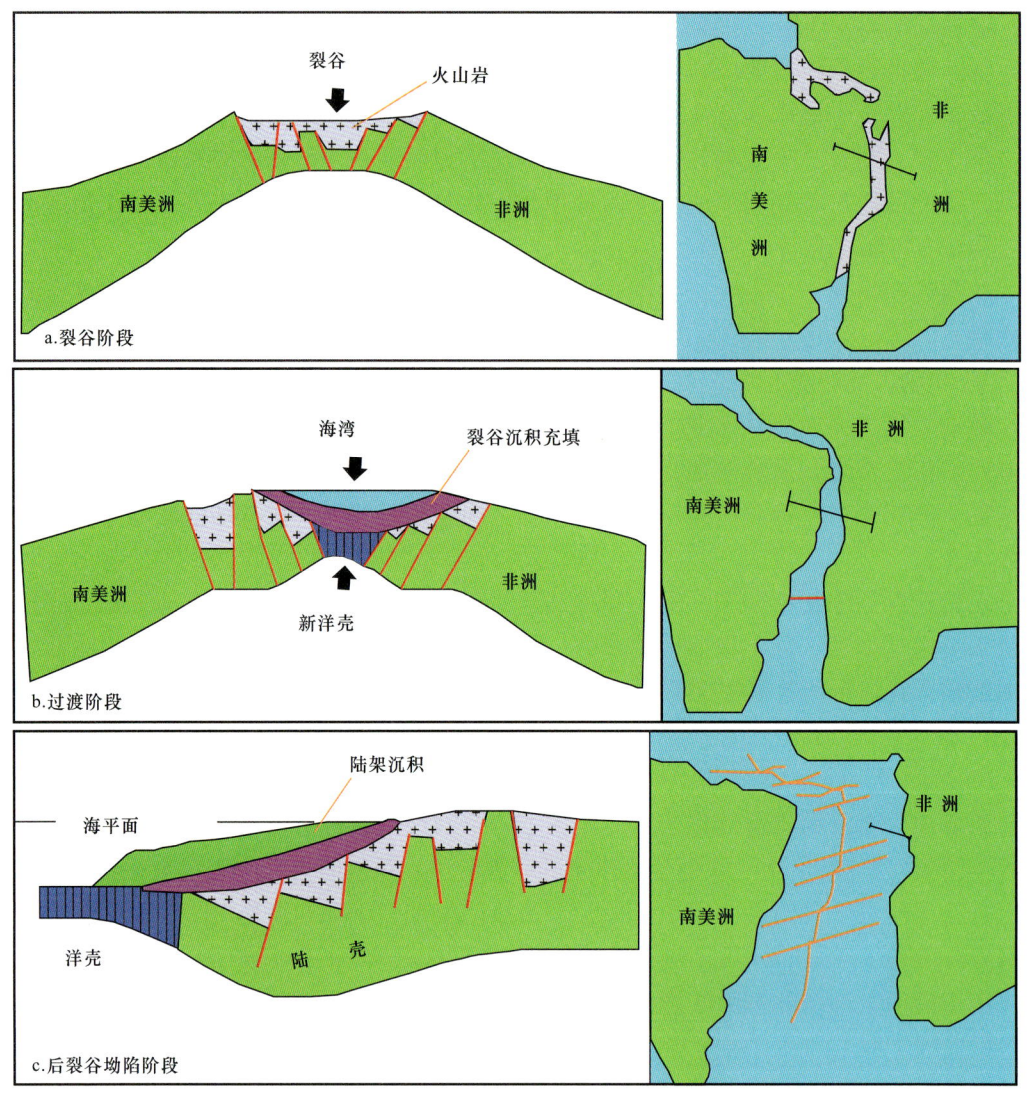

图 2-13 西非中南部构造演化过程示意图（据 Hudec et al., 2004; Dicksona et al., 2003）

晚侏罗世，非洲大陆南端的威德尔海开始形成，随后在非洲大陆最南端首先发生裂谷作用，此后裂谷作用逐渐向北扩展，就像由南到北打开一条拉链一样，整体上，南大西洋的裂开和非洲与南美洲的分离，表现为南早北晚。南大西洋在晚阿普特期开始裂开，赤道大西洋的开裂，则在阿尔布期。

晚欧特里夫期西非中、南段再一次发生了强烈的伸展，发育了多个由断陷形成的深湖。晚巴雷姆期，南美洲与非洲大陆之间的裂谷作用趋于结束，发生了区域性抬升（反弹挤压作用），使南美洲与非洲大陆一度发生挤压聚合，形成了西非海岸裂谷盆地的反转和抬升剥蚀，并形成了广泛的不整合面。在不整合面之下沉积了湖泊相的含沥青的泥岩，这套泥岩构成了裂谷层序主要的区域性烃源岩。晚巴雷姆期沉积了一套湖泊相的硅质碎屑岩，其中夹有储集性较好的砂岩，可以成为良好的储层。

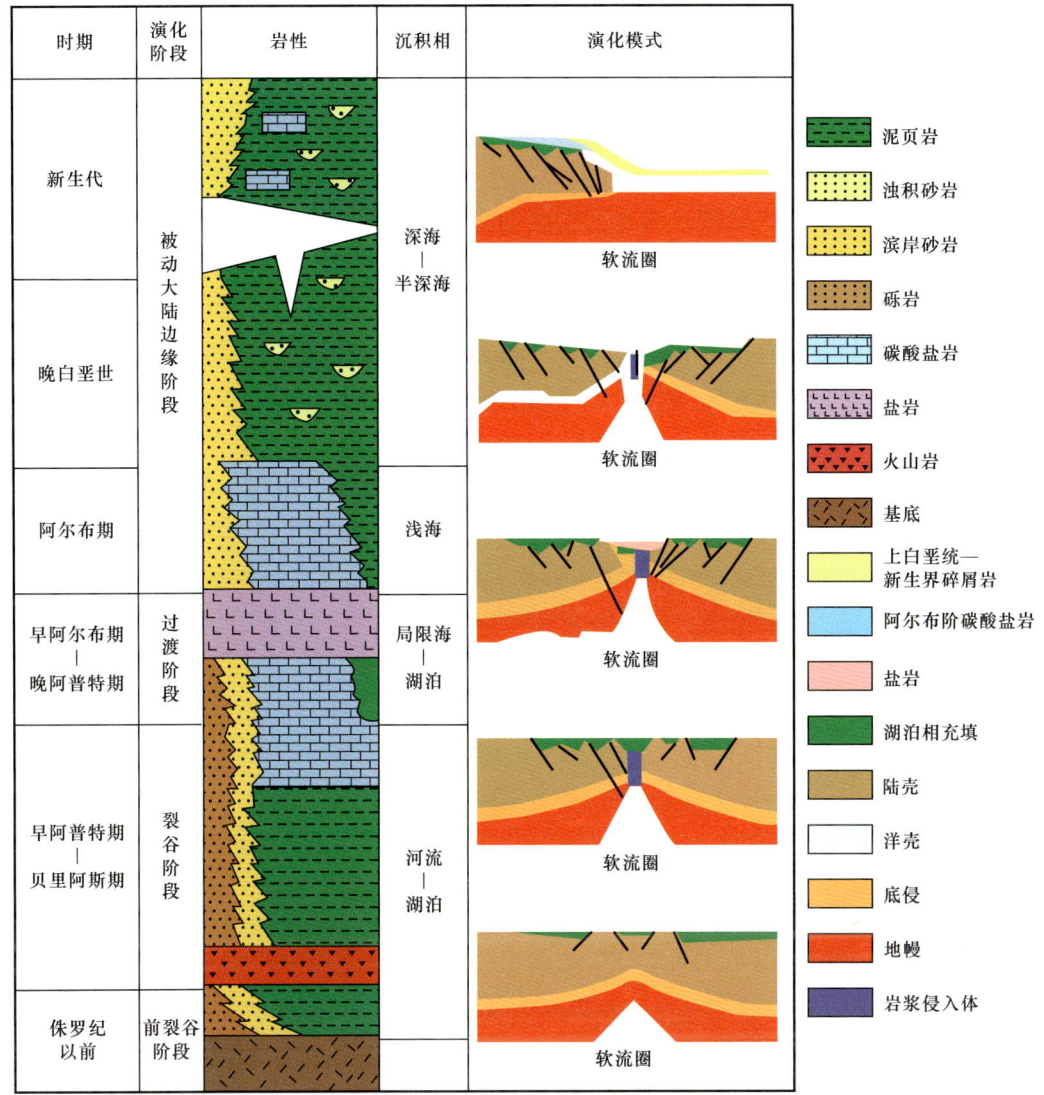

图 2-14 南大西洋含盐盆地构造演化（据刘静静等，2018）

西非海岸中、南段地区与晚中生代大陆裂谷有关的含油气盆地及其油气藏的形成，主要位于陆地上和邻近的大陆架地区。受北北西向和北东东向基底断裂制约，在宽扎、下刚果和加蓬盆地发育为一系列北西向断陷—断垒，东西相间排列；受北东东向转换断裂影响，断陷在南北方向上以横向隆起各段错开，形成次级盆地。如加蓬盆地北加蓬次盆和南加蓬次盆之间、南加蓬次盆与下刚果盆地之间，在裂陷盆地的不同地段都具有张扭拉分性质。

3. 过渡阶段

至早阿普特期，裂陷盆地受到挤压改造和抬升剥蚀，发生了较广泛的准平原化作用，形成了区域性不整合面。而后，在夷平的、非海相充填的裂陷盆地之上，沉积了一套海相砾岩地层。此次广泛的海进之后，中、晚阿普特期，这套砾岩地层之上开始了西非海岸广泛的蒸发岩沉积，成为西非海岸盆地主要的区域性盖层。这套底砾岩和其上的蒸发岩地层，在整个西非海岸中南部盆内广泛发育，可以与南美地区的同时期地层对比。

4. 被动大陆边缘阶段

阿普特期至新近纪，随着大西洋的扩张和南美大陆与非洲大陆的漂移，海岸盆地逐渐向西扩展，从东部陆上裂谷坳陷盆地向西发展到陆坡坳陷。相应地，沉积层序也发育为一系列向西推移的进积三角洲层序（图2-14）。

阿普特期至古近纪，此时期为较稳定的海洋沉积阶段。随着裂谷进一步扩展，海水大量进入盆地，蒸发岩沉积结束，形成了盆地区域性的碳酸盐岩沉积。同时，当南大西洋继续加宽、加深时，特提斯洋东地中海则表现为逐渐闭合，这种"敛合""闭合"致使南大西洋的水流体系与印度洋—太平洋的水流体系产生隔离。被隔离的南大西洋和特提斯洋两岸，温水可能占据了水体的大部分，富含有机质沉积，并发生水体缺氧事件，形成了阿尔布期—塞诺曼期富含有机质的沉积物和广泛分布的"黑色页岩"。

随着断裂作用的不断增强，拉张应力为一系列铲状断层和盐构造的形成提供了动力，从而形成了一系列同生的盐构造。

由于上白垩统和古近系—新近系的沉积负荷增加，引起了盐岩的顺层滑脱，并可能在上白垩统的硅质碎屑岩和盐岩（滑脱的）堆积物接触面处产生形变。古近纪—新近纪，在某些地区的断裂活动使两者又被错开。

渐新世的海退导致广泛的剥蚀、沉积间断。中新世沉积了一套海相的碎屑岩和浊积岩。

1. 尼日尔三角洲盆地构造演化

尼日尔三角洲盆地位于大西洋被动大陆边缘，且处于中非和西非中生代—新生代裂谷系交会的部位。南大西洋自早白垩世末开始打开（Torsvik et al.，2009；Mouli et al.，2010；Pérez-Díaz et al.，2017），形成被动大陆边缘。冈瓦纳大陆中生代和新生代裂解形成的中非、西非裂谷系控制了尼日尔河、贝努埃河等水系的发育；这些水系汇聚注入大西洋，其携带物质沉积形成了尼日尔三角洲。因此，尼日尔三角洲盆地记录了冈瓦纳大陆裂解和南大西洋打开过程中的诸多重要信息（苏玉山等，2019）。

1）裂谷期

尼日尔三角洲盆地的形成演化最初始于晚侏罗世—早白垩世的大西洋最初的分裂，经历了南美板块与非洲板块分离。大陆分裂裂解时，三叉裂谷演化形成了几内亚湾。北东—南西向的白垩纪贝努埃—阿巴卡利基深海槽相当于一个分支的裂谷，切入西非地盾。现在的尼日尔河和贝努埃河的交汇点是一个构造控制的地堑，即安纳布拉次盆。

2）被动大陆边缘期

被动大陆边缘期为晚白垩世以来至现今。自晚白垩世以来，来自非洲大陆的沉积物沿另一支裂陷槽不断向大西洋推进，形成尼日尔三角洲盆地，其中古新世至今是三角洲发展的主要阶段。

沿着被动大陆边缘，在早白垩世裂谷之上，中白垩世—新近纪的巨厚沉积楔形成了主要的成藏组合。大型生长断层及三角洲体系的形成是整个沉积楔呈现前积特点的主要原因，物源主要来自尼日尔河水系。储层主要是中、晚中新世沉积的远端浊积深水扇，由复杂的叠置水道和席状朵叶砂组成。

始新世以来，随着全球海平面下降，沉积物补给充沛，尼日利亚三角洲开始快速发育，可分为早期（始新世—中新世）的建设性和晚期（上新世—更新世）的破坏性两个发展阶段。

（1）早期建设性阶段。在三角洲发展早期，白垩纪裂谷构造背景控制了三角洲发展方向，使其主要沿三个沉积轴向发展：安纳布拉（Anambra）盆地及其附属盆地（主要物源来自尼日尔）河及贝努埃河、Afikpo 向斜 [主要物源来自克罗斯（Cross）河]，这一时期三角洲的海岸线主要凸向陆地，三角洲发展的继承性较好。生长断层在始新世就开始出现，但由于此时盆地的可容纳空间小、沉积速率大，三角洲的进积速度很快、发展的时间短，再加上底部的泥岩厚度小，因此在早期形成的北部沉积带内的生长断层的规模小、数量少。到渐新世—中新世时，三角洲向前推进，盆地的可容纳空间增大，三角洲发展的时间相对较长，推进速度缓慢，生长断层特别发育，产生了大量的滚动背斜，远端则开始形成重力滑脱体系（图 2-4、图 2-15）。

中新世区域上经历了三个构造演化期，第一时期为主沉降期，在中中新统沉积后，约 12Ma，形成了早期的沉积中心，区域上地层向西加厚；第二时期为主反转和褶皱期，在上中新统沉积时期，9~7Ma，由于区域应力场由前期的拉张为主转变为挤压与剪切为主，区域上形成了三条控制构造带的近东西走向的大型逆断层，在断层上盘形成轴向与逆断层走向平行的背斜、半背斜和断块，并且在左旋剪切应力作用下形成一系列"S"形正断层，构造轴向也有所改变；第三时期为后期张裂塌陷期，大约 9Ma 之后，主要在上中新统沉积之后，随着构造的逆冲生长作用不断加剧，构造顶部形成局部的张性应力环境，产生许多走向近南北的正断层，造成构造顶部塌陷，这期构造运动对构造本身没有根本性改变，但对油气的聚集起到了再分配的作用。

（2）晚期破坏性阶段。上新世—更新世海岸线变为凸向海洋，由于沿岸流的作用，三角洲开始进入破坏阶段，三角洲复合体的生长速度开始减慢，向海推进的三角洲前缘之间的底辟作用出现了短暂的平静，但远端依然向前生长。更新世晚期，冰川融化导致海进，从而淹没了现今浅海处的上新世—更新世的三角洲平原沉积区。全新世，再次海退，又出现一套海退三角洲超覆沉积物（图 2-15）。

2. 里奥穆尼盆地构造演化

里奥穆尼盆地是西非一系列阿普特盐盆中最北端的一个，这一系列盐盆与冈瓦纳大陆的抬升、破裂和南大西洋的形成有关，最初属于裂谷系统，在被动大陆边缘阶段得到发展，并且均以在阿普特期发育的盐岩和蒸发岩为特征。

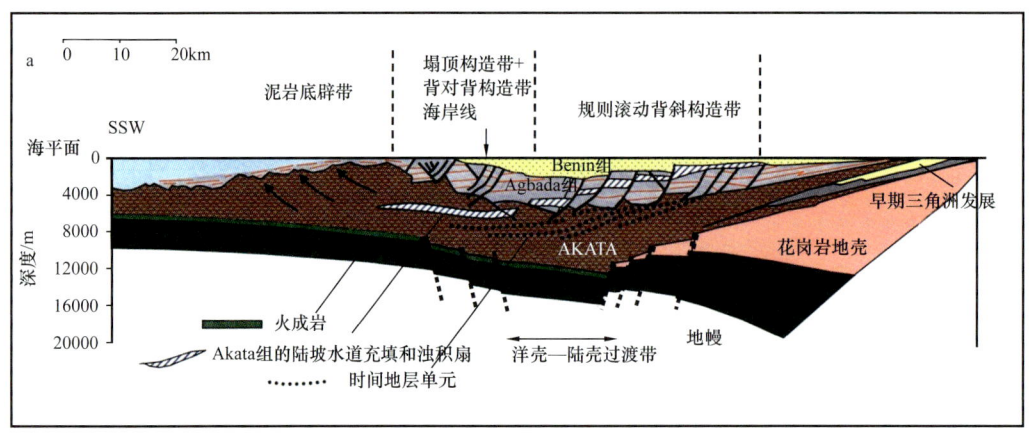

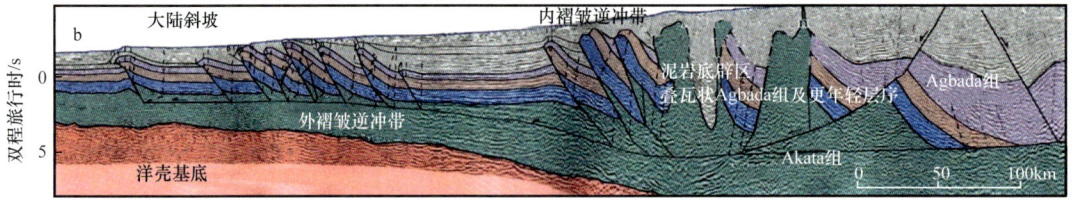

图 2-15　尼日尔三角洲盆地构造模式图

a. 由陆向海跨越尼日尔三角洲的区域构造剖面；b. 尼日尔三角洲的一条区域地震剖面

（图 a 据 Weber et al.，1979；应维华等，1998；图 b 据应维华等，1998；Corredor et al.，2005）

里奥穆尼盆地的构造演化主要经历了 4 个阶段，即古生代晚期—中生代中期大陆克拉通阶段（前裂谷阶段本部分略去不作介绍）、中生代晚期（早白垩世）以来的裂谷阶段、过渡阶段和中生代末（晚白垩世）—新近纪的被动大陆边缘阶段（即后裂谷坳陷阶段，分为坳陷早期、中期和晚期）。

1）裂谷阶段

里奥穆尼盆地位于冈瓦纳大陆解体的中部，裂谷的发育时期明显晚于该盆地。解体从两端向中心发展，首先从西北部的陆内断裂向南扩散，而冈瓦纳大陆南部形成于侏罗纪早期的另一裂谷系则向北延伸。到中侏罗世末期，两条断裂系交会并切穿位于赤道地区的里奥穆尼盆地。

2）过渡阶段

晚巴雷姆期—早阿普特期，南美大陆与非洲大陆之间的裂谷作用趋于结束，发生了裂谷期之后的区域性反弹挤压作用，使南美大陆与非洲大陆曾经一度发生过挤压聚合，形成了西非海岸裂谷盆地的反转和抬升剥蚀，导致了裂谷层序与过渡层序之间的区域性不整合。

3）被动大陆边缘阶段

阿普特期至新近纪，随着大西洋的扩张，南美大陆与非洲大陆的被动大陆边缘从里奥穆尼盆地东部陆上裂谷之上的坳陷盆地向西发展成为一系列主体向西扩展的陆坡坳陷。由于受到陆坡坳陷北北西向（拉张断层）及北东东向（走滑断层）基底断裂制约，在下刚果、加蓬及里奥穆尼盆地发育为一系列北西向断陷、断垒，东西相间排列。受北东东向转换断裂影响，断陷在南北方向上，以横向隆起的形式各段错开，形成次级盆地。如里奥穆尼盆地和北加蓬次盆之间，北加蓬次盆和南加蓬次盆之间，南加蓬次盆与下刚果盆地之间。因此，里奥穆尼盆地与加蓬盆地同样具有张扭拉分性质。伴随着被动大陆边缘的沉积及构造作用，陆架边缘沉积物失稳，并集中发育了里奥穆尼盆地三期滑移不整合，而且在这些不同期、不同规模的滑塌中大规模发育浊积体。

3. 加蓬盆地构造演化

加蓬盆地自晚侏罗世开始形成，成因与西非海岸和南美海岸的诸多盆地相同，是南大西洋的张开、离散板块运动及与晚白垩世非洲板块运动有关的区域构造运动的结果。盆地发育在古刚果和圣保罗克拉通之间的缝合带上，基底为前寒武系变质岩和结晶岩。盆地经历了前裂谷期（本书不作详细介绍）、裂谷期、过渡期和被动大陆边缘期三个构造发育阶段，形成由大陆内裂谷盆地与被动大陆边缘盆地叠加的大中型中生代—新生代复合盆地（图2-16）。

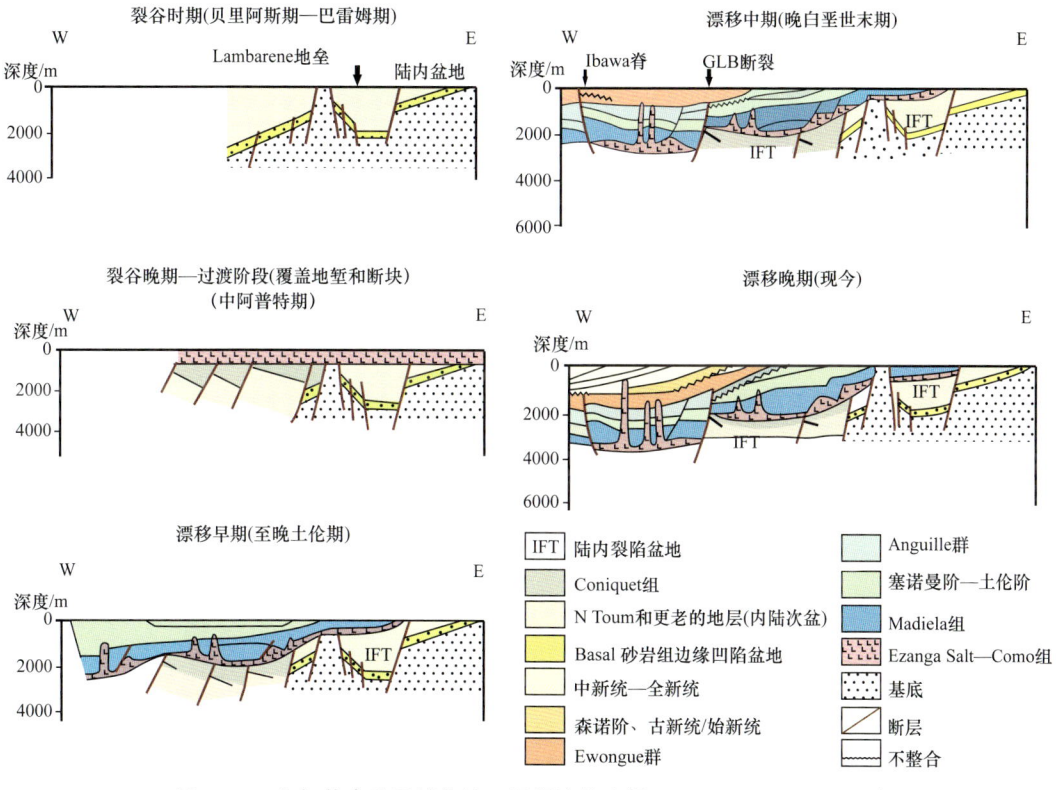

图2-16 北加蓬次盆区域构造—沉积演化（据Teisserenc et al., 1990）

1）裂谷期

裂谷期为早白垩世的贝里阿斯期—巴雷姆期，发育基底张性断块运动、地垒及生长断层等。

盆地内裂谷构造发育最为典型的地区是南加蓬次盆，具块断结构特征，可分成单断

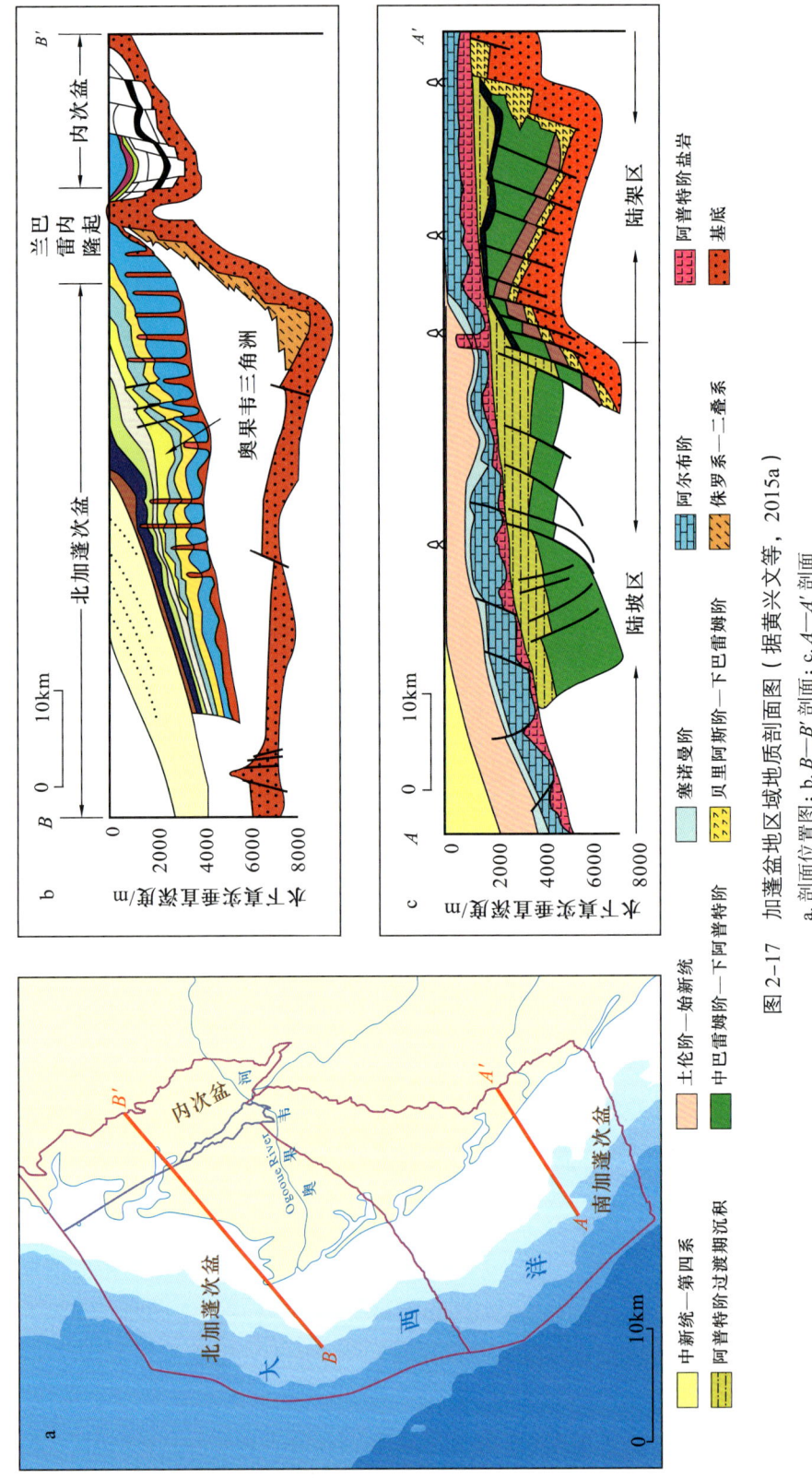

图2-17 加蓬盆地区域地质剖面图（据黄兴文等，2015a）

a. 剖面位置图；b. B—B'剖面；c. A—A'剖面

式和双断式两种结构类型，多表现为垒、堑相间的结构特点（图2-17）。一般是呈狭长线性地堑式洼陷，平行于大西洋边缘走向延伸，并被一系列线性地垒隆起分隔。线性构造带在垂直其走向上向海洋方向（向西）呈阶梯状下降。裂谷盆地内断层发育，断层全部表现为正断层，大多以犁式生长断层为主。

Gamba组覆盖在经过剥蚀的裂谷地层之上，构造特征与裂谷期不同，也与被动大陆边缘期有所差别，总体上表现为平缓西倾的单斜。构造类型主要是在残余基底隆起或前Gamba组构造上的披覆背斜，另外裂谷断层的轻度"活化"也能形成一些低幅度的构造。

2）过渡期

过渡期为阿普特期，裂谷作用停止，开始热沉降，发育蒸发岩和碎屑岩沉积。

3）被动大陆边缘期

被动大陆边缘期，随着大陆的解体和裂谷作用的结束，热流值下降，盆地开始稳定沉降。断裂不发育，构造变形主要由盐体的塑性流动造成。地层整体上为向西倾斜的单斜层，可以划分出陆架区和陆坡区、陆隆区。盐底辟作用造成地层变形的样式十分丰富，主要有以下几种类型。

（1）盐枕、龟背状构造和底辟：主要分布在现今陆上地区，其中龟背状构造主要发育在Madiela组碳酸盐岩中。

（2）断裂"棱形"底辟：在盐上岩层沉积时，断裂仍然在活动，但这种断裂主要分布在盆地地台区进入深海盆地区的陆坡上。

（3）大型底辟：主要分布在枢纽带以西的深海盆地区。

4. 下刚果盆地构造演化

下刚果盆地属于西非被动大陆边缘盆地之一，其演化也经历了前裂谷期（本书不作详细介绍）、裂谷期和被动大陆边缘期。晚侏罗世—早白垩世早期盆地经历裂谷发育早期，发育河流相—湖泊相地层；早白垩世中期阿普特期，盆地发育大范围盐岩层系。从早白垩世阿尔布期开始，盆地进入被动大陆边缘期发展阶段，现今盆地整体向西倾斜（图2-18）。

1）裂谷期

晚侏罗世开始形成一系列北西—南东向的克拉通内裂谷早期盆地。非洲与南美洲的分离，使盆地成为粗粒碎屑岩沉积中心，进一步张裂形成与海岸平行的地堑和地垒。到阿普特期，在区域拉张作用下，进入裂谷晚期沉积阶段，盆地内沉积厚层的盐岩。其中地堑和地垒主要为倾斜断块，包括地堑、半地堑和转换断层；盐岩主要为盐堆积物、盐丘和相关的盐构造（如盐背斜和龟背斜）。

盐下构造层主要受控于裂谷期的伸展构造作用，以正断层为主，形成翘倾断块和褶皱构造，铲状断层在某些地方影响到裂谷晚期充填。由于剥蚀作用，裂谷系隆起区经过剥蚀形成碳酸盐岩发育区，同时可形成披覆构造。阿普特期的准平原化作用除了区域性翘倾外，还发育褶皱和断裂，构造幅度相对较低。

2）被动大陆边缘期

早白垩世晚期大陆解体和裂谷作用结束，热流值下降，盆地开始稳定沉降。盐上地层受盐运动控制，既存在拉伸构造也存在挤压构造。盐岩受西部挤压、东部拉张的构造应力的影响，形成了挤压—拉张型的基本构造格局，产生了大量褶皱、犁形断层、滑筏地堑和拆离体。平面上，下刚果盆地盐上地层从东向西分为拉张盐构造带（在邻近陆相基底露头处形成了薄层盐层）和挤压盐构造带，拉张盐构造带从西向东又分为斜坡区、滑筏拉张区、中新统刚果河三角洲区，挤压区形成盐拱小盆地。

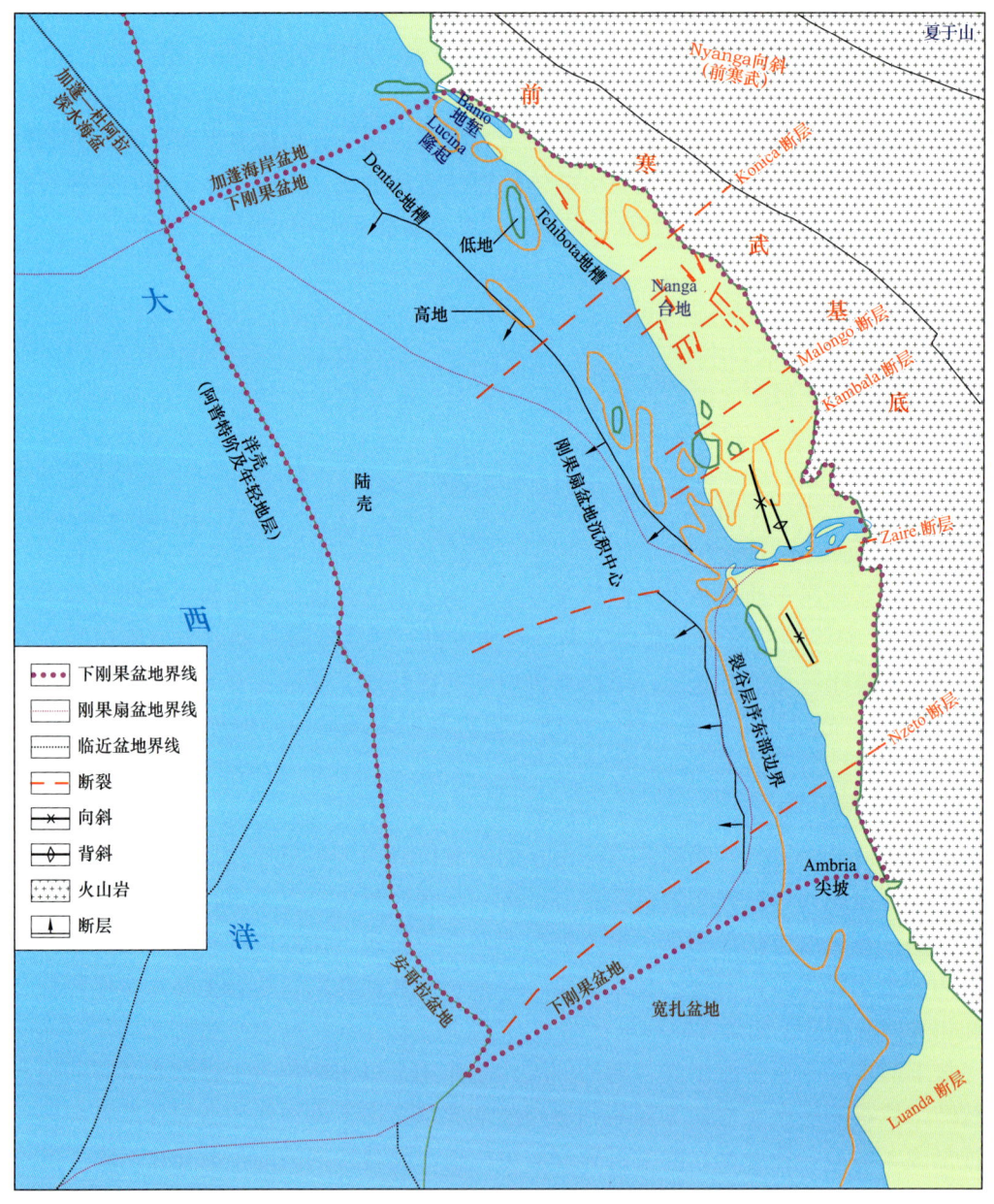

图 2-18　下刚果盆地构造示意图（据 Burwood et al., 1999）

5. 宽扎盆地构造演化

宽扎盆地属于西非被动大陆边缘盆地之一，构造演化的特点与其他西非被动大陆边缘盆地类似，具有相同或相似的盆地演化过程，经历了早白垩世的裂谷阶段、阿普特期的过渡阶段及晚白垩世至今的被动大陆边缘阶段（图2-19）。

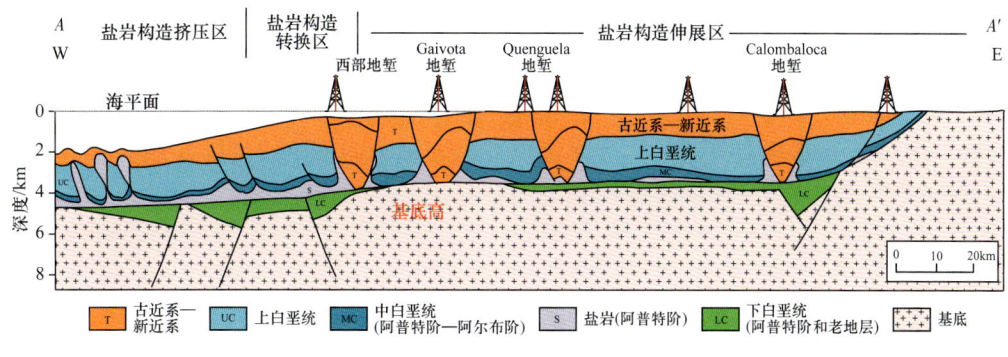

图 2-19　宽扎盆地区域地质剖面图（据 Hudec et al., 2002）

1）裂谷阶段

盆地的裂谷期始于晚侏罗世的南美大陆与非洲大陆分离，以局部地区强烈的火山活动为标志。在宽扎盆地贝里阿斯期—巴雷姆期的演化阶段，早期的裂谷沉积物包括非海相的硅质碎屑岩和有机质丰富的黑色页岩，它们与火山岩沉积物如凝灰岩和玄武岩互层沉积。宽扎盆地裂谷早期的火山活动较北部下刚果盆地和加蓬盆地强烈，形成较厚的火山沉积物。

2）过渡阶段

从裂谷演化的晚期阶段巴雷姆期到早阿普特期，非海相的硅质碎屑岩继续沉积。早阿普特期的不整合标志着大陆裂谷沉积的顶峰和洋壳侵位的开始。中、晚阿普特期以沉积巨厚的盐为特征，形成了良好的区域性盖层。

3）被动大陆边缘阶段

（1）早期：洋壳的持续侵位、裂缝带的发育和古老洋壳的冷却导致了更强烈的沉降作用，发育了晚阿尔布期的海洋沉积，形成了陆架上含有深水沉积的泥晶灰岩的海相碳酸盐岩台地及盆地东部的部分陆相碎屑岩。向西的轻微倾斜和沉积载荷作用产生了盐的活动，在浅海环境下盐的隆起形成了浅滩和岛屿，这些地方成为礁和藻类碳酸盐岩的沉积中心。

（2）中期：晚白垩世被动大陆边缘持续发育，沉积物以碎屑岩为主，这些沉积物的相带主要受盐诱导构造的影响，洋壳构造带及其延伸至陆壳的部分也对相带起到一定的作用。Sumbe 火山带在坎潘期的活动可能使本格拉次盆和宽扎盆地开始分隔。

（3）晚期：晚白垩世到古近纪，沿着西非海岸线，一系列的三角洲体系开始形成并发展。主要的剥蚀阶段发生在全球渐新世海平面下降时期，该阶段与盆地向西部方向的沉降加快和向岸方向的抬升相关，剥蚀产物有效地强化了盐的区域构造作用。沉积物的负荷和盆地东部的抬升导致了盐构造在该区的伸展,而盐岩盆地西部遭受了挤压作用,东部强烈的伸展作用使白垩系在盐上形成盐筏运动,从而产生了古近系—新近系的地堑(图2-19)。

6. 纳米比盆地构造演化

纳米比盆地属于被动大陆边缘盆地。伴随着冈瓦纳大陆的解体和大西洋的持续扩张,盆地演化阶段可大致分为前裂谷期、裂谷期、过渡期和被动大陆边缘期4个阶段。

1)前裂谷期

晚侏罗世前西非与南美大陆均处于西冈瓦纳大陆的内部,以剥蚀作用为主,少量地方接受坳陷型沉积,纳米比陆上盆地和滨海盆地沉积了卡鲁阶,陆上盆地内还有厚度超过370m的侏罗系玄武岩。

2)裂谷期

主要是晚侏罗世—早白垩世的裂谷作用。据有关资料,大陆裂谷作用于126Ma到达沃尔维斯海脊南侧,于118Ma到达贝努埃海槽。沃尔维斯海脊以北诸盆地内裂谷期沉积物主要为:贝里阿斯期—欧特里夫期为河流相,晚欧特里夫期—早巴雷姆期为厚层湖相三角洲及地堑沉积中心的盆地相页岩,晚巴雷姆期—早阿普特期为三角洲沉积及湖泊沉积。纳米比盆地内,虽然奥兰治盆地东部的AJ-1井已钻穿,但未取得详细资料。该阶段纳米比盆地具有比较显著的特征,即受到约130Ma的Tristan热柱(也称Parana-Etendeka热柱)的影响,在该盆地内有大量溢流玄武岩喷发。

3)过渡期

主要指晚阿普特期—早阿尔布期,同裂谷阶段结束,开始形成初始洋壳,同时受南侧沃尔维斯海脊火山岩带形成的横向地形高阻挡的影响,在沃尔维斯海脊北侧形成了海水循环受限的局限环境,在南大西洋两侧的西非、南美边缘沉积了厚度巨大、区域性分布的阿普特阶蒸发岩[许多学者将西非边缘的这一段称为"阿普特盐盆地(Apt. Salt Basin)"]。在沃尔维斯海脊以南的纳米比盆地内也见到了蒸发岩沉积,但没有受到如沃尔维斯海脊一样的横向地形的阻挡,因此,纳米比盆地内蒸发岩类型和形成原因可能与北侧有所不同。始于早白垩世海进期的沉积,岩性为风成砂岩夹玄武岩,上覆层为浅海相沉积岩和烃源岩。该时期还有一个比较显著的特征是形成了向海倾的地震反射波组(SDRs),经解释它们代表的是初始洋壳阶段的溢流玄武岩,表明纳米比盆地属于火山型边缘盆地。

4)被动大陆边缘期

也称为漂移期,从早白垩世末的阿尔布期起至今,以洋壳开始出现、洋中脊不断扩张、洋底增生及边缘热沉降为特征,主体为海洋沉积。阿尔布阶陆架区以浅水碳酸盐岩为主,向海变为盆地相页岩,同时盐构造开始活动。纳米比亚边缘的横剖面也表现出被动大陆边缘期地层中发育了大量重力滑动构造。晚白垩世为缺氧环境,沉积了大量富有机质的黑色页岩。古近纪和新近纪以海相页岩和浊积岩沉积为特征,其中晚始新世—渐新世发生了西非边缘具有区域意义的抬升及剥蚀作用。

7. 西南非海岸盆地构造演化

西南非海岸盆地是冈瓦纳大陆解体与南大西洋扩张形成的大陆裂谷和被动大陆边缘的叠合盆地。盆地的构造演化主要划分为4个阶段，从北向南取5条剖面展示演化过程（图2-20）。

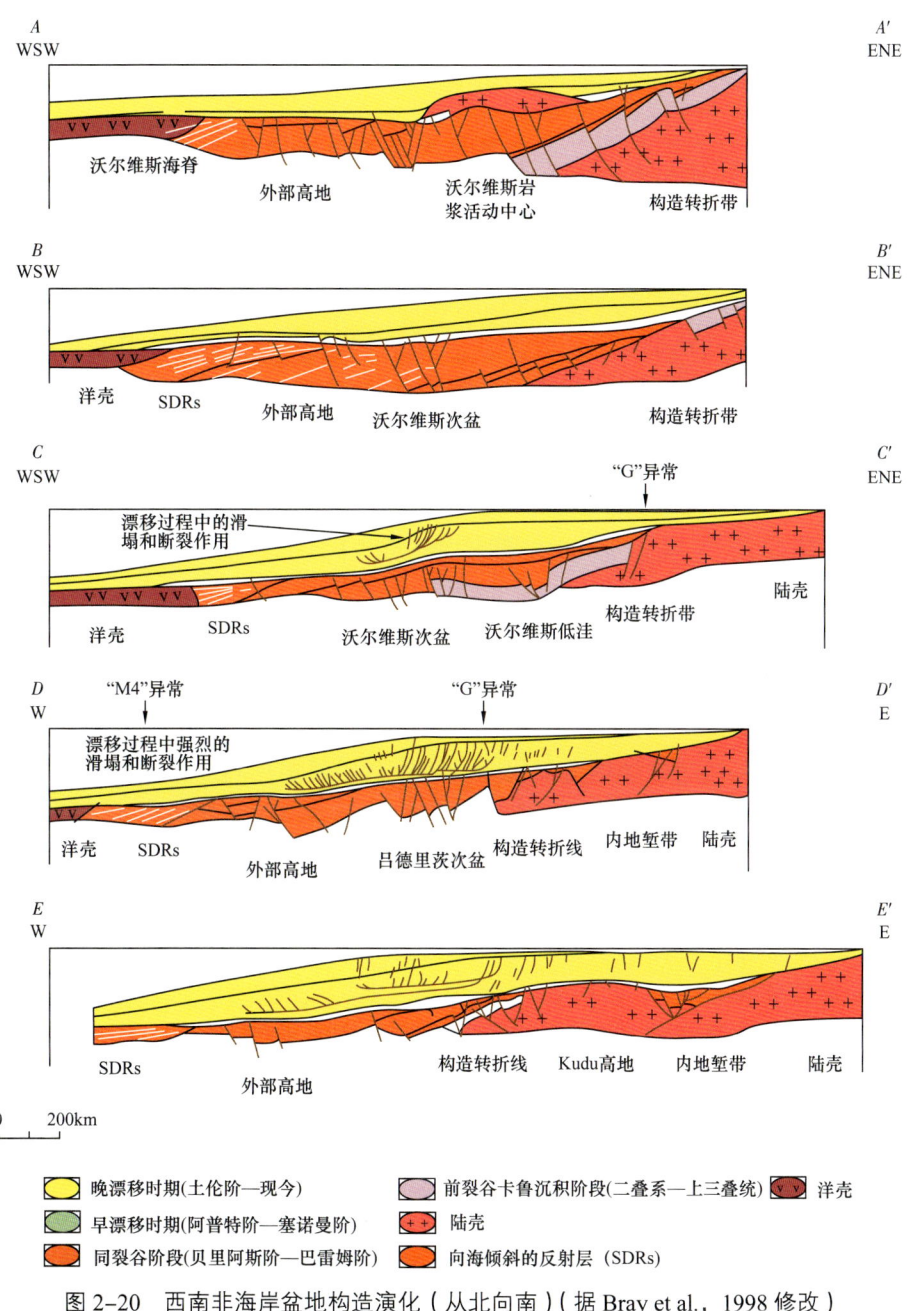

图2-20 西南非海岸盆地构造演化（从北向南）（据Bray et al., 1998修改）

1）前裂谷期

中侏罗世以前为前裂谷期，南大西洋的裂开南早北晚，在晚三叠世—早侏罗世，冈瓦纳大陆开始解体，并伴随着广泛的大陆裂谷玄武岩喷发，标志着超级大陆开始分裂解体。

2）裂谷期

晚侏罗世—早白垩世为裂谷期，冈瓦纳超级大陆初始扩张、解体后，南北延伸的地堑在初始非海相条件下，沉积了上侏罗统—下白垩统裂谷期沉积物。扩张伴随的火山活动在西南非海岸盆地的地堑西部最为强烈。

3）过渡期

中阿普特期为过渡期，构造活动趋缓，是由裂谷期的强烈断层活动向裂后早期热沉降阶段的过渡。

4）被动大陆边缘期

晚阿普特期以后为被动大陆边缘期，随着裂谷作用的结束和大陆的解体，热流下降，进入盆地的被动大陆边缘期，盆地开始整体沉降（图2-20）。被动大陆边缘层序按古地理可明确被划分为：陆架、陆坡和洋盆环境。在晚白垩世和古近纪—新近纪期间，发育大规模跨度达数百千米的滑塌构造和后裂谷沉积物再沉积形成的筏移构造，其中在古近纪—新近纪发育了多个海底扇体。

三、西非中段转换型被动大陆边缘盆地构造演化

由于受 Marathon、St.Paul、Romanche 和 Chain 等大洋转换断层控制，发育的利比里亚、科特迪瓦、凯塔（Keta）—多哥—贝宁盆地是典型的转换型被动大陆边缘盆地。

1. 构造演化

转换型被动大陆边缘盆地构造演化除受转换断层强烈控制外，导致其从陆到洋变化的板块分离过程也对其有明显影响。前人通常将剪切型被动大陆边缘构造演化划分为陆内转换、陆洋转换和后转换3个阶段（Macgregor et al.，2003；Dailly et al.，2013；Mascle et al.，1998）。结合盆地地层沉积资料，可将西非转换型被动大陆边缘盆地构造演化划分为前转换陆内沉积期、陆内剪切裂谷期、陆洋转换压扭期及被动大陆边缘热沉降期4个阶段。各阶段特征如下：

（1）前转换陆内沉积期：由于缺乏海洋古地磁数据，赤道大西洋的确切开启时间目前仍不确定（Antobreh et al.，2009；Dickson，2003）。根据南、中大西洋海洋古地磁数据的板块重建限定，赤道大西洋地区大陆裂解应始于早白垩世（140Ma后）（Basile et al.，1993；Mascle，1998）。裂解前的赤道西非段位于冈瓦纳古大陆内部稳定的台地区，局部沉积了古生代和中生代早期地层，地层对比显示，主要为泥盆系到石炭系的碎屑岩，及泛非基底之上局部碳酸盐岩和侏罗系火山岩（Attoh，2004）。由于地层埋深大，油气勘探目前均不涉及该期地层。

（2）陆内剪切裂谷期：早白垩世（约140—125Ma）裂解作用从南大西洋向北逐渐扩张，剪切应力和拉张应力联合作用于整个赤道大西洋。沿主破裂带，差异应力在转换断层的原始位置以剪应力为主，转换断层之间大陆边缘位置以伸展应力为主。不同先存构造及构造古地貌限制盆地原型的局部发育，如：加纳东缘受古Chain断裂剪切、加纳西缘受古Romache断裂剪切、利比里亚盆地西部靠几内亚台地边缘受古Marathon断裂剪切等，均形成局部凹陷（图2-21a）。至阿普特期（110Ma）随着大陆裂解的持续扩展，赤道大西洋主破裂带地壳逐渐减薄，形成多个小型的分隔的裂谷（图2-21b）。先存剪切构造作用主导该区裂解，裂谷多具有拉分盆地性质，以倾滑、斜向伸展及碎屑物快速堆积为主要特征（Antobreh et al.，2009）。

（3）陆洋转换压扭期：早白垩世中阿尔布期，区域剪切主应力方向由北东变为东北东—西南西向，赤道大西洋裂解由张剪应力为主变为压扭应力为主，强度由南往北逐渐减弱，伴随转换断层端缘发育系列褶皱、反转断层及正花状构造等（Antobreh et al.，2009）。晚阿尔布期，主破裂带平面上逐渐形成小型洋盆，局部被转换断层分隔不连通（图2-21c）。

（4）被动大陆边缘热沉降期：晚白垩世，赤道大西洋已全部连通，新生陆壳逐渐向陆缘扩展，转换断层沿盆地边缘持续发育，盆地进入稳定的被动大陆边缘热沉降阶段，接受陆源海洋沉积（图2-21d）。受全球海平面下降影响，根据渐新世末期区域性侵蚀不整合，可将被动大陆边缘期分为海进作用为主的被动大陆边缘Ⅰ期和海退作用为主的被动大陆边缘Ⅱ期两个阶段（据秦雁群等，2016）。

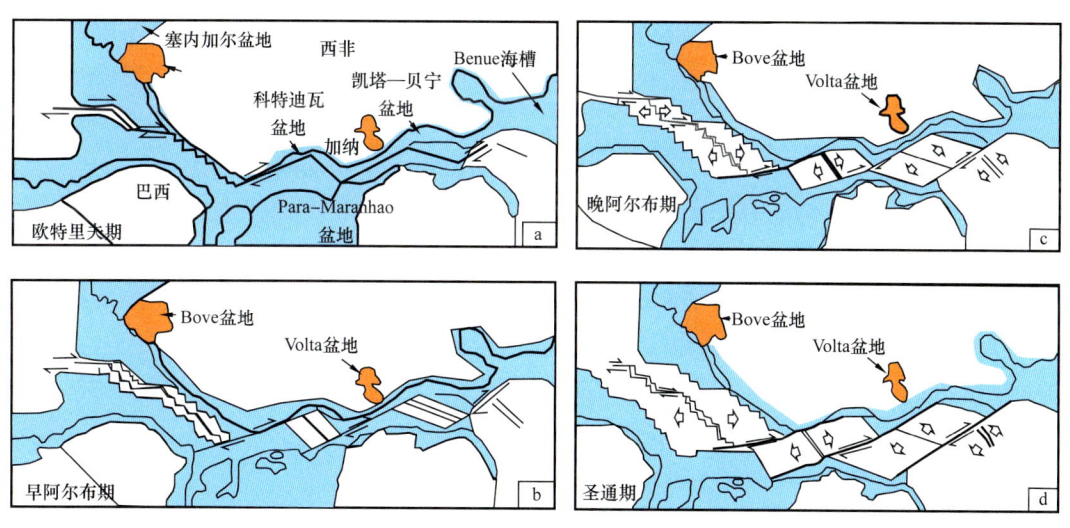

图2-21 转换型被动大陆边缘盆地构造演化与成盆动力学模式（据Basile et al.，1993；秦雁群等，2016）

a. 大陆裂谷与转换断层初始阶段；b. 快速形成孤立裂谷盆地；c. 非洲和南美洲最终分离；d. 中南大西洋开启进入被动大陆边缘阶段

2. 变形序列与地层不整合

转换型被动大陆边缘盆地变形序列，随转换断层控制大陆边缘的强烈程度不同而有所差异。

陆内剪切裂谷阶段，凯塔—多哥—贝宁盆地受 Romanche 转换断层控制最为强烈，发育三期不同程度的裂谷，科特迪瓦盆地主要受 Romanche 和 St.Paul 断裂联合控制发育两期裂谷，利比里亚盆地受边界转换断层控制最弱，只发育一期裂谷。

陆洋转换阶段，受转换断层边缘脊隆升变形差异影响，赤道西非盆地群从东往西也体现出逐渐减弱的构造变形特征。

被动大陆边缘热沉降期，转换断层控制作用明显减小，地层沉积主要受控于全球海平面升降变化，局部受构造古地貌控制，如加纳边缘转换脊上发育的几期不整合，以及利比里亚盆地西部几内亚台地隆起形成的多期碳酸盐岩沉积等。

纵向上，赤道西非盆地群发育四期可对比的区域性不整合，分别为前转换期末、陆内剪切裂谷期末和陆洋转换末期的构造不整合，以及渐新世末期的侵蚀地层不整合。前转换期末不整合具有明显的由东向西逐渐变晚特征，显示赤道大西洋裂解作用始于加纳—贝宁边缘。陆内剪切裂谷末期不整合也具有从东往西逐渐迁移的特征，显示区域主剪切应力方向变化最早作用于 Romanche 断裂地区。

陆洋转换末期不整合在利比里亚盆地不明显，说明转换断层在这一时期对该盆地沉积的控制作用较小。渐新统末期不整合主要是受全球海平面下降影响，整个西非进入陆缘剥蚀低位沉积阶段（Macgregor et al., 2003；刘剑平等，2010），赤道西非边缘受转换脊影响侵蚀作用更加强烈，地层缺失明显。除区域性不整合外，由于受转换断层控制作用的强弱不同、转换脊隆升程度变化及构造古地貌差异，3 个盆地内部局部不整合也具有从东往西逐渐减少的趋势。

1）科特迪瓦盆地

科特迪瓦在大地构造上位于古元古界西非克拉通的中部，几内亚太古代地块的东缘。盆地基底为前寒武纪西非克拉通，覆盖了科特迪瓦陆上和加纳陆上大部分面积。盆地沉积盖层厚度大，主要是下白垩统和新生界碎屑岩，最老的沉积岩是下白垩世阿普特阶碎屑岩。科特迪瓦盆地经历了 3 个主要构造演化阶段：

早白垩世贝里阿斯期—巴雷姆期为前转换阶段，在走滑断裂构造运动形成的伸展地堑中接受沉积，沉积物主要为河流相、三角洲相和湖泊相，岩性有砂岩、页岩和砾岩。该期沉积主要分布于转换边缘东部的多哥、贝宁境内。

阿普特期—晚阿尔布期为同转换阶段，以河流相、三角洲相和湖泊相硅质碎屑岩为主。晚阿尔布期—早塞诺曼期，横向扭错运动结束，基底抬升加强，科特迪瓦—加纳边缘脊遭受剥蚀。一个广泛存在的阿尔布阶—塞诺曼阶不整合面，记录了两个大陆板块接触的最后时期是晚阿尔布期。

塞诺曼期—全新世为后转换阶段，该阶段发生明显的重力滑动，发育了大量铲式断层及滑塌构造，沉积了海相页岩或浅水碳酸盐岩。以圣通阶和渐新统之间的不整合面为界，分成早、中、晚3个时期。

科特迪瓦盆地的边界是St.Paul断裂带和Romanche断裂带。St.Paul断裂带与Romanche断裂带之间，存在一组形成于非洲大陆与南美洲大陆分离地壳减薄时期的北西西—南东东向"条纹"式断裂，形成了地堑、半地堑和断块相间的构造形态。盆地存在两个主要的走向与海岸平行的正向构造带，北部为阿比让边缘构造带，其次为大拉乌（Grand Lahou）高地。在阿比让边缘构造带，发育了众多北西西—南东东的背斜构造和基底断层，盆地大部分油气田都位于这些背斜圈闭和断块圈闭中（邬长武等，2012）。

与尼日尔三角洲以南的西非被动大陆边缘相比，科特迪瓦—加纳转换边缘最为显著的特点是：（1）转换构造特征明显，发育大型海洋转换断层；（2）沿这些大型转换断层发育了延伸长、规模大、抬升高的边缘脊（如科特迪瓦—加纳脊）；（3）沿边缘未见到明显的蒸发岩沉积及相关的盐构造。

2）贝宁盆地

贝宁盆地位于赤道大西洋段，处于非洲板块与南美板块分离时的转换位置，受剪切作用控制，在赤道段形成了一系列近东西向展布的裂谷群，盆地之间以Romanche、Chain、St. Paul等多条右旋大型走滑断裂为界，贝宁盆地夹在Romanche和Chain断裂之间。贝宁盆地的发育始于早白垩世，是伴随着赤道大西洋的裂开而形成的（秦雁群等，2016；Gasperini et al.，2001）。盆地构造演化主要经历了2个阶段，即转换阶段（裂谷阶段，早白垩世早阿普特期—阿尔布期）、后转换阶段（漂移阶段，晚白垩世塞诺曼期—现今），各期构造层序间均发育有重要不整合界面（图2-22）。

（1）转换阶段：

侏罗纪末期冈瓦纳大陆由南向北开始裂解，受东西向剪切拉张作用控制，南部形成了一系列的近南北向展布的裂谷盆地群。受非洲板块和南美板块分离作用的控制，贝宁盆地在该时期发生强烈裂陷作用，断裂发育，形成了坳隆相间的构造格局，这一时期，盆地以陆相的河流、湖泊相充填为主，裂陷作用末期不发育盐岩，裂陷期沉积地层厚度为1000～4400m。

（2）后转换阶段：

南美板块与非洲板块彻底分离，洋壳产生，南北大西洋贯通，以贝宁盆地为代表的西非海岸盆地进入热沉降阶段，构造活动变弱，广泛发育海相，以陆架边缘的三角洲沉积与深水盆地的浊积砂岩沉积为主。由于缺乏盐岩和大套泥岩等塑性地层，整个漂移期地层构造不发育，漂移期地层整体上呈向海倾斜的单斜，仅在转换断层附近受后期压扭作用发育挤压背斜构造带（孔令武等，2018）。

四、西非构造演化对比

西非海岸盆地属于大陆裂谷和被动大陆边缘形成的叠合盆地，盆地的形成与中生代以来冈瓦纳大陆解体和大西洋扩张作用有关，盆地的发育基本上都经历了至少三个演化阶段，如前裂谷—裂谷—被动大陆边缘阶段，或者是裂谷—过渡—漂移阶段。但是，北段与中南段盆地裂谷作用的时间、方式不同，造成盆地的演化特征大相径庭。

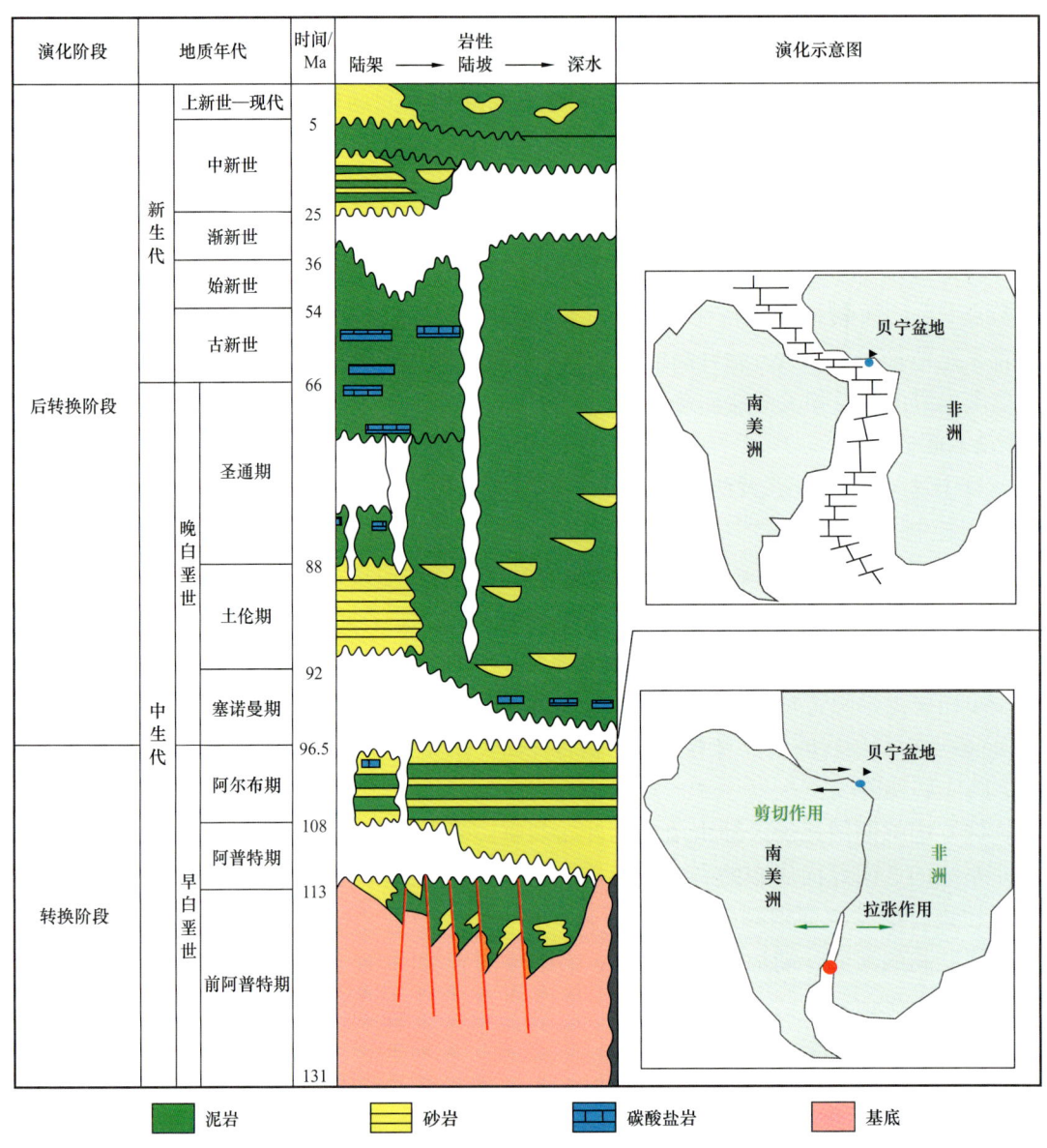

图 2-22 西非贝宁盆地构造演化图（据孔令武等，2018）

西非北段盆地裂谷作用始于晚三叠世，盆地的演化不仅受北大西洋裂谷作用和北美与非洲板块的分离过程的控制，而且受三叠纪以前北非板块构造和沉积演化的控制；而中南段盆地演化较晚，始于侏罗纪晚期和白垩纪早期，其演化过程主要受南大西洋的裂谷作用和持续扩张作用控制。因此，西非北段盆地裂谷期沉积比西非中南部海岸盆地早。

西非北段盆地裂谷期分异明显，没有形成统一的裂谷盆地，也没有形成统一的沉积及沉降中心。不同盆地沉积及沉降中心不同，而且不断向北、向西迁移；盆地陆上部分受北非板块古生界演化控制强烈。例如塞内加尔盆地发育有志留系—泥盆系，向北阿尤恩盆地陆上则以三叠系、侏罗系为主。海上部分以中、新生界为主。

西非北段盆地在古近纪—新近纪进入统一的沉降坳陷阶段，但是北部由于受阿特拉斯造山作用的影响，地层高差大，沉积地层向海上快速增厚。

西非中南段盆地裂谷期至被动陆缘阶段的早期，形成了统一的裂谷盆地，其沉积、沉降中心位于中南部的下刚果盆地和加蓬盆地，形成了盐上、盐下白垩系两套主要的烃源岩系，为油气藏形成奠定了基础；盆地的分异期是从渐新世开始，由于南大西洋的裂谷作用是以三叉裂谷的形式打开，古近纪—新近纪在三叉裂谷中心位置（尼日尔三角洲地区）应力集中，坳陷作用强烈，向南逐渐减弱，在西非中南段发育了一系列的三角洲、扇三角洲盆地，而且盆地规模向南逐渐变小，形成了盆地分异期沉积层序和成藏体系，主要有尼日尔三角洲盆地、刚果扇盆地等。

第四节　主要断裂和构造样式

一、主要断裂

西非被动大陆边缘深水盆地在前寒武系变质岩和结晶岩基底上，在板块扩张应力作用下形成了北西—南东向基底断裂或构造枢纽带，以及呈雁行式排列的北东—南西向转换断裂，控制了盆地构造格局。因此，西非被动大陆边缘区域发育两组主要断裂系统：一组为平行岸线的北西—南东向，以正断层为主的断裂系统；另一组为北东—南西向的走滑断裂系统。

综合各方面的资料，在北西—南东向断裂和北东—南西向两组断裂体系控制下，西非被动大陆边缘深水盆地在结构上往往呈现出东西分带、南北分块的构造格局，可划分为若干个次级构造单元。受构造控制，各次级构造单元在沉积演化上也表现为明显不同的特征。

1. 北西—南东向断裂系统

西非被动大陆边缘深水盆地的北西—南东向基底断裂或构造枢纽带是在板块分裂过程中发育的，以正断层为主。断裂系统内部往往可以再分为若干条近似平行的次级断裂，它们共同控制盆地裂谷期的构造样式，形成地堑和地垒相间分布的格局。

例如加蓬盆地，该盆地最典型的特征之一是有三条呈北西—南东向展布的构造枢纽带（图2-23），由东向西依次排列。构造枢纽带是一个构造复合带，而不是单一的断裂分布带。各枢纽带的主要发育时间有一定的先后顺序，从第①枢纽带到第③枢纽带，从东向西依次形成。其中第①枢纽带形成于侏罗纪末期，第②枢纽带发展的鼎盛时期为早白垩世阿普特期，第③枢纽带主要形成期在晚白垩世—古近纪被动大陆边缘盆地发育期间，晚白垩世土伦期末初具规模。第③枢纽带实际上是一个典型的挠曲带，它的形成与深部裂谷大断裂有关，是盆地划分西部深海环境与东部陆架环境的界限（陈安清等，2014）。三个构造枢纽带是形成盆地裂谷垒堑相间构造格局的主控断层，同时对盆地地层的沉积充填和展布也有明显的控制作用。

又比如纳米比盆地，北西—南东向的断裂系统主要为一些近南北向的长条形纵向构造带。从东向西（海岸向海洋）为：（1）对冲地堑，沿着纳米比亚/安哥拉海岸线发育；（2）构造转折线，以西倾断层为特征；（3）中央半地堑，在前裂谷（盆地和山脉）和裂谷层序中存在陆倾断层；（4）边缘脊，主要分布在盆地的西边缘，为盆地的边界。

2. 北东—南西向断裂系统

板块拉张过程中，除了形成一系列呈北西向展布的构造带之外，另外还产生一系列北东—南西向展布、呈雁行式排列的转换断裂带。

在西非海岸盆地群中，由于板块的拉张时序不同，如北段拉张早于中、南段，而中、南段拉张是从南向北逐步发展，由南向北形成的时间变晚。因此各个盆地的发育时间不一致，北东—南西向转换断裂带的形成和发育时间也不一致。转换断裂带可作为确定盆地或次级构造单元形成时间的标志。

从南向北主要的转换断裂带有 6 条（图 2-24），分别为 Agulhas–Falkland 断裂系统、Rio Grande 断裂系统、Ascension 断裂系统、Chain 断裂系统、Romanche 断裂和 Marathon 断裂系统。其中 Agulhas–Falkland 断裂系统以北和 Rio Grande 断裂系统以南受二者限定的区域称为南段；Rio Grande 断裂系统以北和 Ascension 断裂系统以南受二者限定的区域称为中段；Ascension 断裂系统以北和 Marathon 断裂系统以南受二者限定的区域称为赤道段，Marathon 断裂系统以北直到地中海直布罗陀海峡区域称为北段。

例如西非中段深水加蓬海岸盆地，盆地内规模比较大的北东—南西向展布、呈雁行式排列的转换断裂带是北部的 Fang 断裂带、中部的 N'Komi 断裂带及南部的 Mayumba 断裂带等，均具有走滑性质，同时也是划分盆地和次盆的主要边界断层。次一级的横断裂带是分隔盆地内次级构造带的主要断层，如南加蓬次盆赛玉断裂带是分隔赛泰—卡马凹陷及维阿凹陷和 Gamba 凸起的主要断层（图 2-23）。

二、构造样式

西非海岸盆地的构造样式可以归为两类：一类是盐下构造，包括掀斜断块、地堑和半地堑、披覆褶曲等；另一类是由盐岩沉积形成的构造，包括盐上构造和盐间构造，如盐丘、盐背斜和盐底辟、泥底辟、逆冲推覆构造、重力滑脱和滚动背斜等。以下仅以代表性盆地举例说明。

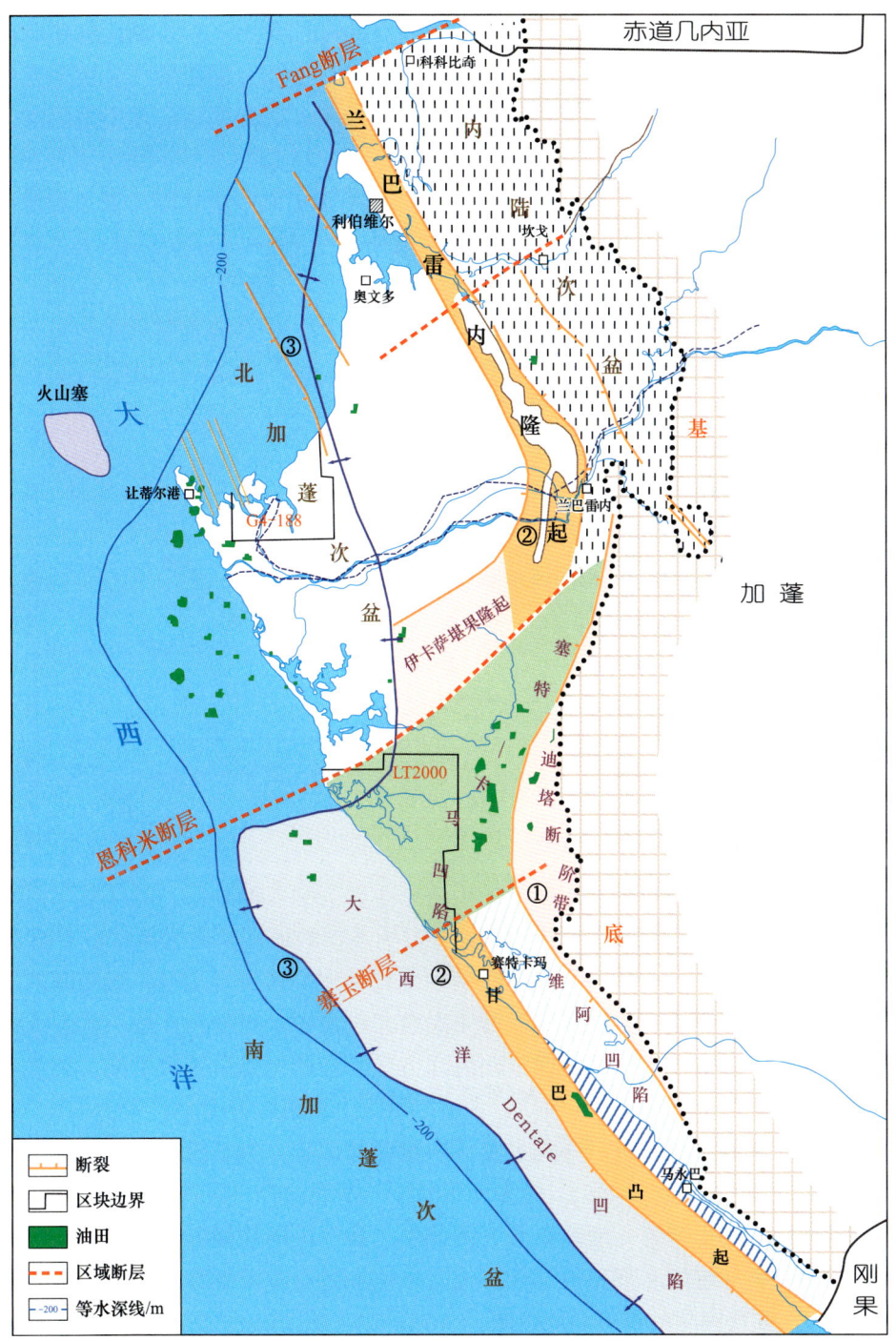

图 2-23 加蓬盆地构造纲要图

（据 Teisserenc et al., 2000；李莉等，2005；陈彤等，2008；刘延莉等，2008）

注：图中①②③代表枢纽带序号

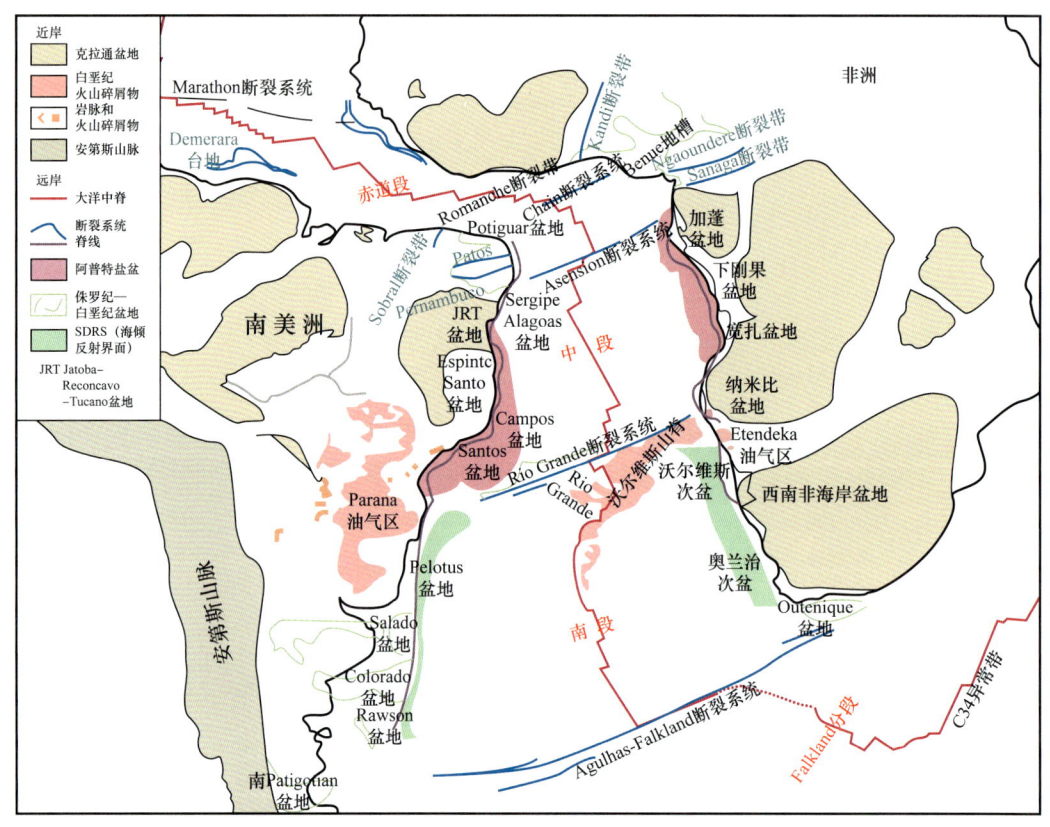

图 2-24 晚白垩世圣通期（84Ma）南大西洋构造概要（据 Moulin et al., 2010）

1. 地堑和半地堑

加蓬盆地与基底构造和断裂有关的下构造层主要为裂谷期地层，时代从早白垩世贝里阿斯期到早阿普特期。盆地内裂谷构造发育最为典型的地区是南加蓬次盆（图 2-25），具块断结构特征，可分成单断式和双断式两种结构类型，多表现为垒、堑相间的结构特点。一般是呈狭长线性地堑式洼陷，平行于大西洋边缘走向延伸，并被一系列线性地垒隆起分隔。线性构造带在垂直其走向上向海洋方向（向西）呈阶梯状下降。裂谷盆地内断层发育，断层全部表现为正断层性质，大多以犁式生长断层为主。

同样，贝宁盆地拉张类构造样式主要分布在盆地东部，为早白垩世裂陷期拉张作用下形成的常见构造样式（图 2-26）。为多种正断裂与断块组合，可进一步细分为反向翘倾断块、顺向翘倾断块、地堑—地垒组合 3 种类型，其中反向翘倾断块、顺向翘倾断块主要发育在裂陷期构造层的北部斜坡部位，地堑—地垒组合主要发育在裂陷期构造层的深洼带，是盆地内断块圈闭的重要形成机制。

2. 盐岩构造

由于盐岩的塑性流动作用，形成了形态极为复杂的盐体变形构造。近年来，国内外学者对世界各地（包括伸展盆地和挤压型盆地）盐构造进行过详细研究，发现了形式多

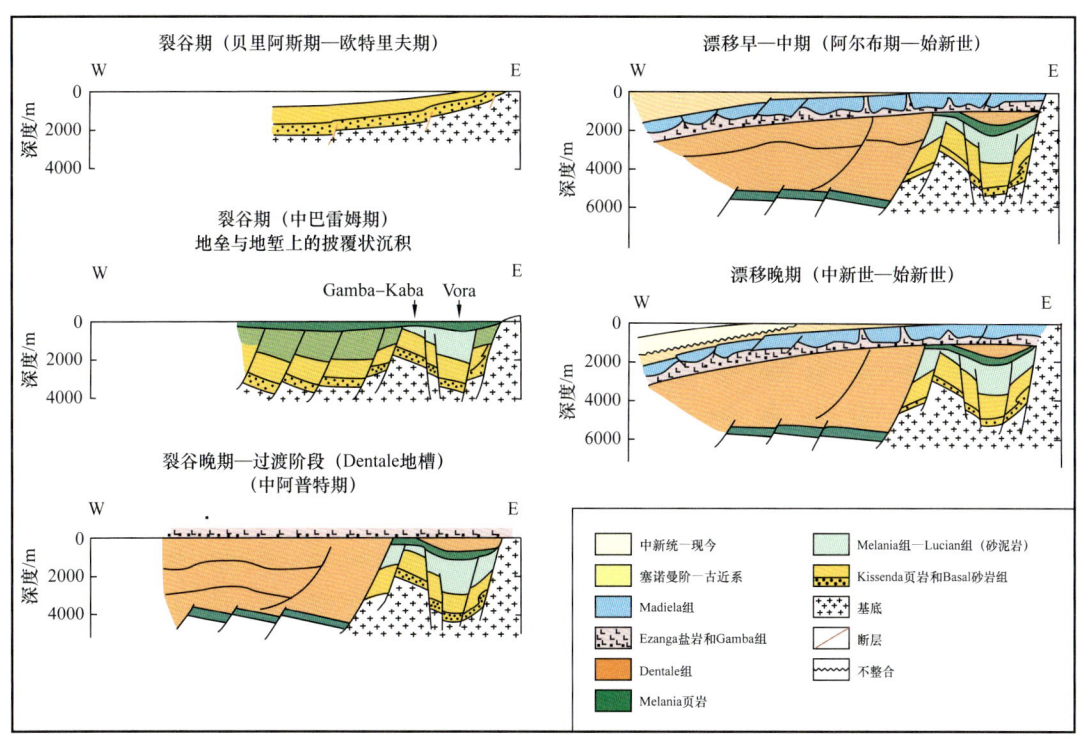

图 2-25 南加蓬次盆区域构造—沉积演化（据 Teisserenc et al.，2000）

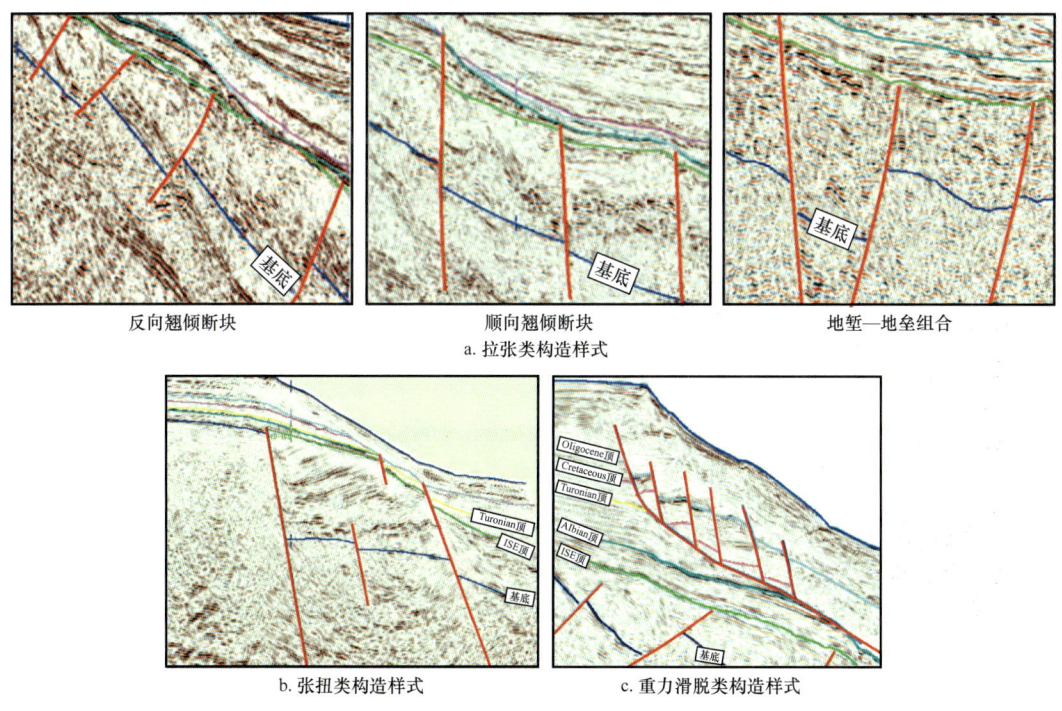

图 2-26 贝宁盆地拉张类构造样式（据孔令武等，2018 修改）

样的盐体变形构造，主要可归纳为两类：即协调变形构造和刺穿变形构造，它们主要表现为盐背斜、盐滚、盐枕、盐墙、盐蘑菇、盐丘和盐倒悬体等样式（图2-27）。

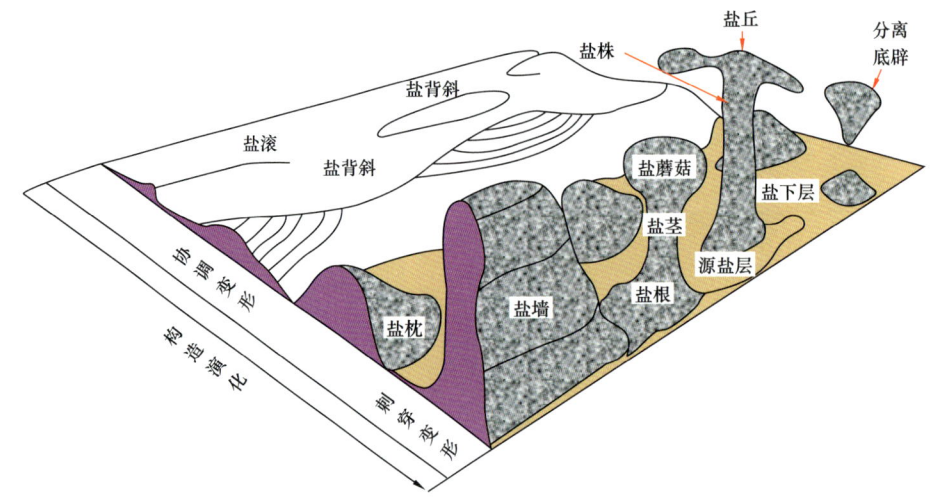

图2-27 被动大陆边缘盆地盐构造主要形式（据Jackson，2000）

南加蓬次盆盐岩分布具有东西分带的特点，自陆向海可以划分为3个区带：（1）陆上—浅水陆架区：地层平缓，盐上沉积负载薄，因此盐岩活动变形较弱，大致呈层状展布，分布稳定，厚度几百米；（2）浅水陆坡区：地层倾角大，伸展应力区，受新生洋壳冷却造成陆坡倾斜、盐岩自身重力及上覆差异负载作用，盐岩发生向海一侧塑性流动，形成一系列张性盐筏构造，盐窗发育；（3）深水下陆坡—深海平原区：地层倾角低，过渡—挤压应力区，是南加蓬盐岩最厚、变形最复杂的区域，发育盐龟背斜、岩墙、盐底辟等一系列复杂盐变形构造（图2-28）（黄兴文等，2015b）。

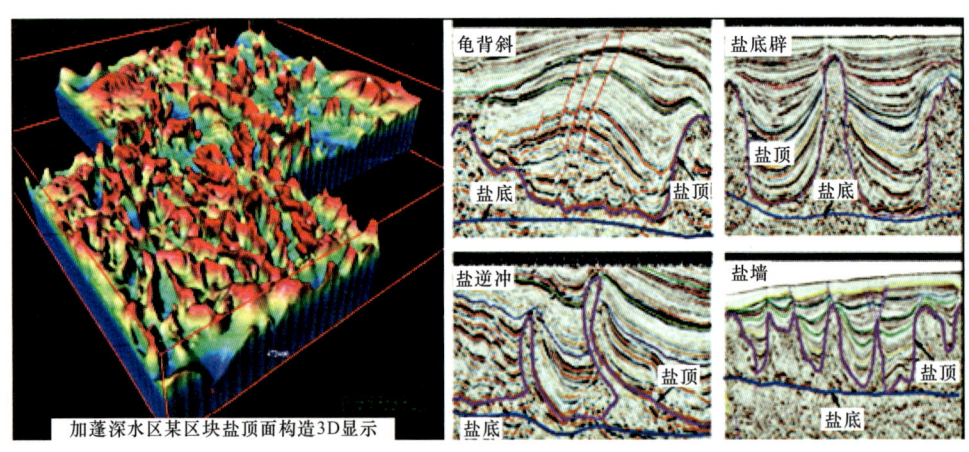

图2-28 南加蓬盆地深水区盐变形特征（据黄兴文等，2015b）

北加蓬次盆也是含盐盆地，盐岩地层形变造就了丰富多彩的盐岩构造，盐岩对盐上层系构造变形影响显著。盐岩活动及其引起沉积建造的构造变形对油气富集产生重要影响(图2-29)。由于盐岩蠕变,盐丘附近断裂发育,这些断裂有些可以作为油气运移的通道,有利于油气成藏。

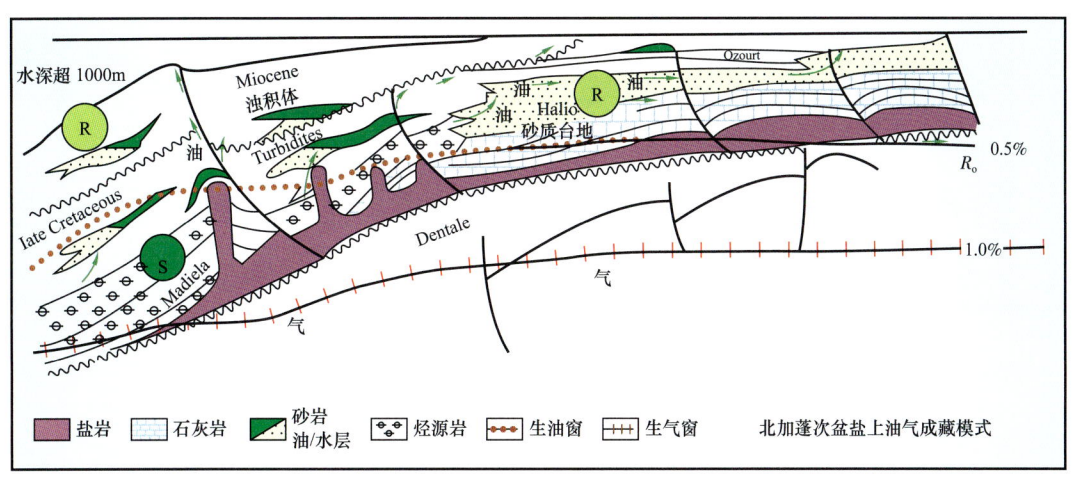

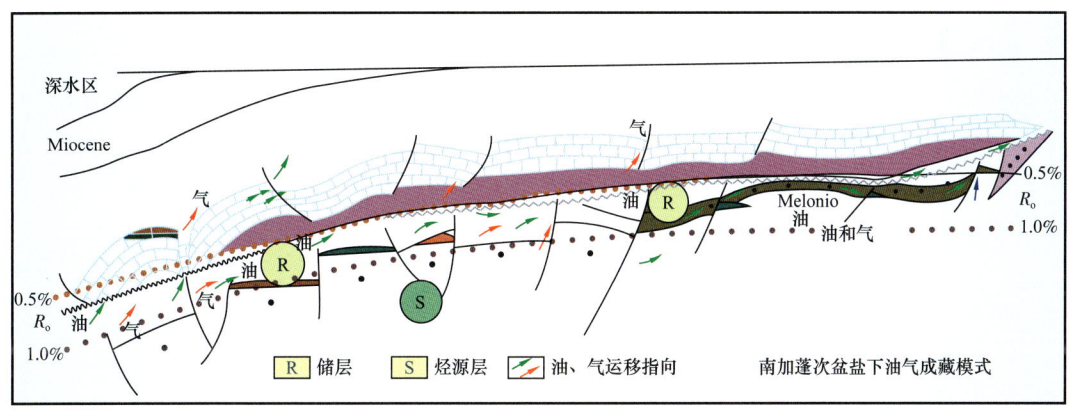

图2-29 加蓬盆地盐岩构造及油气成藏模式(据刘深艳等,2011)

西非宽扎盆地也发育丰富的盐相关构造,整体上呈带状分布(图2-30),盆地东部盐岩伸展区的盐体厚度明显小于盆地西部,且分布局限。盐岩伸展区构造变形以正断层为主,断层走向以北西—南东向为主;盐岩转换区以盐底辟为主要构造特征,断层不发育,具有明显的刺穿性,并形成更新统及上覆地层的背斜;盆地西部为盐岩挤压区,以盐底辟为主要构造特征,同时发育有大量的派生断层。盐岩挤压区内盐岩厚度明显大于盆地中部和东部,盐底辟体以非刺穿型为主,沉积盖层较薄。

塞内加尔盆地盐构造活动强烈,三叠系与盐岩相关构造是盆地的主要构造。盐底辟构造非常发育,主要分布在盐构造运动较活跃的毛里塔尼亚次盆和南部卡萨曼斯次盆地区,以盐底辟为主,形成盐构造圈闭。盆地中部的北部次盆盐运动很微弱,盐构造不发育,但中部达喀尔次盆火成岩较发育,火成岩活动形成的构造也是比较好的圈闭,盆地岩性圈闭较发育。

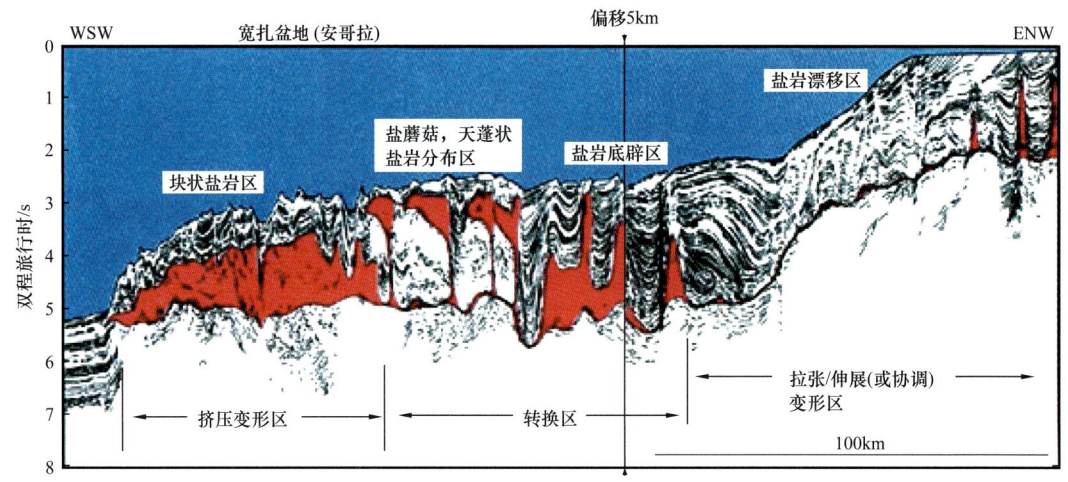

图 2-30　宽扎盆地盐岩构造特征（据 Burwood et al.，1999 修改）

3. 滚动背斜

同生断层相关的构造，特别是滚动背斜，已成为新生界的主要勘探目标。同生断层主要由以下地质运动或地质作用形成：地壳载荷和基底的构造运动；沉积物的快速堆积，并沿陆架边缘（或挠曲带）滑动；盐或页岩塑性流入局部构造或区域构造系统；重力塑流和滑动；沉积物厚度和岩性的急剧变化引起的差异压实作用。在以上的各种机制中差异压实和重力滑动是形成同生断层的最重要因素。

例如，在尼日尔三角洲同生断层形成的大量滚动背斜是陆上三角洲的主要构造圈闭类型（图 2-31）。滚动背斜可分为两类，一类是基本上没有错断的单纯滚动背斜，主要分布在北部三角洲沉积带、大乌格赫利沉积带和中央沼泽沉积带的北部。另一类是由一条或多条断层与主要同沉积断层作用形成的滚动背斜，这类构造分布较为普遍，主要分布在三角洲中部的大乌格赫利沉积带和中央沼泽沉积带及滨岸沉积带的北部。

4. 薄皮构造

在西非被动大陆边缘，盐层或塑性海相页岩层常成为向洋倾斜的区域性拆离面，其上的海相层序在重力作用下发育薄皮构造，一般在陆侧发育以掀斜断块和生长正断层为主的薄皮伸展构造带，在洋侧发育以逆冲褶皱为主的薄皮挤压构造带，两者之间常有一个以盐底辟或泥底辟加舒缓褶皱组成的过渡带，如下刚果盆地、尼日尔三角洲盆地等。下刚果盆地的盐岩上部岩层沿着构造坡折带，受重力作用向下发生滑脱变形，形成一套褶皱逆冲断层构造，而基底没有卷入变形，形成薄皮构造。

5. 挤压构造

挤压构造是由于受到挤压力的作用，主要形成于斜坡下部的前缘逆冲带上的构造，包括逆冲推覆构造和泥岩底辟构造。

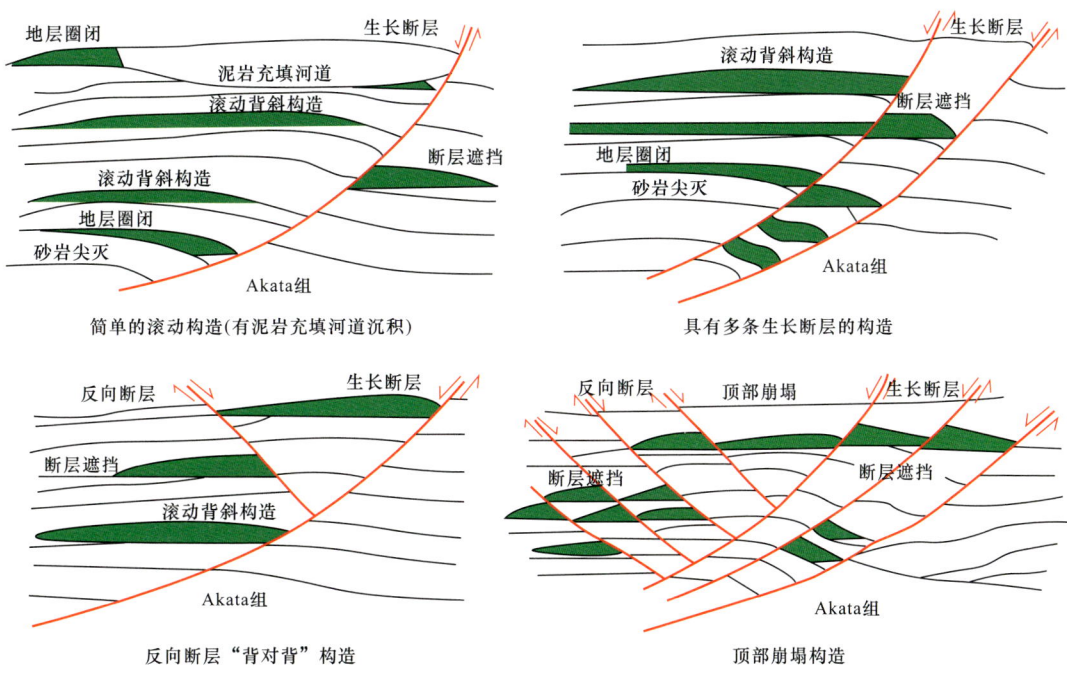

图 2-31　尼日尔三角洲盆地生长断层带的主要圈闭类型
（据 Doust et al.，1990；Stacher，1995；童晓光等，2002）

如西非被动大陆边缘的尼日尔三角洲的过渡区，在构造应力的作用下，形成泥岩底辟带，产生了泥拱构造（底辟背斜、刺穿等）（图2-32）；在挤压逆冲区，生长断层受沉积物重力作用及挤压构造控制，形成三条控制构造带的近东西走向的大型逆断层，产生了逆冲推覆背斜、断层等构造（图2-33、图2-34）。

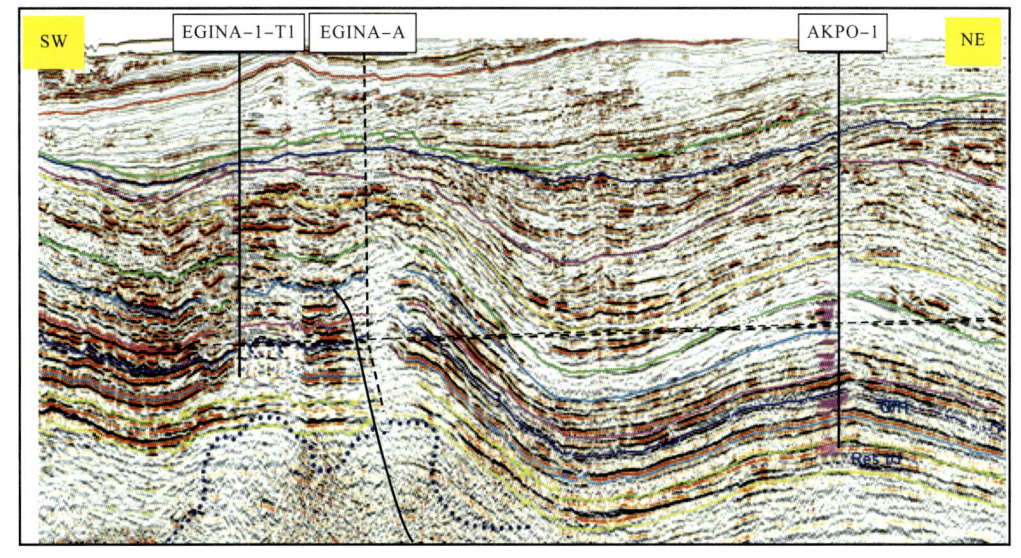

图 2-32　尼日尔三角洲泥岩底辟带剖面位置图（据 Corredor et al.，2005）

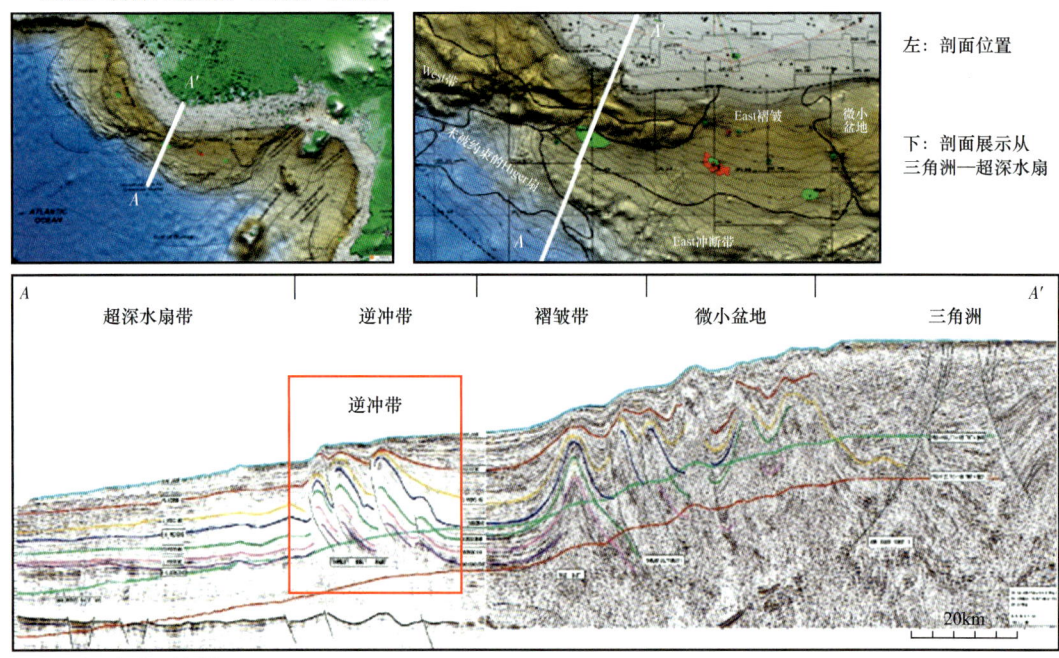

图 2-33 尼日尔三角洲盆地逆冲推覆带类型（据 Morgan，2003）

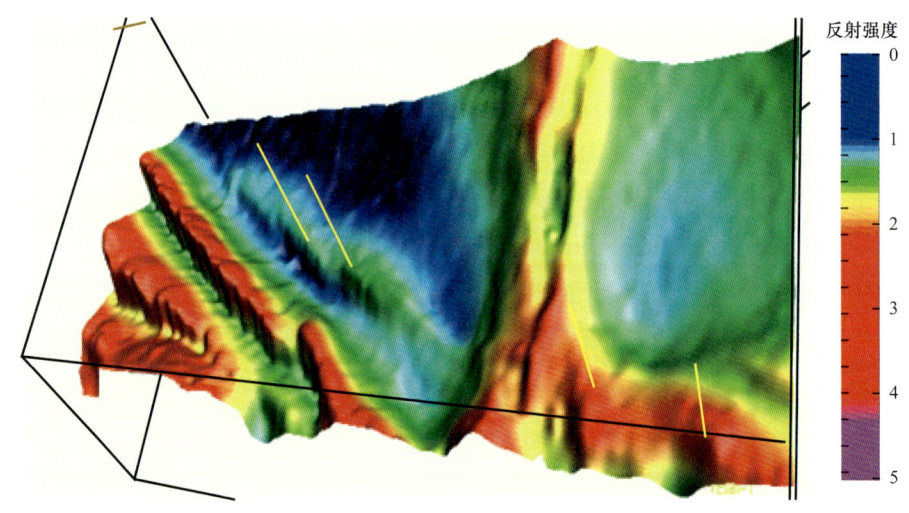

图 2-34 尼日尔三角洲盆地逆冲推覆带影像图（据 Morgan，2003）

6. 转换型构造样式

如贝宁盆地受裂陷期走滑作用发育的张扭类构造样式（孔令武等，2018），形成于早白垩世，其典型类型为大型陡立断裂，断裂陡直，具有走滑和拉张双重性质，为张扭作用的产物。该类断裂为西部控盆或控凹断裂，是西部地堑的重要组成部分，主要发育在盆地西部的走滑构造区（图 2-35a）；

重力滑脱构造样式形成于渐新统—中新统，由陆架坡折区沉积物差异负荷作用形成。推测该类断裂形成可能与尼日尔三角洲的大量物源输入有关，断裂呈现断阶特征，逐渐收敛到新近系的泥岩底面上，该类断裂断穿地层少，主要分布在盆地东部陆架坡折位置（图2-35b）。

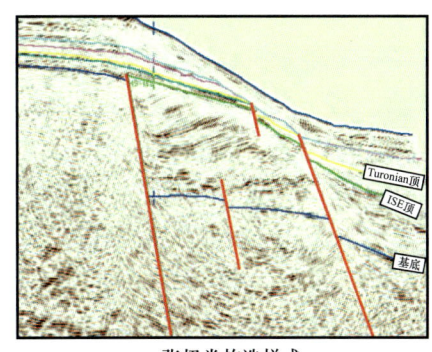 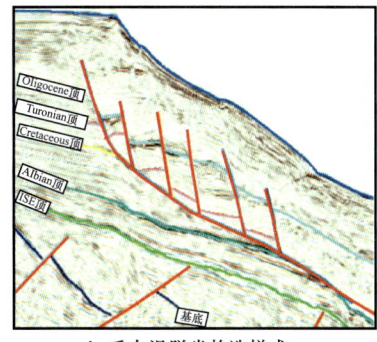

a. 张扭类构造样式　　　　　　　b. 重力滑脱类构造样式

图 2-35　贝宁盆地构造样式（据孔令武等，2018 修改）

白垩纪至今，非洲西部被动大陆边缘盆地经历了冈瓦纳超级大陆裂解、过渡和被动大陆边缘等演化阶段，形成了独具特色的被动大陆边缘盆地。非洲西部被动大陆边缘深水区包含着全球级别的冈瓦纳板块裂陷、巨型深水扇、盐构造、重力滑脱构造，也是板块构造理论的发源地。由于西非南北两段板块演化的历史不同，导致了两个区域盆地形成发育时期、演化特征、沉积充填特征的较大差异。

第三章　西非海域盆地地层与沉积相特征

西非海岸盆地属典型的被动大陆边缘盆地，其形成主要与大西洋的裂开及后期的持续扩张有关，而南大西洋的打开是以"三叉谷"的形式，属于主动裂谷。在裂谷后期由于热沉降作用进入了盆地持续稳定的坳陷阶段，形成了盆地裂谷后期的优质烃源岩，这是形成西非海岸油气富集区的基础。其沉积组合特点是下部为裂谷期陆相碎屑充填，中下部为裂谷后期坳陷阶段形成的海陆过渡相暗色泥岩，中间为过渡相的盐膏岩沉积（阿普特阶），中上部为被动大陆边缘早期的局限海相碳酸盐岩沉积，再向上部则为三角洲沉积体系，形成了盐下、盐膏层和盐上 3 套层系，因此，这些盆地统称为西非阿普特盐盆。尼日利亚海岸盆地（Coastal of Niger Basin）、加蓬盆地、下刚果盆地、宽扎盆地、阿比让盆地（Abidjan Basin）和贝宁盆地，都是重要的含油气盆地。

第一节　地　层　特　征

一、西非北段地层

1. 塞内加尔盆地地层

1）基底
盆地基底为前寒武系结晶岩系。

2）下古生界
下古生界包括寒武系的 Pirada 页岩、Cantari 页岩和 Cantari 砂岩，奥陶系 Gabu 砂岩，以及志留系 Buba 组。

根据盆地最南部卡萨曼斯次盆 DM–1 和 KO–1 井的资料，以及塞内加尔盆地外围东南缘的 Bove 盆地露头资料，前裂谷期沉积包括寒武系—泥盆系。Bove 次盆露头的前裂谷沉积最厚可达 3500m，地震解释在塞内加尔盆地较深水地区可能有超过 5000m 的前中生界基底，其中寒武系沉积厚约 1250m，包括 3 个单元：Pirada 页岩、Cantari 页岩和 Cantari 砂岩段。奥陶系 Gabu 砂岩最大厚度 1400m，志留系烃源岩包括 Buba 组含笔石相页岩，厚度可达 400m。

3）上古生界
泥盆系在盆地内分布广泛，下泥盆统为 150m 左右的 Cusselinta 组砂岩，中—上泥盆统是厚约300m的Bafata组页岩。石炭系和二叠系缺失（图3-1）。

4）中生界

三叠系和下侏罗统为厚层盐岩，由于没有钻井打穿盐岩，对于盐下地层仅靠地震解释推测。中—上侏罗统为陆架碳酸盐岩。下白垩统在盆地海域的中间部分为碳酸盐岩，在北部的毛里塔尼亚次盆和南部的卡萨曼斯次盆则以深水沉积为主。上白垩统塞诺曼阶为厚层的海相页岩，土伦阶为黑色、沥青质页岩，康尼亚克阶—坎潘阶缺失，马斯特里赫特阶为砂岩（图3-1）。

南塞内加尔盆地的裂谷沉积主要为厚层的三叠系—下侏罗统盐岩及盐岩之下的三叠系碎屑岩（推测可能发育富含有机质的湖泊相泥岩）。据美国地质勘探局（USGS）资料，裂谷盐岩在卡萨曼斯次盆可能厚达2000m，主要由盐及上部的硬石膏盖层组成，其下伏的碎屑岩层序厚度可能在1500m左右。在北部和毛里塔尼亚次盆，盐岩层序厚度可能达到2000m，盐下碎屑岩层序规模未知，但据美国地质勘探局（USGS）推测，厚度可能和南部的卡萨曼斯次盆相当。除了各次盆的盐构造发育地区外，这些盐层基本没有被钻穿，但是新的和重新处理的地震数据揭示了这些地层的存在。在南塞内加尔盆地，盐岩层序经历了广泛的盐构造作用，主要体现为侵入白垩系和古近系—新近系的盐底辟，地震研究证实在毛里塔尼亚次盆也有盐底辟。盐底辟在盆地中部的北部次盆还没有被发现。

中侏罗统—欧特里夫阶为在成因上和特提斯海有关的厚层陆架碳酸盐岩，这套地层在毛里塔尼亚、北部和卡萨曼斯次盆厚度在2300~3200m之间，在阿普特期和阿尔布期期间，碳酸盐岩继续在盆地海域的中间部分沉积，而在北部的毛里塔尼亚次盆和南部的卡萨曼斯次盆则以深水沉积为主。塞诺曼阶是大西洋连通后沉积的第一套地层，岩性主要为厚层海相页岩间夹边缘相海相砂岩，发育零星的碳酸盐岩礁滩相沉积。晚白垩世土伦期盆地经历了白垩纪最大规模的海进，沉积了一套广泛分布的黑色、沥青质页岩，形成了盆地的主力烃源岩。赛农期盆地经历了一次海退，形成了马斯特里赫阶广泛分布的砂岩地层（图3-1）。

5）新生界

古近纪—新近纪受阿尔卑斯构造运动的影响，在盆地海域沉积了两套区域性分布的地层。一是古新统—始新统陆架沉积，由底部页岩和上覆的陆架石灰岩、泥灰岩组成，不整合超覆在马斯特里赫特阶和更老地层之上，并向内陆延伸较长距离；另一套是形成于非补偿盆地或欠补偿盆地的碎屑岩沉积，始于始新世和渐新世之交的海退期，一直延续到中新世。

渐新统在北部毛里塔尼亚次盆的展布平行于海岸线并延伸到陆架，在陆架被中新统底部的不整合面削截。在达喀尔南部地区的陆架区和陆坡区都有分布，包括芒比亚的部分海域，卡萨曼斯及几内亚比绍陆上。

中新统—上新统在盆地北部毛里塔尼亚次盆为浅灰蓝色黏土岩，厚达1500m，沉积于内陆架、开放海和半深海环境。在盆地南部主要为浅海相及少部分陆相的页岩和细—中粒砂岩。中新统—上新统顶部为高能浅海碳酸盐岩，局部地区为陆相黏土岩和砂岩。

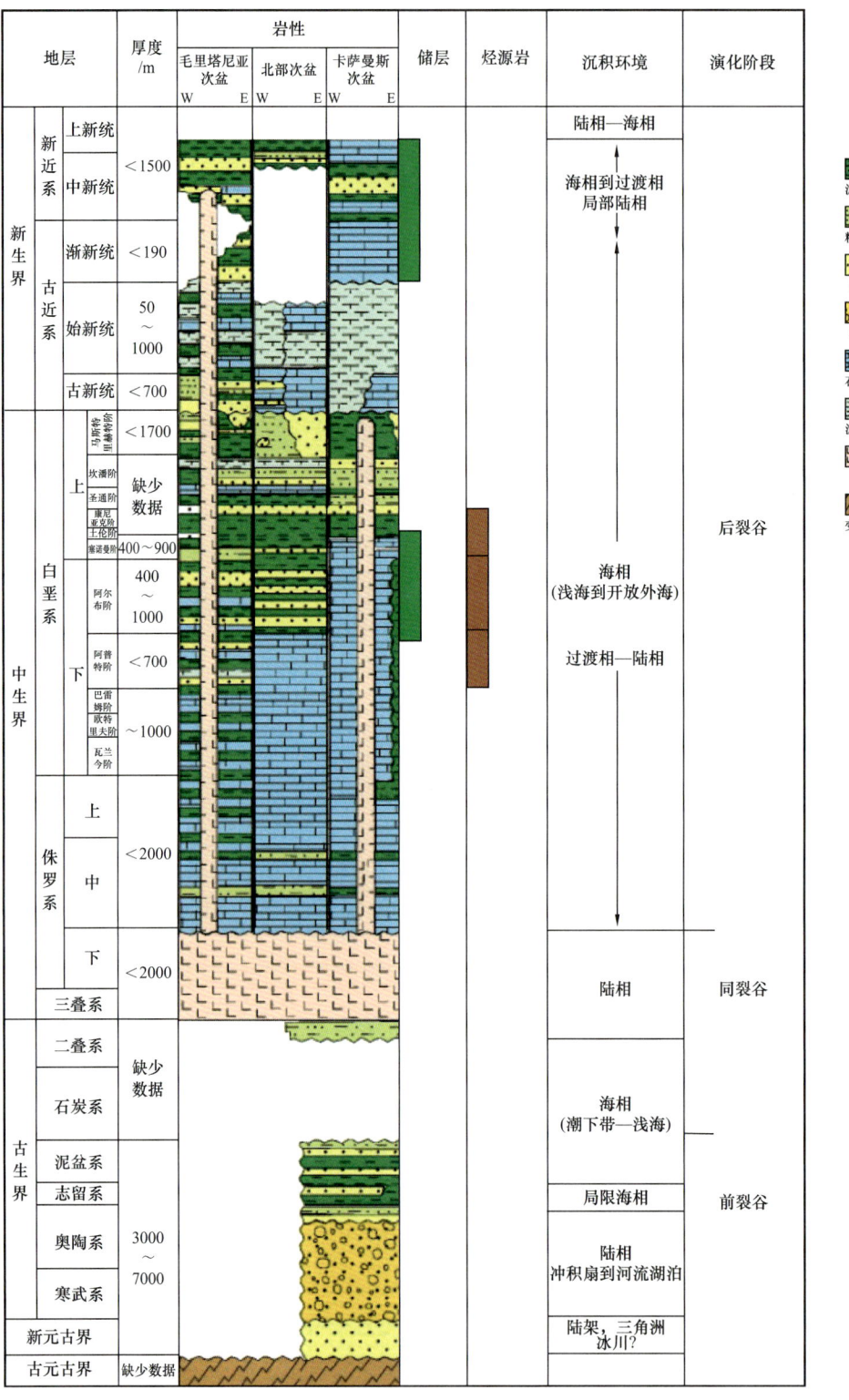

图3-1 塞内加尔盆地综合柱状图（据Brownfield et al., 2003；孙涛等, 2017ab）

2. 阿尤恩—塔尔法亚盆地地层

盆地以中生界、新生界的陆相和海相为主，充填最厚达 13500m。三叠系裂谷沉积被下侏罗统—中侏罗统的台地相石灰岩和 1000～2000m 的上侏罗统浅海相石灰岩、砂屑灰岩、页岩和砂岩夹层覆盖。下白垩统为 1000～4000m 的陆相至海相三角洲碎屑岩沉积，上白垩统为泥岩、砂岩、介壳灰岩和海进型浅海石灰岩（图 3-2）。

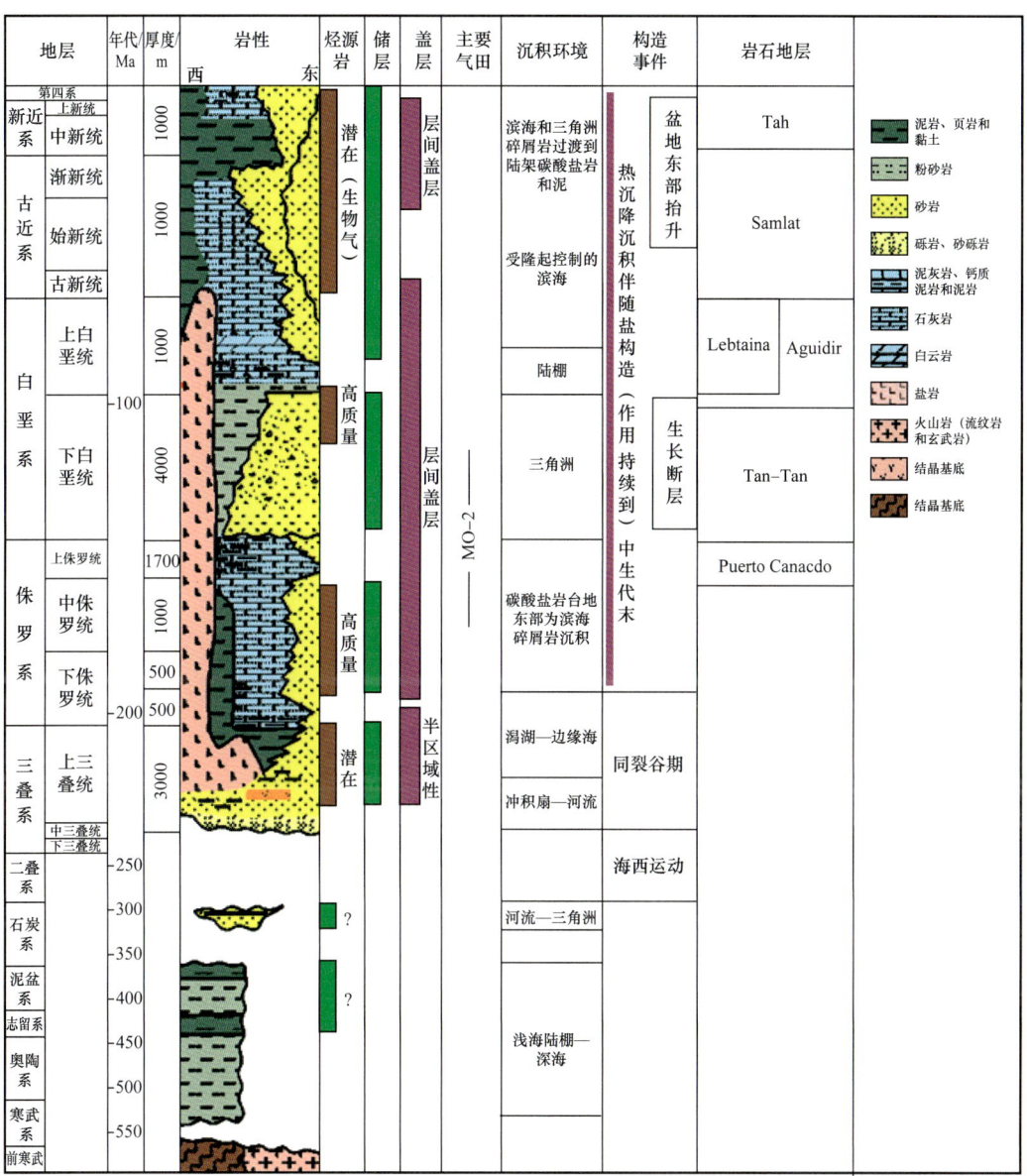

图 3-2　阿尤恩—塔尔法亚盆地综合柱状图（据 Heyman，1989；岳来群等，2013 修改）

1）基底

前寒武系基底岩性为变质岩、火山碎屑岩。

2）古生界

前三叠系在盆地内未钻遇。通过与周围相关盆地类比，古生代沉积环境为海相，岩性以页岩、砂岩、石灰岩和煤岩为主，与上覆三叠系呈角度不整合接触。

下古生界以浅海相砂岩为主，志留系还发育页岩。上古生界泥盆系发育碳酸盐礁体和页岩，石炭系发育河流相—三角洲相砂岩（图3-2）。

3）中生界

三叠系岩性以玄武岩、页岩、砂岩、砾岩和蒸发岩为主，最大厚度3000m，沉积环境为陆相（河流相）。与上覆中—下普林斯巴阶呈整合接触，与下伏古生界呈角度不整合接触（图3-2）。

下侏罗统中—下普林斯巴阶最大厚度500m，沉积环境为陆相、三角洲相、海陆交互相及浅海相。与上覆上普林斯巴阶呈整合—不整合接触，与下伏三叠系呈整合接触（图3-2）（Heyman，1989）。

下侏罗统上普林斯巴阶岩性以页岩、砂岩、石灰岩和蒸发岩为主，最大厚度500m，沉积环境为浅海陆架和深海陆架。与上覆巴柔阶—卡洛夫阶呈整合接触，与下伏中—下普林斯巴阶为整合—不整合接触。

中侏罗统巴柔阶—卡洛夫阶岩性为页岩、砂岩、石灰岩和蒸发岩，最大厚度1000m，沉积环境为浅海陆架和深海陆架。与上覆Puerto Cansado组为整合接触，与下伏上普林斯巴阶也是整合接触。

上侏罗统Puerto Cansado组岩性为页岩、砂岩、石灰岩和蒸发岩，最大厚度1700m，沉积环境为浅海陆架和深海陆架。与上覆Tan-Tan组为整合—不整合接触，与下伏巴柔阶—卡洛夫阶为整合接触。

下白垩统Tan-Tan组岩性为页岩、砂岩、砾岩和蒸发岩，最大厚度4000m，沉积环境为三角洲、浅海陆架和深海陆架。与上覆Aguidir组和下伏PuertoCansado组均为整合接触（Heyman，1989）。

下白垩统Aguidir组岩性为页岩、砂岩、石灰岩和沥青质白垩，为海相，最大厚度1000m。与上覆Samlat组为整合—不整合接触，与下伏Tan-Tan组为整合接触。

4）新生界

古近系Samlat组，岩性为页岩、砂岩、砾岩、石灰岩和褐煤，最大厚度1000m，沉积环境为三角洲。与上覆Tah组和下伏Aguidir组均呈整合—不整合接触（Heyman，1989）。

新近系Tah组，最大厚度1000m，沉积环境为三角洲。与下伏Samlat组呈整合—不整合接触。

二、西非中段地层

1. 尼日尔三角洲盆地地层

尼日尔三角洲的地质剖面可以划分出三大构造层，分别是：前寒武系褶皱基底构造层、白垩系—古新统裂谷构造层和始新统—第四系三角洲（被动大陆边缘）构造层，分别代表了尼日尔三角洲地区地质演化的三大阶段。泛非构造运动形成了研究区的前寒武系褶皱基底。此后，长期隆升剥蚀，形成寒武系—侏罗系巨大的地层间断。冈瓦纳大陆中生代—新生代裂解过程中，形成一系列北东—南西和北西—南东走向的裂谷，包括贝努埃裂谷。同时，（南）大西洋逐渐打开。尼日尔三角洲位于大西洋早期裂谷与贝努埃裂谷构成的三联点上，接受了白垩系—古新统裂谷沉积。至渐新世，大西洋由早期的裂谷演化为广阔的大洋，形成成熟的被动大陆边缘；随着裂谷作用的逐渐停息，构造趋于稳定。贝努埃、比达等裂谷盆地控制的尼日尔—贝努埃河系注入大西洋，在大西洋被动大陆边缘之上形成了尼日尔三角洲盆地，接受了渐新统—第四系三角洲沉积，构成了大西洋被动大陆边缘沉积的一部分。

尼日尔三角洲附近大面积出露前寒武系变质杂岩，中生代—新生代裂谷盆地（比达盆地、贝努埃槽/盆地、阿南布拉盆地）中出露以白垩系为主的中生代地层；古生界大面积缺失（图3-3）。尼日尔三角洲盆地的地层系统可以划分为基底构造层（前白垩系）、裂谷构造层（白垩系—古新统）和三角洲构造层（始新统—第四系）。

1）基底

主要为前寒武系混合岩、紫苏花岗岩和粗玄岩脉等。

尼日尔三角洲的基底包括陆壳基底和洋壳基底。洋壳基底是大西洋打开的过程中形成的，缺乏直接资料。根据全球古大陆恢复资料分析，尼日尔三角洲之下的洋壳形成于白垩纪早期至中期；其与陆壳的分界则是依据地球物理资料推测的（Hospers，1965；Whiteman，1982；Kaplan et al.，1994），应该属于尼日尔三角洲裂谷演化阶段的产物。

陆壳基底虽然没有钻井钻遇，但可以通过附近的露头研究，包括中生代—新生代裂谷作用发生之前至前白垩纪的所有岩石，基本上是由前寒武系变质杂岩和岩浆岩组成的泛非褶皱基底（Bumby et al.，2005）。地表出露于西非地块、北尼日尔地块和奥班地块。前寒武系基底杂岩的岩石类型主要为混合岩化片麻岩、轻微混合岩化或未混合岩化的副片岩和花岗岩，其中还穿插有不同岩性的岩脉。在前寒武系变质杂岩之上，奥班地块上见前寒武纪晚期的沉积的地层，西非地块上见古生代沉积的地层。尼日尔三角洲地区是否存在前白垩纪未变质沉积地层，目前尚不明确；普遍认为，白垩系直接不整合于前寒武系变质杂岩之上（苏玉山等，2019），但也有学者认为可能存在侏罗系，上侏罗统为Basal组砂岩，直接不整合覆盖在前寒武系基底之上（Joyes et al.，1995）。

2）下白垩统

下白垩统主要为Asu River群和Odukpani组。

Asu River群从下往上依次为Asu River组、Abakaliki组和Ebonyin组，不整合上覆在Basal组砂岩之上。Asu River群为黄褐棕色砂质页岩、含云母的细粒砂岩和含云母的泥质砂岩，偶夹红棕色页岩。厚度在3000m以上，局部见基性和中性侵入岩。Abakaliki组为暗色页岩，夹有透镜状砂岩和石灰岩，有时还伴生有铅锌矿。Ebonyin组下部为页岩，中部局部地区相变为石灰岩，上部为砂岩（图 3-3）（Joyes et al., 1995；Akande et al., 1998a）。

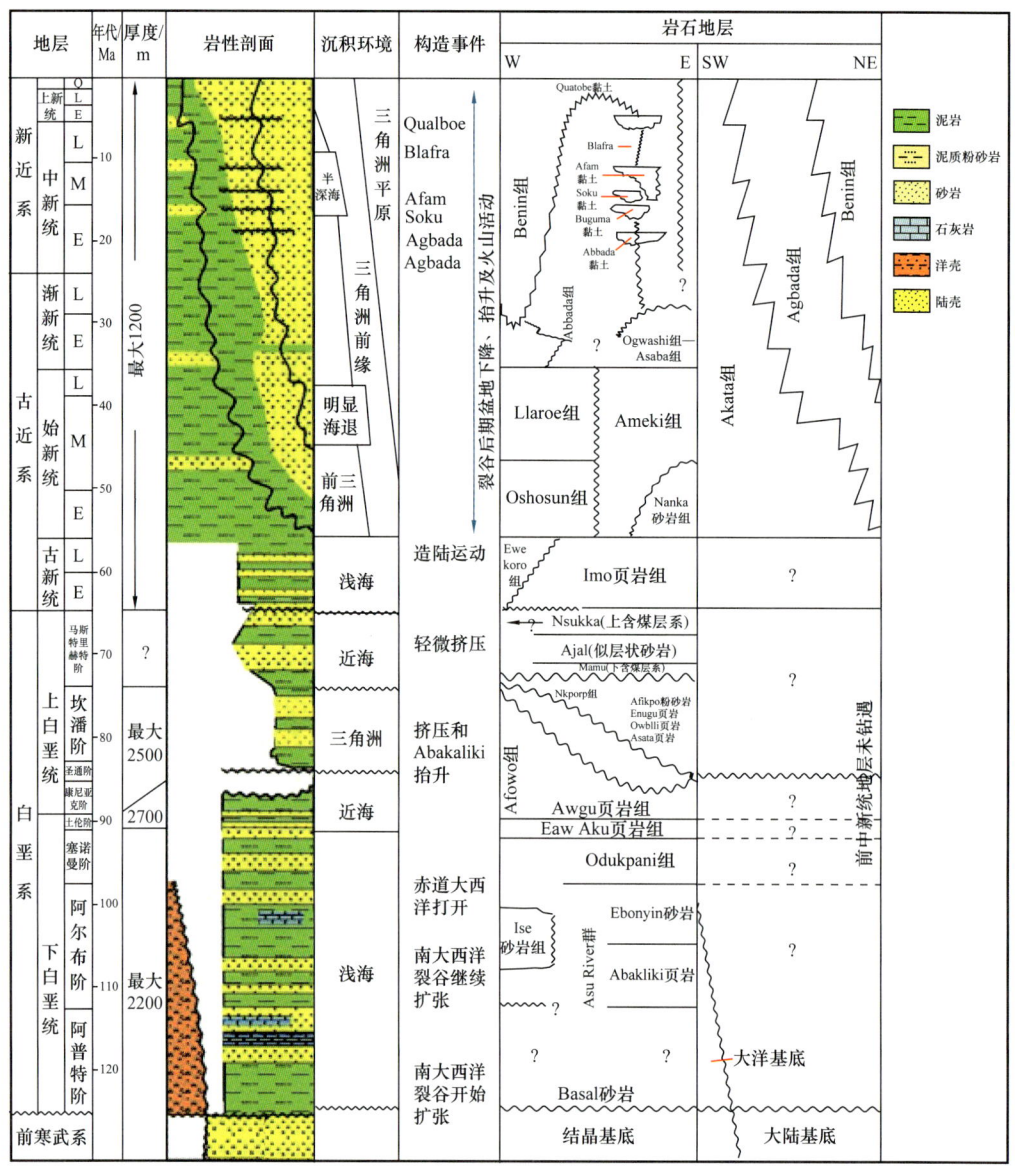

图 3-3　尼日尔三角洲盆地地层综合柱状图（据 Joyes, 1995; Akande S, et al., 1998ab）

3）上白垩统

上白垩统底部为 Awgu 组，岩性为页岩。圣通阶缺失，坎潘阶为一套海进层序，包括 Lasata 组页岩、Owelli 组页岩、Enugu 组页岩和 Afikpo 组粉砂岩，顶部为 Nkporo 组砂岩。马斯特里赫特阶跟坎潘阶角度不整合接触，主要地层为 Mamu 碳质泥页岩和煤系，上覆似层状砂岩，顶部为 Nsukka 组泥页岩和煤系（Joyes et al., 1995；Akande S et al., 1998b）。

Asu River 群、Odukpani 组、Eae Aku 组和 Awgu 组，总体为一套海进沉积体系，主要岩性为灰色砂岩和页岩，局部地区发育石灰岩，并伴有裂谷型岩浆作用，总厚度可达4500m。其中，Asu River 群是裂谷作用早期沉积，也是尼日尔三角洲已知最老的地层，直接不整合覆盖于前寒武系变质杂岩之上，岩性为暗绿色、棕褐色页岩和细砂岩夹石灰岩，底部为粒度较粗的砂岩，含菊石类化石，是滨海相潮下环境沉积，局部见基性和中性侵入岩。Odukpani 组见于 Calabar 翼部，为浅海相碎屑岩。Eae Aku 组为灰色、灰黑色页岩和钙质砂岩。Awgu 组又称为 Awgu 页岩，以灰色页岩为主，夹少量细砂岩和石灰岩。Awgu 组沉积后，盆地发生短暂的抬升或海退，造成规模不大的沉积间断。这一地质事件称之为 Abakaliki 抬升。

Nkporo 组、Mamu 组、Ajali 组和 Nsukka 组属于上白垩统上部，总体属于海相或三角洲近海相，总厚度 2500m 左右。Nkporo 组分上、下两段：下段为黑色页岩夹生物碎屑石灰岩段，上段为页岩段。Mamu 组为细粒—中粒砂岩、页岩，夹煤层或煤线。Ajali 组为成岩较差的粗—细粒砂岩。Nsukka 组的岩性是互层状砂、泥岩，夹煤层或煤线。

4）新生界

新生界包括 Imo 组、Akata 组、Agbada 组和 Benin 组（Joyes et al.，1995；Akande S et al.，1998a）。

Imo 组属于古新统，为海相，岩性主要为黑灰色、蓝灰色页岩，顶部偶夹铁质黏土层和薄层砂岩条带，含丰富的有孔虫等化石。Imo 组的岩性横向变化较大，向尼日利亚东部变为粉砂质页岩和泥质粉砂岩，尼日利亚西部则以厚层状介壳灰岩为特征。Imo 组厚度变化也比较大，为 320~1070m。

上白垩统上部自下而上的 Nkporo 组、Mamu 组（下含煤岩系）、Ajali 组（Ajali 砂岩）、Nsukka 组（上含煤岩系）和古新统 Imo 组（Imo 页岩）是一套滨—浅海相的碎屑岩和含煤碎屑岩，总体表现为海退三角洲沉积体系。

Akata 组、Agbada 组和 Benin 组（Short et al.，1967；Avbovbo，1978）自下而上依次为海相页岩、近海砂岩和页岩、陆相碎屑岩，总体显示海退沉积序列特征（图 3-4）。

Akata 组（海相页岩）主要为陆架、大陆坡的前三角洲和浅海—深海相大套泥页岩夹少量浊积砂岩沉积，时代为始新世—古新世，有人把上白垩统—古新统的海相页岩也归入 Akata 组，在整个三角洲都有分布，为超压层。该组在近海陆坡底辟带，可以穿刺上覆地层至海底，在陆上三角洲东北部出露地表。根据钻井和地震资料推测（绝大多数钻井未钻穿 Akata 组），该组厚 600~6000m（Avbovbo，1978），在三角洲中部主体部位厚度可达7000m。Akata 组暗色泥/页岩有机质丰富，是尼日尔三角洲盆地的主要烃源岩。

Agbada 组为三角洲前缘沉积。由砂岩、粉砂岩、页岩形成韵律层。每个韵律层厚15~45m，最厚不超过 60m。总体上，该组呈向上变粗韵律，下部以页岩为主，上部砂岩居多。底部与 Akata 组为渐变关系。页岩致密，富含微体动物化石。砂岩分选性差，无胶结物或仅少量钙质胶结，常含煤屑和褐铁矿颗粒，见少量介壳碎屑和海绿石。

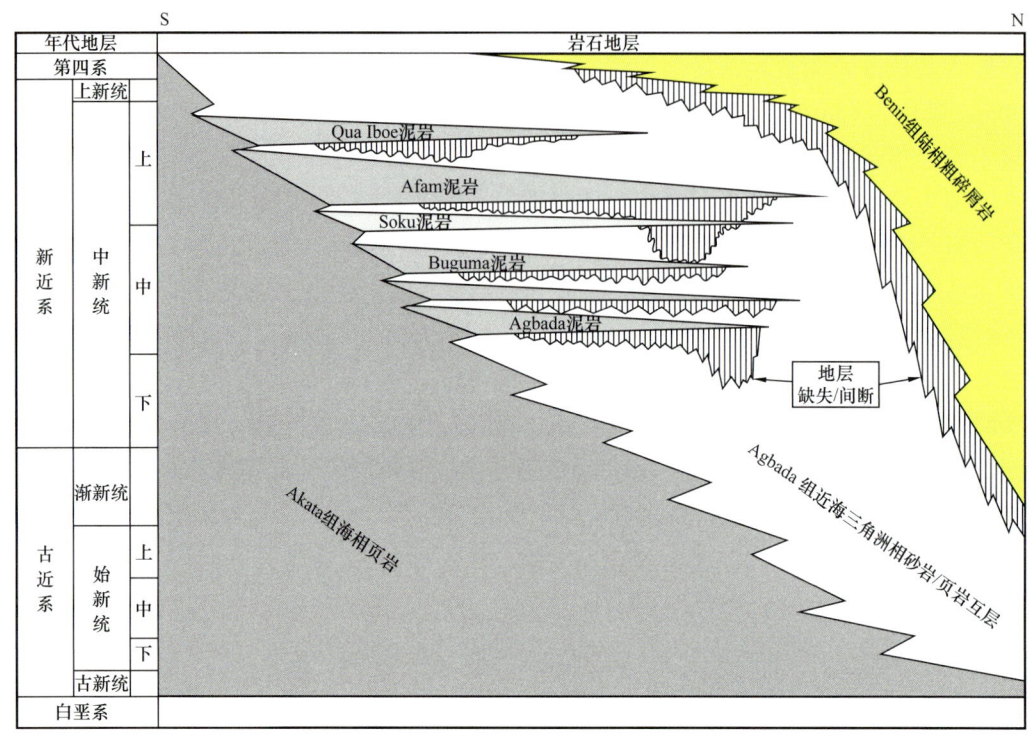

图 3-4 尼日尔三角洲岩石地层与年代地层关系（据苏玉山等，2019）

Agbada 组厚 600～4500m，沉积时代从始新世至全新世，由海陆交互相的海岸平原、滨岸和上陆坡环境的砂岩、页岩、粉砂岩和黏土岩组成互层；上、中部砂岩发育，主要由石英砂屑岩组成，纯净且为欠压实（较老沉积带的砂岩较好），砂岩细至粗粒，成层性差，质疏松，无胶结物或少量钙质及泥质胶结，次棱角状到次圆形；细砂分选好，物性好，孔隙度大于 20%，最高达 35%，渗透率一般为 500～1000mD。单砂层厚度多在 10m以上，横向稳定，常沿生长断层发育。Agbada 组下部暗色页岩增多，富含有机质，是好生油层。整个 Agbada 组由多个退覆沉积韵律组成，其间以大段稳定泥岩为标志，将 Agbada 组划分成若干个砂组。在深水区该组主要岩性为深海环境下的远洋、半远洋泥岩和深水浊积砂岩（Avbovbo，1978）。

Agbada 组砂岩、页岩互层，形成多个储—盖组合，是尼日尔三角洲主要的油气勘探目的层，实际上该盆地的全部储量都在 Agbada 组。其中，砂岩是尼日尔三角洲主要的油气产层，泥/页岩构成良好的盖层。

Benin 组为陆相砂岩、砾岩夹泥岩，与下伏 Agbada 组呈平行不整合接触，时代从渐新世至今，是陆相河流及岸后沼泽沉积，主要分布在尼日尔三角洲陆区及浅水区，厚度从北向南减薄，地层厚度小于 3000m，一般为 1000～2000m（Avbovbo，1978）。Benin 组上部发育洪泛平原相的砂岩、砾岩，中下部夹有较多横向稳定分布的灰色页岩，最浅处几乎完全为非海相砂岩。该层组向海方向变薄并消失在陆缘附近，局部地区在砂层中见少量的浅油气藏。

Benin 组底面在三角洲中部埋深最大，可达 3000m 以上，向南、北变浅。其中的砂体可能形成于沙坝、河道或天然堤环境，所夹的泥/页岩可能是沼泽、牛轭湖和潟湖沉积（苏玉山等，2019）。

2. 里奥穆尼盆地地层

1）基底

盆地基底为前寒武系结晶岩系。

2）古生界

盆地中古生界未钻穿。

3）中生界

三叠系和侏罗系未钻穿（图 3-5）。

白垩系贝里阿斯阶—下阿普特阶是根据加蓬盆地推测的，岩性为页岩和砂岩，为裂谷期陆相河流—湖泊沉积。上阿普特阶为 Matonda 组盐岩，阿尔布阶为 Bento 组，在盆地西部深水区为页岩，向东部浅水区逐渐过渡为碳酸盐岩台地相石灰岩，再向东部陆地为砂岩、页岩。上白垩统从下往上依次为：塞诺曼阶—土伦阶和康尼亚克阶—坎潘阶，塞诺曼阶—土伦阶岩性为页岩和砂页岩，盆地西部深水区以页岩为主，东部浅水区以斜坡扇体系砂岩、页岩为主。康尼亚克阶—坎潘阶岩性主要为页岩，有浊积砂岩，是浊积体系沉积（图 3-5）。

4）新生界

古近系岩性为海相页岩和浊积水道砂岩。新近系和第四系岩性为页岩和砂岩，是陆架侵蚀及斜坡水道相。

3. 加蓬盆地地层

1）基底

加蓬盆地具有双重基底结构，即前寒武系结晶基底及前白垩系褶皱基底。石炭系、二叠系、三叠系—侏罗系形成于前裂谷阶段，在内陆盆地东侧出露地表，沉积环境为河流相和湖泊相，总厚度约 600m（Teisserenc et al.，2000；李莉等，2005；刘延莉等，2008）。

2）上古生界

上石炭统 Nkhom 组，是冰川沉积的冰碛岩和薄纹层状黑色页岩。

二叠系 Agoula 组，陆相，下部为砾岩、沥青质黑色页岩、磷酸盐岩、湖泊相白云岩、硬石膏和无水石膏灰岩，上部为页岩和砂岩（图 3-6）。

3）中生界

三叠系—侏罗系 Mvone 组，河流相，下部为砂岩，上部为红色到紫色页岩。

下白垩统贝里阿斯阶 Vandji 组，河流相—三角洲相的长石砂岩和砾状砂岩，夹有页岩和石灰岩。不整合覆盖在基底之上，厚度 400m 以上（Teisserenc et al.，1990）。

欧特里夫阶 Kissenda 组，主要由有机质丰富的页岩和孔渗很差的砂岩夹层组成，为湖泊相，厚度超过 1000m，是良好的烃源岩。

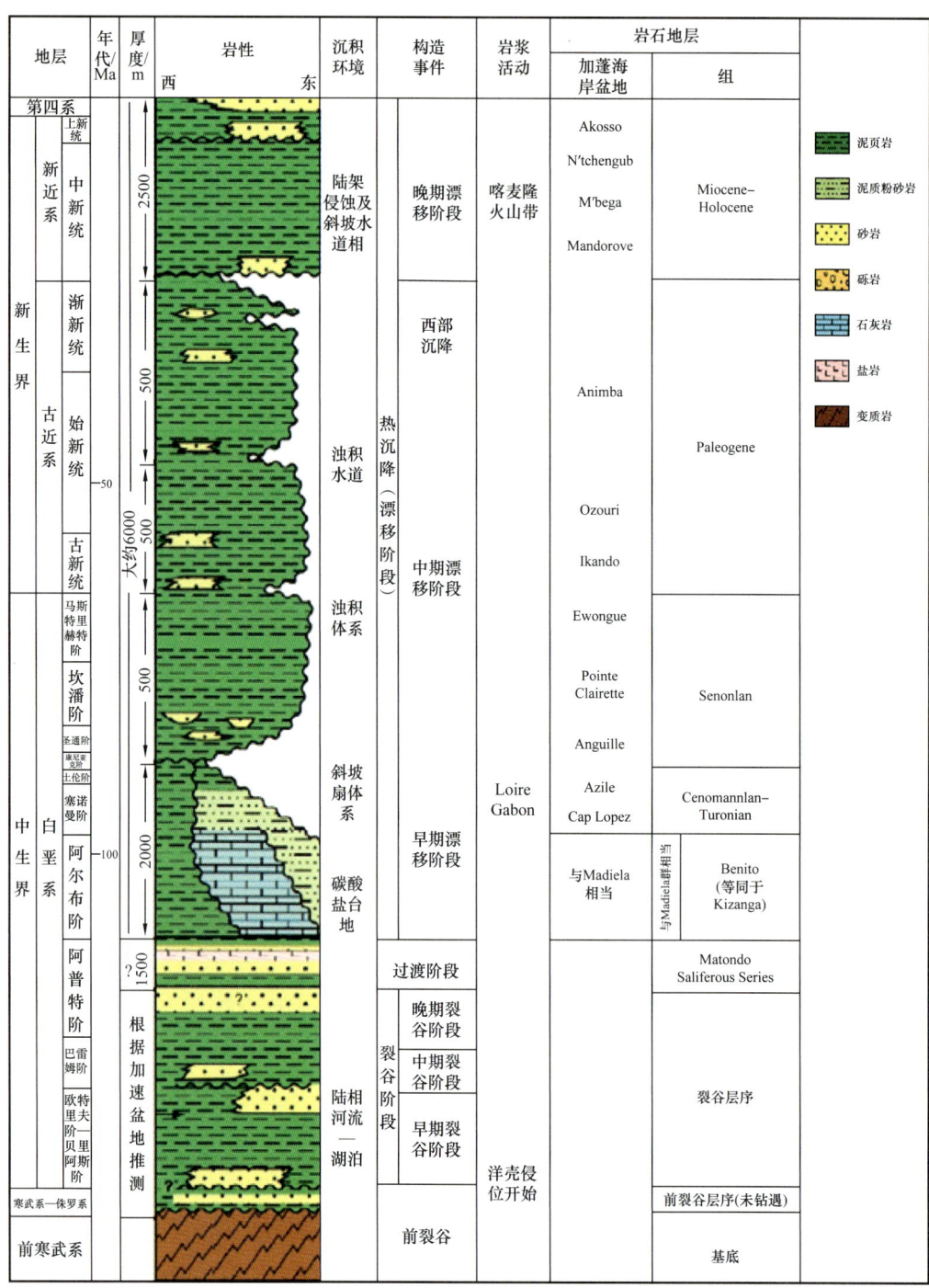

图 3-5 里奥穆尼盆地综合柱状图（据 Ross et al., 1993）

欧特里夫阶 Lucina 组，岩性为砂岩、粉砂岩，有页岩夹层，为湖泊相和三角洲相，厚度 500～1000m。

贝里阿斯阶至巴雷姆阶 Melania 组，不整合覆盖在下伏地层之上，可划分为两段：下段主要为砂岩；上段为 Muengui 和 M Bya 油田之上，主要为黑色有机质丰富的页岩，夹砂岩和粉砂岩，目前认为是南加蓬次盆盐下层的良好烃源岩。厚度变化很大，从150m至1000m（Teisserenc et al., 1990）。

巴雷姆阶 Crabe 组，为厚300~700m 的绿色页岩，在靠近底部，偶尔有石灰岩层段，可形成地层圈闭。

巴雷姆阶 Demale 组，页岩和中粒砂岩互层，为河流、三角洲和湖泊相，厚度1500m。

阿普特阶 Gamba 组，不整合沉积在下伏地层之上。分为两段：下段砂岩物性好，厚度薄而且变化大，最大净厚度可达50m；上段又称 Vembo 段，是海相泥岩和白云岩，厚度在10m以上，是下伏砂岩的良好盖层。Gamba 组是裂谷期结束全面准平原化之后的沉积（图3-6、图3-7）。

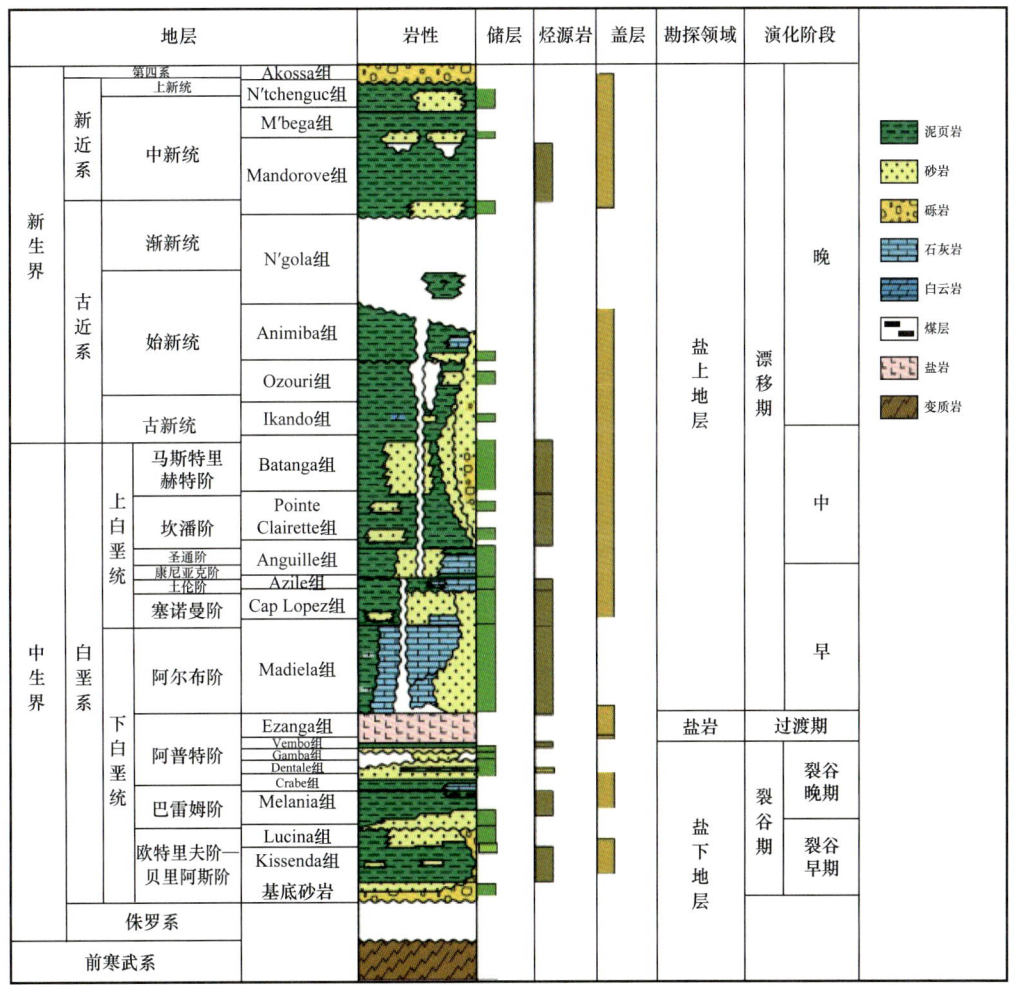

图 3-6 加蓬盆地综合柱状图（据 Teisserenc et al., 1990；赵红岩等，2017；李莉等，2005；刘延莉等，2008）

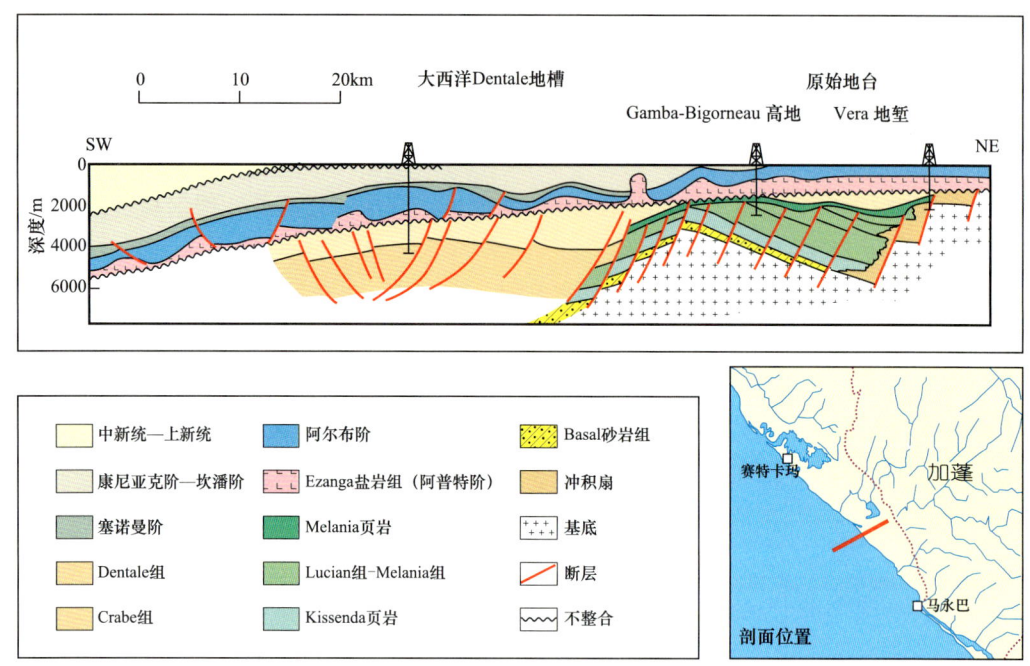

图 3-7 南加蓬次盆地层对比剖面图（据 Teisserenc et al., 2000）

阿普特阶 Ezaga 组为盐岩层，虽经历了盐构造变形，但在加蓬盆地仍可分出两套蒸发岩系列。盐层活动段在一层硬石膏下，主要分布在南部。Ezanga 盐层厚度 500～800m，但在内陆次盆厚度超过 1500m。盐层从纳米比亚向北延伸至喀麦隆，沉积在一个很长的潟湖复合体中，断续与原始南大西洋连接。盐层是 Gamba 组的良好盖层，盐构造运动是大部分盐构造的形成原因（李莉等，2005；刘延莉等，2008）。

4）阿普特阶 Madiela 群

阿普特阶 Madiela 群为明显的海进沉积，厚度超过 2000m，由两个主要旋回组成。底部为下伏蒸发岩的最终沉积，与上覆层呈角度不整合。从东向西，由陆相、滨海大陆架沉积过渡到大陆坡沉积（Teisserenc et al., 2000）。

塞诺曼阶 Cap Lopez 组，可分为 2 个岩相，东部为 Ekouata 砂岩，西部为 Vairon 页岩，是自东向西的三角洲前积沉积。

5）土伦阶 Azile 群

土伦期海水很深，盆地西部为有机质丰富的页岩，在加蓬中部地区为粉砂岩。

康尼亚克阶和圣通阶 Anguille 群，岩性为砂岩，是河流相—三角洲相。盆地中部为 Ntchengue Ocean 和 Barbier 砂层，西部为 Banc du prince 深水页岩，东部为 Mailango 石灰岩，发育砂岩夹层。

坎潘阶—马斯特里赫特阶为 Point-Clairette 和 Ewongue 群，以上地层西部为页岩，东部为 Weze 组下部的砂岩和粉砂岩，顶部为 Batanga 组砂岩，Batanga 砂岩是加蓬盐后层中良好的储层。Point-Clairette 厚度在大陆坡底部可达 2000m，在 Mandji 岛及其南方存在油砂岩透镜体（刘延莉等，2008）。

6）新生界

古新统—下始新统为 Ikando 群和 Qzouri 组，西部主要为页岩，东部为 weze 砂岩和 Ngoumbi 砂岩，厚度 200~400m。Qzouri 组为硅质页岩，有裂缝孔隙（图 3-7）（Teisserenc et al.，2000）。

始新统为 Animha 群、Ngola 群和 Animba 组，下部为河道砂岩和粉砂岩，上部为均质页岩，厚度 800m 以上，是剥蚀期后的海进旋回沉积。上始新统 Ngola 组在全盆地均被剥蚀，仅在一处盆地塌陷的盐穹隆上存在，厚度 200m。

渐新统—下中新统为 Mandorove 组，与下伏层为不整合接触，分为上、下两层。下层为高放射性页岩，上层下部为河道砂，顶部为页岩，厚度 200m。上、下层为不整合接触（李莉等，2005）。

中中新统 M Bega 组主要为夹有白云岩的页岩，厚度 600m 左右，在 Girelle 厚度达 1330m。本组地层充填在后 Mandorove 组剥蚀后的河道中（Teisserenc et al.，2000）。

上中新统 N Tchengue 组为三角洲前积层沉积，起初为页岩夹砂岩沉积，逐渐变为粗砂岩和砂砾岩。在 Ogoue 三角洲轴部和 Girrelle 油田区域的厚度为 150m。

更新统 Akossa 组，底部为河流相，顶部变成近海相。

4. 下刚果盆地地层

盆地基底为前寒武系，盆地内主要发育中生代上侏罗统—新生界沉积地层。

1）基底

盆地基底为前寒武系结晶岩系。

2）上侏罗统

上侏罗统不整合覆于前寒武系基底之上（图 3-8），属于断陷湖盆沉积。盆地南部为 Vandji 组，盆地北部为 Luculla 组（厚度 50~500m），岩性为砾岩、长石石英砂岩和泥岩，由于缺少化石，无法准确确定其年代。

3）白垩系

白垩系从下往上包括 Bucomazi 组/Toca 组、Chela 组、Loeme 组、Mavuma 组/Inhuca 组、Pinda 组、Vermelha 组和 Iabe 组（图 3-8、图 3-9）。

Vandji 组和 Luculla 组之上为石灰岩、砂岩和泥岩互层，横向相变明显，沉积时期为贝里阿斯期至巴雷姆期，在整个盆地内这套层序的名称较多且较混乱。位于古隆起沉积的石灰岩及其上部地层属于 Toca 组。在古坳陷内形成的砂岩和泥岩全部归属于 Bucomazi 组。盐下层序与盐层之间被一非常明显的不整合面分开，不整合面被快速而广阔的 Chela 组海进层序覆盖，厚度大约 60m，属于阿普特阶，该组可以与加蓬海岸盆地的 Gamba 组对比，岩性为厚层砂岩，但在局部地区突变为泥岩、钙质粉砂岩和白云岩（Jansen，1985；Haq et al.，1987；童晓光等，2002；Anka，2004；Anka，2009）。

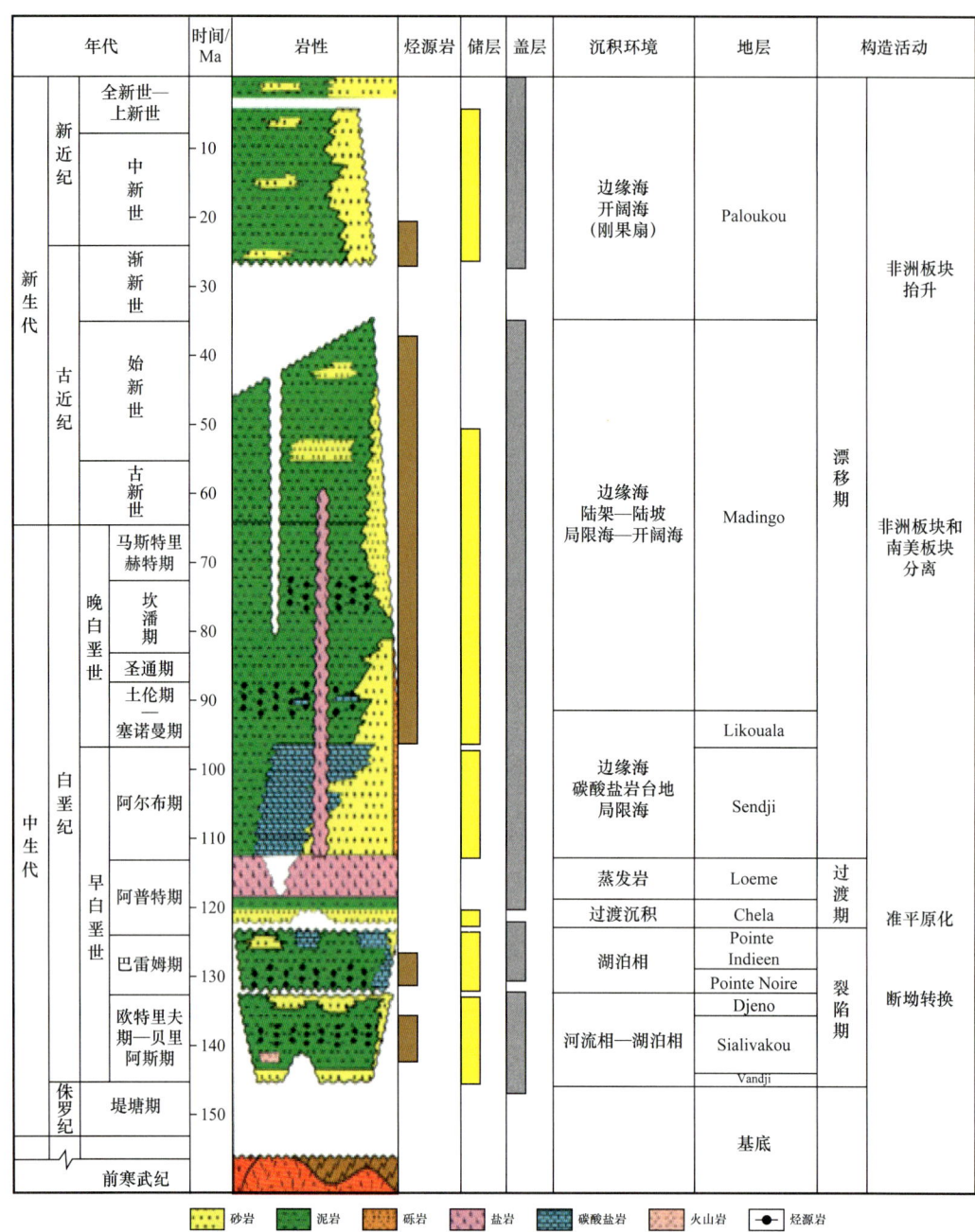

图 3-8 下刚果盆地综合地层柱状图（据 Jansen J, 1985; Haq et al., 1987; Mougamba, 1999; Anka, 2004; Anka, 2009; 逄林安, 2018）

Loeme 组上覆于 Chela 组，由硬石膏、盐岩、钾岩和泥岩夹层组成，厚几十米至超过 800m（图 3-9）。上覆的沉积负荷使之变形并发生底辟或形成被断层围限的盐岩墙。膏盐层序在下刚果盆地普遍发育，盐拱运动造成盆地不同部位盐层厚度差别很大，盐丘部位盐层的厚度可达 3000m，而其他地区则减薄甚至缺失。

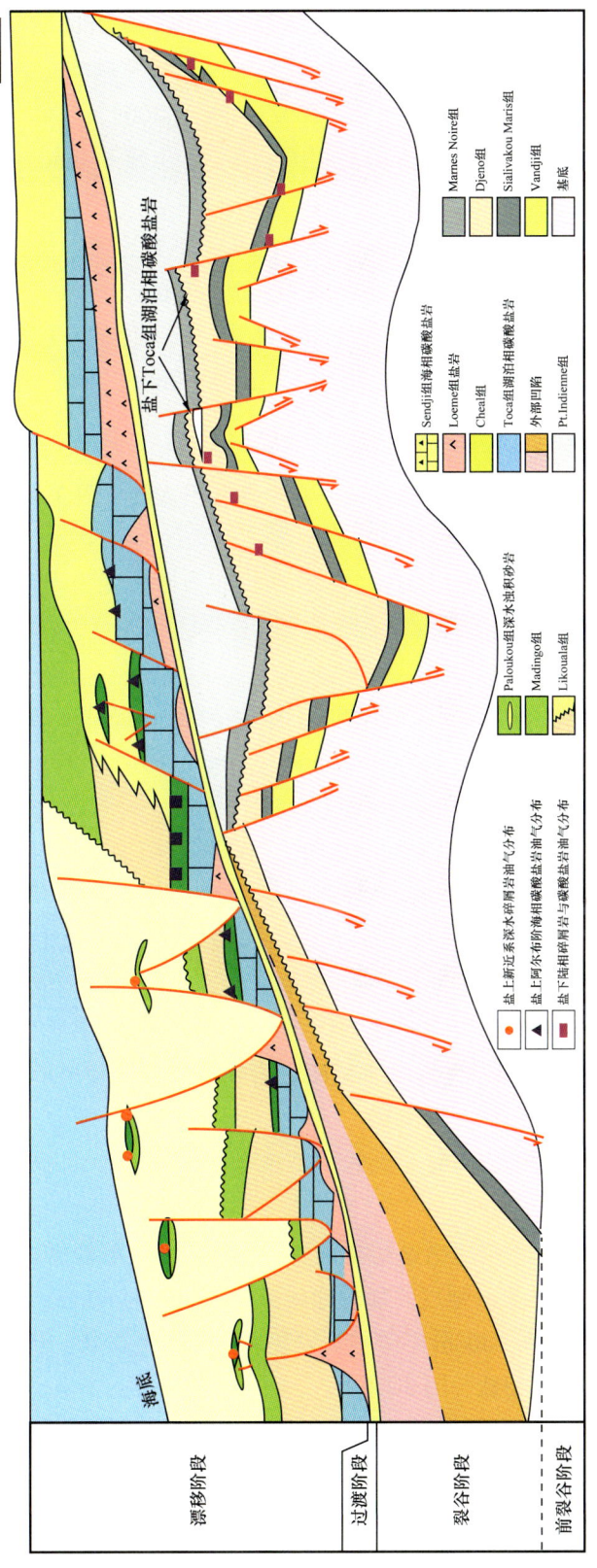

图 3-9 下刚果盆地地区域地质剖面及油气分布特征（据赵红岩等，2012）

阿尔布阶为碳酸盐岩和砂岩沉积，最底部是 Mavuma 组/Inhuca 组，为一套薄层的硬石膏和白云岩地层，厚约 60m，其上是 Pinda 组的高能浅滩碳酸盐岩及 Vermelha 组的滨岸砂岩和页岩（Jansen，1985；童晓光等，2002；Anka，2009）。

土伦阶到马斯特里赫特阶为 Iabe 组海相厌氧页岩，上覆于 Pinda 组和 Vermelha 组。

4）新生界

始新统的石灰岩、粉砂岩及 Landana 组的泥灰岩不整合于白垩系之上。渐新统至今为 Malembo 组深海页岩夹浊积砂体沉积，厚度可达 6000m。刚果扇是西非仅次于尼日尔三角洲的巨大的扇体系，Malembo 组的浊积砂体是目前下刚果—刚果扇盆地最重要的储层和产层（图 3-8）（Jansen，1985；童晓光等，2002；Anka，2009）。

5. 宽扎盆地地层

盆地基底为前寒武系，上覆上侏罗统—新生界沉积盖层（图 3-10）。

1）上侏罗统

上侏罗统在盆地西部为 Red Basal 组，从西往东由砂岩变为泥页岩，总体属于陆相。盆地东部为 Series 组，为陆相砂岩。

2）白垩系

白垩系从下往上依次为下 Cuvo 组、上 Cuvo 组、Massive 盐岩组、Quianga 组和 Binga 组、Tuenza 组、Catumbela 组、Quissonde 组、Itombe 组、N'Golome 组和 Teba 组（童晓光等，2002）。

下 Cuvo 组和上 Cuvo 组整体为水进旋回，下部发育湖泊相泥岩，上部发育滨浅海相砂岩和石灰岩。

下白垩统贝里阿斯阶—欧特里夫阶下 Cuvo 组为碎屑岩和火山岩互层，碎屑岩包括陆相红色砂岩和页岩，偶见薄煤层。火山岩由玄武岩和凝灰岩组成，以现代大西洋海岸线为界，东厚西薄。该组地层在盆地东部以 Maculongo 裂谷的名称命名为 Maculongo 组，在裂谷内厚达 1000m，下部发育富含有机质页岩和火山岩的互层地层；上部主要包括火山岩和火山碎屑与薄层页岩的互层沉积。

上 Cuvo 组厚 100～200m，与下伏地层不整合接触，岩性主要为白云质灰岩、泥灰岩、煤线和沥青质砂岩等。

盐间地层 Massive 盐岩组包括厚层盐岩及与其互层的碳酸盐岩，上 Cuvo 组之上整合沉积了宽扎盆地的巨厚的盐岩地层。盐岩地层最初厚度约为 600m，遭受盐体的变形作用后使其目前的厚度值在 0～1400m 不等。盐岩层序中可见硬石膏，硬石膏的含量往盐岩层序顶部增多，盐层中没见钾盐（图 3-10）。

Quianga 组和 Binga 组是巨厚盐岩沉积之后盆地的两个沉积旋回地层，岩性均为硬石膏、石灰岩和白云岩，每套地层的最底部都是硬石膏。Quianga 组和 Binga 组记录了完整的海洋环境和正常的海水盐度。

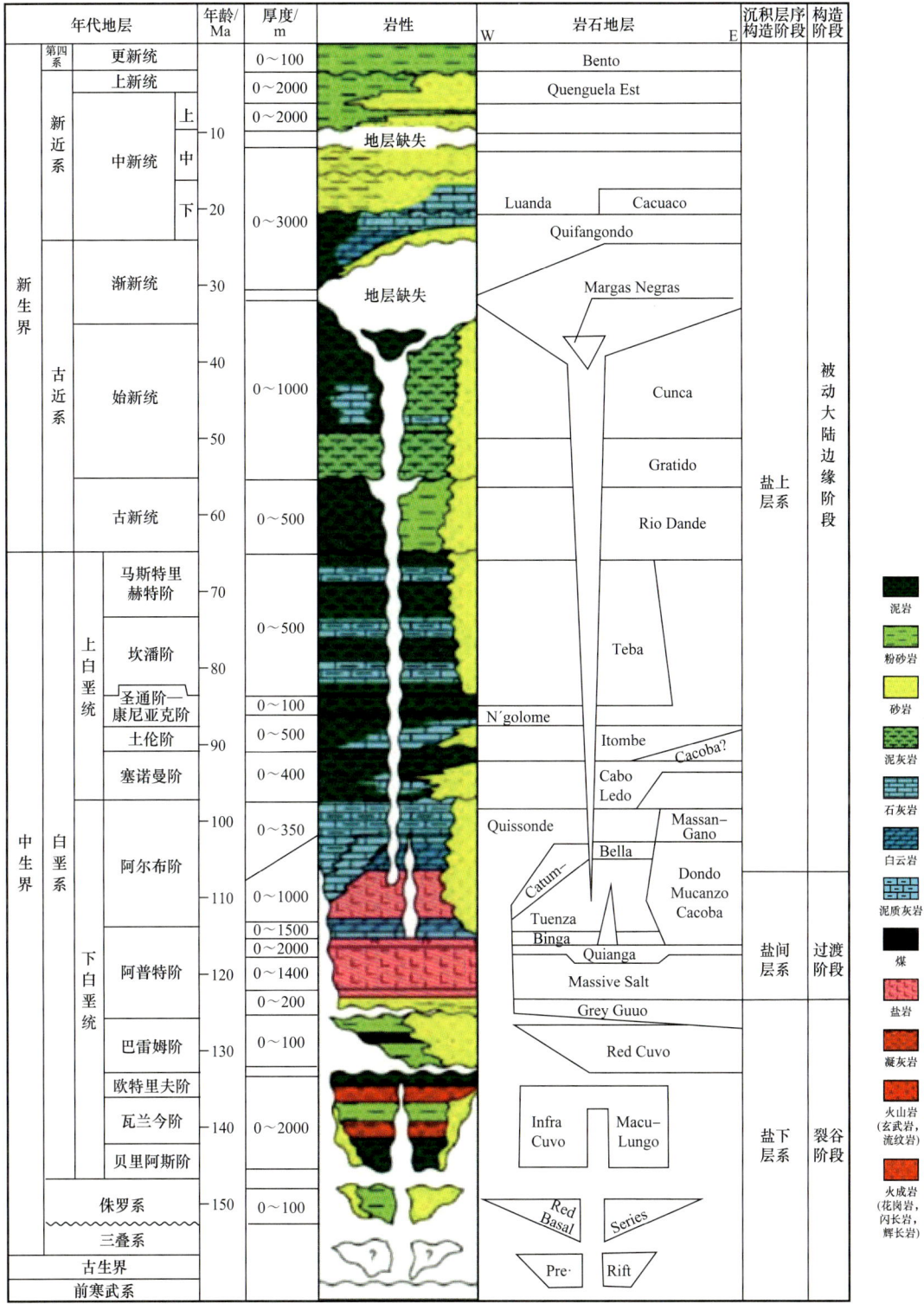

图 3-10 宽扎盆地综合柱状图（据童晓光等，2002；薛保山等，2014）

Tuenza 组底部以盐为主，中部为硬石膏，上部以白云岩为主，其中底部的盐岩中夹杂着沥青质页岩，顶部白云岩以富含含砂鲕粒砂屑灰岩为特色。Tuenza 组向东逐渐过渡为陆相的 Cacoba、Mucanzo 和 Dondo 组碎屑岩，Tuenza-Dondo 层序最大厚度可达 1000m（童晓光等，2002）。

Tuenza 组之后，盆地接受了阿尔布阶 Catumbela 组和 Quissonde 组石灰岩的沉积。到塞诺曼期，差异沉降作用使东部台地和西部深海盆地被一个不稳定的斜坡截然分开（Joyes，1995）。

土伦阶—康尼亚克阶 Itombe 组由海退的粗粒砂岩组成，局部地区为石灰岩和沥青质页岩。

N'Golome 组为此次海退之后圣通期海进的沉积，是含浮游有孔虫的褐色页岩。与之相似，坎潘阶至马斯特里赫特阶的 Teba 组由页岩和近 900m 厚的黏土质生物灰岩组成（童晓光等，2002）。

3）新生界

新生界为 Rio Dande 组、Gratidao 组、Cunga 组、Quenguela East 组和上新统 Bento 组。

古新世 Rio Dande 组由页岩和粉砂岩组成，向东相变为三角洲砂岩和泥质砂岩层序，很可能代表了高位体系域的沉积。

下始新统的 Gratidao 组和中—上始新统的 Cunga 组都以石灰岩、泥灰岩和远洋具放射性的页岩为特征，常见有机质和煤屑。在盐沉积向斜的深水区内部，沉积了始新统 Margas Negras 组的富含有机质的页岩。

渐新世的全球海平面降低导致了广泛的剥蚀作用的发生，并使东部大部分盆地上始新统和渐新统变薄或缺失。

中新世末，宽扎盆地的陆上部分开始抬升并持续至今，发育滨岸相—三角洲相砂岩的上中新统 Quenguela East 组和上新统 Bento 组。海上，这套地层沿着现今海岸线陡倾方向变为泥灰岩和页岩。包括镜质组反射率在内的有机质成熟数据表明，1000～2000m 的地层从陆上地区剥蚀下来并沉积在较远的西部地区。

三、西非南段地层

1. 纳米比盆地地层

1）基底

盆地基底为前寒武系结晶岩系。

2）古生界

下古生界奥陶系、上古生界石炭系未被钻穿，为地震反射层。二叠系下部为 Dwyka 组，为冰碛岩，是冰川作用沉积。中部为 Prince Albert 组，岩性为粉砂岩，为过渡相—海相。上部为 Etjo 组下段，岩性为砂岩，是陆相风成砂岩（图 3-11）。

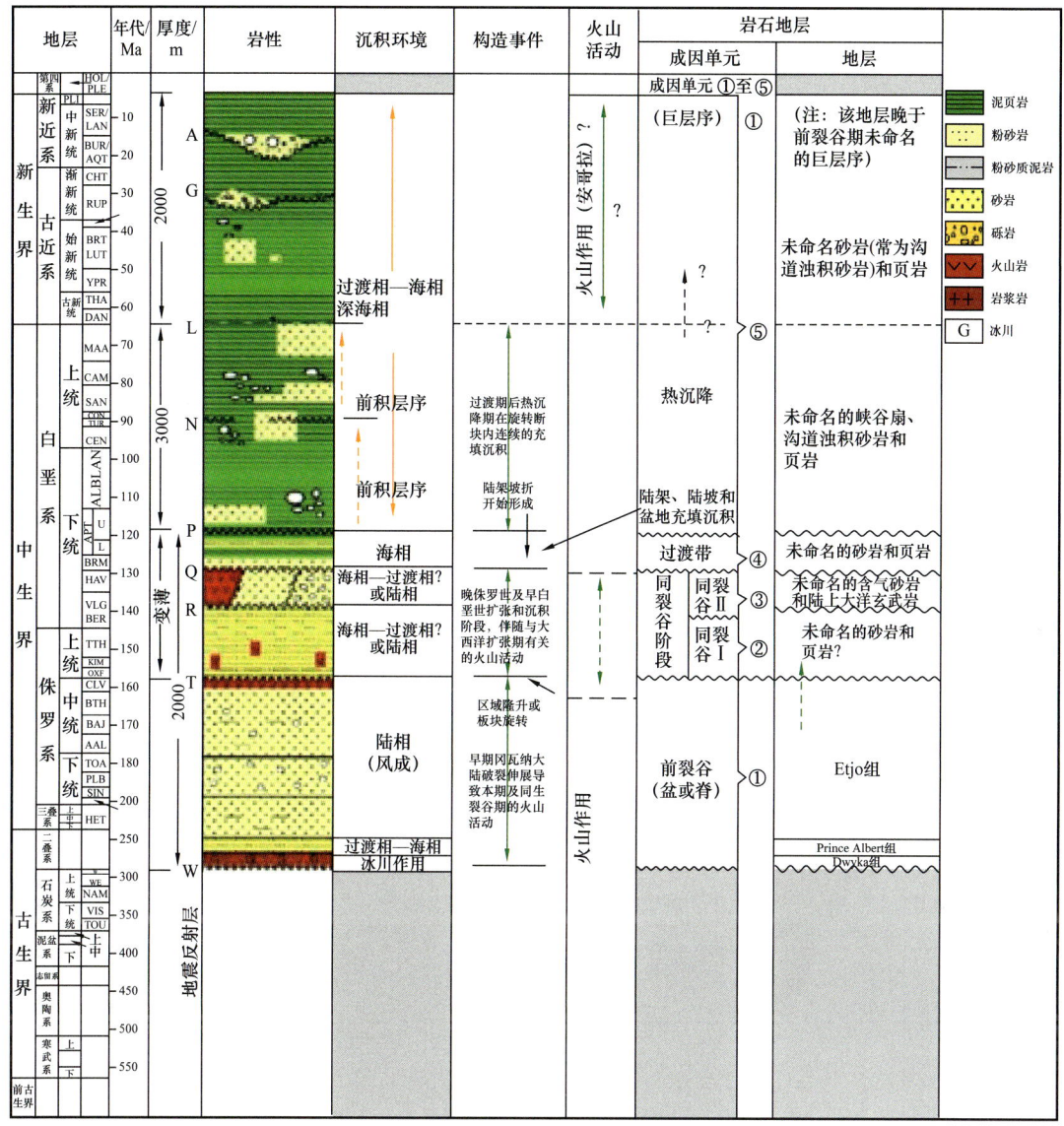

图 3-11 纳米比盆地地层综合柱状图（据关增淼等，2007）

注："?"表示存疑

3）中生界

三叠系和中—下侏罗统延续上二叠统，为 Etjo 组中上段，岩性为砂岩，是陆相风成砂岩。中侏罗统卡洛夫阶凝灰岩直接上覆于 Etjo 组风成砂岩之上。上侏罗统岩性为粉砂岩和页岩，是海相—过渡相或是陆相。下白垩统底部延续上侏罗统，下白垩统上部岩性从陆向海逐渐由玄武岩相变为砂岩，上覆阿普特阶海相砂岩和页岩。上白垩统为砂岩和页岩，是峡谷扇和浊积水道沉积（图 3-11）。

4）新生界

新生界为海相砂岩和页岩，是沟道浊积沉积。

2. 西南非海岸盆地地层

1）基底

盆地基底为前寒武系结晶岩系。

2）古生界

古生界未被钻井揭露，目前仅靠地震解释推断。下部为 Caperoo 群，上部石炭系和二叠系下 Karoo 群，其间为角度不整合（图 3-12）。

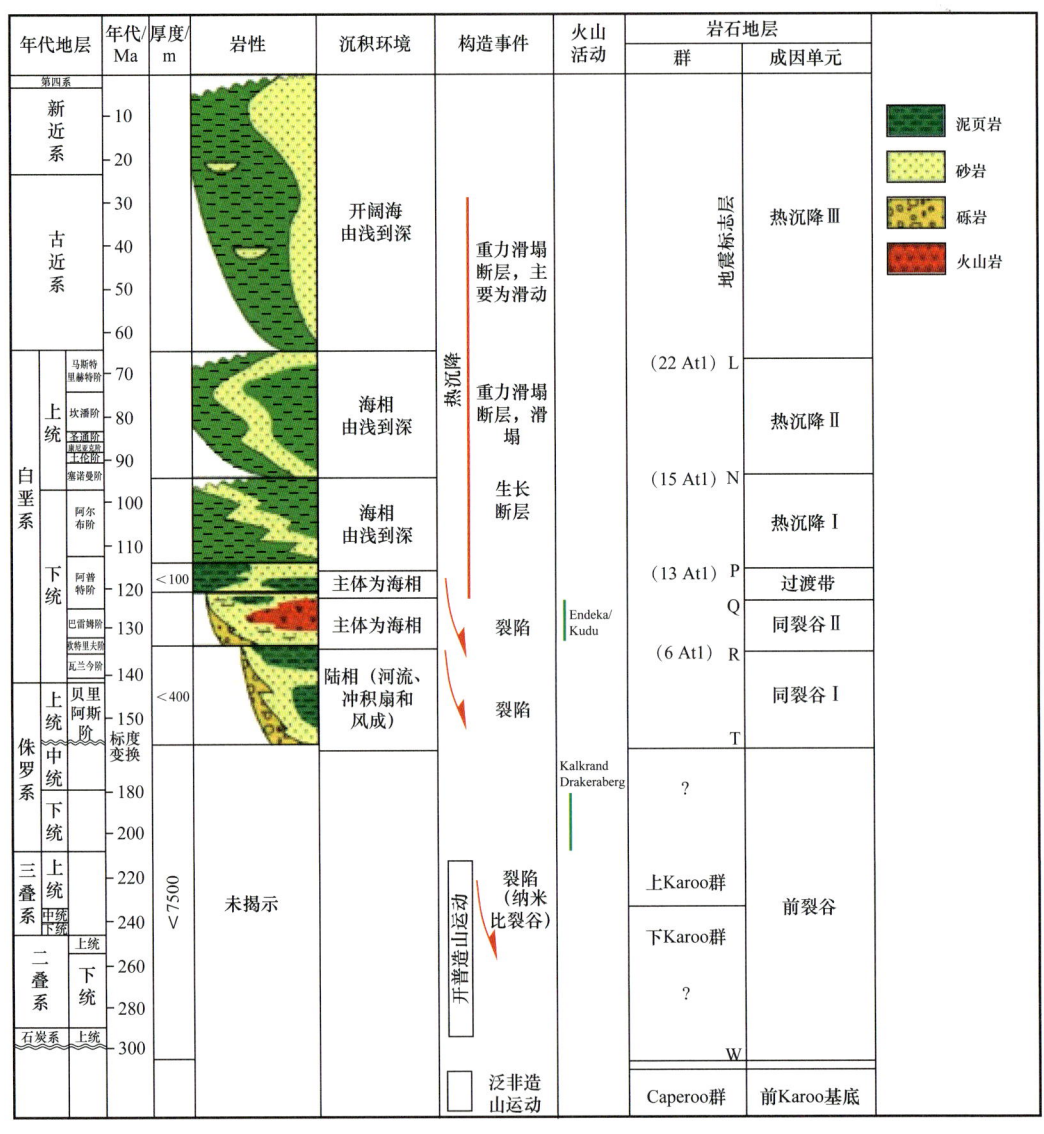

图 3-12　西南非海岸盆地地层综合柱状图（据 Alison R et al.，1995）

3）中生界

西南非海岸盆地三叠系和中侏罗统—下侏罗统同样未被钻井揭露，为上 Karoo 群。目前钻井揭示的中生界主要为上侏罗统、白垩系。

上侏罗统—下白垩统为冲积扇夹火山沉积，多属三角洲相和河流相，厚3000~10000m。

白垩系阿普特阶—塞诺曼阶：陆棚上为粉砂岩、页岩、河道砂岩和薄煤层及浊积岩沉积；斜坡上为细粒碎屑岩，深水区为泥质或粉砂质浊积岩，总厚度0~2500m。上白垩统塞诺曼阶—马斯特里赫特阶为前积泥岩和河道砂岩，厚0~3500m（图3-12、图3-13）。

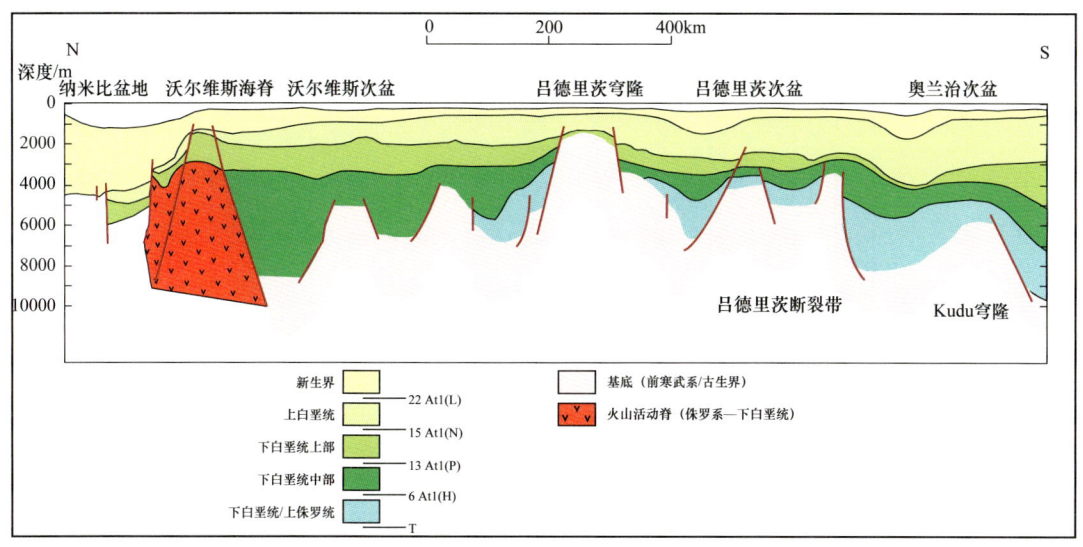

图3-13　西南非海岸盆地过沃尔维斯海脊至奥兰治次盆地质剖面（据关增淼等，2007）

4）新生界

新生界为砂岩和泥岩，厚0~3500m。

四、转换型被动大陆边缘盆地地层

以科特迪瓦盆地为代表的西非转换型被动大陆边缘盆地，在大地构造上位于西非早元古代克拉通的中部至几内亚太古代陆核的东缘。

1. 基底

盆地基底为前寒武系西非克拉通，覆盖了科特迪瓦陆上和加纳陆上的大部分面积。

2. 中生界

盆地沉积地层厚度大，主要是早白垩世和新生界碎屑岩沉积。最老的沉积岩是早白垩世阿普特阶碎屑岩。

早白垩世贝里阿斯期—巴雷姆期，在走滑断裂构造运动形成的伸展地堑中接受沉积，主要为河流相、三角洲相和湖泊相，岩性有砂岩、页岩和砾岩，厚度大于2000m。该期沉积主要分布于转换边缘东部的多哥、贝宁境内。

阿普特期—晚阿尔布期，以河流相、三角洲相和湖泊相硅质碎屑岩为主。晚阿尔布期—早塞诺曼期，基底抬升加强，科特迪瓦—加纳边缘脊遭受剥蚀。一个广泛存在的阿尔布—塞诺曼不整合面记录了两个大陆板块接触的最后时期是晚阿尔布期。

3. 新生界

塞诺曼期—全新世为后转换阶段（图3-14），以圣通阶和渐新统的不整合面为界，后转换阶段分成早、中、晚3个时期，因此转换型被动陆缘盆地新生代主要沉积了海相页岩或浅水碳酸盐岩（邬长武等，2012）。

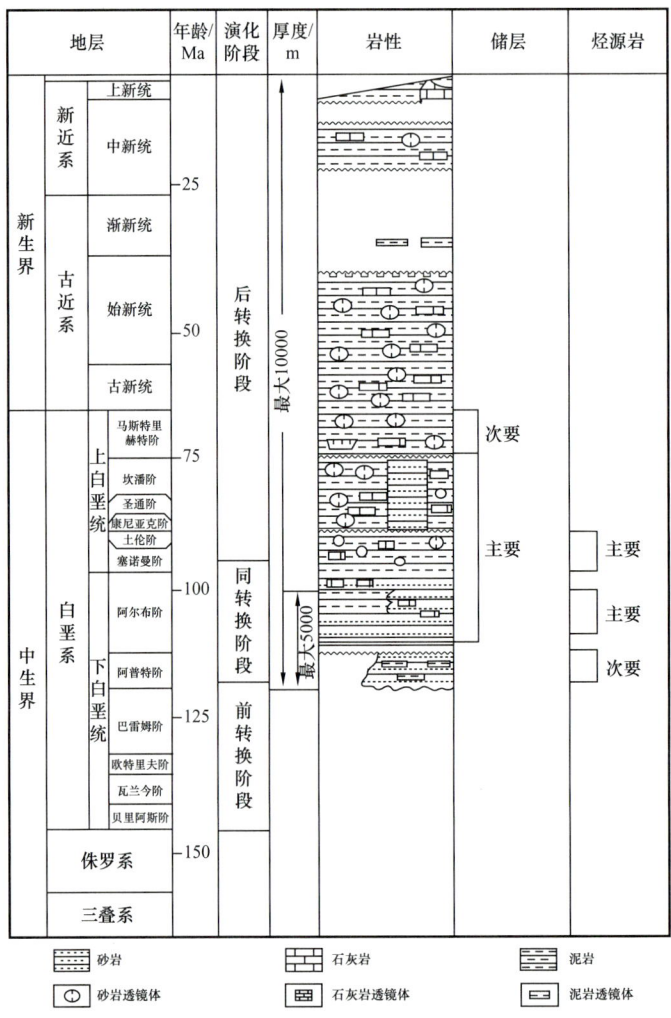

图3-14 科特迪瓦盆地综合地层柱状图（据邬长武等，2012）

第二节 沉 积 相

一、西非北段沉积相

西非北段深水盆地为含盐盆地，主要包括塞内加尔盆地、阿尤恩—塔尔法亚盆地、拉尔法（Ralph）盆地、索维拉（EssaouLra）盆地和科纳克里（Conakry）盆地。由于这些深水盆地的构造演化具有一致性，受构造演化控制的沉积相发育具有相似性，故以下以阿尤恩—塔尔法亚盆地为代表介绍西非北段深水盆地的沉积相。

阿尤恩—塔尔法亚盆地下古生界沉积相主体为浅海陆棚—深海相，上古生界由海相过渡到河流相—三角洲相，三叠系下部发育河流相和冲积扇，向上过渡为潟湖相—边缘海相。侏罗系主体为陆棚碳酸盐岩台地相，下白垩统以三角洲相为主，上白垩统—新近系滨岸带主体为三角洲相和滨海相，深水区以陆棚碳酸盐岩台地相为主体。

盆地内前三叠系未钻遇，通过与周围相关盆地对比及地震解释推断，古生界整体沉积相为海相。其中下古生界主体为浅海陆棚—深海相，上古生界泥盆系在滨岸区域为浅海碳酸盐岩台地相，向西深水区为深海相，石炭系主体发育河流相—三角洲相，二叠纪海西运动造成二叠系缺失（图3-2）。

裂谷沉积序列由河流相和泛滥平原相的红色砾岩、砂岩和页岩组成。盆地翼部出露地表的古岩体剥蚀形成碎屑物源，然后在发育的半地堑内沉积：开始为河流相，进而为河流相—三角洲相。进一步裂谷拉张作用使海水可能从东面的特提斯洋和北面的原始大西洋进入半地堑。蒸发岩的化学沉积作用持续到早侏罗世。在盆地北部，持续拉张和沉降造成海进穿过半地堑。在盆地南部，流经前寒武系和古生界高地的河流直接为迅速沉降的半地堑供给物源。盆地北部裂谷沉积序列仅1500m厚，而盆地南部裂谷沉积序列厚达12000m。

三叠系沉积相为下部河流相和冲积扇，向上过渡为潟湖相—边缘海相，局部地区发育凝灰岩沉积。西部地区由于三叠纪裂谷拉张作用可能进一步使海水从东面的特提斯洋和北面的原始大西洋进入半地堑，而盆地的北、西北和南部为较远的物源区，只供应很少量的碎屑物源进入半地堑，形成了局限海环境，在局部地区沉积巨厚蒸发岩、湖泊相和潟湖相细粒碎屑岩，这种局限海环境一直持续到早侏罗世。东部滨岸带为陆相河流—三角洲沉积，滨岸带向深水区过渡地带发育碳酸盐岩台地相。

侏罗系以碳酸盐岩台地相为主，东部滨岸带发育滨海碎屑岩沉积，西部地区为潟湖相。

下白垩统主体为三角洲相，从东部浅水区到西部深水区沉积物粒度逐渐变细。晚白垩世水体加深，以陆棚碳酸盐岩台地相为主。

古近纪盆地的东部浅水区主体为滨海相和三角洲相，往西逐渐过渡到深水区以发育陆棚碳酸盐岩台地相为主，深水区局部发育深海相泥灰岩。

二、西非中段沉积相

西非中段包括一个三角洲盆地——尼日尔三角洲盆地和四个阿普特盐盆地——加蓬盆地、下刚果盆地、里奥穆尼盆地和宽扎盆地。由于本区构造演化具有统一性，受构造控制发育的深水盆地的各个时期的沉积相具有相似性。简洁起见，以尼日尔三角洲盆地重点解剖西非中段三角洲盆地沉积相，同时由于阿普特盐盆地沉积相具有相似性，则以详细解剖加蓬盆地来介绍西非中段的阿普特盐盆地沉积相特征。

1. 尼日尔三角洲盆地沉积相

尼日尔三角洲盆地基底主要为前寒武系结晶基岩，上覆下白垩统阿尔布阶—上白垩统圣通阶为盆地裂谷阶段的海进体系地层，向上为晚白垩世坎潘期—古新世大规模海进阶段的沉积，在尼日尔三角洲地区沉积一套海陆交互相和浅海—深海相，早始新世开始，受全球海平面下降影响，盆地陆架区发育规模巨大的浪控型进积三角洲，向陆坡之下逐渐发育深水扇沉积。该套地层自下而上按岩性分为 Akata 组、Agbada 组和 Benin 组（图 3-15）。

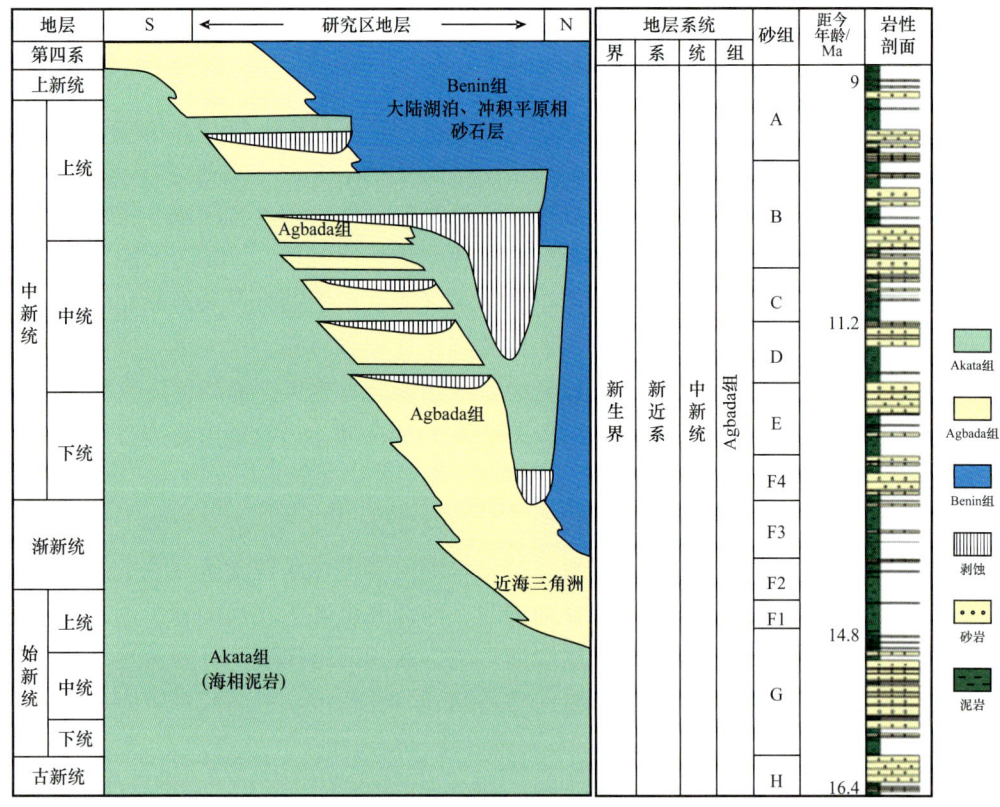

图 3-15 尼日尔三角洲盆地地层剖面示意图及研究区 Agbada 组简图（据陈志鹏等，2017）

早白垩世，西非板块和中非板块发生分离，导致海水流入贝宁—卡拉巴尔枢纽线所辖的近海区。在阿尔布期形成了一套海相沉积物，大致分布在几内亚湾台地深部和阿巴卡利基地槽及贝努埃地槽内（Weber et al., 1979）。

晚白垩世塞诺曼期发生海退，发育尼日尔—贝努埃三角洲和一部分单独的深水扇。坎潘期再次发生海进，发育页岩和砂岩沉积。此后，马斯特里赫特期发生过更大规模的海进，马斯特里赫特期—古新世在广泛大范围沉积伊莫页岩，从而使原始尼日尔—贝努埃三角洲停止发育。

始新世，尼日尔三角洲快速发展，分布范围超过 $18×10^4 km^2$。沉积物来自东北部，主要由尼日尔河和贝努埃水系及次要的克罗斯河携带碎屑入海。中始新世，此时盆地的可容纳空间小,沉积速率大,三角洲的进积速度很快,尼日尔三角洲沿阿南布拉大陆架迅速向南推进,跨越贝宁—奥尼查地区,至晚始新世抵达阿菲波,相继在大陆架沉积了 Akata 组黏土岩、浊积岩及大陆斜坡深谷砂岩,相应伴生了大规模的刺穿构造带和生长断层。到渐新世—中新世时,三角洲向前推进,盆地的可容纳空间增大,三角洲发展的时间相对较长,推进速度缓慢(图 3-16)(Weber et al., 1979)。生长断层特别发育,产生了大量的滚动背斜,远端则开始形成重力滑脱体系。

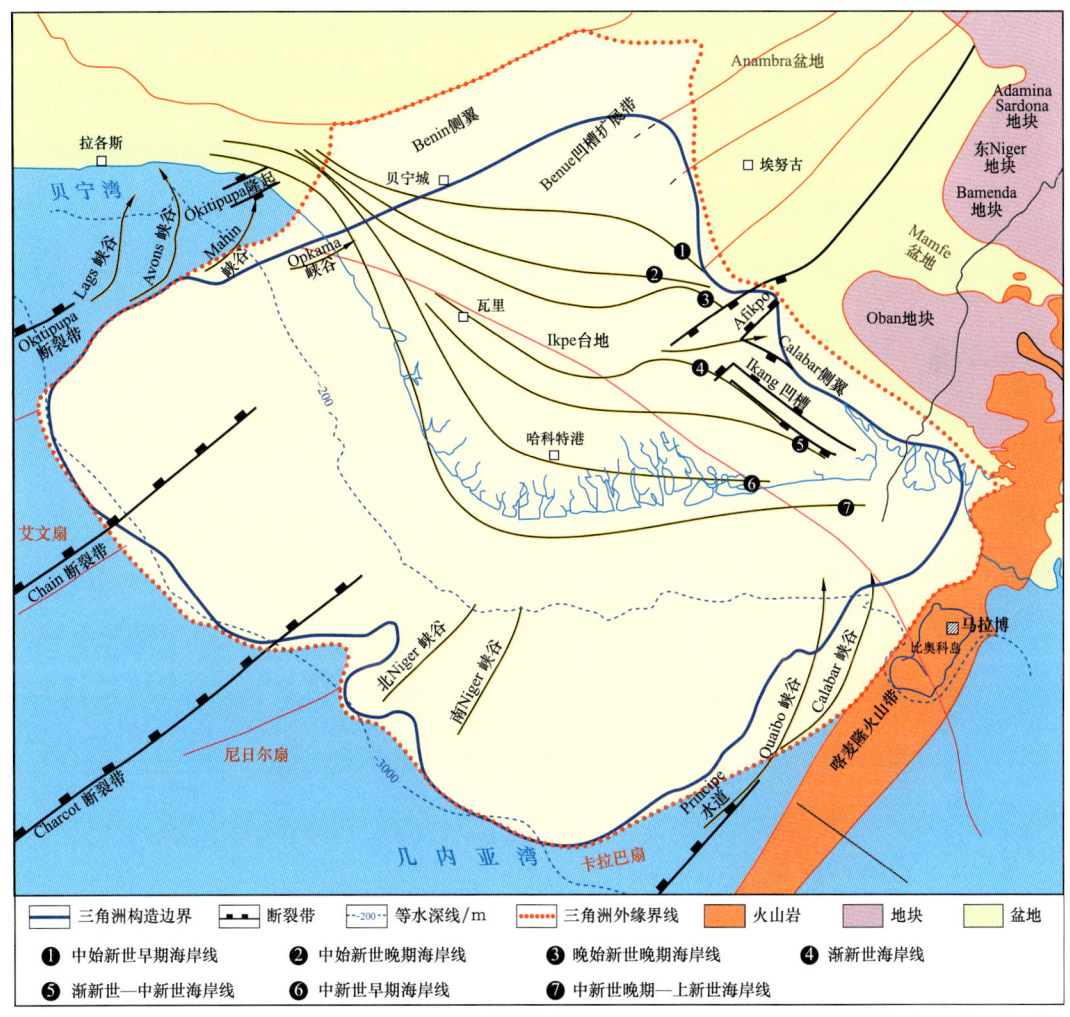

图 3-16 尼日尔三角洲盆地构造格架及不同时期古海岸线位置(据 Weber et al., 1979 修改)

上新世—更新世时海岸线变为凸向海洋,由于沿岸流的作用,三角洲开始进入破坏阶段,三角洲复合体的生长速度开始减慢,向海推进的三角洲前缘因底辟作用出现了短暂的平衡,但远端依然向前生长。更新世晚期,由于冰期之后冰川融化导致海进,从而淹没了现今浅海处的上新世—更新世的三角洲平原沉积区。全新世,再次海退,又出现一套海退三角洲超覆沉积物。

2. 加蓬盆地沉积相

加蓬盆地不同时期的沉降中心和沉积中心不断迁移变化，总的表现为由南部向北部，由陆上向海上迁移的趋势，即早白垩世的沉降中心和沉积中心位于南加蓬次盆的中南部，晚白垩世—第四纪的沉降、沉积中心位于北加蓬海岸盆地的西部海域。

1）下白垩统沉积特征

下白垩统以陆相河流—三角洲、滨浅湖和半深湖—深湖沉积为主，整体为水退旋回，自下而上由湖泊相向河流相过渡。河道—三角洲沉积砂体为后期油气储集提供了物质基础，半深湖—深湖相泥岩有机质丰富，是主要的烃源岩。盐下层系包括形成于裂谷阶段的下白垩统的底部砂岩组、Kissenda 组湖泊相页岩、Lucina 组湖泊、三角洲相砂泥岩、Melania 组粉砂岩及页岩、Crabe 组滨浅湖沉积、Dentale 组三角洲、Vembo-Gamba 组河流沉积。

下白垩统欧特里夫阶 Kissenda 组沉积特征：整体以湖泊相为主，物源方向由东西两侧向中央凹陷带聚集，沉积相由河流相过渡到湖泊相，湖泊相泥页岩有机质丰富，现今成为成熟烃源岩（图 3-17）。

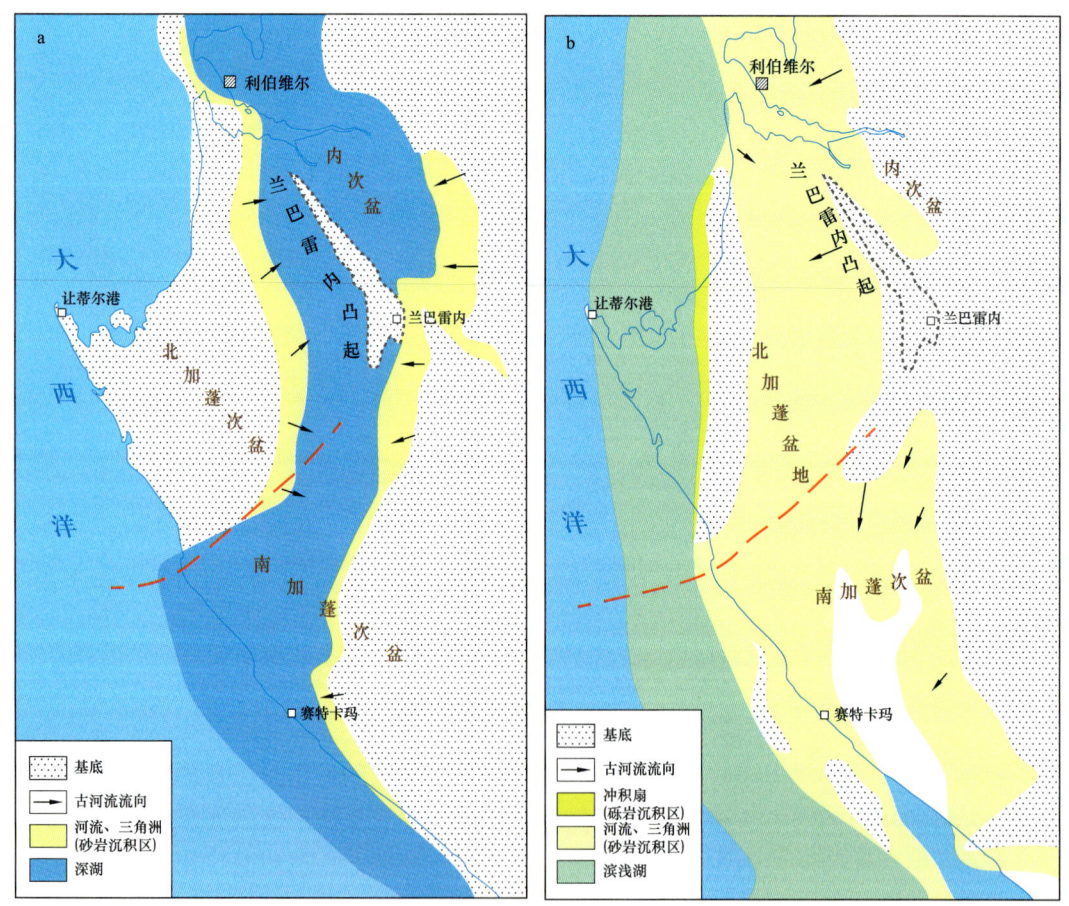

图 3-17　西非加蓬盆地下白垩统沉积体系（据 Joyes，1995；刘延莉等，2008）
a. 纽康姆阶 Kissenda 组沉积相；b. 阿普特阶 Dentale 组沉积相

下白垩统巴雷姆阶 Melania 组沉积特征：整体以滨浅湖相—深湖相为主，物源方向近东西向，北加蓬次盆东部、中部局部地区受物源及古地形控制，发育河流—三角洲沉积，西部以滨浅湖相为主，沉积的泥页岩成熟度较低；南加蓬次盆以深湖沉积为主，东部近物源区发育部分河流—三角洲沉积。深湖沉积的泥页岩，现今部分演化为成熟烃源岩。

下白垩统巴雷姆阶—阿普特阶 Dentale 组沉积特征：以陆相为主，物源来自北东—南西向，北加蓬次盆受古地形控制，东部近物源区以河流沉积为主，发育砂岩，中部为冲积扇，沉积发育砾岩、砂砾岩等粗碎屑。盆地西侧为半深湖—深湖沉积。南加蓬次盆沉积格局与北加蓬次盆相似，但是河流—三角洲沉积更为发育（图 3-17）。

下白垩统阿普特阶 Crabe/Gamba 组沉积特征：北加蓬次盆继承 Dentale 组沉积格局，由东向西，由河流—冲积扇—湖泊相过渡。与 Dentale 组沉积不同，南加蓬次盆南部进入海相，自北东—南西，由陆相过渡为海相。

阿普特期 Ezanga 组为盐岩层，蒸发岩含有大量可溶盐。

2）上白垩统—新生界沉积特征

晚白垩世—新生代以海相为主，沉积中心在北加蓬次盆，发育台地和深海浊积体。大的断崖和沿岸构造带控制浊积体分布。浊积体是北加蓬次盆主要的储层，海相泥岩为油气形成提供了很好的烃源岩。盐上层系包括下白垩统 Madiela 组碳酸盐岩台地沉积、上白垩统塞诺曼阶 Cap-Lopez 组海进序列、土伦阶 Azile 组最大海进期碳酸盐岩及碎屑岩沉积、康尼亚克阶—圣通阶 Anguille 组浊积砂、坎潘阶 Pte-Clairette 组陆相—滨浅海相、马斯特里赫特阶 Ewongue 组—古新统 Ikando 组碎屑岩复合体、始新统 Ozouri 组深水燧石、Animba 组河道砂岩及中新世到现代的碎屑岩沉积（图 3-18）。

晚白垩世塞诺曼期—土伦期，沉积受 Azile 组断层控制，断层带以东为海相台地沉积，断层带以西的断崖控制了浊积体分布（图 3-18a）。现有油气田证实了盆地中部浊积体的分布。

晚白垩世康尼亚克期—圣通期，浊积体沉积受 Anguille 断崖控制，Anguille 断崖较 Azile 组断层带西迁，断崖控制之下的 Port-Gentila 地区南部和北部海上发育浊积体（图 3-18b）。由于区域水退，物源供应更充沛，Anguille 浊积体发育规模较大。

晚白垩世—古近纪，浊积体受 Ewongue 坡折和 Ikando 坡折控制，坡折带较 Anguille 断崖继续西移，坡折控制下发育 Batanga、PointeClairette 浊积体（图 3-19a）。现有的如 Pte-Clairette 油田、Cap-Lopez 油田证实了这部分浊积体的发育。

新近系中新统至现代沉积，以陆上河道沉积为主（图 3-19b），厚达 3000m，包括 Mandorove 组、Mbega 组、Tchengue 组和 Akosso 组。

三、西非南段沉积相

西非南段深水区盆地主要位于沃尔维斯海岭以南，为不含盐盆地。主要包括纳米比盆地和西南非海岸盆地，二者各个时期的沉积相具有很大的一致性和相似性，为了避免赘述，故以下以西南非海岸盆地为典型介绍西非南段深水盆地沉积相。

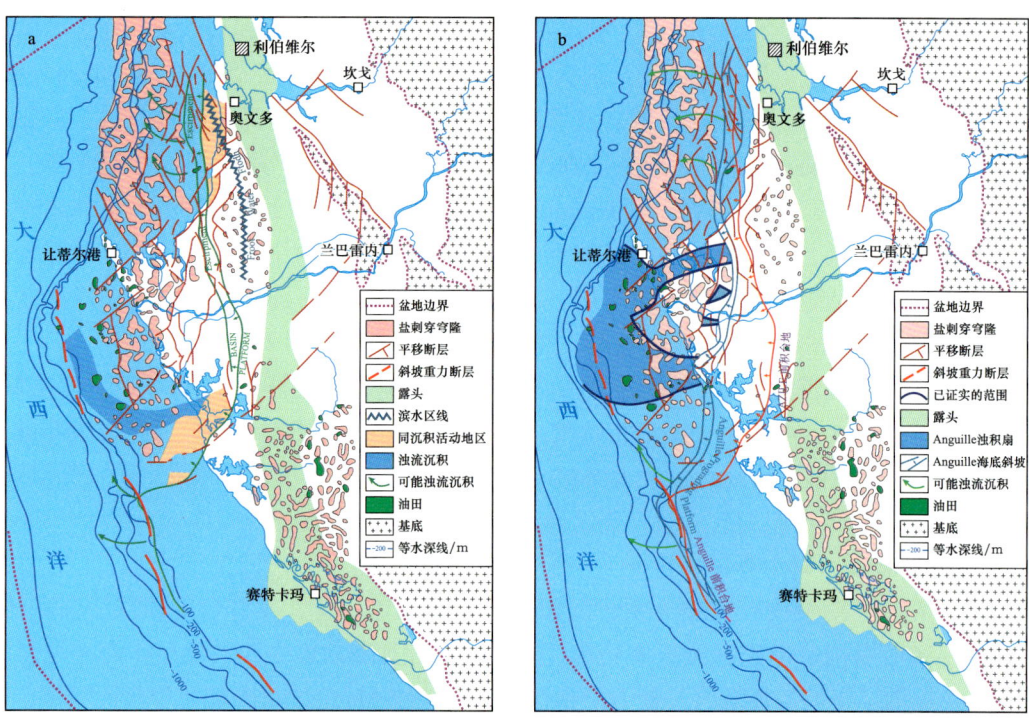

图 3-18　西非加蓬盆地上白垩统沉积体系（据 Joyes，1995；刘延莉等，2008）

a. 塞诺曼期—土伦期；b. 康尼亚克期—圣通期 (Anguille 组)

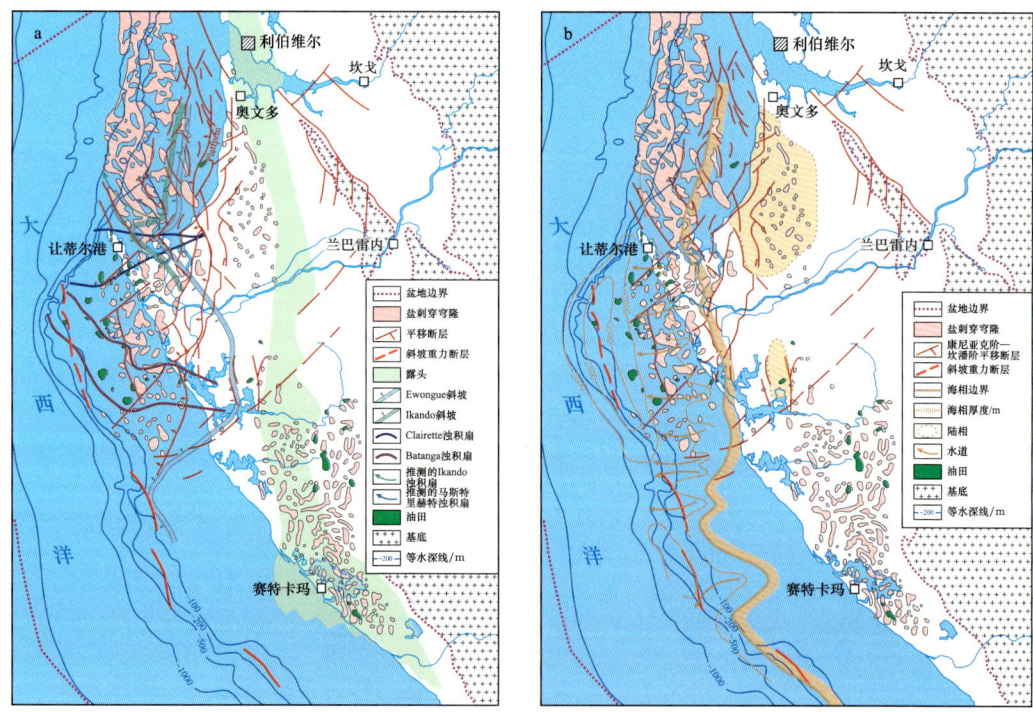

图 3-19　西非加蓬盆地上古近系—新近系沉积体系（据 Joyes，1995；刘延莉等，2008）

a. 坎潘期—马斯特里赫特期—古新世 Ewogue—Ikando 组沉积相；b. 中新世构造—沉积相

西南非海岸盆地由北向南有三个沉积中心，即沃尔维斯次盆、吕德里茨次盆和奥兰治次盆。三个沉积中心具有相似的构造格局，由东向西依次为边缘裂谷带、中间枢纽线、中央裂谷带和外边缘脊（图2-7）。

古生界和中生界三叠系未被钻井揭露，根据地震解释，推测为火山岩相和陆棚相。

早侏罗世—中侏罗世发育陆相和火山岩相，该时期裂谷开始活动，冈瓦纳大陆解体，南大西洋开始形成，西南非海岸裂谷开始发育。

晚侏罗世西南非海岸盆地外侧火山岩分布很广，北到沃尔维斯海脊，南到Falkland Agulhas断裂带。奥兰治次盆开始形成，并发育陆相（图3-20）。

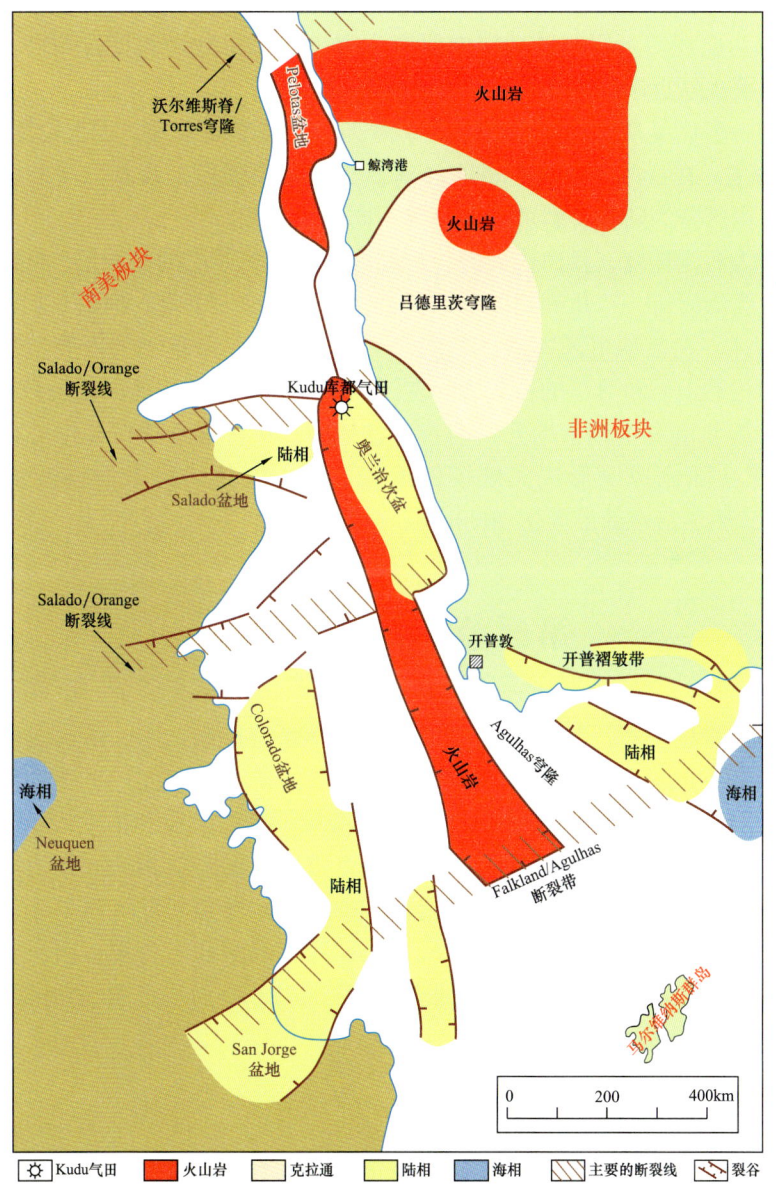

图3-20 西南非海岸盆地裂谷初期晚侏罗世古地理图（据Alison Ries et al., 1995）

早白垩世，尤其是在瓦兰今期发育湖泊相。沉积呈向西加厚的楔状，东部在中间枢纽线附近尖灭。枢纽线以东为河流相—三角洲相，呈狭窄的低角度箕状地堑。枢纽线以西为冲积扇，同时发育火山岩夹层。

晚欧特里夫期，发育风成沉积，同时沿沃尔维斯海脊和纳米比亚的 Kaokoveld 地区有大量的火山岩喷发和侵入，在风成沉积中往往夹有火山岩层。在中央枢纽线以西主要为河流相—三角洲相，偶见边缘冲积扇发育。奥兰治次盆的南部为向西连续沉积的浅海相到海岸相砂岩，在吕德里茨次盆的北部外边缘脊为巨厚的熔岩流，沃尔维斯次盆发育三角洲相。

晚欧特里夫期—早阿普特期，是从陆相到海相的过渡期，主要为海相。奥兰治次盆在中央枢纽线以西的下部层位为河流相，夹有火山岩。中部为浅海相，上部为深海相粉砂岩，到顶部为腐泥质页岩。该地层向西变为海进的海相砂岩和页岩互层。在沃尔维斯次盆和吕德里茨次盆近岸带为陆相，向西渐变为浅海相。

阿普特期—塞诺曼期发育深海相，由于海进造成海平面上升，到土伦期海平面最高，以深海页岩为主。在沃尔维斯海脊的东端有巨大的火山喷发，在其以南的各沉积中心沉积类型不一，可区分为陆棚、斜坡和深海等不同的沉积相。

晚白垩世为海洋环境，且由浅到深。陆棚区快速沉积厚层的前积层。此时，奥兰治河发育强烈，奥兰治河流—三角洲相的范围扩大，由于海平面下降，河道下切，形成大规模的三角洲沉积体。在吕德里茨次盆以北的东部陆棚还有一条狭窄的低能量河流，发育河流—滨岸潟湖相黏土岩和薄层的石灰岩。在沃尔维斯海脊的部分地区则发育有生物礁相。

古新世和始新世发生构造抬升，渐新世盆地的持续沉降造成沉积中心向海迁移。陆棚的前积沉积在陆棚边缘形成大规模的滑塌沉积，海相向海方向逐渐加厚，一般为 1000~1700m，奥兰治南部最大达 3000m。

第三节　沉 积 充 填

西非陆缘盆地的沉积充填北段主要受北大西洋张裂控制，中、南段受南大西洋从南向北逐渐张裂的控制，总体上与构造演化的 4 个阶段：晚古生代—早中生代大陆克拉通阶段（前裂谷阶段）、中—晚中生代以来的裂谷阶段、过渡阶段和中生代末—新近纪的被动大陆边缘阶段相对应。前裂谷期沉积充填以克拉通内坳陷陆相—海相为主；裂谷期沉积以河流相、湖泊相为主，局部为滨岸相，其中北段盆地裂谷期沉积早于其他盆地，裂谷晚期发育盐岩沉积；后裂谷期沉积北段盆地以海相碳酸盐岩为主，南段盆地发育潟湖相盐岩，其他盆地以海相碎屑岩为主（张光亚等，2018）。而尼日尔三角洲沉积发育于后裂谷期晚期，自成体系。

一、西非北段沉积充填

西非北段盆地沉积充填受控于其构造演化，构造演化不仅受三叠纪以来北美板块与非洲板块的裂解分离的影响，而且受北非古生界构造演化的影响（图 3-21）。因此，该区盆地沉积充填特征特色鲜明，早期盆地分异性强，沉积充填各异。到早白垩世后期进入整体沉降阶段，共同发育海相碳酸盐岩和浊流。

1. 前裂谷层序

前裂谷层序主要分布在盆地东部的陆上部分，南部塞内加尔盆地东部保存有志留系、泥盆系，盆地沉积序列与北非的廷杜夫盆地类似；北部阿尤恩盆地古生界是在一系列微型陆块［摩洛哥中央的 Oranaise 台地和摩洛哥台地（Morocan Meseta）］上沉积的，在晚石炭世海西运动期间缝合到非洲克拉通上。

由于受海西构造运动的影响，盆地具有很明显的北北东—南南西和北东—南西向构造，其中，北东—南西反转断层把该盆地与廷杜夫盆地分开。寒武系和奥陶系是一套贝壳灰岩、页岩和砂岩。志留系以黑色笔石页岩为特征。泥盆系包括页岩和砂岩与钙质岩层互层。中泥盆统有碳酸盐岩礁存在。石炭系由页岩、砂岩和薄层石灰岩组成。

2. 裂谷层序

晚三叠世盆地进入裂谷发育阶段，与早期北大西洋张开伴随，产生了北北东—南南西向张性断层，发育了一系列北东—南西向半地堑，被东西向转换断层带错开，并形成了一系列裂谷盆地。裂谷期以河流、湖泊和三角洲沉积为主，裂谷后期海水可能从东面（古特提斯洋）和北面（原始大西洋）侵入半地堑。在盆地的北、西北和南部，较远的物源区只提供很少量的碎屑进入半地堑。这种受限强烈的局限海中沉积了巨厚蒸发岩，湖泊相和潟湖相细粒碎屑岩局部发育，而且蒸发岩沉积持续到早侏罗世。

3. 被动大陆边缘层序

以热沉降为特征，北大西洋从南到北开张，形成了中侏罗世晚期的海相和从裂谷作用到热沉降的变化。

中侏罗世统—卡洛夫阶层序沉积于大西洋主要张开阶段，记录了海相环境向陆（向东）的推进。在滨海各井，该层序以碳酸盐岩为主，偶夹砂页岩互层，与陆上以碎屑沉积为主形成对比（图 3-21）。

中侏罗世和晚侏罗世，在现今的陆架外缘处及附近形成了碳酸盐岩台地。台地以西为深海环境，沿着台地边缘向海形成礁体建造。在台地区发育了一系列北东—南西向沉积中心。

贝里阿斯期的海平面下降结束了礁体沉积。三角洲向海推进。快速的沉积速率发育了同生断层，在侏罗系台地以西沉积厚度达 6000m。下白垩统层序在盆地西部以粉砂岩和页岩为代表，而在东部以浅海相及河流相砂岩和砾岩为代表。持续沉降导致了早白垩世三角洲的逐渐海进。海进在阿尔布期因较大海退和陆架边缘下切谷的发育而中断。

在晚阿尔布期，整个盆地发生了一次大规模海进，并在塞诺曼期—土伦期一直持续。沉积物由泥灰岩、富有机质油页岩、白垩土、具磷灰石和燧石结核的泥质灰岩组成。该层序的底，特别是在盆地南部，以区域不整合为标志。在盆地南部，阿尔布阶和马斯特里赫特阶大量保存，未受古近纪—新近纪侵蚀的影响。

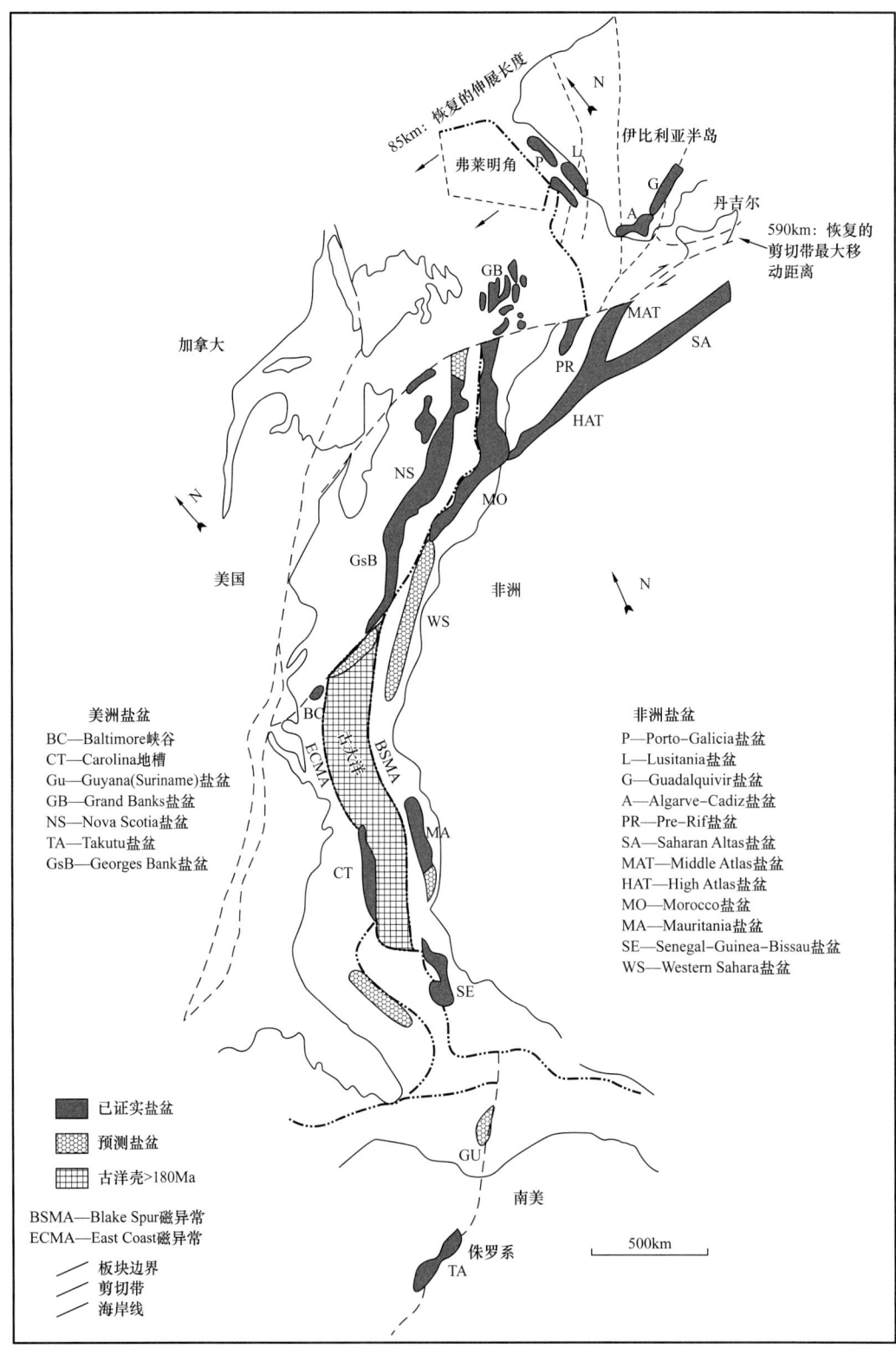

图 3-21 早侏罗世西非北段古地理格局（据 Davison，2005）

从康尼亚克期到渐新世,海平面相对下降,导致了中生界层序的出露和侵蚀,发育了局部侵蚀不整合,沉积作用仅在磷酸盐沉积发育的海湾持续进行。始新世时,伴随着比利牛斯造山运动,海退因盆地东部的抬升而进一步加剧。渐新世和中新世的阿尔卑斯造山运动沿着陆架外缘产生了区域不整合。古近纪—新近纪的侵蚀导致了白垩系陆架边缘大规模的下切,并形成了后来被新生代沉积充填的切谷。

西非北段沉积充填特色鲜明,现以塞内加尔盆地和阿尤恩—塔尔法亚盆地两个重点盆地详细剖析其沉积充填特征。

1. 塞内加尔盆地沉积充填

与盆地构造演化相对应,塞内加尔盆地发育前裂谷层序、裂谷层序和被动大陆边缘层序等三大套层序。

1)前裂谷层序

根据盆地最南部卡萨曼斯次盆 DM-1 和 KO-1 井的资料,以及塞内加尔盆地外围东南缘的 Bove 盆地露头资料,前裂谷沉积包括寒武系—泥盆系。Bove 盆地露头的前裂谷沉积最厚可达 3500m,地震解释在塞内加尔盆地深水地区可能有厚度超过 5000m 的前中生界存在。其中寒武系厚约 1250m,包括 3 个单元:Pirada 页岩、Cantari 页岩和 Cantari 砂岩段。奥陶系 Gabu 砂岩最大厚度 1400m,志留系烃源岩包括 Buba 组含笔石相页岩,厚度可达 400m。泥盆系是最早的前裂谷沉积,在盆地内分布广泛,下泥盆统为 150m 左右的 Cusselinta 组砂岩,中—上泥盆统是厚约 300m 的 Bafata 页岩(图 3-1、图 3-22)。

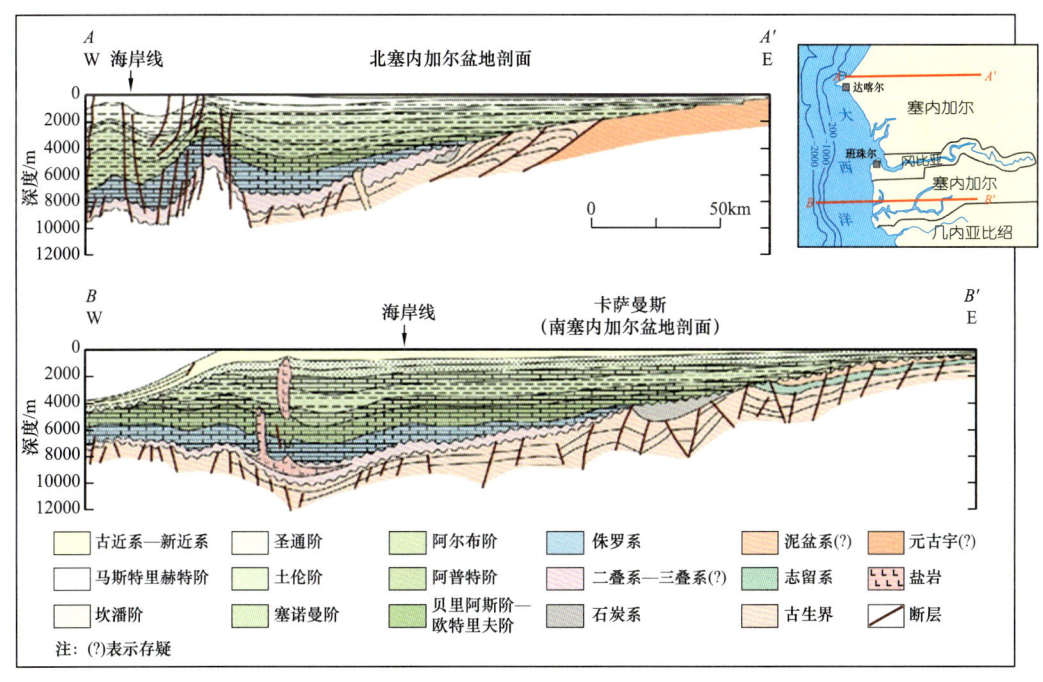

图 3-22 塞内加尔盆地地层对比剖面图(据 Brownfield et al., 2003)

注:"?"表示地层归属存在疑问

2）裂谷层序

南塞内加尔盆地的裂谷沉积主要为厚层的三叠系—下侏罗统盐岩及推测的盐岩之下的三叠系碎屑岩（可能发育富含有机质的湖泊相泥岩）。据美国地质勘探局（USGS）资料，裂谷期盐岩在卡萨曼斯次盆可能厚达2000m，主要由盐及上部的硬石膏盖层组成，其下伏的碎屑岩层序可能在1500m左右。在北部和毛里塔尼亚次盆，盐岩层序可能达到2000m厚，盐下碎屑岩层序的规模未知，但据美国地质勘探局（USGS）推测，厚度可能和南部的卡萨曼斯次盆相当。除了各次盆的盐构造发育地区外，这些盐层基本没有被钻穿，但是新的和重新处理的地震数据揭示了这些地层的存在。在南塞内加尔盆地，盐岩层序经历了广泛的盐构造作用，主要体现为侵入白垩系和古近系—新近系的盐底辟，地震研究证实在毛里塔尼亚次盆也有盐底辟。盐底辟在盆地中部的北部次盆还没有发现。

3）被动大陆边缘层序

塞内加尔盆地被动大陆边缘层序包括中侏罗统—全新统，自东向西加厚，盆地沉积中心的厚度可达12000m左右（图3-22）。

被动大陆边缘层序由若干套不同成因类型的地层组成，最底部是中晚侏罗世—欧特里夫阶的厚层的、在成因上和特提斯海有关的碳酸盐岩陆架沉积，这套地层在毛里塔尼亚次盆、北部次盆和卡萨曼斯次盆的厚度在2300～3200m之间，在阿普特期和阿尔布期期间，碳酸盐岩继续在盆地海域的中部沉积，而在北部的毛里塔尼亚次盆和南部的卡萨曼斯次盆则以深水沉积为主。塞诺曼阶是大西洋连通后沉积的第一套地层，岩性主要为厚层的海相页岩夹边缘相海相砂岩，并发育零星的碳酸盐岩礁滩沉积。晚白垩世土伦期盆地经历了白垩纪最大的一次海进，沉积了一套广泛分布的黑色、沥青质页岩，形成了盆地的主力烃源岩。康尼亚克期—坎潘期盆地经历了一次海退，形成了广泛分布的马斯特里赫特阶砂岩地层。

古近纪—新近纪，受阿尔卑斯构造运动的影响，在盆地海域沉积了两套区域性分布的地层，一是古新统—始新统陆架沉积，由底部页岩和上覆的陆架石灰岩、泥灰岩组成，不整合超覆在马斯特里赫特阶和更老地层之上，并向内陆延伸较长距离；另一套是形成于非补偿盆地或欠补偿盆地的碎屑岩沉积，始于始新世和渐新世之间的海退期，一直延续到中新世。

渐新统在北部毛里塔尼亚次盆的展布平行于海岸线并延伸到陆架，在陆架被中新统底部的不整合面削截。在达喀尔南部地区的陆架区和陆坡区都有分布，包括芒比亚的部分海域，卡萨曼斯及几内亚比绍陆上。

中新统—上新统的展布与渐新统非常相似，但覆盖范围更大一些。很厚的中新统—上新统（厚达1500m）分布在盆地北部的毛里塔尼亚次盆，岩性为浅灰蓝色黏土，沉积于内陆架、开放海和半深海环境。在盆地南部主要为浅海相及少部分陆相的页岩和中—细粒砂岩。中新统—上新统顶部为高能浅海碳酸盐岩，局部地区为陆相黏土岩和砂岩。

2. 阿尤恩—塔尔法亚盆地沉积充填

盆地以中生界、新生界的陆相和海相为主，充填厚达 13500m。三叠系裂谷沉积被下侏罗统—中侏罗统的台地相石灰岩和 1000~2000m 厚的上侏罗统浅海相石灰岩、砂屑灰岩、页岩、砂岩夹层覆盖。下白垩统为 1000~4000m 厚的陆相至海相三角洲碎屑岩沉积，上白垩统为泥岩、砂岩、介壳灰岩和海进型浅海石灰岩（图 3-2）。

1）前裂谷期层序

前三叠系在盆地内未钻遇。通过与周围相关盆地类比，推测可能发育下古生界浅海相砂岩和石炭系河流—三角洲沉积。同时，可能在泥盆系发育碳酸盐礁体。

古生界为海相，岩性以页岩、砂岩、石灰岩和煤岩为主，与上覆三叠系呈角度不整合接触。

2）裂谷期层序

裂谷沉积序列由河流相和泛滥平原相的红色砾岩、砂岩和页岩组成。盆地翼部出露地表的古岩体剥蚀形成碎屑物源，然后在发育的半地堑内沉积；开始为河流相，进而为河流相—三角洲相。进一步裂谷拉张作用使海水可能从东面的特提斯洋和北面的原始大西洋进入半地堑。盆地的北、西北和南部为较远的物源区，只供应很少量的碎屑物源进入半地堑，这样有利于局限海的循环，进而在局部位置沉积了巨厚蒸发岩、湖泊相和潟湖相细粒碎屑岩。蒸发岩的化学沉积作用持续到早侏罗世。在盆地北部，持续拉张和沉降造成海进穿过半地堑。在盆地南部，流经前寒武系和古生界高地的河流直接为迅速沉降的半地堑供给物源。盆地北部裂谷沉积序列仅 1500m 厚，盆地南部裂谷沉积序列则厚达 12000m（图 3-2）。

3）被动大陆边缘层序

被动大陆边缘层序下部为侏罗系浅海陆架相和深海相层序，中上部为白垩系—新近系海相层序，东部滨岸带以发育三角洲相层序为主，向西向深水区逐渐由碳酸岩台地相过渡为深海泥岩沉积。

下侏罗统最大厚度 500m，岩性以页岩、砂岩、石灰岩和蒸发岩为主，沉积环境为浅海陆架相和深海陆架相。中侏罗统沉积环境为浅海陆架相和深海陆架相，最大厚度 1000m。与上覆 Puerto-Cansado 组为整合接触，与下伏上普林斯巴阶也是整合接触，为页岩、砂岩、石灰岩和蒸发岩。上侏罗统最大厚度 1700m，为页岩、砂岩、石灰岩和蒸发岩，沉积环境为浅海陆架相和深海陆架相。

白垩系—新近系整体为海相层序，为页岩、砂岩、砾岩和蒸发岩，沉积环境为由东往西逐渐过渡的滨岸带三角洲相、浅海陆架相和深海相（图 3-23）。

二、西非中、南段沉积充填

西非中段的沉积充填特征以尼日尔三角洲盆地、里奥穆尼盆地、加蓬盆地、下刚果盆地和宽扎盆地 5 个重点盆地详细剖析，西非南段的沉积充填特征重点以西南非海岸盆地详细剖析。

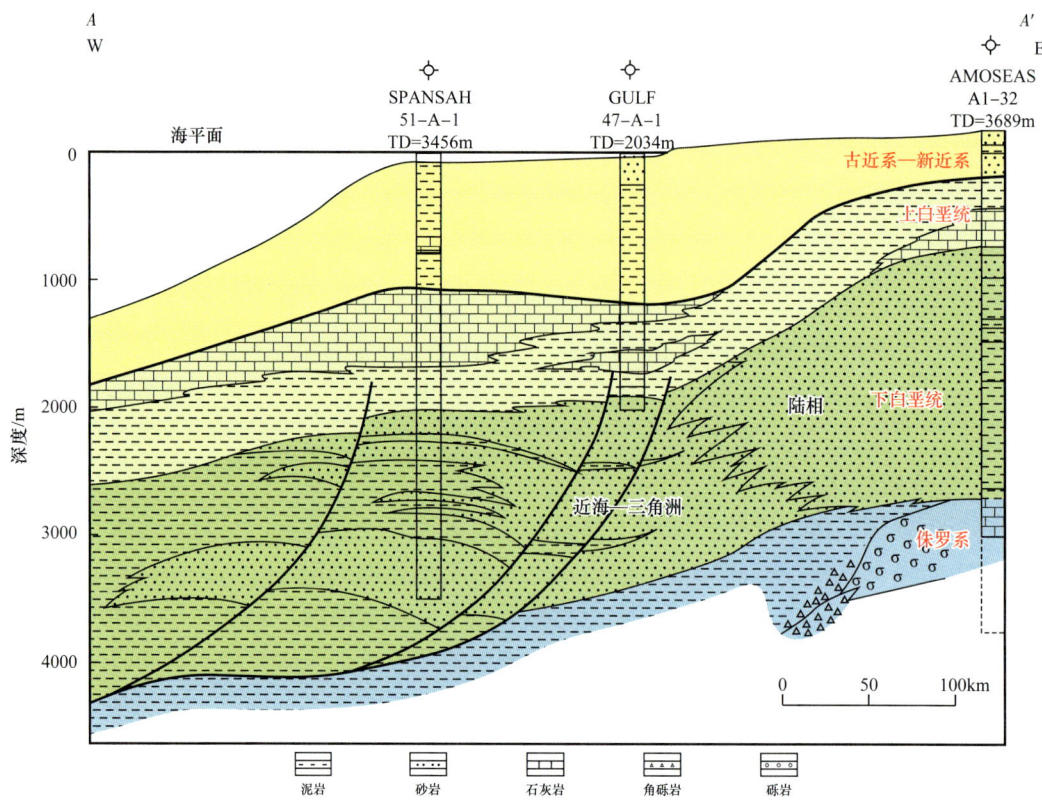

图 3-23　阿尤恩—塔尔法亚盆地地层及沉积相剖面图（据 Heyman，1989）

1. 尼日尔三角洲盆地沉积充填

盆地主要充填沉积了白垩系、古近系—新近系和第四系，沉积厚度在盆地中心可达 12000m（图 3-24）。这套沉积盖层由两套大的沉积层序组成，自下而上依次为裂谷层序和被动大陆边缘层序，其中被动大陆边缘层序是盆地的主要沉积层序。

1）裂谷层序

裂谷层序包括下白垩统和上白垩统，主要为湖泊相。该层序以圣通期早期发生的褶皱、断裂和上升活动而终结，同时造成该层序在一些地区遭受剥蚀。

白垩纪—古近纪早期是尼日尔三角洲地区的裂谷阶段，其沉积充填过程严格受裂谷作用控制。尼日尔三角洲位于贝努埃裂谷的西南延伸方向，处于大西洋早期裂谷与贝努埃裂谷构成的白垩纪中期构造三联点上（Doust et al.，1990）。其早白垩世沉积为典型的裂谷沉积建造，包括碎屑岩、火山碎屑岩和火山岩。至晚白垩世，大西洋已经扩张到相当的规模，洋壳已经形成；贝努埃槽的裂谷作用减弱，火山活动明显减少。贝努埃—尼日尔河系带来的大陆沉积物沿贝努埃槽不断向大西洋方向推进，形成尼日尔三角洲的雏形。晚白垩世早期，阿巴卡利基（Apakaliki）高地尚未形成，贝努埃槽与大西洋联通，接受海洋沉积。至晚白垩世晚期，构造反转，形成阿巴卡利基高地，贝努埃—阿巴卡利基海槽关闭，结束海洋沉积的历史（苏玉山等，2019）。

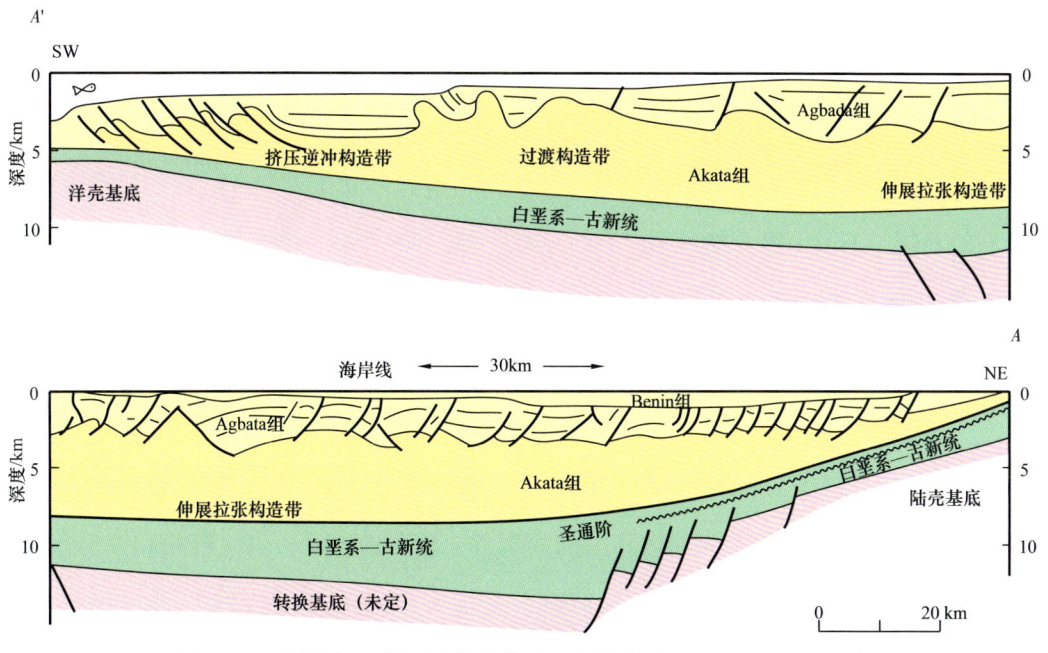

图 3-24 尼日尔三角洲盆地区域地质剖面（据 Whiteman A，1982）

2）被动大陆边缘层序

圣通期之后，坎潘期新的海进开始，沉积了 Nkporo 页岩和 Mamu 组砂岩和页岩。从始新世开始，海水淹没了整个尼日利亚南部，结束了晚白垩世沉积，尼日尔三角洲主体开始形成，海进沉积了古新统 Imo 页岩。始新世海退，尼日尔三角洲向南进积，主体为一套发育在一系列退覆旋回中的海退式碎屑沉积层序，形成由 3 个不同时期的单元组成的向上变粗的海退层序，从下至上可划分为 Akata 组、Agbada 组和 Benin 组三个穿时的岩性地层单元，时代为古新世至今（图 3-24）。

3）尼日尔三角洲的演化

尼日尔三角洲沉积物主要由尼日尔—贝努埃河系提供。此时裂谷作用虽然已经基本停止，但是白垩纪—古新世形成的裂谷，依然有效地控制着尼日尔—贝努埃河系的发育，从而间接控制了尼日尔三角洲的形成演化。充沛的物源供应使三角洲迅速发展，不断向大西洋方向推进。但 7500 年以来的海平面上升，致使海岸线向非洲大陆方向后退了约 50km（图 3-16）。

始新世是尼日尔三角洲演化的早期阶段。沉积物供给主要由尼日尔—贝努埃河系提供，其次是克罗斯河。始新世晚期—渐新世早期，由于克罗斯河提供了充分的物源供给，在尼日尔三角洲东南侧曾经短暂地形成独立的三角洲环境。

渐新世—中新世，物源供给非常丰富，沉积速度加快，堆积了很厚的三角洲沉积，使三角洲得以快速发展。地层埋深迅速加大，加之岩浆活动，造成地温升高，使深部的海相页岩（Akata 组）液化，重力滑动构造启动，生长断层和泥底辟构造开始发育。生长断层—泥底辟构造控制了一系列沉积带的形成演化。总体上，生长断层—沉积带的形成是呈前展式向大西洋方向推进的。与油气关系密切的滚动背斜的形成演化也起始于这一地质历史阶段。

上新世—更新世，三角洲沉积体的生长速度减慢。自更新世晚期，第四纪冰期之后的冰川消融，造成了海平面的上升和海进，淹没了上新世—更新世的三角洲平原。海平面上升约90m，尼日尔三角洲的海岸线向大陆方向退缩了约50km，从而形成现今尼日尔三角洲的面貌（苏玉山等，2019）。

2. 里奥穆尼盆地沉积充填

里奥穆尼盆地沉积地层格架以从裂谷阶段向被动大陆边缘阶段过渡的过渡阶段形成的盐岩层为标志，形成了盐下裂谷期层序、盐岩过渡期层序和盐上被动大陆边缘期层序（图3-25）。

1）裂谷层序

盐下裂谷层序为裂谷（大陆内和大陆间裂谷）阶段的层系，由河流相和湖泊相碎屑岩组成，其中夹玄武岩层（图3-25）。

贝里阿斯期—欧特里夫期为早期裂谷阶段。由于在里奥穆尼盆地还没有钻遇到比阿普特阶更老的地层，所以通过和北加蓬次盆进行类比，贝里阿斯期—欧特里夫期的沉积很可能是由河流相砂岩和湖泊相泥岩组成。

巴雷姆期—早阿普特期为中、晚期裂谷作用阶段，产生一系列不连通的较深的半地堑和地垒，充填了河流三角洲和湖泊沉积。在大陆架北部的里奥穆尼-1井钻穿了一套接近4000m的阿普特阶陆相砂泥岩层序。这些同生裂谷沉积被Turner（1996）称为"主裂谷序列"。

2）过渡层序

中—晚阿普特期的过渡沉积层序包括下部的局限海洋和湖泊环境沉积物，厚度为10～60m，岩性为泥岩、钙质粉砂岩和白云岩，局部为砂岩和蒸发岩层序，由硬石膏、盐岩、钾岩和泥岩夹层组成，不同部位厚度差别较大，几十米到300m甚至更厚。过渡层序和盐下裂谷层序被一非常明显的不整合面分开。这套地层的形成与中阿普特期发生的大陆扩张和南大西洋的热沉降有关，并导致漂移开始和不整合面的形成。不整合面被快速而广阔的海进层序覆盖，沉积层序从湖泊相过渡到局限海相。上覆的这套盐岩在南部宽扎盆地和下刚果盆地称为Loeme组，在南加蓬次盆被称为Ezanga组，向北在尼日利亚三角洲盆地相变为碳酸盐岩。在其上，阿尔布期的浅海相鲕粒灰岩和生物碎屑灰岩大面积分布，厚度可达2000m。以晚阿尔布期—早塞诺曼期的一套泥岩为"过渡层序"的结束标志。

3）被动大陆边缘层序

为一套堆积在被动大陆边缘的陆架—陆隆型沉积。沉积物为浅海相碳酸盐岩和碎屑岩系，半深海—深海相的泥质沉积和浊积复合沉积体系。该套沉积受区域走滑断裂及滑塌的控制，横向变化较大，各盆地之间有一定差别。

第三章 西非海域盆地地层与沉积相特征

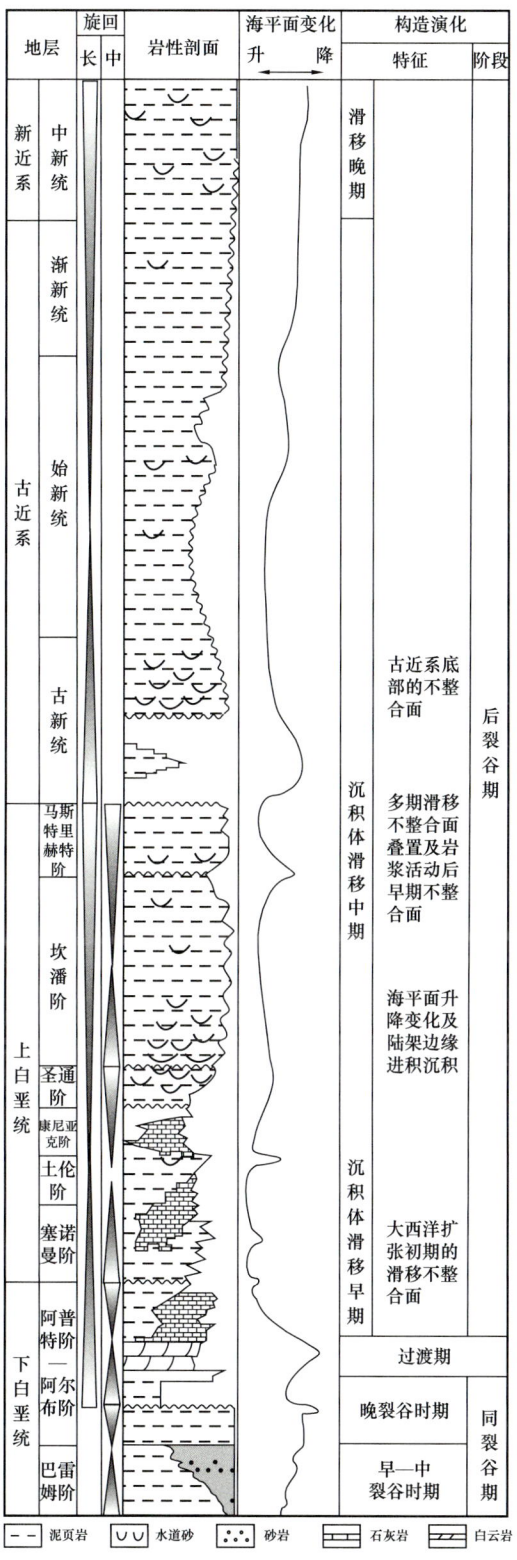

图 3-25 里奥穆尼盆地层序地层（据刘琼等，2013 修改）

依据沉积特征，这套地层可划分三个构造层序，依次为裂后Ⅰ期（阿尔布期—康尼亚克期）、裂后Ⅱ期（圣通期—渐新世）和裂后Ⅲ期（新近纪）（图3-25）。

阿尔布期：随着南大西洋扩张和加深，盆地开始区域性持续沉降，盆地及邻区完全演化为海相环境，大面积沉积了厚层的石灰岩。

晚阿尔布期—早塞诺曼期：沉积了大量的富含有机质的标志性泥岩，可能是Ceiba油田的烃源岩之一。这套泥岩位于现在大陆架的部分，还没有成熟，但是埋藏在更深处的陆坡区域部分应该是良好的成熟生油岩。

晚塞诺曼期—康尼亚克期：该时期以重力滑动为特征。已沉积的阿普特—阿尔布—下塞诺曼地层块体（厚约2500m）发生重力滑动，其中体积巨大的、厚层的阿尔布碳酸盐岩常常沿着斜坡、铲状断层或阿普特阶的含盐层滑脱面缓慢向下滑动，在滑动块体的前缘发育"Toe-thrusts"。这种滑动能造成向海盆方向发生几千米的位移，所以里奥穆尼盆地这一时期的层序大都是异地的。在重力滑动过程中，常常伴随有盐拱和盐底辟作用。这些滑动块体通常会发生旋转，形成一系列同生小盆地，其中部分充填了晚塞诺曼的碎屑物，包括富有机质的页岩，从而构成了Ceiba油田的另一套烃源岩。

康尼亚克期/圣通期界面：随着南大西洋洋壳的发育和西非古大陆的相对隆升，此时形成了一个非常重要的区域不整合界面，即康尼亚克期/圣通期界面。强烈的侵蚀作用，导致陆架和陆坡上部发育了一系列深切谷或水道，甚至一直可以切到下阿尔布阶，从而使Ceiba油田的储层和阿普特阶—阿尔布阶的成熟腐泥型烃源岩靠得更近。

圣通期—坎潘期：康尼亚克期/圣通期区域不整合界面是一个一级层序界面，在该不整合面上随后沉积了低位的三冬期和坎潘期层序。该时期，大量沉积物经由陆架和陆坡上部的切谷和水道进入盆地内，形成了各种浊积成因的三冬期和坎潘期低位域砂体，钻探证实，这类砂体是盆地最重要的储油砂体。晚坎潘期，盆地内主要是深海环境。

马斯特里赫特期—古新世：沉积了厚层的陆坡泥岩，偶夹粉砂岩。

渐新世：非洲大陆的区域性抬升，导致盆地中包括陆架、斜坡在内的大部分地区遭受了广泛的下切侵蚀作用。

新近纪：大量海相碎屑沉积物向盆地内快速进积。

3. 加蓬盆地沉积充填

加蓬盆地具有双重基底结构，即前寒武系结晶基底及前白垩系褶皱基底。盆地沉积盖层主要由白垩系和古近系—新近系组成（图3-26、图3-27），最大沉积厚度约15000m，其中，白垩系沉积厚度可达6000~10000m。沉积地层组合具有明显的三分性，包括盐下层系、盐岩层和盐上层系。

1）前裂谷层序

石炭系、二叠系、三叠系—侏罗系形成于前裂谷阶段，在内陆盆地东侧出露地表，沉积相为河流相和湖泊相，总厚度约600m。

2）裂谷层序

裂谷早期盐下层系的早白垩世地层，厚度 4500～7500m，以陆相为主。下白垩统的主要沉降中心和沉积中心位于南加蓬次盆的中南部。该层系以陆相河流相—三角洲相、滨浅湖相和半深湖相—深湖相为主，整体为水退旋回，自下而上由湖泊相向河流相过渡（图 3-26、图 3-27）。

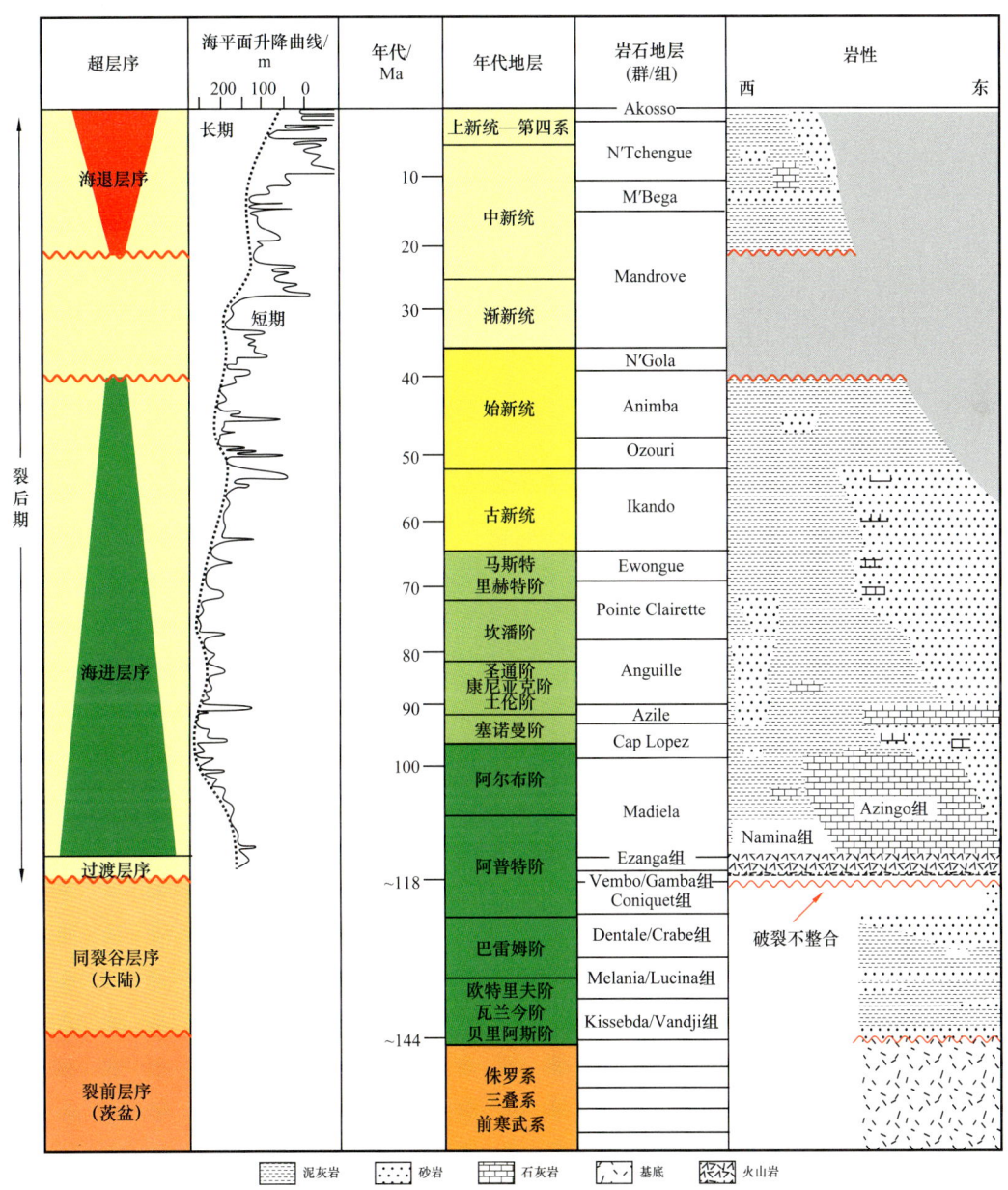

图 3-26 南加蓬次盆构造层序（据 Dupré et al., 2007）

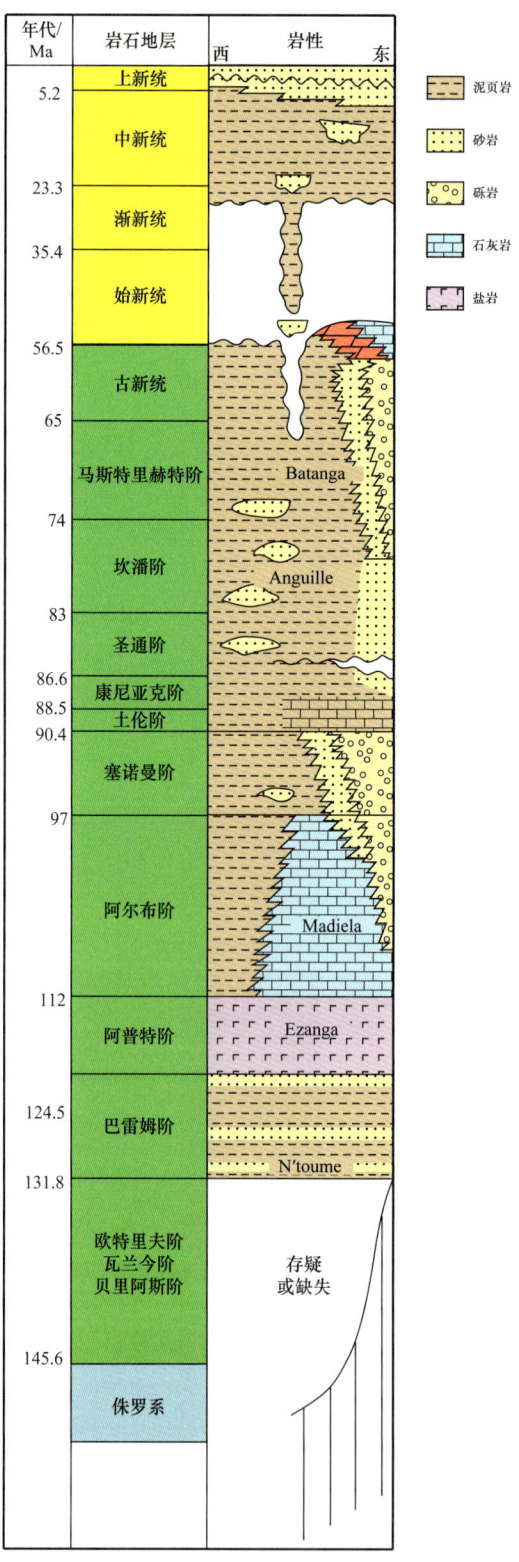

图 3-27 北加蓬次盆层序地层（据 Teisserenc et al., 2000）

3）过渡层序

过渡期的上白垩统阿普特阶 Ezanga 组为膏盐层，Ezanga 组的蒸发岩含有大量可溶盐，厚度一般为 200～300m，在盆地中部的让蒂尔港近海，盐层可能较厚，但不超过 800m。由于后期盐构造作用，最初厚度很难估计。Ezanga 组沉积相为潟湖复合体，是良好的区域性盖层。上白垩统—第四系的主要沉降、沉积中心位于北加蓬海岸盆地的西部海域。

4）被动大陆边缘层序

被动大陆边缘期盐上层系为下白垩统阿尔布阶至第四系，厚度 5000～9000m，以海相为主，沉积中心在北加蓬次盆，发育台地和深海浊积体。大的断崖和沿岸构造带控制浊积体分布。浊积体是北加蓬次盆的主要储层，海相泥岩为油气形成提供了很好的烃源岩。盐上层系包括下白垩统 Madiela 组碳酸盐岩台地沉积、上白垩统塞诺曼阶 CapLopez 组海进序列、土伦阶 Azile 组最大海进期碳酸盐岩及碎屑岩沉积、康尼亚克阶—圣通阶 Anguille 组浊积砂、坎潘阶 Pte-Clairette 组陆相—滨浅海相、马斯特里赫特阶 Ewongue 组—古新统 Ikando 组碎屑岩复合体、始新统 Ozouri 组深水燧石、Animba 组河道砂岩及中新世到现代的碎屑岩沉积。

新近纪中新世至现代，以陆上河道沉积为主，厚达 3000m。

4. 下刚果盆地沉积充填

下刚果盆地自晚侏罗世开始形成一系列北西—南东向的克拉通内裂谷盆地，非洲板块与南美板块的分离，使盆地成为粗粒碎屑岩沉积中心，进一步张裂形成与海岸平行的地堑和地垒。到阿普特期进入过渡期沉积阶段，盆地内沉积厚层的盐岩。而后构造运动缓和，发育厚层陆架碳酸盐岩和深水浊积扇。因此下刚果盆地的构造可以以阿普特阶盐为界，划分为盐下层序、盐岩层序和盐上层序三个充填序列（图 3-8），三者之间呈现明显不同的特征。

1）裂谷层序

裂谷期盐下层序不整合上覆于前寒武系基底之上，属于断陷湖盆沉积，主要沉积物为陆相碎屑岩。

其下部包括不同时期的沉积，盆地南部为 Vandji 组，盆地北部为 Luculla 组，岩性为砾岩、长石石英砂岩和泥岩，由于缺少化石，无法准确定年。Vandji 组和 Luculla 组之上为贝里阿斯期至巴雷姆期的石灰岩、砂岩和泥岩互层（图 3-28）。

盐下层序与盐层之间被一非常明显的不整合面分开，不整合面被快速而广阔的 Chela 组海进层序覆盖，厚度大约 60m，属于下阿普特期沉积，该组可以与加蓬海岸盆地的 Gamba 组对比，岩性为厚层砂岩，但在局部地区突变为泥岩、钙质粉砂岩和白云岩。

2）过渡层序

过渡期盐岩层序主要为 Loeme 组，由硬石膏、盐岩、钾岩和泥岩夹层组成，厚几十米到 800m 甚至更厚。上覆的沉积负荷使之变形并发生底辟或形成被断层围限的盐岩墙。膏盐层序在下刚果盆地普遍发育，由于盐拱运动造成盆地不同部位盐层厚度差别很大，盐丘部位盐层的厚度可达3000m，而其他地区则减薄甚至缺失。

3）被动大陆边缘层序

阿尔布阶是盐岩层序之上发育的一套被动大陆边缘地层（图3-28），其上是Pinda组的高能浅滩碳酸盐岩及Vermelha组的滨岸砂岩和页岩，之后沉积了土伦期到马斯特里赫特期Iabe组海相厌氧页岩，是盆地的第二套重要烃源岩。始新统的石灰岩、粉砂岩及Landana组的泥灰岩不整合于白垩系之上。渐新世以来，全球海平面降低，古刚果河复活，形成了西非仅次于尼日尔三角洲的巨大的刚果扇体系，厚度可达6000m，统称为Malembo组，为深海页岩夹浊积砂体沉积地层，Malembo组的浊积砂体是目前下刚果（刚果扇）盆地最重要的储层和产层。

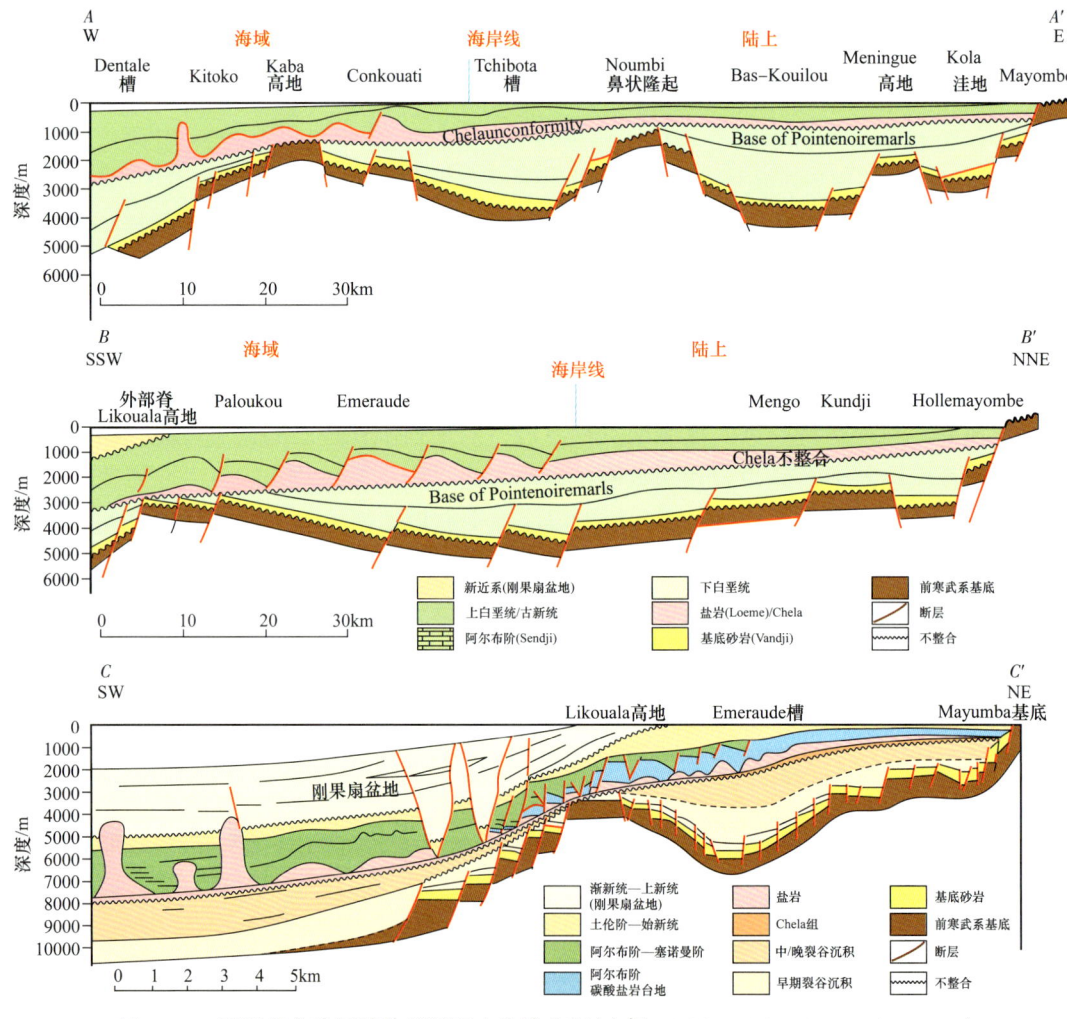

图3-28　下刚果盆地区域地质剖面（盆地北部）（据USGS，2006；Sun et al.，2010）

5. 宽扎盆地沉积充填

宽扎盆地前寒武系基底形成于570Ma以前，为一套变质岩。基底之上发育了厚层沉积地层。盆地经历了裂谷阶段、过渡阶段和被动大陆边缘阶段 3 期构造演化，对应的 3 套沉积层系分别是盐下、盐间和盐上层系（图 3-10）。盐下层系整体为水进旋回，早期发育湖泊相泥岩，晚期发育滨浅海相砂岩和石灰岩，在该阶段火山岩较发育。盐间层系主要发育潟湖沉积体系，沉积了厚层盐岩、硬石膏、石灰岩和白云岩，形成了典型的盐岩—碳酸盐岩互层沉积。盐上层系以海相碳酸盐岩为主，从早白垩世阿尔布期到渐新世发育两次海进、海退旋回；中中新世末期，陆上部分地区强烈抬升并持续至今，发育滨岸沉积、三角洲砂岩沉积（薛保山等，2014）。

1）裂谷层序

盐下裂谷层系为下白垩统巴雷姆阶之前的沉积地层，主要包括下 Cuvo 组和上 Cuvo 组，整体为水进旋回，下部发育湖泊相泥岩，上部发育滨浅海相砂岩和石灰岩。下白垩统下部地层分布差异较大，主要集中于盆地东部，且明显受断层的控制。

2）过渡层序

盐间过渡层序为阿普特阶及之上的盐岩与碳酸盐岩互层沉积，包括厚层盐岩、Quianga 组、Binga 组及 Tuenza 组硬石膏、石灰岩和白云岩的互层沉积，沉积相为潟湖复合体。

3）被动大陆边缘层序

盐上被动大陆边缘层序包括上白垩统—新近系，以海相碳酸盐岩为主。从早白垩世阿尔布期到渐新世发育两次海进、海退旋回，中中新世末，宽扎盆地的陆上部分强烈抬升并持续至今，导致中新统和上新统的滨岸沉积和三角洲相砂岩沉积。

巨厚的盐岩呈碟形整合超覆于下白垩统之上。塞诺曼阶盐体由于负载的不均一开始发生流动，底辟构造开始形成，但是规模较小。塞诺曼阶的厚度在全区分布较为稳定，东部稍厚。

渐新统基本继承了前期的构造格局，由于上覆地层厚度不大，底辟作用不强烈，地层厚度分布依旧稳定。中新世是盆地东西分区格局形成的雏形阶段，盆地内中新统厚度由东向西减薄，是对盐岩活动的反映，由于盐岩向西流动形成了盆地东部的伸展沉降区，发育了大量的正断层，同时沉积了较厚的中新统；中部盐岩转换区的刺穿型底辟也开始活动，盐核部位基本无中新统；盆地西部由于盐岩的增厚造成相对抬升，中新统厚度较薄（据 Tari et al.，2002）。

中新世盆地结构在南北向的差异也开始增强：盆地北部盐岩分布范围广，上覆岩层内断层位移消失于其中，造成断层规模小，盐岩上下断层相对孤立；盆地中部盐岩集中于西部，盆地东部早期主要断层继续活动，控制了东部中新统的厚度分布；盆地南部中新统较薄，说明此时盆地南部相对较高。上新世，盆地东部进一步抬升，造成上新统厚度东薄西厚，同时也进一步加剧了盐岩的流动。此时只有盆地中部个别断层对地层沉积厚度有控制作用。盆地西部盐体的增厚可能导致盐核上部没有上新统。上新世也是盆地构造格局的定型期，在此基础上沉积了更新统及以上地层。

盐上构造特征明显受盐体分布特征的控制。由于盐体向西、向南增厚，造成了盐岩转换区和盐岩挤压区盐上构造东西分区的特征（据 Tari et al.，2002）。盐上构造在平面上由东向西可以划分为盐岩伸展区、盐盆地，东部盐岩伸展区的盐体厚度明显小于盆地西部，且分布局限。盐岩伸展区构造变形以正断层为主，断层走向以北西—南东向为主。盆地中部为盐岩转换区，连接了东部的盐岩伸展区和西部的盐岩挤压区。盐岩转换区以盐底辟为主要构造，而断层不发育。该区盐岩厚度明显大于盆地东部，但多集中于底辟体之上。

6. 纳米比盆地沉积充填

纳米比亚近海盆地内可识别出 4 个构造—沉积地层单元，其间由 3 个大型不整合分开，分别是裂谷基底不整合、被动大陆边缘底部不整合和古近系底部不整合，它们分开的 4 个构造—地层单元为：前裂谷期层序、裂谷期层序、过渡期层序和被动大陆边缘层序（图 3-29、图 3-30）。

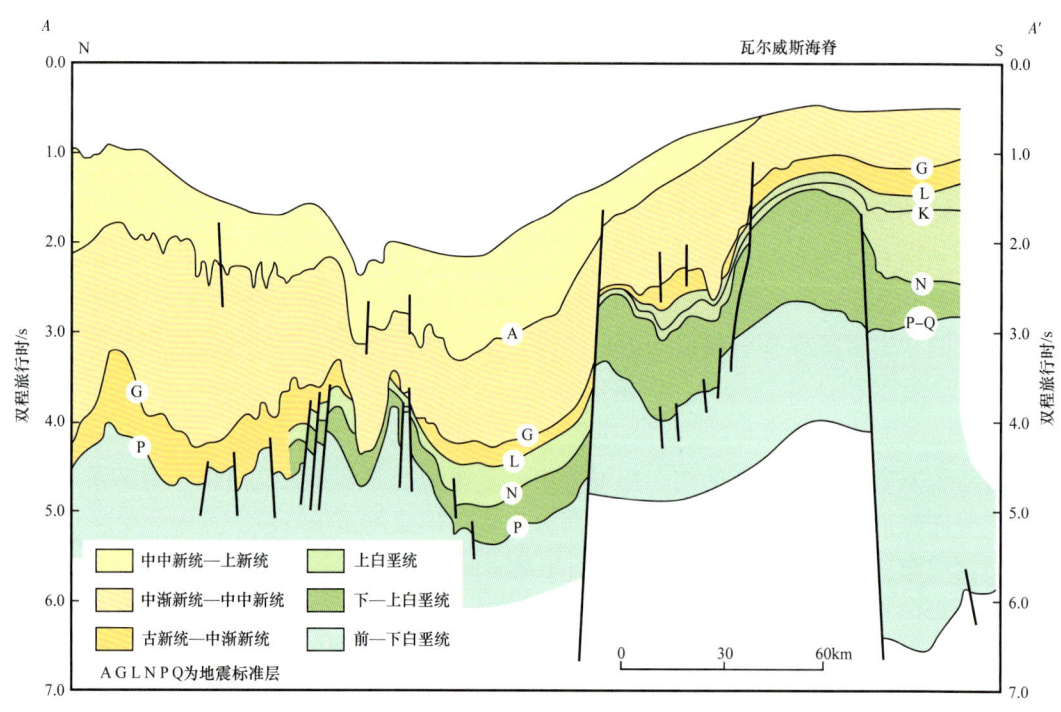

图 3-29　纳米比盆地南北向地质剖面（据 Alison et al.，1995）

1）前裂谷期层序

前裂谷期层序推测为石炭系—中侏罗统。中侏罗统卡洛夫阶凝灰岩直接上覆于 Etjo 组风成砂岩之上。

2）裂谷期层序

裂谷期层序为上侏罗统到下白垩统巴雷姆阶。层序上部地层被 Kudu 井钻遇，其岩性主要为风成砂岩和玄武岩，是良好的含气储层。下部地层没有井钻遇，推测为海相—海陆过渡相和陆相碎屑岩并有火山岩发育。

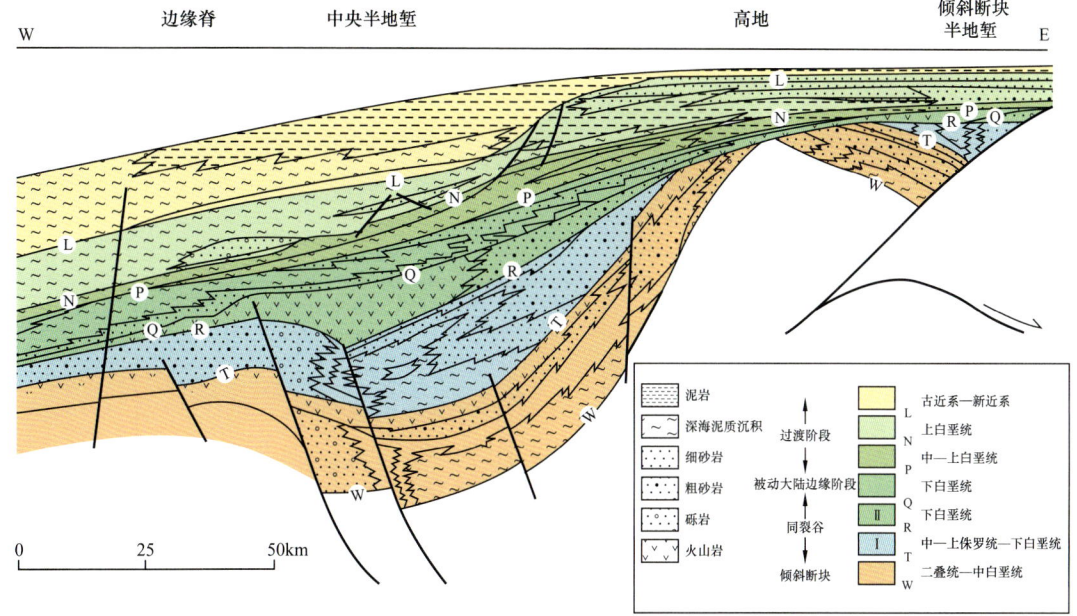

图 3-30 纳米比盆地东西向地质剖面（据 Alison et al., 1995）

3）过渡期层序

过渡期层序为巴雷姆阶—阿普特阶的海相砂岩和页岩。纳米比盆地的过渡期沉积并不发育，没有明显的盐岩沉积。

4）被动大陆边缘层序

被动大陆边缘层序早期为阿普特阶—塞诺曼阶海相泥岩地层层序，内含富有机质的烃源岩。而被动大陆边缘早期层序和裂谷期层序被"被动大陆边缘底部不整合"分开，标志着从非海相向海相的转变。

被动大陆边缘晚期层序为上白垩统土伦阶—现今的地层层序，是盆地沉积的主体，"古近系底部不整合"将该期层序分为上部单元和下部单元，发育一系列海进—海退旋回，总体来说是大陆架和大陆斜坡的进积被动大陆边缘地层层序，发育峡谷扇、沟道浊积砂岩和页岩。

7. 西南非海岸盆地沉积充填

盆地基底为新元古界—古生界结晶基底，其上覆前裂谷期的 Karoo 超群和火山岩地层。

1）裂谷层序

裂谷层序发育在 Karoo 超群之上，分为两个沉积单元，单元Ⅰ（牛津阶—欧特里夫阶）由一套向西加厚的楔形沉积组成，厚度变化急剧，其沉积受活动断层控制。单元Ⅱ（晚欧特里夫阶—早阿普特阶）与裂谷单元Ⅰ之间以角度不整合接触（图 3-31、图 3-32）。在南部奥兰治次盆，从浅海到海岸线以西，以砂岩/页岩沉积为主，但北部的吕德里茨次盆，推测是以边缘陡坡上巨厚熔岩流为界。在沃尔维斯次盆，裂谷单元Ⅱ层序表现为进积三角洲沉积，充填了快速沉积的页岩、粉砂岩和砂岩。

2）过渡层序

过渡层序为中阿普特期裂谷阶段到被动大陆边缘阶段的沉积，以广泛海进为特征，从下部的陆相逐渐过渡到顶部的深海相，沉积作用一直受裂谷地形控制，顶部以不整合面标志着过渡单元的结束。层序在各次盆变化很大，基本上由河流相组成，在Kudu地区为风成砂沉积，但到西部，该层段以连续的高幅和低幅反射层为代表，揭示了海进层序，为砂页岩互层（图3-32）。

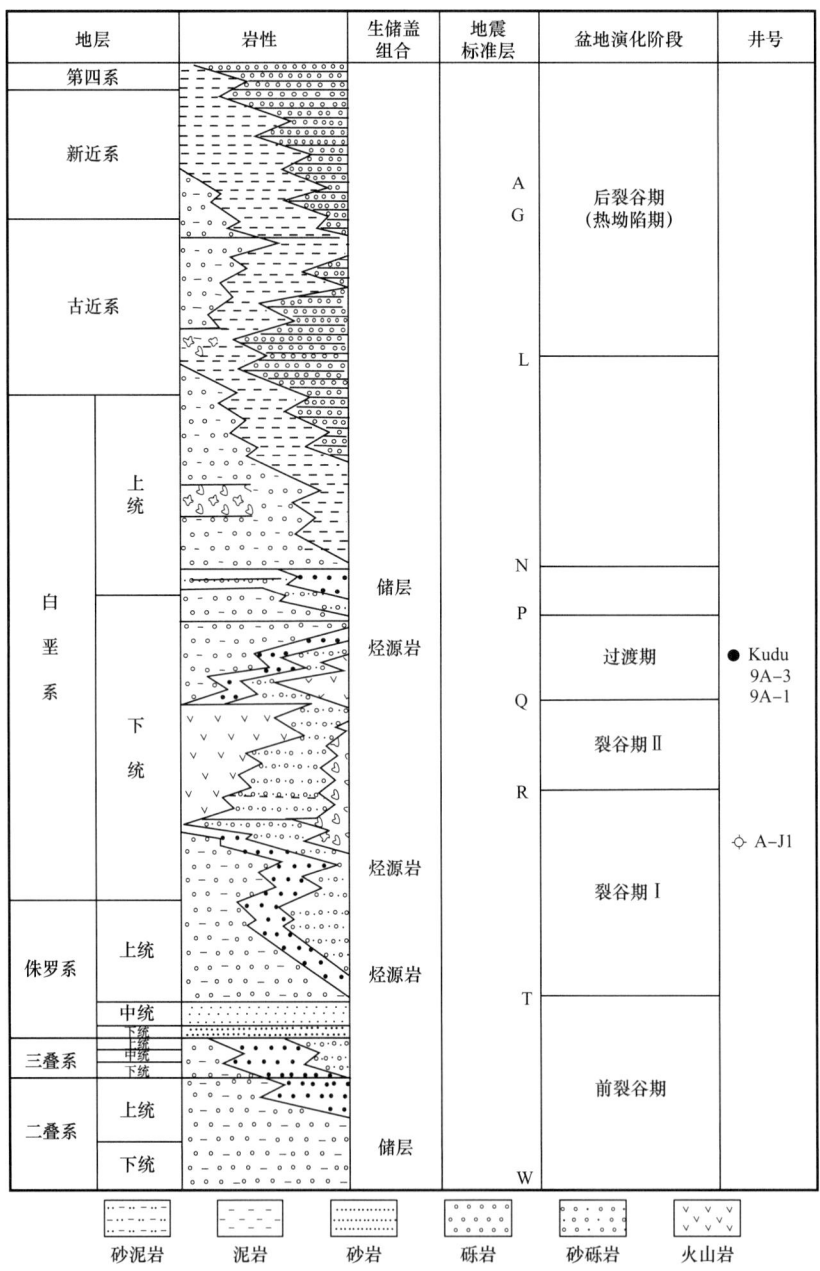

图3-31 西南非海岸盆地沃尔维斯次盆构造层序（据Light et al.，1976）

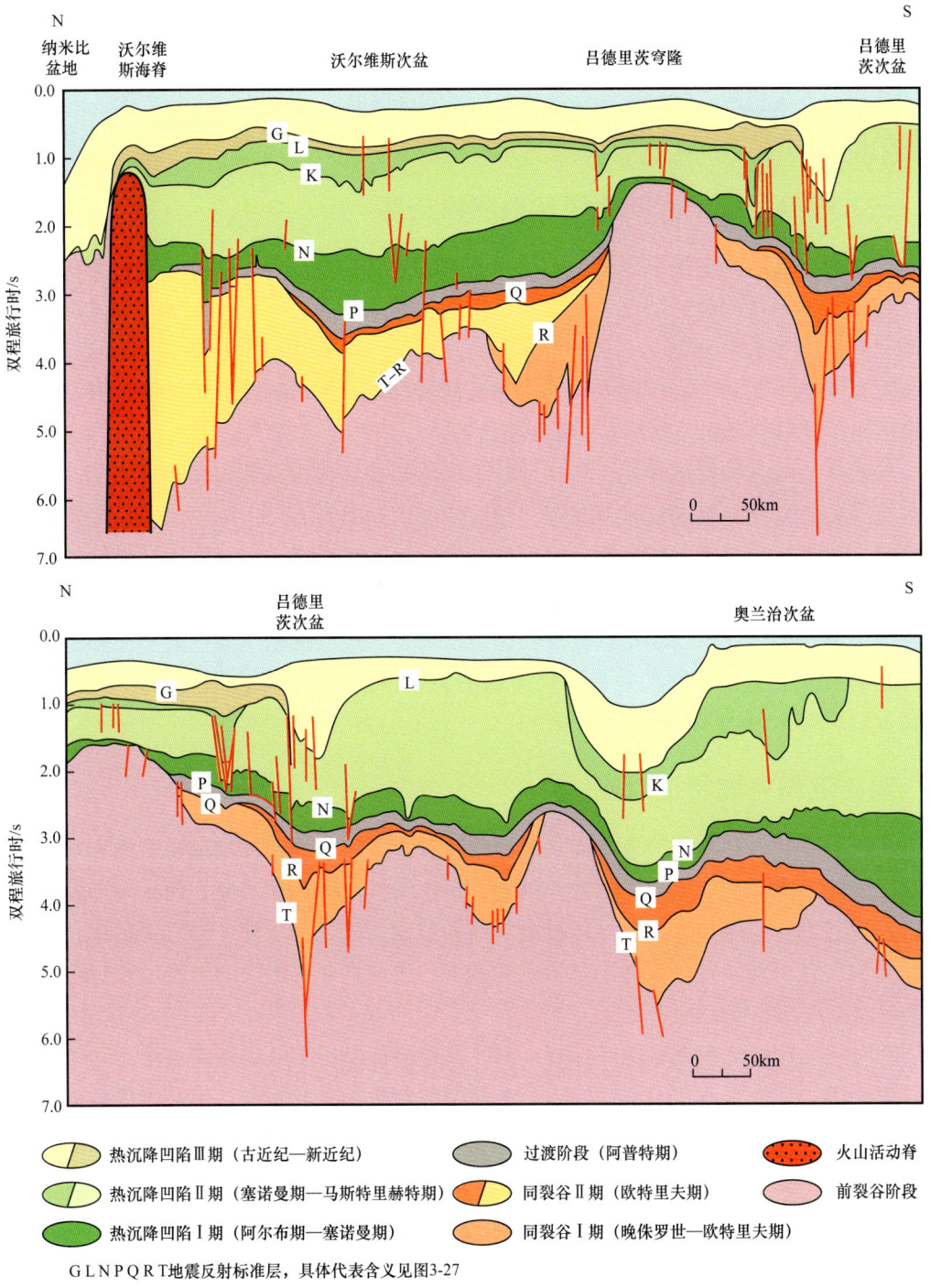

图 3-32 西南非海岸盆地过吕德里茨次盆至奥兰治次盆地质剖面（据 Muntingh et al., 1993）

3) 被动大陆边缘层序

晚阿普特期以后，盆地进入被动大陆边缘阶段并持续到现今。该阶段沉积划为三个单元，分别是单元Ⅰ（上阿普特阶—中塞诺曼阶），为盆地被动大陆边缘阶段沉积；单元Ⅱ（上塞诺曼阶—马斯特里赫特阶），以继续热沉降为特征，海岸沉积层的加积和陆架边缘的垮塌随着沉积中心向西迁移逐步变为受强烈侵蚀的层段；单元Ⅲ（丹麦阶—全新统）以最小热沉降和推进到陆架外缘外的深水沉积为特征。

三、转换型被动大陆边缘盆地沉积充填

赤道西非盆地群白垩系以来的地层可划分为3套构造层序（图3-33）：与陆内剪切裂谷相关的河湖相碎屑岩层序、与陆洋转换相关的陆相及滨浅海相碎屑岩为主的层序和被动大陆边缘期海相碎屑岩为主的层序。其中，利比里亚盆地受西部几内亚台地影响，白垩纪以来地层充填一直伴随发育台地碳酸盐岩沉积，科特迪瓦与加纳边缘则是在陆洋转换压扭阶段局部隆起区发育了少量碳酸盐岩。

与西非边缘其他盆地相比，转换型被动大陆边缘盆地内沉积充填的特点为：（1）盆地内充填的地层受转换断层控制越强，地层不整合越发育；（2）陆内剪切阶段地层充填速度快，受转换脊影响充填的裂谷地层较其他地区盆地要薄；（3）陆洋转换阶段不发育膏岩层及厚层的页岩，没有见到相关的塑性构造；（4）陆洋转换期至被动大陆边缘阶段不发育大型水系，陆缘以小型点或线物源供给为主，地层沉积主要受海平面和构造古地貌控制，沉积的地层向陆架边缘呈快速超覆尖灭特征（图3-33、图3-34）（秦雁群等，2016）。

四、沉积充填特征对比

西非海岸盆地在漫长的地质演化过程中，有着大致相似的区域地质背景和盆地发育过程，因此形成了相似的地层序列和沉积体系。与构造演化相对应，西非海岸盆地整体上都发育前裂谷层序、裂谷层序、过渡层序和被动大陆边缘层序4套主要层序，只是由于不同地区在不同阶段上的构造背景上的差异，造成这4套层序的地层发育特征及沉积体系的时空展布有较大的变化。

同时，从盆地沉积充填特征分析，南段盆地演化经历了从裂谷到被动大陆边缘阶段的过渡阶段，形成了西非中南段广泛分布的阿普特阶盐岩及膏岩，为油气成藏提供了良好的区域性盖层，后期盐的构造活动形成了一系列与之相关的构造，为油气成藏提供了良好的圈闭。而北段盆地演化缺少过渡阶段（图3-35），尽管在晚三叠世—早侏罗世形成了一套较厚的盐岩及膏岩地层，但该套地层是在裂谷阶段后期形成的，分布范围受一定的限制，埋藏较深，后期变形强烈，构造复杂，盐下勘探有难度，目前以盐上勘探为主。

从沉积地层岩相特征分析，西非海岸盆地具有相似的沉积序列和岩性组合特征。裂谷阶段，西非南北段盆地均以陆相的河流、湖泊、三角洲沉积为主，形成了一套以陆相碎屑岩为主的沉积序列；在北段裂谷晚期发育有沼泽沉积，形成了晚三叠世到早侏罗世的盐、膏岩沉积；在中、南段尽管也发育了一套盐、膏岩沉积，但该套沉积是

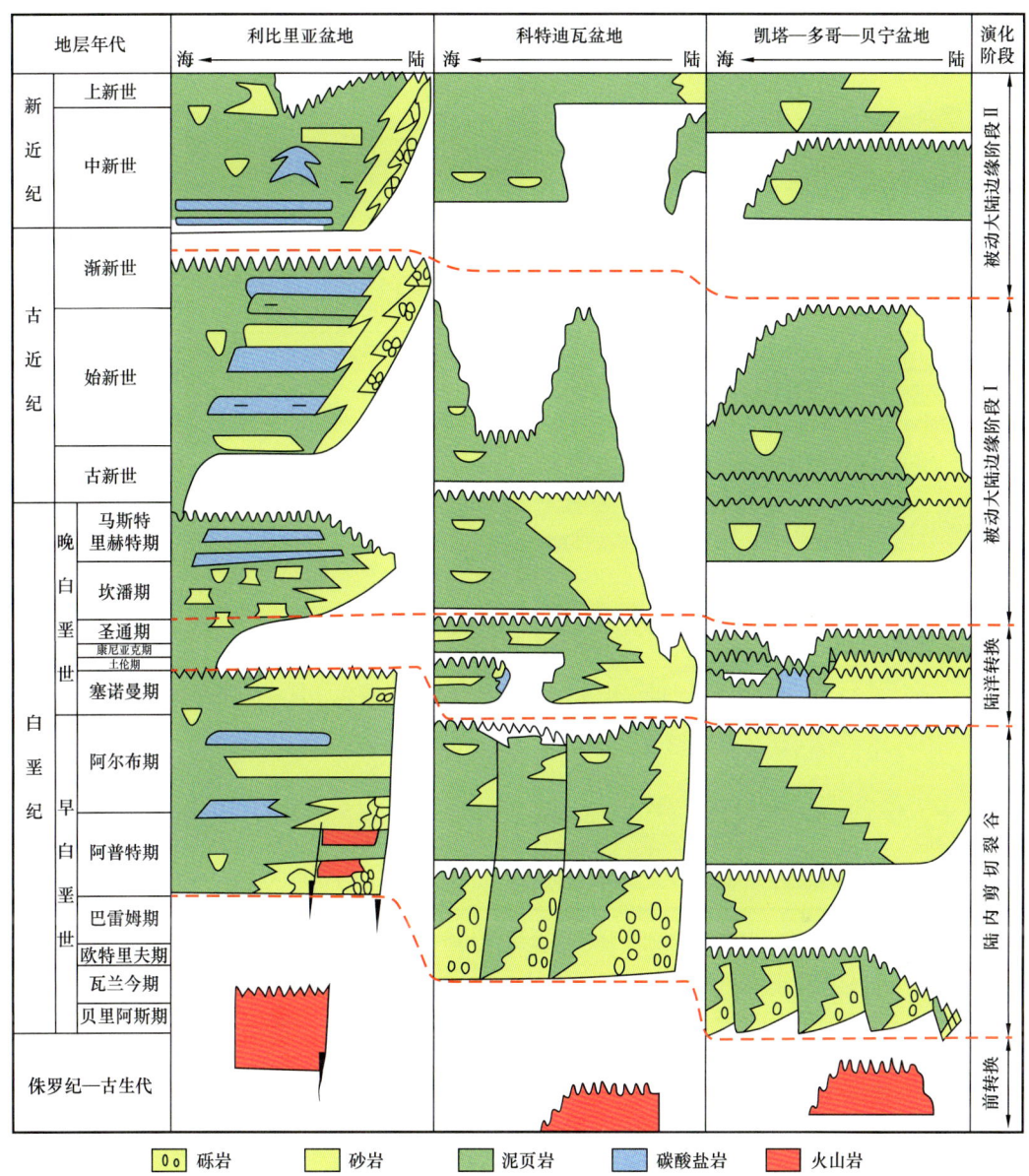

图 3-33 转换型被动大陆边缘盆地群地层综合柱状图（据秦雁群等，2016）

裂谷阶段与被动大陆边缘阶段的过渡期形成的沼泽沉积，二者在时代和盆地演化阶段上表现出明显的不同。进入被动大陆边缘阶段，盆地都发育了一套以海相为主的沉积序列（图 3-35）。

1. 前裂谷层序

前裂谷层序主要分布在西非北段，以残留沉积为特征。西北非地区在前裂谷阶段经历了前海西期的伸展运动及后期的加里东和海西造山运动的挤压、改造和破坏作用。前裂谷沉积包括前寒武系—泥盆系充填沉积。根据地震解释资料，在塞内加尔盆

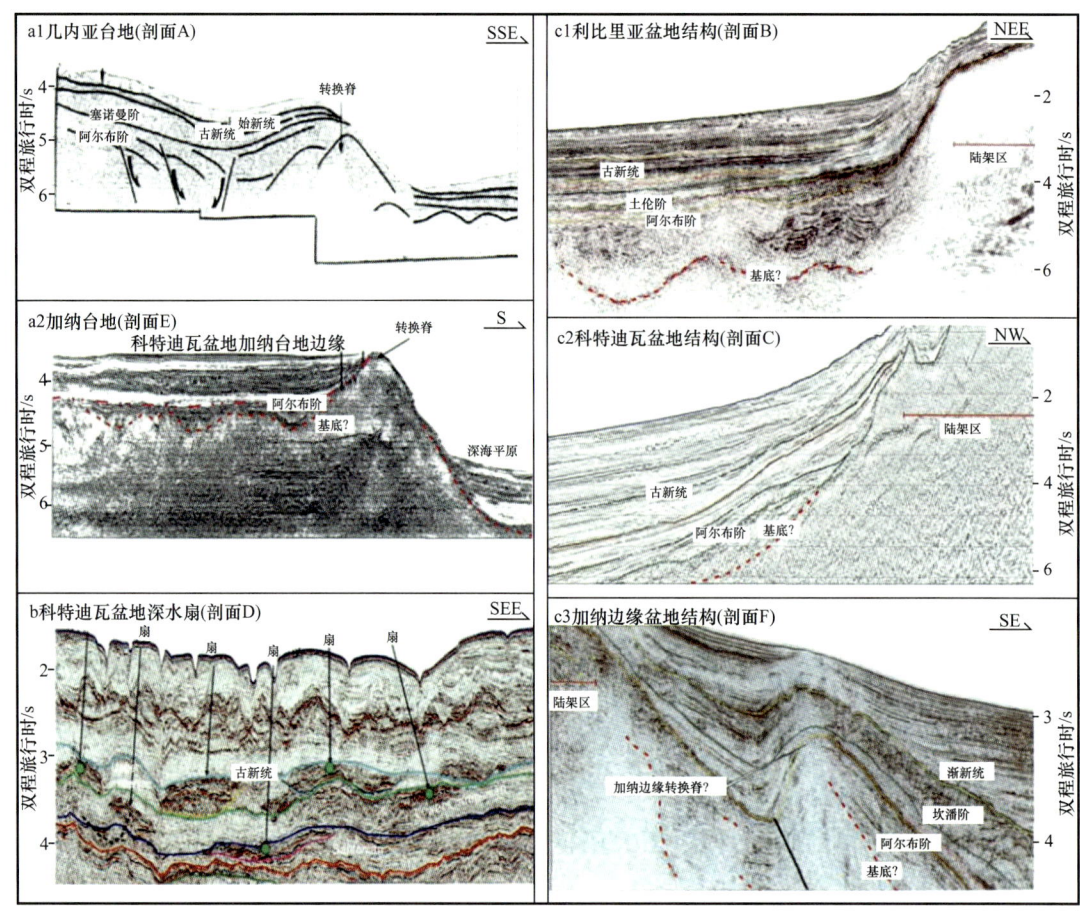

图 3-34 转换型被动大陆边缘盆地结构特征（据秦雁群等，2016）

a1、a2—剖面—转换断层端缘深海台地结构；b—剖面—陆缘深水扇叠置特征；

c1、c2、c3—剖面—垂直滨岸方向陆缘剖面结构特征

注："?"表示存疑

地深海部分发育5000m以上的前中生代地层，其中寒武系1200m左右，奥陶系砂岩约1400m，志留系包含北非区域性分布的优质页岩烃源岩，泥盆系为400m左右的砂泥岩地层。从区域上看，西非北段志留系和北非志留系在沉积上具有相似的沉积环境，但由于后期剧烈的构造运动破坏，现今残存的志留系及以上前裂谷层序分布局限而且埋藏很浅。

2. 裂谷层序

裂谷层序是大西洋形成过程中早期裂谷阶段的产物。由于南、北大西洋形成时期及构造特征的不同，不同地区的裂谷层序有较大的差异，其中北段的阿尤恩盆地、塞内加尔盆地形成时期最早，以三叠系为主；中段的尼日尔三角洲盆地、加蓬海岸盆地、下刚果盆地和宽扎盆地的裂谷层序主要为下白垩统；南段的西南非海岸盆地及纳米比盆地以上侏罗统和下白垩统为主。

第三章 西非海域盆地地层与沉积相特征

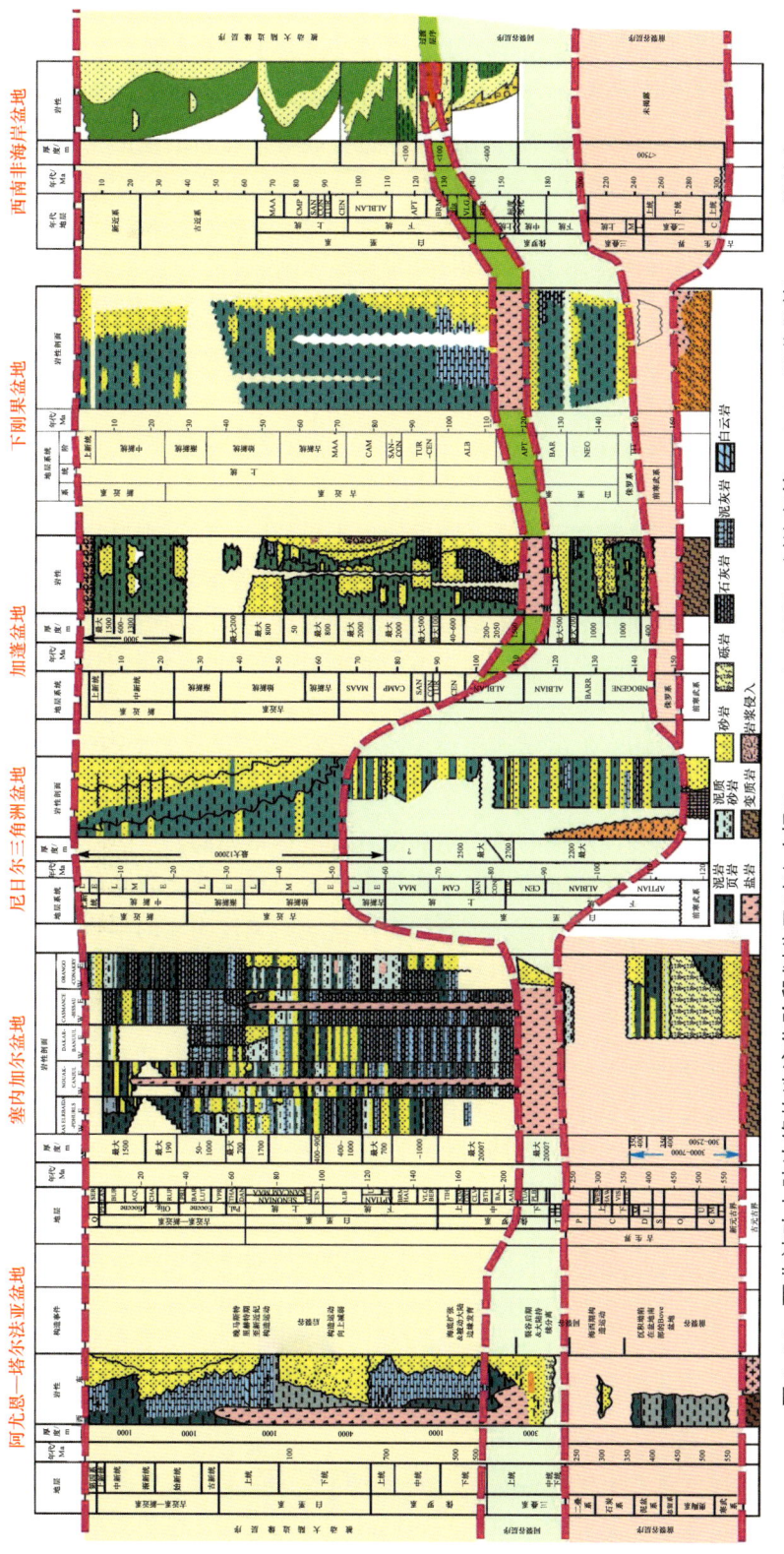

图 3-35 西非被动大陆边缘构造演化阶段划分及对比（据 Lawrence et al., 2002；刘祚冬等, 2009；邓荣敬等, 2008 编绘）

注："?"表示存疑

西非北段阿尤恩盆地、塞内加尔盆地的三叠系裂谷早期为河流相和泛滥平原相，后期裂谷拉张作用使北段裂谷盆地可能受来自东面的特提斯洋和北面的原始大西洋海水的影响并形成局限海环境，在局部受限位置发育巨厚蒸发岩、湖泊及潟湖沉积。而且蒸发岩的沉积作用持续到早侏罗世裂谷作用结束。这些裂谷期盐岩后期的构造运动形成了西非北段目前主要的油气田的圈闭。

西非中段加蓬海岸盆地、下刚果盆地和宽扎盆地地区的裂谷之上发育一套区域性的盐岩沉积，因此裂谷层序多又称为盐下层序。中段裂谷层序不整合上覆于前寒武系基底之上，发育时代为贝里阿斯期至巴雷姆期，多充填沉积在晚侏罗世—早白垩世（157.1—120Ma）南大西洋的大陆裂谷中，为一套非海相地层，底部多为砾岩、长石石英砂岩和泥岩，向上逐步过渡为石灰岩、砂岩和泥岩互层，晚期由于欧特里夫期再一次发生了强烈的伸展，发育深湖相泥岩，形成了西非海岸盆地盐下最主要的一套优质烃源岩。

西非中段裂谷层序的发育程度在不同盆地也不尽相同。在下刚果盆地和加蓬海岸盆地最为发育，而在宽扎盆地和尼日尔三角洲盆地沉积岩的厚度较小，因此勘探价值较小。裂谷层序发育岩性和厚度的不同，多是由于所处的裂谷期南北构造位置的不同和裂谷初期南部宽扎盆地火山活动的影响造成的。由于非洲与南美洲之间的大陆裂开的顺序南早北晚，导致西非中段海岸裂谷盆地盐下层序的发育和规模自南向北缩减。在中部南段的宽扎盆地，大陆裂谷早期，火山活动强烈，在裂谷盆地内主要充填了广泛发育的火山岩及火山碎屑岩沉积。

西非中段不同盆地裂谷发育的活动期和发育程度也不相同。从裂谷阶段的早期到晚期，断裂活动逐渐减弱，盆地沉积范围逐渐扩大。各裂谷阶段之间受区域构造运动的影响，存在沉积间断，形成不整合面。对西非海岸盆地影响较明显的不整合，是存在于裂谷阶段与过渡阶段的晚巴雷姆期的不整合，在不整合面以下，地层剥蚀强烈，盆地早期断裂发育。

西非南段的西南非海岸盆地和纳米比盆地的裂谷层序沉积时期开始于晚侏罗世，其最大特点是火山岩发育，而且，由于离古特提斯洋较近，除裂谷期典型的河流—湖泊沉积体系外，局部受海进影响，还发育海相。

3. 过渡层序

过渡层序是在裂谷作用阶段和后裂谷坳陷阶段（被动大陆边缘阶段）之间的过渡期沉积地层。过渡层序分布在西非中南段，早白垩世裂谷作用接近结束时发生了区域性抬升（反弹挤压作用结果），造成了西非中南段海岸裂谷盆地的反转和抬升剥蚀，之后在加蓬盆地—宽扎盆地的范围内形成了一个巨大的阿普特盐盆（盐盆还包括大西洋对岸的数个盆地），沉积了广泛分布的阿普特阶盐岩。

在西非中南段，盐下层序和盐岩层序被一个沉积于准平原化背景的沉积层分开，其厚度大约60m，岩性为厚层砂岩，但在局部地区相变为泥岩、钙质粉砂岩和白云岩。在加蓬盆地被称为 Gamba 组，在下刚果盆地被称为 Chela 组，在宽扎盆地被称为 GreyGuuo 组。这套沉积超覆于前阿普特期裂谷沉积层序之上，其中的砂岩是横向分布不稳定的优质储层。上覆的蒸发岩层序由硬石膏、盐岩、钾岩和泥岩夹层组成，不同部位厚度差别较大，厚几十米到 800m 甚至更厚。这套盐岩在南部宽扎盆地和下刚果盆地被称为 Loeme 组，在南加蓬次盆被称为 Ezanga 组，向北在尼日利亚三角洲盆地相变为碳酸盐岩。其后的沉积使之变形并发生底辟或形成被断层围限的盐岩墙。

4. 被动大陆边缘层序

被动大陆边缘层序是在大西洋裂开之后的被动大陆边缘阶段形成的，其沉积建造发育在向海方向倾斜的陆架—陆坡上，包括早期的碳酸盐岩台地及后期的三角洲、扇三角洲、海底扇及浊积体沉积等海陆过渡相、海相碎屑岩。

被动大陆边缘沉积层序包括侏罗系至今的多套地层。侏罗系被动大陆边缘沉积主要分布在西非北段的阿尤恩盆地和塞内加尔盆地，以碳酸盐岩台地沉积为主，碳酸盐岩沉积厚度可达数千米，滨岸碎屑岩沉积分布在碳酸盐岩台地以东。阿尔布期之前，被动大陆边缘地层也主要沉积在西非北段，在塞内加尔盆地早期为碳酸盐岩沉积，后期为广海、滨海相，在阿尤恩盆地则以广海和三角洲、扇三角洲相为主。阿尔布期以后，南北大西洋逐渐连为一体，其后的西非被动大陆边缘的沉积主要受控于全球海平面的相对变化和物源。阿尔布期及早白垩世，大西洋整体处于缺氧环境，形成了区域性分布的海相高 TOC 暗色页岩，同时在近海发育了不同规模的碳酸盐岩台地沉积和滨岸砂沉积，以西非中段的下刚果盆地、加蓬海岸盆地和宽扎盆地最为发育，特别是下刚果盆地的 Pinda 组，是西非唯一达到规模储量的碳酸盐岩储层。阿尔布阶—上白垩统碳酸盐岩在西非北段也有分布，以阿尤恩盆地最为发育。晚白垩世中后期至今，西非被动大陆边缘盆地以发育大型三角洲、扇三角洲、海底扇和浊积体为特征，自下而上主要的沉积体系依次有加蓬海岸盆地的上白垩统的 Anguille 组及 Pointe Clairette 组浊积体，下刚果盆地始新世至今的刚果扇，尼日尔三角洲盆地的始新世至今的三角洲—浊积体体系及宽扎盆地、塞内加尔盆地和西南非海岸盆地奥兰治次盆的古近系—新近系扇体。晚白垩世中后期至今，西非主要沉积体系的规模明显受物源控制，如尼日尔三角洲由于陆源物质的供应强度大，进入始新世之后，形成了巨厚海陆过渡相的三角洲，在下刚果盆地则形成了巨大的刚果扇沉积（图 3-36）。

总之，前裂谷沉积主要分布在西非北段。裂谷层序的展布主要受裂谷发育的影响，在西非北段以三叠系—下侏罗统陆相和盐岩为主，西非中段裂谷层序的沉积中心位于下刚果盆地和加蓬海岸盆地，宽扎盆地次之，南段则以火成岩发育为主。过渡层序主要分布在西非中、南段，以广泛分布的盐岩沉积为特征。被动大陆边缘层序包括侏罗纪至今多个时代的地层，其中前阿尔布阶主要分布在西非北段，以碳酸盐岩发育为特点；阿尔布期—晚白垩世早期以广海、碳酸盐岩台地和滨岸沉积为主；晚白垩世末期至今则主要发育受物源控制的三角洲、扇三角洲、海底扇和浊积体等沉积体系。

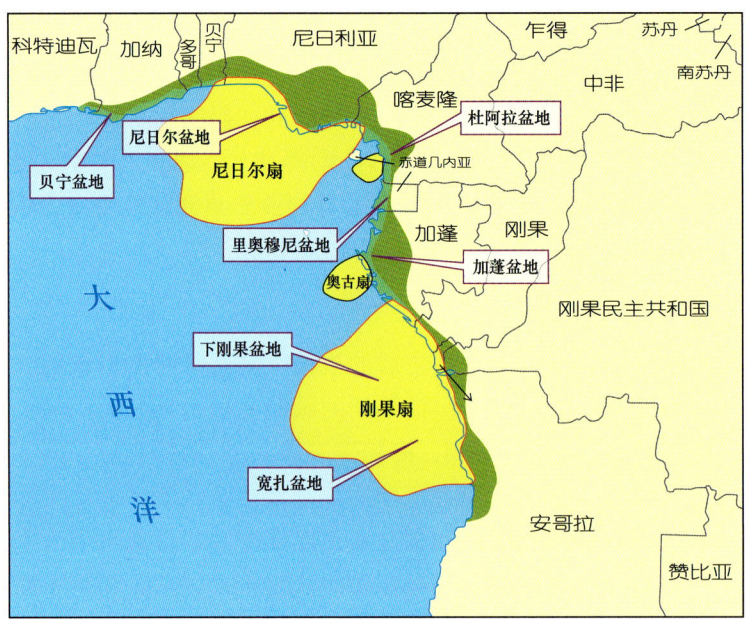

图 3-36 西非中段大型三角洲盆地（据 Lundin，1992）

第四章 深水盆地油气地质特征

从盆地演化的大地构造背景分析，非洲西部大陆边缘北段盆地的形成主要与北大西洋的裂开和非洲与北美板块的分离有关；而中段、南段盆地的形成主要与南大西洋的形成和非洲与南美洲板块的分离有关，因此，导致了西非南北两段盆地形成发育时期、演化特征、沉积充填特征的较大差异，也使得南北两段深水盆地油气地质条件、成藏特征、油气富集程度出现极大差别，中段盆地则因大西洋赤道转换断层的控制及尼日尔巨型三角洲深水海底扇的发育，油气地质条件在世界范围内都独具特色。

第一节 西非北段盆地油气地质特征

西非北段离散被动大陆边缘深水盆地包括阿尤恩—塔尔法亚、塞内加尔和利比里亚盆地等。这些盆地的演化过程复杂，主要经历了前裂谷期、裂谷期和被动大陆边缘期三个阶段，沉积了前裂谷层序、裂谷层序和被动大陆边缘层序等地层，发育白垩系—新近系和侏罗系两套主要油气系统和古生界—三叠潜在油气系统，北段盆地群的油气地质条件既有一定的相似性，又有较大的区别。相似性表现在它们具有类似的油气系统和成藏组合，区别在于不同盆地的主要成藏组合和勘探目的层不同。

下面分别以分布于西撒哈拉、摩洛哥的塞内加尔盆地和阿尤恩—塔尔法亚盆地为例介绍西非北段的石油地质特征。

一、塞内加尔盆地油气地质特征

塞内加尔盆地分布在毛里塔尼亚、北塞内加尔、冈比亚、南塞内加尔、几内亚比绍和几内亚境内，北起毛里塔尼亚，向南延伸至几内亚（图4-1）。盆地主体分布在塞内加尔境内，包括陆上和海上两部分，30%的面积位于陆上，70%的面积位于海上，东西宽400~800km，南北长达1500km，面积大于$104.2\times10^4km^2$。

近年来，塞内加尔盆地深水区取得了一系列油气发现，如Cairn能源公司在2014年发现了油气可采储量超过630.0×10^6bbl的SNE大油田，Kosmos能源公司在2015年发现了油气可采储量超过$15.0\times10^{12}ft^3$的Tortue大气田，2016年发现了天然气可采储量超过$5.0\times10^{12}ft^3$的Teranga大气田等。这些深水大油气田的发现带动了西非北段深水区的油气勘探，使塞内加尔盆地成为近年来全球油气勘探最活跃和最成功的地区（王大鹏等，2017）。

截至2016年年底，塞内加尔盆地内已发现油气田28个，其中，油田9个，气田19个，盆地已发现探明并控制的石油、天然气和凝析油可采储量分别为 $835.3×10^6$ bbl、$29.6×10^{12}$ ft^3 和 $278.4×10^6$ bbl，合计为 $6047.0×10^6$ bbl（油当量），天然气占比 81.6%。目前，盆地已发现的气田主要分布在毛里塔尼亚次盆和北部次盆水深大于 1500m 的海域及北部次盆中部陆上地区。其中，深水区气田规模相对较大，陆上气田都是小型气藏，油田在全盆地都有分布，但已发现储量多集中分布在北部次盆南部和毛里塔尼亚次盆深度 500～1500m 的深水区（图 4-2）。

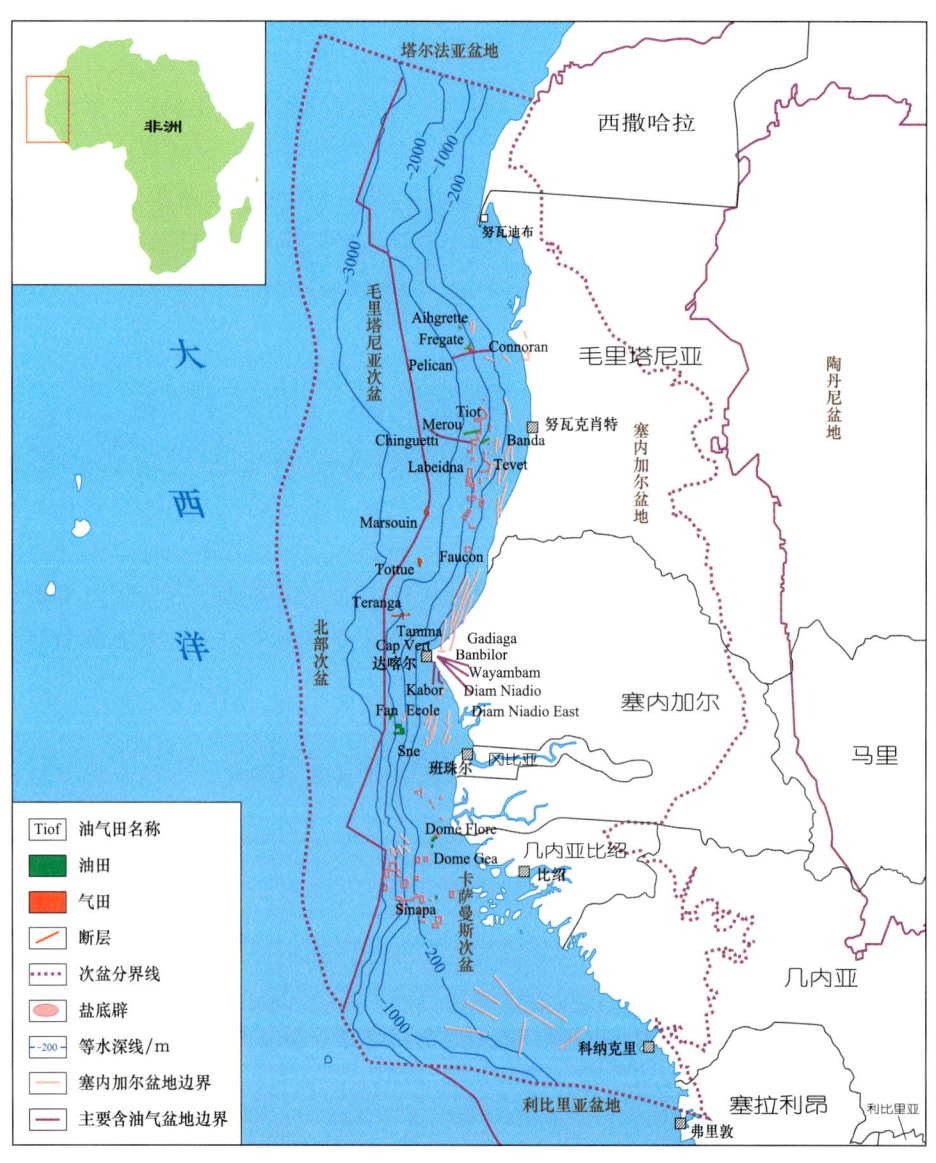

图 4-1 塞内加尔盆地位置及油气田分布图（据 Dumestre，1985；王大鹏等，2017）

1. 烃源岩

塞内加尔盆地发育多套烃源岩，目前的资料表明，塞诺曼阶—土伦阶海相页岩是盆地的主要烃源岩，圣通阶页岩和阿普特阶—阿尔布阶页岩为一套次要烃源岩，志留系页岩和裂谷期三叠系湖泊相页岩是潜在的两套区域性烃源岩。

1）主力烃源岩

塞诺曼阶—土伦阶海相页岩主要平行海岸线，分布在盆地南北。北部为佛得角以北包括毛里塔尼亚和北部次盆的地区，沿陆架分布的几口井的岩心资料显示，烃源岩厚度达到380m，有机质类型为Ⅱ型和Ⅲ型（表4-1），生烃潜力在3~21mg/g之间（Reymond et al., 1989；孙涛等，2017a）。盆地南部烃源岩主要分布在达喀尔以南的卡萨曼斯次盆内，烃源岩厚度330~490m不等，其中沉积于缺氧环境下的土伦阶含沥青质页岩（Kuhnt et al., 1995）的厚度达到150m，卡萨曼斯次盆海上10口井的资料显示，烃源岩主要为Ⅱ型有机质，TOC从7%到大于10%不等，生烃潜力在5~74mg/g之间。深海探井DSDP367和368井的地化资料显示贝里阿斯阶—塞诺曼阶烃源岩主要为Ⅱ型干酪根，TOC从3%到超过10%不等（图4-3、图4-4）。

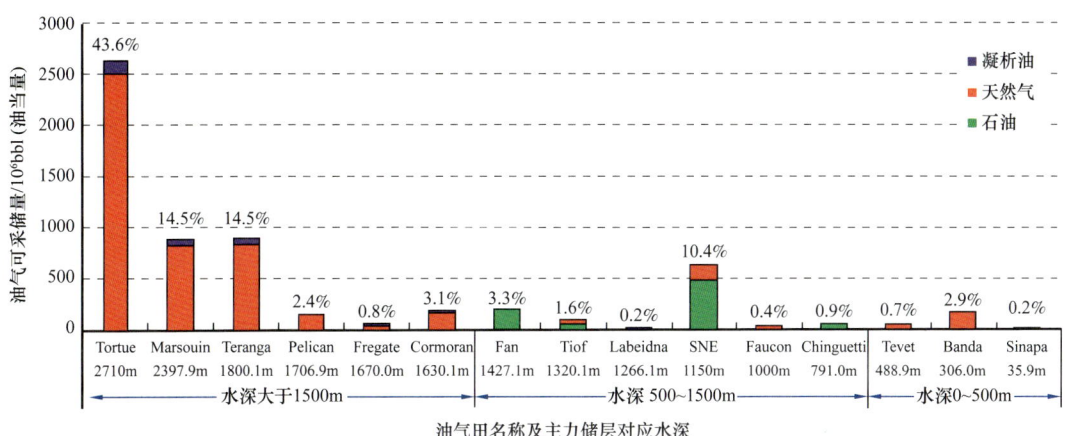

图 4-2 塞内加尔盆地主要油气田已发现探明和控制油气可采储量及水深分布图（据王大鹏等，2017）

表 4-1 塞诺曼阶—土伦阶海相页岩地球化学数据（据孙涛等，2017a）

样品来源	塞内加尔（陆架环境）	塞内加尔海域 CM-7 和 CM-10（半深海）	DSDP367（深海）
烃源岩厚度 /m	500~2050	300	150
沉积速率 /(cm/1000 年)	10~22	3.3	0.1
TOC/%	<3	1.27~8.72	5~40
HI/(mg/g)	<400	150~660	300~900
干酪根类型	Ⅱ型和Ⅲ型	Ⅱ型和少量Ⅲ型	Ⅱ型
C/N	>10	<10	
S/C	<0.4	>0.4	
T_{max}/℃	435~445	434~438	396~431
R_o/%	0.3~0.9	0.5~0.6	0.3

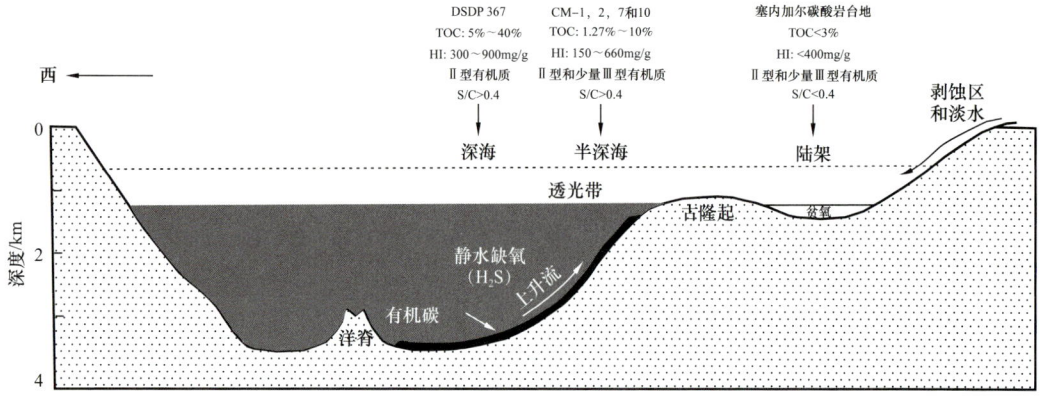

图 4-3　塞内加尔盆地上白垩统塞诺曼阶—土伦阶古海洋沉积—有机相模式示意图（据孙涛等，2017a）

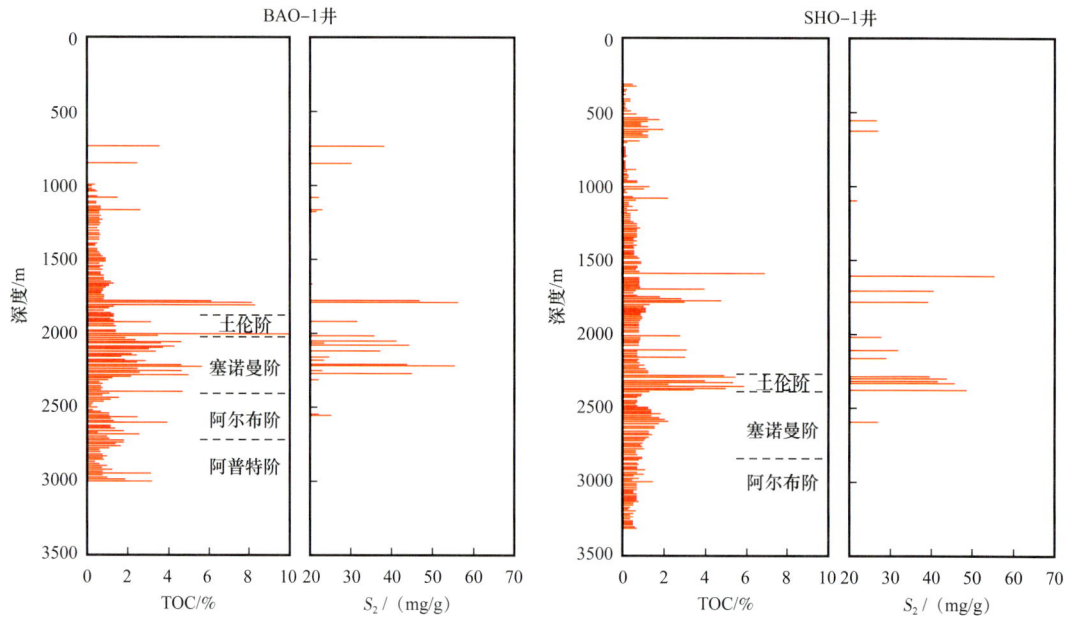

图 4-4　塞内加尔盆地塞诺曼阶—土伦阶海相烃源岩地化剖面（据 Dumestre，1985）

2）次要烃源岩

盆地的次要烃源岩包括康尼亚克阶—坎潘阶和马斯特里赫特阶页岩，生烃潜力 2～5mg/g，Ⅱ/Ⅲ型干酪根（图 4-5）；古近系页岩生烃潜力大于 5mg/g，Ⅱ/Ⅲ型干酪根；还有中新统—上新统页岩，生烃潜力 2～5mg/g，Ⅱ型干酪根。

3）潜在烃源岩

志留系笔石页岩是塞内加尔盆地南部一套重要的潜在区域性烃源岩，沉积厚度达到 400m（图 4-6）。塞内加尔盆地 Buba 笔石页岩相当于北非的志留系 Tanezzuft 组富油页岩（北非和中东重要的烃源岩）。Diana-Malari（DM-1）井、Kolda（KO-1）井岩样和 Bove 盆地及几内亚古生代盆地露头资料显示，志留系烃源岩富含黑色无定形有机质，TOC 为

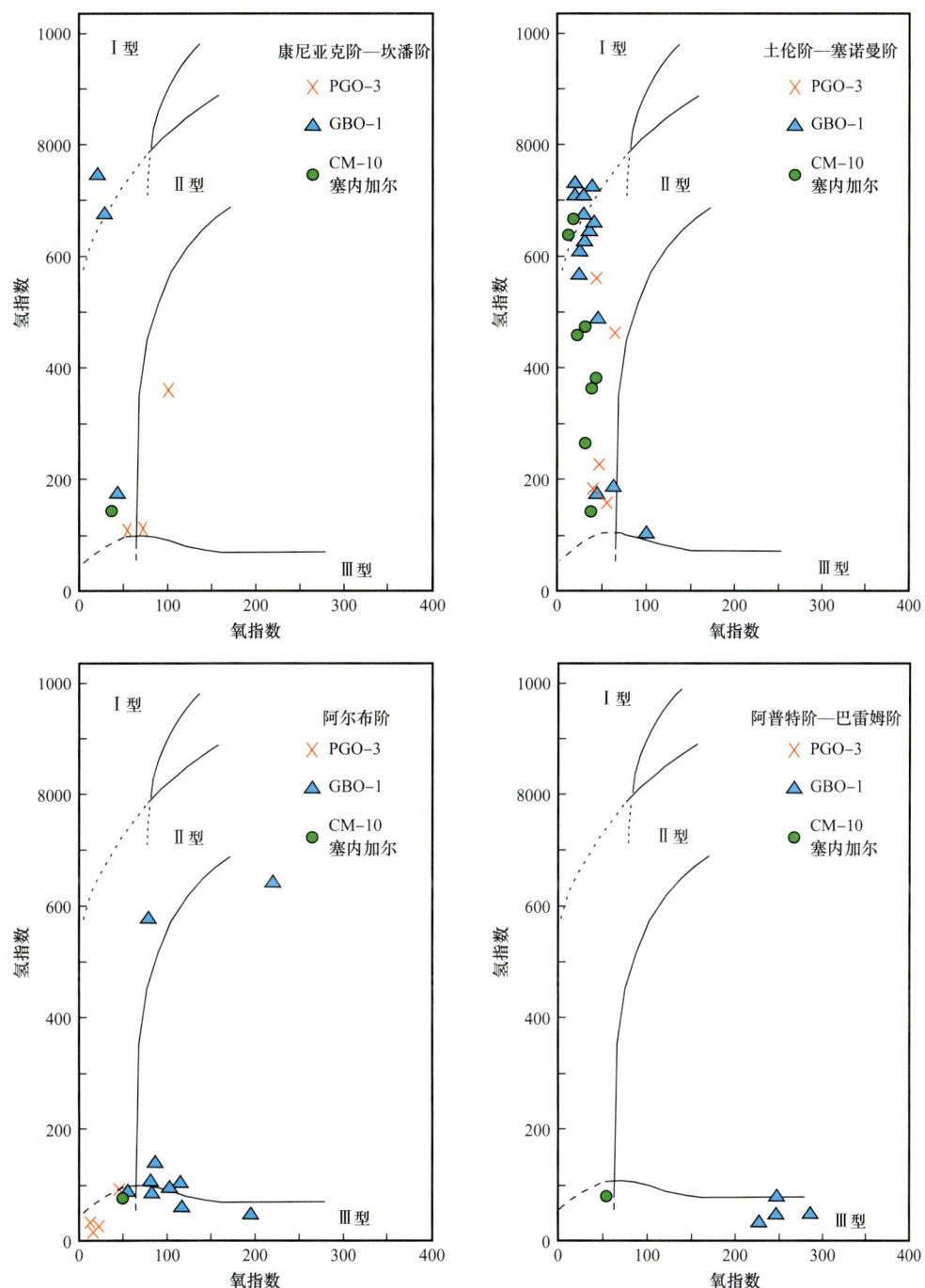

图 4-5 塞内加尔盆地烃源岩类型（据 Dumestre，1985）

1%～5.5%（Reymond et al.，1989）。

塞内加尔盆地另一套潜在的烃源岩是裂谷时期的页岩，主要为下伏在三叠系盐岩之下的上二叠统—下三叠统湖泊相页岩，地震剖面显示在盆地南部的卡萨曼斯地区发育这套碎屑岩沉积。目前未见到盆地内有裂谷期地层的露头，也没有钻井钻穿裂谷层序。根据摩洛哥及相关盆地的资料，二叠系—三叠系裂谷包含碎屑沉积、湖泊沉积及蒸发岩沉积。北美洲的纽瓦克（Newark）盆地也是这类裂谷盆地，主要为湖泊沉积，有机质类型Ⅰ型和Ⅱ型，TOC为2%～35%（Ziegler，1983），但这些地层沉积厚度和有机质含量变化大。

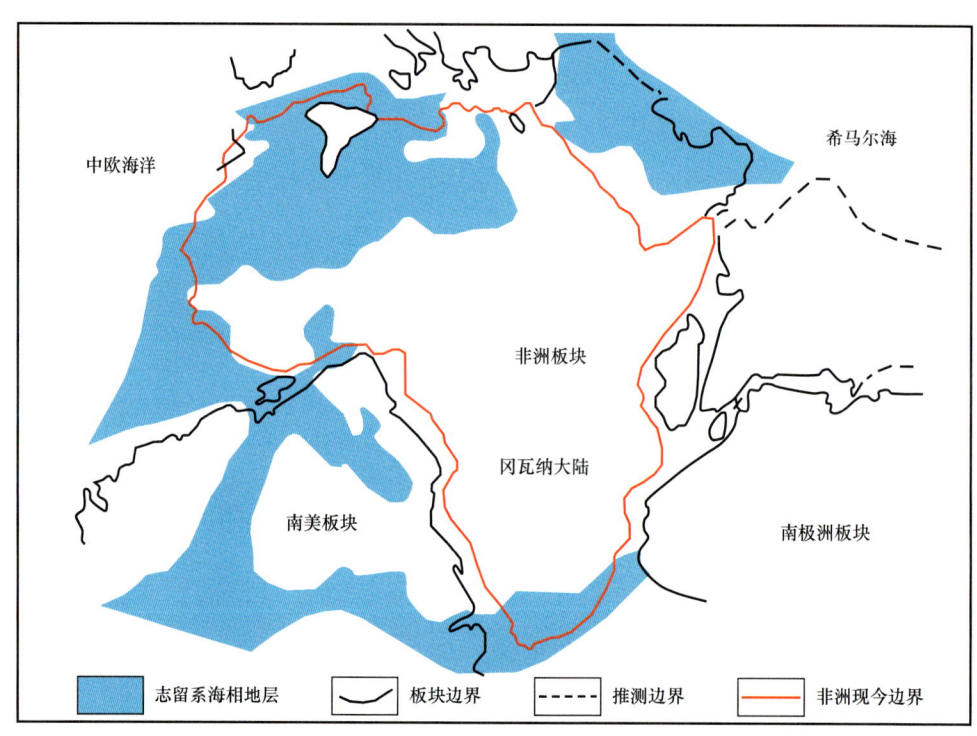

图4-6 冈瓦纳古陆志留纪期间海相地层分布图（据Clifford，1986）

盆地主要烃源岩为白垩系各阶的页岩，展示了不同的成熟历程（图4-7），毛里塔尼亚次盆中阿尔布阶烃源岩在晚始新世开始生油，土伦阶和康尼亚克阶—坎潘阶烃源岩在中新世开始生油，而上古新统烃源岩未成熟（图4-8、图4-9）。塞内加尔盆地发育南、北两个主要生烃区，北部生烃区位于毛里塔尼亚海上和北部次盆最北部，南部生烃区位于南部的卡萨曼斯次盆和几内亚比绍的海上。在北部生烃区，由于塞诺曼阶到古新统烃源岩厚度和深度向海逐渐变厚，生烃量向海方向增大，陆上的烃源岩生烃潜力差。在南部生烃区，地温梯度由于盐岩较好的热传导性而得到改善，每平方千米的塞诺曼阶和土伦阶烃源岩中至少产生2500t油气（Reymond et al.，1989）。

在塞内加尔盆地，由于局部地质和地热参数的不同，生油带的深度从1000m到3000m不等，盐底辟的存在使地温梯度升高，并导致卡萨曼斯次盆和毛里塔尼亚次盆的生油带埋深较浅。佛得角附近由于火山作用，生油带埋深较浅，为900m（Dakar Marine-2井）至1200m（Cap VertMarine-1井），Reymond等（1989）测量的这些井的地温梯度值接近45℃/km。在平均地温梯度约为30℃/km的地区，生油带顶深在2285～2680m之间。生油带深度相对较浅的地区是天然气资源最丰富和潜力最大的地区。

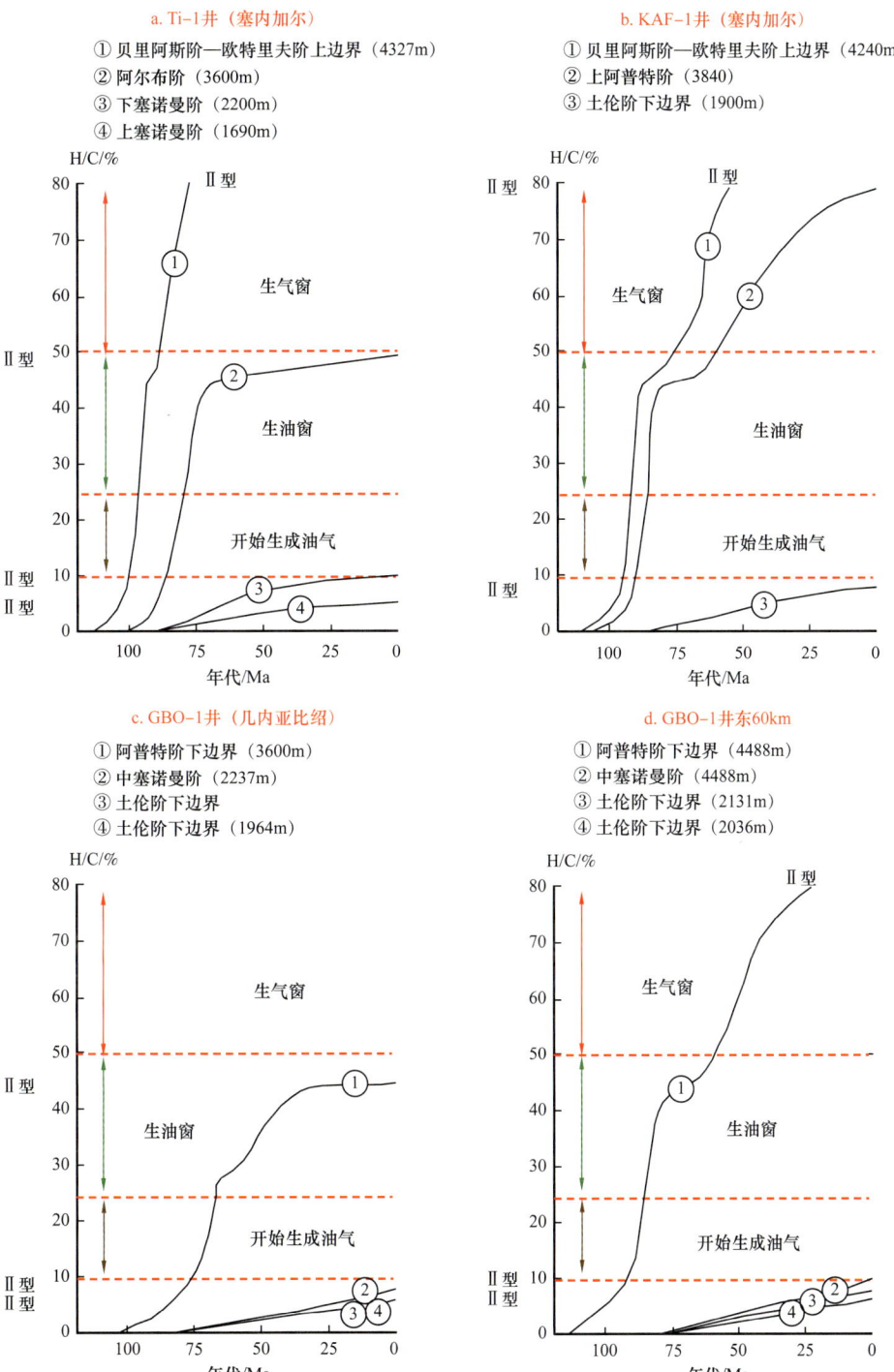

图 4-7 塞内加尔盆地烃源岩热成熟演化（欧特里夫阶顶部标准层）（据 Mbassani et al., 2005）

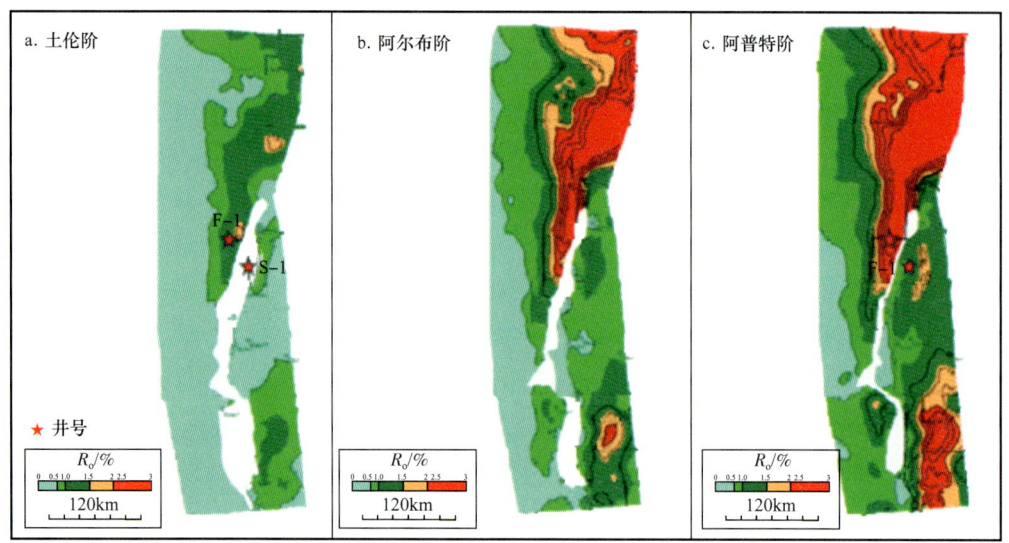

图 4-8 塞内加尔盆地深水区土伦阶、阿尔布阶、阿普特阶烃源岩顶面成熟度平面分布图
（据孙涛等，2017b）

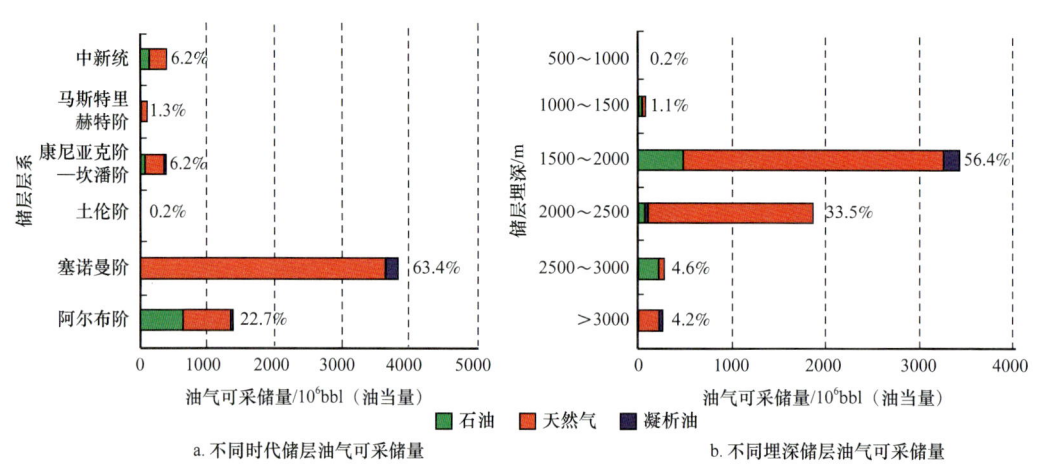

图 4-9 塞内加尔盆地已发现探明和控制油气可采储量的层系和埋深分布（据王大鹏等，2017）

志留系烃源岩具有二次生排烃的特点。第一次生油开始于石炭纪（300Ma），并持续至海西运动时期（约250Ma），二叠纪和三叠纪生油中断；白垩纪时志留系烃源岩开始第二次生油并持续至今（图4-8），盆地南部的志留系生油带分布在1850~4000m范围内，由于侵入体和局部过热产生的较高的热流，在Bove盆地的东部生油窗抬高。

2. 储层

1）主力储层

（1）白垩系：

白垩系是盆地的主力储层之一（图4-9），储层物性较好，在东部地区主要为席状砂岩夹少量泥岩夹层，孔隙度可达35%，渗透率一般为几百毫达西。在西部砂岩和页岩互层透镜体储层呈楔形向海底增厚，孔隙度为 15%～30%。外陆架到上陆坡带上，层状页岩夹粉细砂岩厚约 5m，孔隙度达到 17%，具有一定成储潜力。

（2）中新统：

新近系中新统浊积砂体是盆地北部一套重要的储层，为毛里塔尼亚次盆 Tiof、Chinguetti 和 Banda C-4-3 等油气田的主力储层，储层厚度在 40m 左右。另外，在卡萨曼斯次盆的 Dome Flore 油田还发育优质的渐新统碳酸盐岩储层，为疏松的有孔虫泥粒灰岩，厚度超过 50m，孔隙度高达 50%，发育在盐丘之上的构造高部位，其重油（10°APl，含硫 1.6%）地质储量达 $10×10^8$bbl。

2）潜在储层

上马斯特里赫特阶砂岩是盆地的一套重要的潜在储层，沉积环境为近岸—浅海，主要为进积的三角洲砂体。在卡萨曼斯次盆的 Dome Flore 油田区，马斯特里赫特阶砂岩可达 30m 厚，储层的物性较好，孔隙度为 20%～30%，主要为轻质油（33.6°APl），在盆地北部的毛里塔尼亚次盆，马斯特里赫特阶储层孔隙度为 20%～35%。

侏罗系—下白垩统碳酸盐岩台地相储层孔隙度为 10%～23%，另外还发育陆架边缘的礁体等储层。

3. 圈闭

盆地存在多种圈闭类型，以盐构造圈闭为主（图 4-10），另外还发育一系列构造圈闭、砂岩尖灭圈闭、侏罗系—下白垩统碳酸盐岩滩圈闭及浊积岩地层圈闭等。

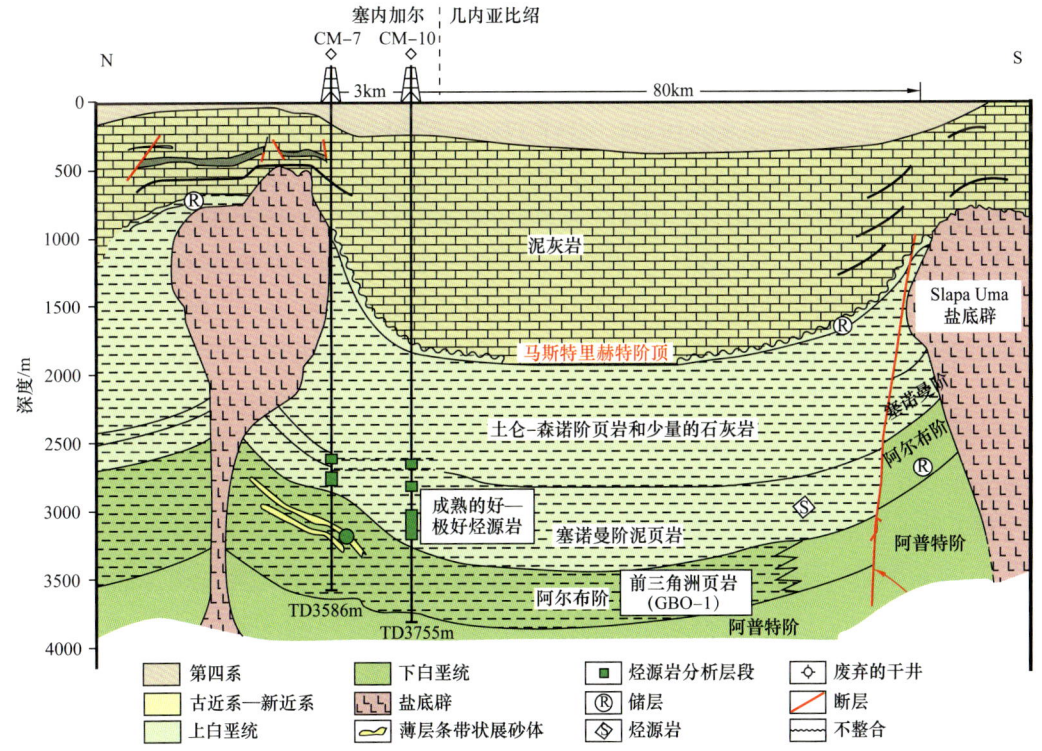

图 4-10 塞内加尔盆地南北向地层剖面及盐岩构造（据 Mbassani et al., 2005）

三叠系与盐岩相关构造是盆地的主要圈闭，主要分布在盐构造运动较活跃的毛里塔尼亚次盆和南部卡萨曼斯次盆区，以盐底辟为主（图4-10），而盆地中部的北部次盆盐运动很微弱，盐构造不发育，但中部达喀尔次盆火成岩较发育，火成岩活动形成的构造也是比较好的圈闭，盆地岩性圈闭较发育。

4. 成藏组合

根据不同层位油气成藏特征的差异，将塞内加尔含油气系统划分为中新统成藏组合、上白垩统马斯特里赫特阶成藏组合、上白垩统康尼亚克阶—坎潘阶成藏组合、上白垩统塞诺曼阶成藏组合和下白垩统阿尔布阶成藏组合。

白垩系含油气系统的主要烃源岩是上白垩统塞诺曼阶—土伦阶富有机质海相页岩，埋深范围1700~2800m，干酪根类型为Ⅱ型、Ⅲ型，TOC为7.0%~10.0%，毛里塔尼亚、塞内加尔和几内亚比绍的油气勘探和深海钻探都已证实其存在。该套烃源岩在古新世成熟，生烃高峰为中新世—上新世。康尼亚克阶—坎潘阶和马斯特里赫特阶可能是盆地局部烃源岩，古近系烃源岩虽然有较好的生烃潜力，但未成熟。储层包括下白垩统阿尔布阶、上白垩统浊积砂岩和古近系海相陆架三角洲砂体、浊积砂及渐新统的鲕粒灰岩等。盖层主要是区域性分布的上白垩统土伦阶页岩，中新统页岩也可能是区域盖层，局部盖层还包括古新统、始新统和渐新统层间页岩。圈闭类型包括构造—地层圈闭、构造—不整合圈闭及与盐活动相关的圈闭，形成时期主要是古近纪。该油气系统的形成关键时期是中新世，天然气在此时大量运移聚集成藏（图4-11）（王大鹏等，2017）。

1) 中新统成藏组合

截至2016年年底，中新统成藏组合中已发现探明和控制石油可采储量为$132.5×10^6$bbl、天然气$1.4×10^{12}$ft^{3}和凝析油$9.0×10^6$bbl，合计$374.8×10^6$bbl（油当量），占盆地已发现探明和控制总可采储量的6.2%，这些油气资源主要分布于毛里塔尼亚次盆南部的盐岩沉积区，范围比较局限（王大鹏等，2017）。中新统成藏组合的储层主要由浊积砂岩组成，沉积于海相碎屑岩陆架环境，厚度100~300m，孔隙度15.0%~35.0%，油气以垂向运移为主，后期废弃水道泥岩及斜坡相和盆地相页岩盖层对中新统储层形成垂向和侧向封堵，圈闭类型为与盐相关的构造—地层圈闭和构造圈闭，典型油气田包括Chinguetti油田和Banda气田。

2) 上白垩统马斯特里赫特阶成藏组合

上白垩统马斯特里赫特阶成藏组合中已发现探明和控制石油可采储量为$10.3×10^6$bbl、天然气$0.4×10^{12}$ft^{3}和凝析油$6.3×10^6$bbl，合计$83.3×10^6$bbl（油当量），占盆地已发现探明和控制总可采储量的1.3%，这些油气主要分布于北部次盆达喀尔陆上地区，其次是卡萨曼斯次盆浅海区（王大鹏等，2017）。马斯特里赫特阶成藏组合的储层由海相三角洲砂体和浊积砂岩组成，沉积于海相三角洲和浅海陆架环境，厚度为100~1700m，埋深在1200m左右，孔隙度15.0%~35.0%，物性较好，油气聚集以近源成藏为主，盖层主要为层内泥岩和页岩，圈闭类型以构造—地层圈闭为主，典型油气田包括卡萨曼斯次盆的Dome Flore油田（图4-12）和Kabor气田。

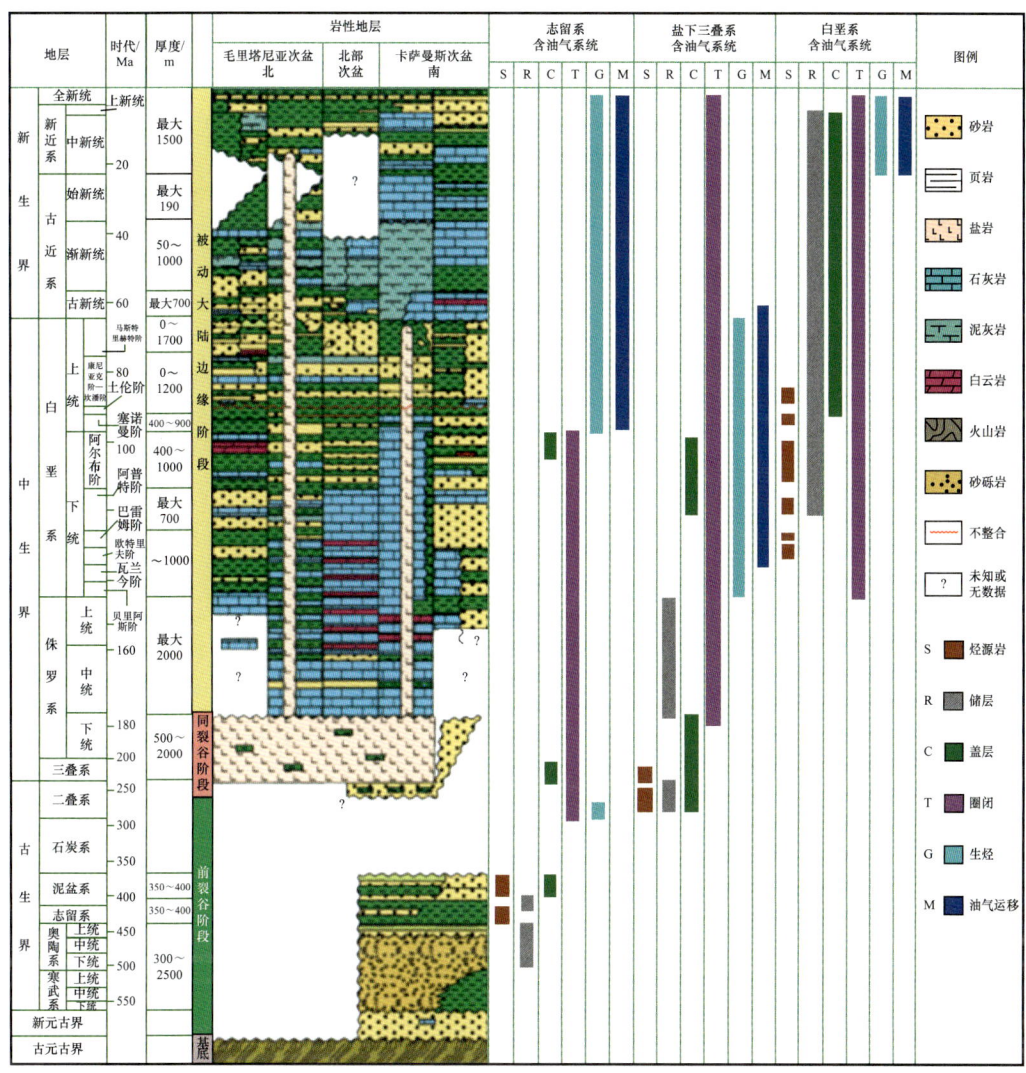

图 4-11 塞内加尔盆地地层综合柱状图及含油气系统事件（据王大鹏等，2017）

注："?"表示存疑

3）上白垩统康尼亚克阶—坎潘阶成藏组合

上白垩统康尼亚克阶—坎潘阶成藏组合中已发现探明和控制石油可采储量为 62.3×10^6bbl、天然气 1.7×10^{12}ft^3 和凝析油 29.5×10^6bbl，合计 375.1×10^6bbl（油当量），占盆地已发现总可采储量的 6.2%，这些油气主要分布于毛里塔尼亚次盆中部（王大鹏等，2017）。该成藏组合的油气除塞诺曼阶—土伦阶烃源岩提供充注外，康尼亚克阶—坎潘阶和马斯特里赫特阶页岩可能受到后期火山活动的影响成为有效的烃源岩。康尼亚克期—坎潘期，盆地开始发生区域性海退，经历抬升和剥蚀，广泛发育不整合，下切谷和浊积水道发育，可为深水斜坡和台地边缘浊积砂体的沉积提供物源。该成藏组合储层主要分布在盆地陆上和内陆架地区，包括北部次盆达喀尔地区陆上海相三角洲砂岩、毛里塔尼亚次盆深水区浊积水道砂岩，孔隙度 5.0%～35.0%，厚度 200～1000m，盖层为层间页岩和上覆的古新统页

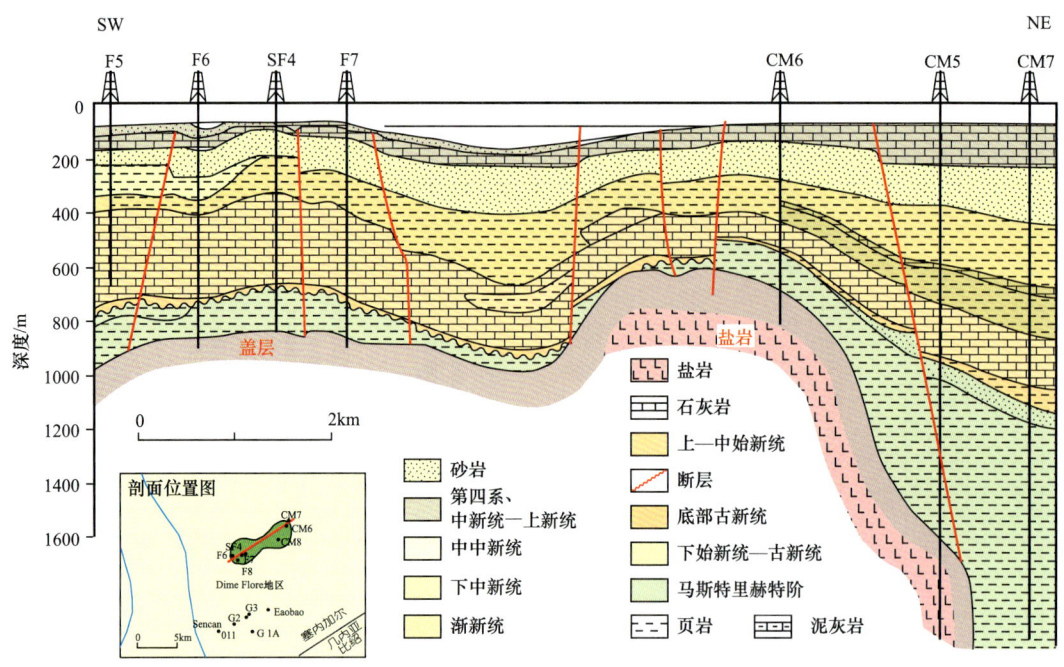

图 4-12 塞内加尔盆地 Dome Flore 油田地质剖面（据 Brownfield et al.，2003）

岩，圈闭类型主要为构造—地层圈闭，受转换断层和盐活动的影响，可形成挤压背斜构造，地层尖灭形成构造—地层圈闭等，典型油气田包括 Cormoran 气田和 Tevet 气田。

4）上白垩统塞诺曼阶成藏组合

上白垩统塞诺曼阶成藏组合是盆地最重要的成藏组合，油气储量以天然气和凝析油为主，已发现天然气可采储量为 $21.8×10^{12}ft^3$、凝析油 $201.9×10^6bbl$，合计 $3836.5×10^6bbl$（油当量），占盆地已发现总可采储量的 63.4%，油气集中分布在毛里塔尼亚次盆南部和北部次盆北部的深水—超深水区。上白垩统塞诺曼阶是塞内加尔盆地最重要的储层，也是近期盆地油气勘探的主要领域。例如，Tortue 大气田的上白垩统塞诺曼阶储层净厚度可达 107m，储层主要岩性是浊积水道和浊积扇砂岩，厚度大、物性好，孔隙度 10.0%～30.0%，平均达 25.0%，渗透率可达数达西。据王大鹏等（2017）资料，储层邻近塞诺曼阶—土伦阶有效烃源岩的生烃中心，下白垩统巴雷姆阶—阿普特阶烃源岩也可提供充足的油气来源，多源供烃、油气近源成藏。盖层主要为塞诺曼阶—土伦阶区域盖层和层内页岩盖层，主要的圈闭类型是构造—地层圈闭，背斜构造和浊积砂体的良好匹配可形成大的圈闭和油气聚集，典型油气田包括 Tortue 和 Marsouin 大气田。

5）下白垩统阿尔布阶成藏组合

下白垩统阿尔布阶成藏组合中已发现石油可采储量为 $628.9×10^6bbl$、天然气 $4.3×10^{12}ft^3$ 和凝析油 $31.7×10^6bbl$，合计 $1377.3×10^6bbl$（油当量），占盆地已发现探明和控制总可采储量的 22.7%，这些油气主要分布于卡萨曼斯次盆，阿尔布阶浊积砂岩储层也是盆地重要的储层，油柱高度 27～100m（王大鹏等，2017）。目前发现的油气田只有 4 个，

2014年之前以下白垩统为目的层的钻井都在水深1000m以浅的浅海区，除近期大的油气发现外，深水区下白垩统阿尔布阶还未有探井。与上白垩统相比，下白垩统阿尔布阶浊积扇主体位于北部次盆和毛里塔尼亚次盆，发育的规模相对较小，浊积扇砂体主要分布在水深超过1000m的深水区。古陆架边缘受后期构造运动影响，发育与不整合相关的浅海砂岩和岩溶储层，由于钙质胶结广泛发育，靠近陆地区域的阿尔布阶储层质量变差。白垩系阿普特阶—土伦阶烃源岩生成的油气经砂体、断层和不整合运移，在浊积扇发育区和陆架边缘与不整合相关的砂岩储层中聚集成藏，圈闭类型主要为构造—不整合圈闭和构造—地层圈闭，典型油气田包括SNE、Fan油田和Tortue气田（图4-13）。

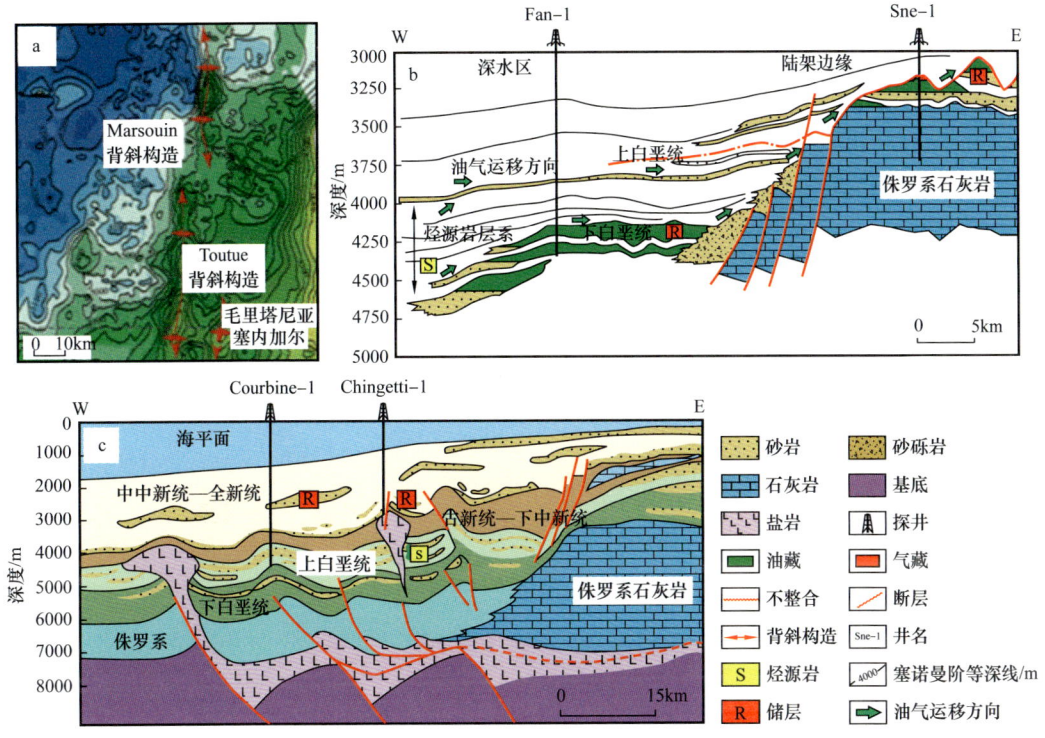

图4-13 塞内加尔盆地典型油气田及油气成藏模式（据王大鹏等，2017）

6）古生界成藏组合（？）

为一个推测油气系统，目前在塞内加尔盆地尚未有油气发现。露头、部分钻井资料及古地理研究表明塞内加尔盆地志留系Buba组烃源岩在陆上有一定的分布，包括南塞内加尔、冈比亚，甚至可能包括毛里塔尼亚次盆的陆上地区（据Dumestre，1985）。志留系烃源岩在漫长的地史过程中有过两次生排烃历程，第一次生油开始于石炭纪（300Ma），并持续至海西运动时期（大约250Ma），二叠纪—三叠纪生烃中止；白垩纪时志留系烃源岩开始第二次生油并一直持续到现今。寒武系—奥陶系及下泥盆统储层是该油气系统的主力储层，志留系页岩和与储层同期的层内页岩是主要的盖层，晚古生代—早侏罗世形成的倾斜断块构造圈闭为主要圈闭类型。

5. 勘探潜力分析

塞内加尔盆地面积大于 $104.2×10^4 km^2$，钻井密度约为 $8274km^2/$ 口，地震密度为 $5.5km^2/line·km$，因此还有很大的勘探空间。从盆地的构造、沉积及油气地质条件和成藏特征来看，上白垩统—新近系的油气成藏条件相对较好，是盆地重要的勘探目的层。古生界及盐下三叠系裂谷层序是盆地的两套潜在的成藏组合，有一定的勘探远景。

另外，古近纪—新近纪的阿尔卑斯运动对早期油藏具有一定的改造和调整作用，比如盆地南部的卡萨曼斯次盆内的 Dome Flore 油田，其渐新统碳酸盐岩储层内重油（10° API，含硫 1.6%）地质储量达 $10×10^8 bbl$，是构造运动形成的次生油藏。

1）上白垩统—新近系勘探潜力分析

在低勘探程度的盆地，烃源岩条件往往是评价油气勘探潜力的重要指标之一。从已经发现的油气田来看，盐构造是上白垩统—新近系成藏组合即塞诺曼阶/土伦阶—康尼亚克阶/中新统成藏的主要影响因素。依据烃源岩条件、盐构造发育情况、油气发现情况（表4-2、表4-3）及其他因素，可将上白垩统—新近系主要目的层的勘探潜力分为Ⅰ—Ⅲ类。

表4-2 塞内加尔盆地已发现油气可采储量排名前15的油气田基本特征（据王大鹏等，2017）

序号	油气田名称及类型	储层层系	储层岩石类型	沉积环境	圈闭类型	储层平均埋深/m	已发现探明和控制油气可采储量			
							石油/$10^6 bbl$	天然气/$10^{12}ft^3$	凝析油/$10^6 bbl$	油当量/$10^6 bbl$
1	Tortue（G）	塞诺曼阶阿尔布阶	浊积砂岩	深海斜坡	构造—地层圈闭	1790.1	0.0	15.0	140.0	2640.0
2	Teranga（G）	塞诺曼阶	浊积砂岩	深海斜坡	构造—地层圈闭	2400.0	0.0	5.0	47.0	880.3
3	Marsouin（G）	塞诺曼阶	浊积砂岩	深海斜坡	构造—地层圈闭	2037.2	0.0	5.0	45.0	878.3
4	SNE（O）	阿尔布阶	浊积砂岩	陆架边缘	构造—不整合圈闭	1900.1	473.0	0.9	0.1	630.6
5	Fan（O）	阿尔布阶	浊积砂岩	深海斜坡	构造—地层圈闭	2773.1	190.0	0.1	0.0	200.0
6	Cormoran（G）	Maas.康尼亚克阶—坎潘阶	浊积砂岩	深海斜坡	构造—地层圈闭	3030.0	0.0	1.0	20.0	186.7
7	Banda（G）	中新统	海相砂岩	开阔海	构造—地层圈闭	2375.0	14.0	0.9	8.0	174.3
8	Pelican（G）	康尼亚克阶—坎潘阶	海相砂岩	深海斜坡	构造—地层圈闭	1900.1	0.0	0.8	12.0	145.3
9	Tiof（O）	中新统	海相砂岩	开阔海	构造圈闭	2375.0	58.0	0.2	0.0	94.7
10	Chinguetti（O）	中新统	浊积砂岩	开阔海	构造—地层圈闭	1260.0	42.5	0.1	0.0	52.4

续表

序号	油气田名称及类型	储层层系	储层岩石类型	沉积环境	圈闭类型	储层平均埋深/m	已发现探明和控制油气可采储量			
							石油/10^6bbl	天然气/10^{12}ft^3	凝析油/10^6bbl	油当量/10^6bbl
11	Fregale（G）	圣通阶	海相砂岩	浅海	构造—地层圈闭	2930.0	12.0	0.2	3.9	48.8
12	Tevet（G）	中新统	浊积砂岩	深海斜坡	构造—地层圈闭	3774.9	7.0	0.2	1.0	40.0
13	Faucon（G）	土伦阶	海相砂岩	浅海	构造—地层圈闭	3450.0	0.0	0.1	1.1	24.5
14	Sinapa（O）	阿尔布阶	海相砂岩	浅海	构造圈闭	2631.0	13.4	0.0	0.0	14.1
15	Labeidana（O）	中新统	海相砂岩	开阔海	构造圈闭	2774.9	12.0	0.0	0.0	12.3

注：油气田名称及类型中，G代表气田，O代表油田；储层层系中，Maas.代表上白垩统马斯特里赫特阶。

表4-3 塞内加尔盆地不同成藏组合已发现探明和控制（2P）油气可采储量和待发现（均值）油气可采资源量（据王大鹏等，2017）

含油气系统	成藏组合	已发现油气藏个数	已发现探明和控制油气可采储量				待发现油气可采资源量			
			石油/10^6bbl	天然气/10^{12}ft^3	凝析油/10^6bbl	油当量/10^6bbl	石油/10^6bbl	天然气/10^{12}ft^3	凝析油/10^6bbl	油当量/10^6bbl
白垩系含油气系统	中新统成藏组合	6	132.5	1.4	9.0	374.8	107.3	1.1	17.4	314.1
	上白垩统马斯特里赫特阶成藏组合	12	10.3	0.4	6.3	83.3	16.2	0.6	9.8	130.1
	上白垩统康尼亚克阶—坎潘阶成藏组合	7	62.3	1.7	29.5	375.1	20.8	0.6	10.1	126.5
	上白垩统塞诺曼阶成藏组合	6	1.3	21.8	201.9	3836.5	1.5	27.2	235.3	4764.9
	下白垩统阿尔布阶成藏组合	4	628.9	4.3	31.7	1377.3	1362.5	6.8	54.5	2552.3
总计		35	835.3	29.6	278.4	6047.0	1508.3	36.3	327.0	7887.9

Ⅰ类区主要分布在北部毛里塔尼亚次盆和南部的卡萨曼斯次盆，该区烃源岩条件较好，以Ⅱ型烃源岩为主，成熟度高，盐构造相对发育，烃源岩分布区和盐岩构造分布区叠置的地方为目前主要的油气发现区（图4-14），勘探潜力相对较好（王大鹏等，2017）。

Ⅱ类区平行海岸分布，包括海域部分及部分陆上。烃源岩评价结果表明该区有较好的生烃潜力，但构造不发育，区内基本没有盐岩构造，勘探潜力中等。

Ⅲ类区主要分布在陆上，上白垩统—新近系的沉积厚度薄，塞诺曼阶—土伦阶烃源岩的有机质类型变差，埋藏浅，烃源岩的成熟度低，勘探风险较大。另外，陆上地层比较平缓，目前尚未发现盐岩构造和其他构造圈闭，圈闭条件也是制约本区勘探的一个因素。总之，Ⅲ类区风险较大，但考虑到其极低的勘探程度和广阔的面积，随着未来研究的深入，可能尚具有一定的潜力（王大鹏等，2017）。

2）古生界及盐下三叠系裂谷层序

古生界及盐下三叠系裂谷层序是盆地两套潜在的成藏组合，勘探程度极低，对其潜力尚不十分明确。从露头、探井、地震资料及区域地质条件来看，古生界和三叠系盖层较厚，都可能发育较好的烃源岩，具备成藏的基本条件，其风险主要在于经历的地质时代长，后期构造运动对成藏影响较大，特别是古生界，遭受了海西运动和后期阿尔卑斯运动等多期改造，其中的油藏可能被破坏。

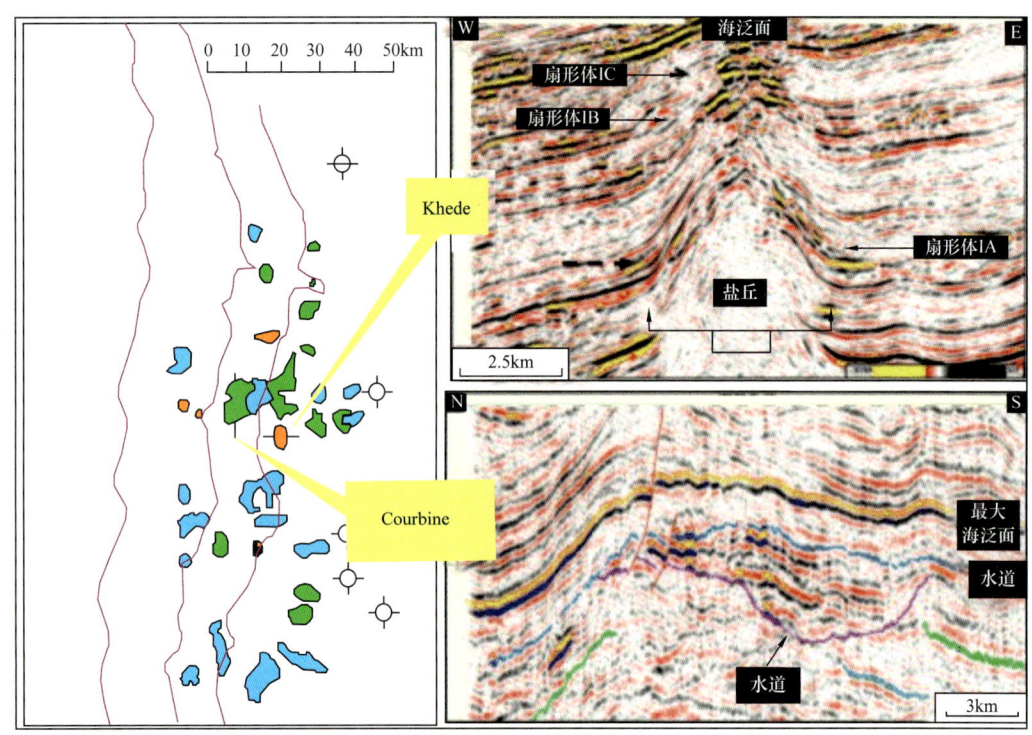

图4-14　上白垩统和古近系—新近系斜坡水道砂岩和下白垩统阿尔布阶的浊积砂岩地震剖面
（据王大鹏等，2017）

二、阿尤恩—塔尔法亚盆地油气地质特征

阿尤恩—塔尔法亚盆地主要位于摩洛哥境内，它与塞内加尔盆地接壤，东南以前寒武系基底为界；东边界是廷杜夫（Tindouf）盆地的古生界和北北东—南南西走向的赞莫（Zemmour）断裂带；东北边界是小阿特拉斯（Anti-Atlas）山脉的前寒武系；西边界是现今陆架的边缘（图4-15）。

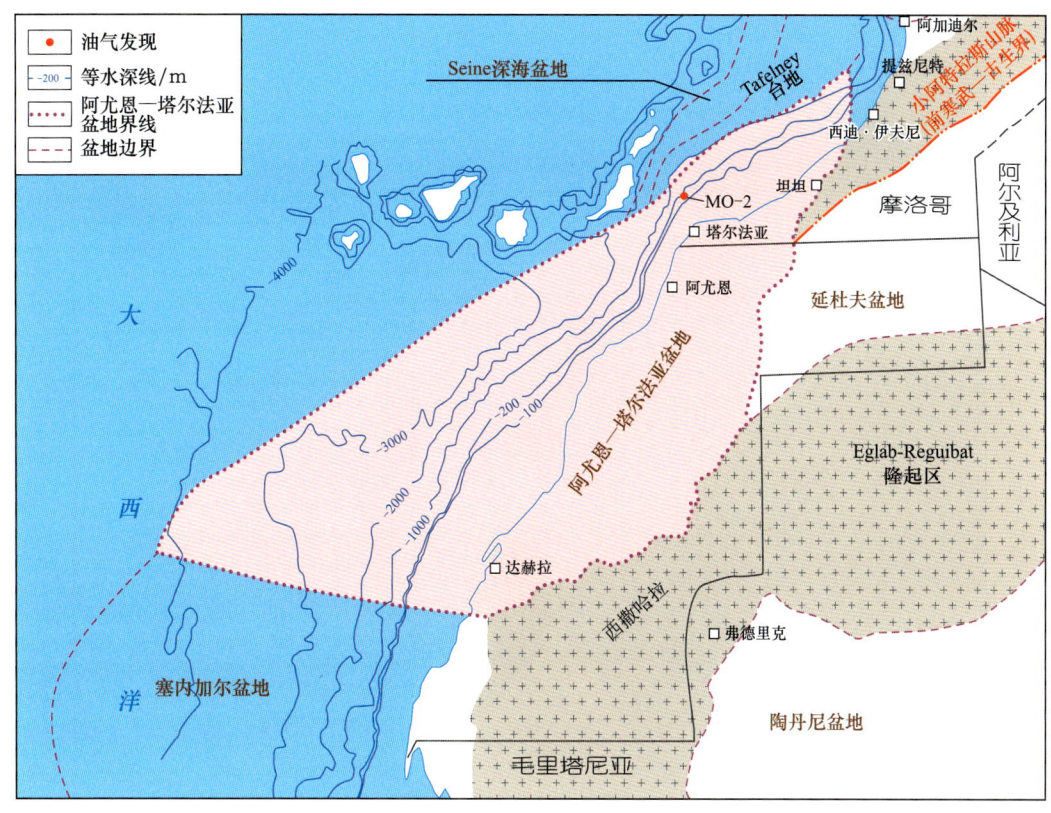

图 4-15 阿尤恩—塔尔法亚盆地位置图（据 Jerry，1999）

1. 烃源岩

已证实主力烃源岩包括中—下侏罗统和下白垩统页岩两套。

1）中—下侏罗统烃源岩

中—下侏罗统（普林斯巴阶—卡洛夫阶）烃源岩主要分布在盆地北部的北西—南东向沉积中心内（图 4-16）。中普林斯巴阶页岩形成于非洲、美洲板块裂解初期的海进期，为富含有机质的潟湖相页岩。上普林斯巴阶主要为浅海陆棚、深海陆棚相，其页岩为重要的烃源岩，TOC 为 1.47%～2.49%，属Ⅱ型干酪根，S_2 值为 8～14mg/g，HI（氢指数）大于 400mg/g，R_o（镜质组反射率）为 0.7%。普林斯巴阶储集岩包括碎屑岩和碳酸盐岩，其中砂岩孔隙度可达 10%，石灰岩储集物性很好，孔隙度 4%～6%；上普林斯巴阶砂岩储层发育于盆地东部，礁相碳酸盐岩型储层发育于近大西洋一侧的宽广陆棚，鲕粒层、碳酸盐岩砾石层和介壳滩、礁滩灰岩等均发育良好孔隙，平均孔隙度 4%～11%，后期溶蚀作用可进一步提高孔隙度及溶洞（缝）连通性。中、下普林斯巴阶盖层主要为页岩和蒸发岩，上普林斯巴阶盖层主要为页岩，均对其所覆盖的储层形成局部或区域性盖层。

巴柔阶—卡洛夫阶沉积环境主要为浅海陆棚，局部海进为陆坡环境。巴柔阶—卡洛夫阶烃源岩主要为页岩、泥质灰岩，据岳来群等（2013）资料，盆地西北部近海区泥质灰岩 TOC 为 1.47%～2.49%，以Ⅱ型干酪根为主，S_2 值为 8～14mg/g，HI 大于 400mg/g。

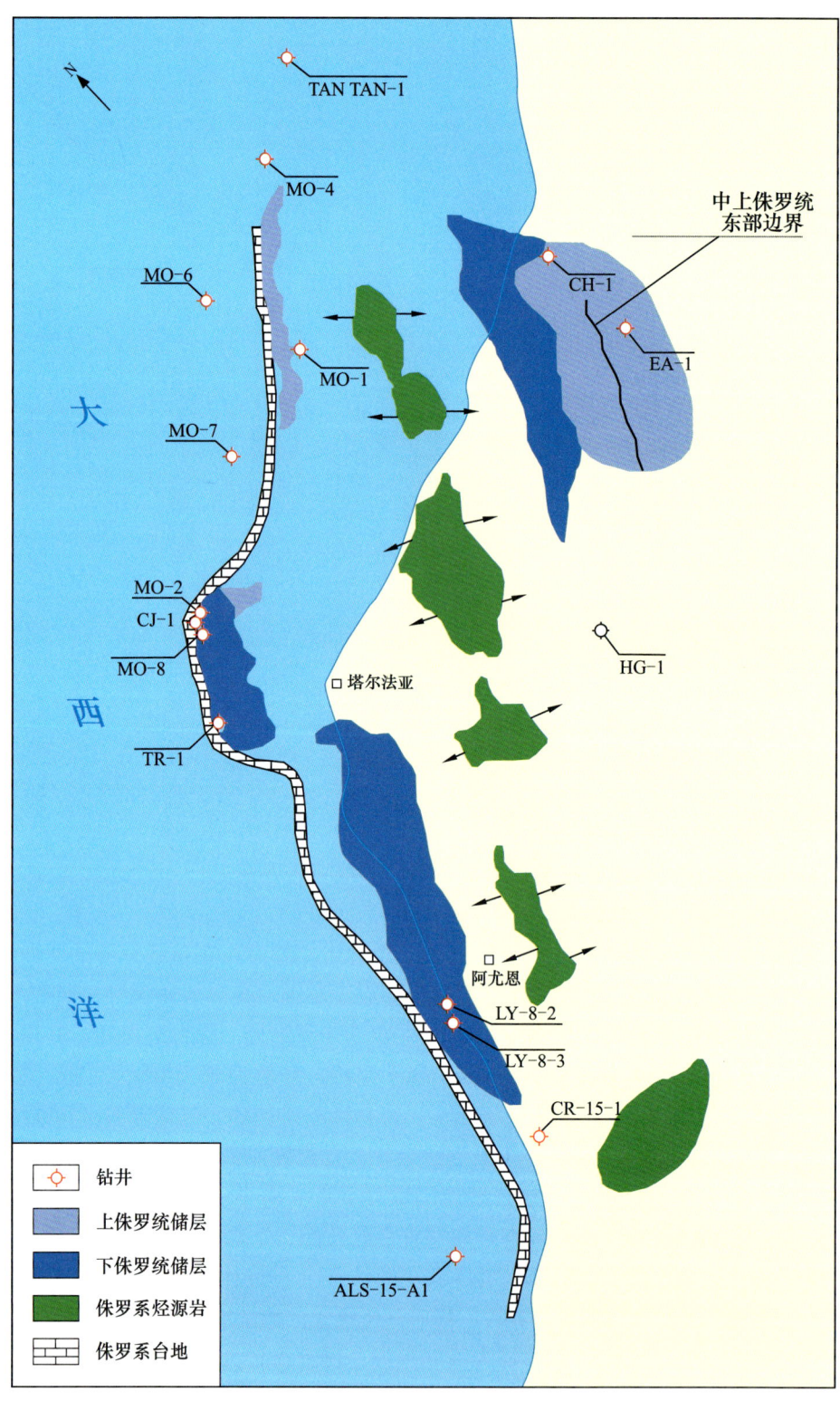

图 4-16 阿尤恩—塔尔法亚盆地侏罗系烃源岩及储层分布（据岳来群等，2013）

盆地北部陆上 TanTan 1 井钻遇中—下侏罗统泥质灰岩，TOC 为 1.47%~2.49%，有机质类型为 II 型干酪根，S_2 值 8~14mg/g，HI 在 400mg/g 以上，该井 5000m 处样品的 R_o 为 0.7%。MO-3 井、MO-4 井和 Cape Juby 1 井 TOC 为 0.5%~0.7%。近陆缘的陆上 Puerto Cansado 1 井 TOC 较低，多为 0.4%~1%，干酪根以 III 型为主（表 4-4）。

前人研究认为下侏罗统上部烃源岩在早侏罗世到晚白垩世时进入生油窗。中侏罗统烃源岩在坎潘期已经成熟，目前处于生气窗（3600m），CapeJuby 构造带各井的重油油源来自该烃源岩。

表 4-4 阿尤恩—塔尔法亚盆地烃源岩类型及特征（据岳来群等，2013）

地层	TOC/%	干酪根类型	井
下白垩统阿尔布阶页岩	4.6	II—III	MO-2
上白垩统页岩、泥灰岩	3.96	II—III	MO-6/MO-7
上侏罗统石灰岩	0.8	II—III	
下侏罗统石灰岩	2.49	II—III	TAN-TAN-1

2）下白垩统页岩

阿尤恩盆地下白垩统具有重要的生烃潜力。盆地东部下白垩统下部的烃源岩多为含褐煤的泥页岩，TOC 平均为 1.3%；西部下白垩统主要为海相页岩，TOC 为 0.6%~3.2%。阿尤恩盆地下白垩统累计厚度可达 300m，下白垩统页岩可成为下伏上、中侏罗统储层的盖层。

下白垩统阿尔布阶 Aguidir 组页岩是西非分布最广泛的优质烃源岩之一。盆地中 DSDP-369 井钻遇的 Aguidir 组页岩 TOC 为 1%~5.9%，MO-7 井含量为 0.82%~2.47%，MO-6 井为 1.42%~3.96%。陆上塞诺曼阶页岩和含沥青的白垩系泥岩的 TOC 为 4%，HI 接近 500mg/g。在塞诺曼阶顶部/土伦阶底部 TOC 差别很大，平均 TOC 为 10%，最大的可达到 20%；土伦阶其余层段 TOC 较低。下塞诺曼阶干酪根类型为 II/III 混合型，以浮游生物源的 II 类有机质为主，HI 为 600~700mg/g。

阿尤恩盆地上白垩统为重要的烃源岩。晚白垩世早期的海进形成了分布广泛的富含有机质的泥岩、页岩和陆棚泥质碳酸盐岩，仅在盆地东部边缘地带仍有河流相的碎屑注入。阿尤恩盆地上白垩统 Aguidir 组的沉积环境为深水陆棚。阿尔布期—阿普特期、塞诺曼期—土伦期海水持续加深，水体更为还原，沉积了大套含沥青黑色页岩，邻近的塔尔法亚盆地黑色页岩十分发育。上白垩统塞诺曼阶页岩的 TOC 平均为 4%，HI 接近 500mg/g，干酪根为 II 型和 III 型，其余上白垩统均以 II 型有机质为主，HI 高达 600~700mg/g。土伦阶及其上覆的页岩 TOC 偏低，也有大的生烃潜力。上白垩统砂岩、石灰岩可以作为储集岩，砂岩孔隙度为 12%~25%。钻孔已见油显示；塞诺曼阶石灰岩显现残余油斑，马斯特里赫特阶泥质灰岩中曾开采出石油（岳来群等，2013）。

上白垩统页岩可成为下伏的中、上侏罗统及下白垩统储层的局部盖层或半区域性盖层。

盆地北部上白垩统烃源岩尚不成熟，在盆地西北部部分被剥蚀，有机物质可能被裹携进入古近系—新近系。盆地中央滨海区的井（5l-A-1井等）发现马斯特里赫特阶泥质灰岩已经生油，烃源岩成熟度很低。推测阿尔布阶—土伦阶烃源岩在盆地内较深的滨海部分，特别在侏罗纪碳酸盐岩台地以西地区，可能已经成熟。

盆地内还发育多套潜在烃源岩，包括古生界奥陶系和泥盆系页岩、中生界三叠系湖泊相页岩及新生界页岩和褐煤等。

志留纪全球海平面上升，发生了全球性缺氧事件，西非阿尤恩—撒哈拉一带也发生海进，沉积了含沥青页岩和粉砂岩（Tannezuft组）、含笔石黑色页岩、细砂岩等，有机质丰度高，生烃潜力大，尤以下志留统含沥青页岩最为重要。阿尤恩盆地上古生界为海陆交互相，发育一定厚度的富含有机质的黑色页岩和薄煤层、砂岩等，可能是较重要的烃源岩。其中，泥盆系发育页岩、砂岩及生物礁等碳酸盐岩；石炭系底部为页岩、砂岩和薄层石灰岩，上部为不发育的河流相，含煤层。晚海西运动（约石炭纪—二叠纪）的热效应使古生界烃源岩趋于成熟或过成熟（岳来群等，2013）。

2. 储层

1）主力储层

上侏罗统Puerto Cansado组碳酸盐岩是阿尤恩—塔尔法亚盆地唯一被证实的储层。在陆架边缘以西边发育在碳酸盐岩台地上的礁体和鲕粒滩最有潜力，储层质量可因岩溶作用而得到局部改善，例如MO-5井，孔隙度达25%，位于陆上的MO-2井孔隙度介于7%~20%。该沉积体由含文石生物碎屑组成，具有良好的储集物性。

中侏罗统储层主要为浅海相砂岩、石灰岩。巴柔阶—卡洛夫阶礁体、鲕粒滩储层沿进积型陆棚边缘发育，或者在向盆地方向的陆棚边缘断层下降盘内发育。已钻遇优质碳酸盐岩储层孔隙度为5%~11%，且已开采出优质轻质油。盆地中一些最具潜力的储层形成于以礁、鲕粒滩坝展布的碳酸盐岩台地，由于后期喀斯特作用，局部孔隙度可达25%。晚侏罗世沉积环境主要为深海陆棚，牛津期发育含菊石页岩和泥灰岩。镜下薄片鉴定可知，石灰岩生物碎屑文石重结晶现象普遍，文石的矿物晶体、晶型特征有助于形成连通的孔隙，因而使储层物性趋好。牛津阶—提塘阶内的页岩可成为下伏储层的盖层（岳来群等，2013）。

2）潜在储层

盆地内还发育多套潜在储层，包括古生界泥盆系石灰岩、中生界三叠系砂岩和新生界三角洲砂体等。

阿尤恩盆地古生界中的砂岩、石灰岩是重要的储层。下古生界以海陆交互相、河流相砂砾岩、砂岩、页岩为主。上古生界中，泥盆系为浅海台地相石灰岩；局部发育的石炭系为河流相—湖泊相；二叠系亦为河流相，其局部发育磨拉石建造的砾岩沉积，巨厚的二叠系砾岩层生成于大规模展布的冲（洪）积扇环境，角砾及胶结物来自于隆起的古地块。泥盆系、石炭系、二叠系均可成为良好的储集岩。上古生界储层物性可能由于海西期构造运动所引发的破裂作用、风化作用等而得以优化。古生界盖层主要为页岩，除下志留统页岩外，横向分布多不稳定，不同层系中发育的页岩则可能具有一定的区域性封盖能力（岳来群等，2013）。

盆地内尚未钻遇古生界。通过与盆地北部类比，推测古生界浅海相砂岩和石炭系河流—三角洲砂岩可能成为潜在砂岩储层，泥盆系碳酸盐礁体可能成为潜在石灰岩储层。受海西运动相关的断裂和风化作用影响，储层质量可以改善。

三叠系潜在储层由沿着半地堑翼部分布的砂岩和砾岩组成。位于阿尤恩—塔尔法亚盆地北部的 Meskala 气田（Essaouira 盆地）储层就是上三叠统砾岩和砂岩，该砂岩和砾岩可能一直延伸到海上。盆地北部陆上 Chebeika 1 井钻遇该层段，孔隙度为 10%。推测在一些半地堑内，该储层净产层可能达到 100m，最大孔隙度可达 25%。

下侏罗统下部浅海相／三角洲相砂岩和碳酸盐岩可能成为阿尤恩—塔尔法亚盆地的潜在储层。盆地北部陆上 Chebeika 1 井钻遇该层，孔隙度为 10%，海上的 MO-3 井，其下侏罗统碳酸盐岩平均孔隙度为 4%~6%，而 MO-8 和 CapeJuby-1 在 5%~11% 之间。普林斯巴阶礁体或鲕粒滩沿着推进中的陆架边缘分布。下侏罗统上部潜力储层以礁体碳酸盐岩为代表，发育在陆架边缘的古地形高部位（地震可识别）。孔隙度在鲕粒层、碳酸盐岩颗粒岩及礁体储集体内较高。在 MO-3 井，普林斯巴阶碳酸盐岩储层平均孔隙度为 4%~6%，MO-8 和 CapJuby-1 井为 5%~11%。在盆地的东翼浅海相砂岩也可以形成储层。

中侏罗统礁体或鲕粒滩可以沿着陆架边缘或陆架边缘向盆地的断层下降盘发育。CapeJuby 1 和 MO-8 井钻遇了优质碳酸盐岩储层（孔隙度 5%~11%）。中侏罗统碳酸盐岩在 MO-3 井平均孔隙度为 4%~6%。从地震资料看，有潜力储层段可能存在于侏罗系碳酸盐岩台地的下倾方向。浅海相砂岩沿着盆地东边缘可以形成潜力储层。

下白垩统有盆地内最有潜力的储层，累计净厚度达 300m。储层质量从西向东变好，接近东边的物源区，储层质量明显变好。MO-7 井钻遇的三角洲砂岩孔隙度为 20%~25%，TanTan 组浊积砂岩孔隙度为 10%~35%，在 TanTan 组顶部最大达 30%。51-A-1 井钻遇巴雷姆阶砂岩见到气显示。

上白垩统 Aguidir 组泥质灰岩和海相砂岩为 MO-6 和 MO-7 井的潜在储层，孔隙度为 12%~25%。47-A-1 井上白垩统浅海相砂岩见油显示，51-A-1 井康尼亚克阶—坎潘阶石灰岩中见到残余油斑。

古近系 Samlat 组砂岩物性良好，在盆地西部主要为河流三角洲／河道砂体，许多井已经钻遇。

新近系 Tah 组砂岩物性良好，主要分布在侏罗系碳酸盐岩台地以西，中中新统和上中新统河道砂岩和底部砾岩孔隙度为 20%~30%。

3. 盖层

1）证实盖层

下白垩统 Tah 组页岩为下伏上侏罗统 Puerto Cansado 组储层的盖层。

2）潜在盖层

盆地内还可能发育多套潜在盖层，包括古生界页岩，中生界蒸发岩、页岩和新生界页岩等。

古生界互层页岩可以有局部封盖潜力。

三叠系互层页岩和蒸发岩为半地堑内三叠系储层的局部盖层。三叠系蒸发岩是盐下古生界潜在储层的优质区域性盖层。

下侏罗统中—下部页岩和蒸发岩为下普林斯巴阶储层的局部盖层，并对三叠系砂岩形成半区域性封盖。下侏罗统上部页岩为普林斯巴阶潜在储层的层间盖层，也对三叠系和古生界储层形成半区域性封盖。中侏罗统互层页岩可以作为中侏罗统潜力储层的局部盖层，并为三叠系和普林斯巴阶储层形成半区域性封盖。上侏罗统 Puerto Cansado 组互层页岩可以作为上侏罗统储层的局部层间盖层，并作为三叠系和侏罗系潜在储层的半区域性盖层。

下白垩统 TanTan 组页岩可以作为局部层间盖层，并作为中侏罗统储层的半区域盖层。上白垩统 Aguidir 组页岩可以作为局部层间盖层，并成为中—上侏罗统和白垩系储层的半区域性盖层。

古近系 Samlat 组页岩可能成为局部层间盖层，以及中—上侏罗统及白垩系储层的半区域性盖层。部分区域古近系—新近系薄或缺失是因为盆地东翼抬升所致。新近系 Tah 组页岩可能成为层间盖层，以及古近系—新近系和中生界储层的盖层。

4. 成藏组合

侏罗系构造—地层储盖组合是盆地唯一证实的储盖组合。储层是上侏罗统碳酸盐岩，碳酸盐岩沉积呈礁体或鲕坝形式沿着陆架边缘发育，孔隙度在 MO–5 井达 25%，局部储集性能因溶解作用有改善。圈闭是盐底辟及碳酸盐岩生物礁，地层成因的圈闭也很有潜力。盖层为上覆下白垩统 TanTan 组页岩。

盆地北部已经识别出一些侏罗系和白垩系主要远景构造带；南部由于缺少资料，储盖组合横向分布不详。另外，盆地还有若干个预测的油气储盖组合，较有潜力的储盖组合有中侏罗统地层—构造储盖组合、下侏罗统下部储盖组合、下侏罗统上部油气储盖组合、下白垩统储盖组合，其他还有上白垩统储盖组合、古近系—新近系储盖组合、三叠系储盖组合、古生界油气储盖组合。

1）中下侏罗统—侏罗系/白垩系成藏组合

中下侏罗统—侏罗系/白垩系成藏组合是盆地主要钻探目的层，也是证实的、可靠程度最高的成藏组合，Mo-2 油田即为该成藏组合（图 4-17）。中下侏罗统卡洛夫阶页岩烃源岩主要展布在两类地区：一是北东—南西方向的沿海沉积中心带，中心带走向大致平行于现在的海岸线；另一个是整个侏罗系陆架边缘海上西部。储层和油气输导层为侏罗系和下白垩统碳酸盐岩和砂岩。盖层为侏罗系、白垩系和新生界蒸发岩和页岩。圈闭主要是在早白垩世到晚白垩世形成，可能在古近纪—新近纪受到剥蚀改造。

目前该组合生油门限为2300m，生气门限为3600m。上普林斯巴阶烃源岩在晚侏罗世至早白垩世已进入生油窗，巴柔阶—卡洛夫阶烃源岩在晚白垩世坎潘期开始成熟并排烃；古近系两套烃源岩可能都进入了生气窗，在西部海上更深区域可能已经过成熟。油气侧向运移距离为1~50km。东部生烃灶油气垂向运移能达到1000m，深海区达到2000m。

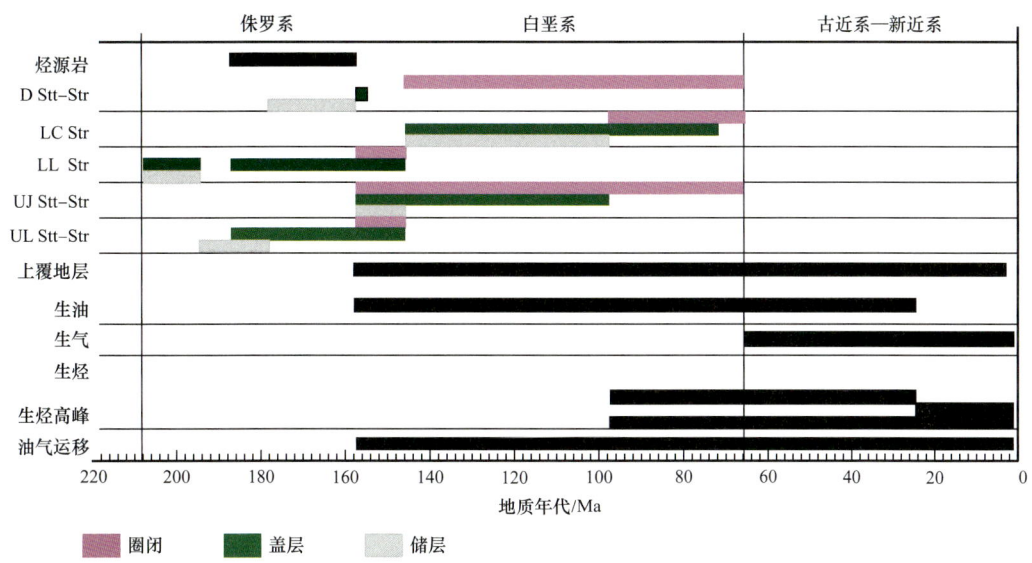

图4-17　阿尤恩—塔尔法亚盆地中下侏罗统—侏罗系/白垩系成藏组合（据Ranke et al., 1982）

2）古近系—新近系成藏组合

古近系—新近系成藏组合勘探程度很低。古近系—新近系煤层和页岩生成生物气并且起到封盖作用。古近系—新近系河道砂形成储层和油气输导层。圈闭为与储层沉积相伴的同沉积构造（图4-18）。地震振幅异常表明可识别这些天然气聚集。

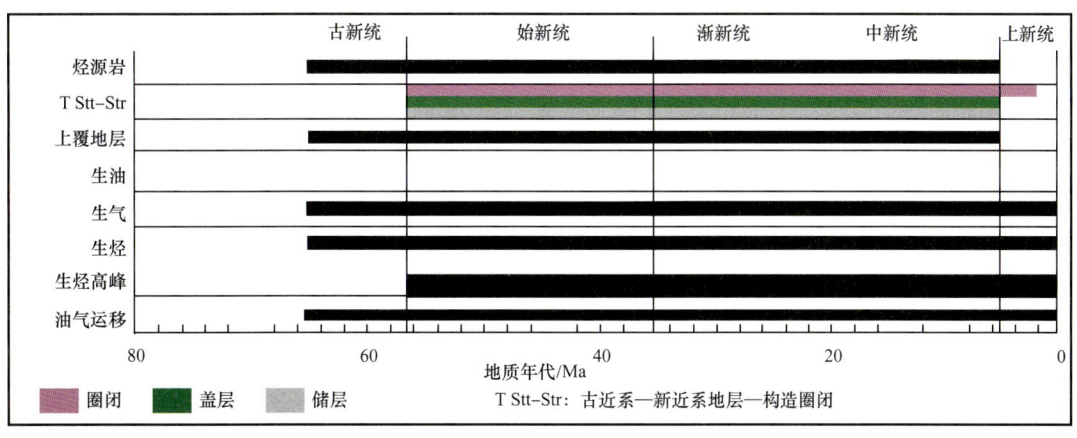

图4-18　阿尤恩—塔尔法亚盆地古近系—新近系成藏组合（据Ranke et al., 1982）

古近系—新近系煤层和页岩产生的生物气可能在形成之后进行了二次运移。垂向和侧向迁移距离都很小（层内运移），约为几百米。富含有机质的页岩未成熟。

3）三叠系成藏组合

三叠系成藏组合基本没有钻探。三叠系湖泊相页岩为烃源岩，但是盆地中没有钻遇烃源岩，烃源岩的存在是从相邻的纽瓦克（Newark）盆地推测来的。储层和油气输导层包括三叠系砂岩和砾岩。三叠系和下侏罗统普林斯巴阶页岩和蒸发岩是盖层。圈闭在早侏罗世普林斯巴期之前就形成了。

烃源岩在早侏罗世末到晚侏罗世初进入生油窗，目前海上和浅海区的烃源岩已进入生湿气阶段。在侏罗系碳酸盐岩台地以西更深的区域，烃源岩已进入过成熟阶段。水平运移距离可能受半地堑控制，大约在1~25km；垂向运移距离能达到1500m。

4）下白垩统—中生界/新生界成藏组合

侏罗系碳酸盐岩台地以西的白垩系沉积最厚，所以该区下白垩统—中生界/新生界成藏组合潜力巨大。烃源岩为下白垩统页岩，陆相有机质向东更富集。侏罗系、白垩系和新生界碳酸盐岩砂岩为储层和油气输导层。中生界和新生界泥岩为盖层。圈闭是在从早侏罗世普林斯巴期储层沉积后到古近纪—新近纪期间形成的（图4-19）。盆地东北部古近纪—新近纪隆起和剥蚀对圈闭完整性产生重要影响。

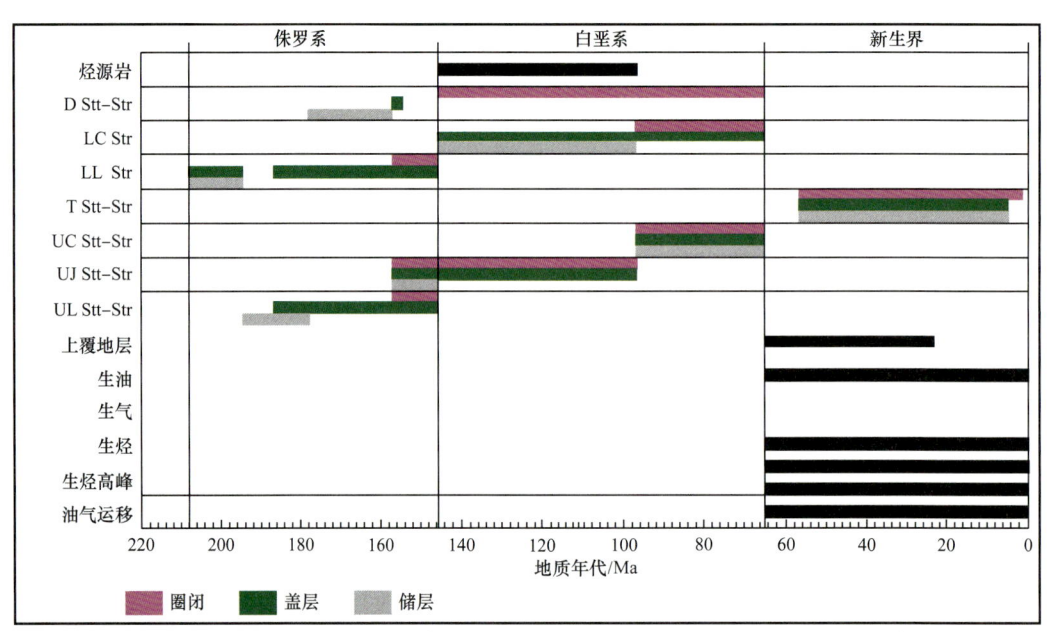

D：巴柔阶—卡洛夫阶；LC：下白垩统；LL：中侏罗统下部；T：古近系—新近系；UC：上白垩统；UJ：上侏罗统；UL：中侏罗统上部；Str：构造圈闭；Stt-Str：地层—构造圈闭

图4-19 阿尤恩—塔尔法亚盆地下白垩统—中生界/新生界成藏组合（据Ranke et al., 1982）

下白垩统烃源岩主要在新近纪成熟，西部较深区域可能在古新世开始成熟。油气运移可能是从盆地较深的西部向上运移，侧向运移距离1~50km，垂向运移距离可达1500m。

5.勘探潜力分析

与西非其他盆地相比，阿尤恩盆地成盆的大地构造动力因素复杂，成岩期次多，沉积层厚度巨大；新生界、中生界、古生界均具有较好的生烃、成藏潜力，但生、储、盖配置等是成藏的关键。

（1）阿尤恩盆地古生界分布虽有一定的局限性，且厚度不均，但生储盖配置较好，有别于西非海岸其他被动大陆边缘盆地，是深部寻找古生界油气藏的有利区域。海西期阿特拉斯造山作用对于阿尤恩盆地古生界成藏具有一定的破坏作用。

（2）阿尤恩盆地中生界展布广泛，生物礁、黑色页岩等均为好的烃源岩，碎屑岩为好的储集岩；蒸发岩之下的碎屑岩也是颇具远景的储集岩。

侏罗系烃源岩现今正处于最大埋深，其成熟度和油气运移已经得到证实，该套烃源岩形成的中下侏罗统—侏罗系/白垩系成藏组合勘探价值较大。盆地还发育三个潜在的成藏组合，包括下白垩统—中生界/新生界成藏组合、古近系—新近系成藏组合。

虽然国家石油勘探开发公司（ONAREP）依据这些成藏组合在盆地北部识别出了一批侏罗系远景圈闭，但盆地南部钻井极少，勘探程度很低。对现有资料的分析认为，阿尤恩—塔尔法亚盆地南部可能具有一定的勘探潜力。

（3）阿尤恩盆地古近系、新近系展布有一定的局限性，沉积厚度大，发育富含有机质的泥岩、页岩，也具有较好的油气勘探潜力。

（4）阿尤恩盆地及西撒哈拉一带的近岸沙漠区、近岸海域均为未来颇具油气资源潜力的勘探区域，推测天然气开发前景优于原油（岳来群等，2013）。

勘探层系主要取决于中生界和古生界烃源岩，古生界烃源岩的生油潜力还需要进一步深入研究。

第二节 西非中段盆地油气地质特征

西非中段地区包括几内亚湾北部地区的科特迪瓦、加纳、多哥和贝宁4个国家及中南段的尼日利亚、喀麦隆、赤道几内亚、加蓬、刚果和安哥拉等几个国家。下面以西非中部、中南部地区油气田的主要分布区的几个盆地为例，来论述中部深水盆地的石油地质特征。

一、转换型被动大陆边缘盆地油气地质特征

受Marathon、St.Paul、Romanche、Chain等大洋转换断层控制的利比里亚、科特迪瓦、凯塔—多哥—贝宁盆地是典型的转换型被动大陆边缘盆地，随着科特迪瓦盆地Jubilee与Boabab、利比里亚盆地Mercury等深水油气发现，赤道大西洋晚白垩世深水油气勘探已受到国内外各大油公司的广泛关注（张光亚等，2014）。下面以科特迪瓦盆地为例详述其

油气地质特征。

科特迪瓦盆地早期勘探主要针对陆架浅海裂谷期层序，只发现了一些小型油气田，储层为阿尔布期海相砂岩，圈闭以断块圈闭为主。随着勘探向深水拓展，在深水上白垩统（土伦阶）获得了突破，发现大面积分布的叠层状浊积砂岩扇体油气藏，打开了西非转换带新的勘探领域。盆地范围内下白垩统裂谷期和上白垩统漂移期层序均已证实有烃源岩发育，其中深海区裂谷期层序相对不发育，广泛发育的开阔海相倾油型塞诺曼期—土伦期富有机质页岩为主力烃源岩。该类盆地发现大油气田的潜力在深海浊积砂体地层圈闭中，漂移期层序内海相页岩为主要封盖层，有断层沟通的近源砂体油气更易富集（张光亚等，2014）。

2007年之前，在科特迪瓦盆地发现油气田39个，储量规模大小均有，但随着钻井水深越来越深，发现油田规模也随之变大。2007年5月，M-1井（水深1322m）发现了规模最大的Jubille油田（$1.6×10^8$t），该油田位于加纳塔诺及尖三角区块之间，距离海岸60km，水深约1100m，净产油层厚度可达90m。证实的深水烃源岩为下白垩统阿尔布阶湖泊相和陆洋转换期上白垩统塞诺曼阶湖泊相、滨浅海相页岩；证实的深水储层主要为上白垩统塞诺曼阶—圣通阶深水扇，特别是土伦阶浊积水道砂体，油层有效厚度97.25m，单层厚度2~36m，且物性较好，孔隙度多大于20%，渗透率为100~1000mD，多大于200mD；盖层为上覆新生界厚层海相页岩；圈闭为地层—构造圈闭。该油田的发现证实了盆地内一个新的油气区带，即上白垩统地层—构造圈闭，并在该区带内取得了重大油气发现，如Tweneboa、Dzata1、Owo1等油田（张凤廉等，2017）。2010年5月，在Jubille油田东北高部位部署的Teak-1井，发现了油层总厚度71.7m的浊积砂体成藏组合，除了钻遇土伦阶浊积砂体油藏之外，又在坎潘阶钻遇了一套浊积砂体油藏（温志新等，2013）。

1. 科特迪瓦盆地油气地质特征

近年来盆地中所发现的深水油气藏，其烃源岩主要是上白垩统塞诺曼阶—土伦阶厚层海相页岩；储层主要是土伦阶—圣通阶深水浊积扇砂体；盖层主要是上覆新生界厚层海相页岩，即该盆地最主要的深水成藏组合为上白垩统自生自储式和下生上储式成藏组合，油气的分布主要呈浊积裙型，受深水浊积扇的控制；晚白垩世，盆地受大陆边缘沉降的影响，重力滑动构造发育，形成大量的铲式正断层，且在主动转换边缘阶段，大陆板块与大洋板块之间的差异导致大陆边缘不断沉降，盆地处于欠补偿型沉积阶段，碎屑物质搬运距离较短，沉积较快，形成的深水浊积扇被上覆厚层海相页岩快速掩埋，孔隙得以很好地保存，为深水油气运聚成藏提供了良好的储集条件，利于油气成藏。

1）烃源岩特征

科特迪瓦盆地中已证实发育3套烃源岩，从老到新依次是：阿普特阶湖泊相页岩、阿尔布阶页岩和泥灰岩及塞诺曼阶—土伦阶海相页岩（图4-20），其中塞诺曼阶—土伦阶是盆地深水油气最主要的来源（张凤廉等，2017）。

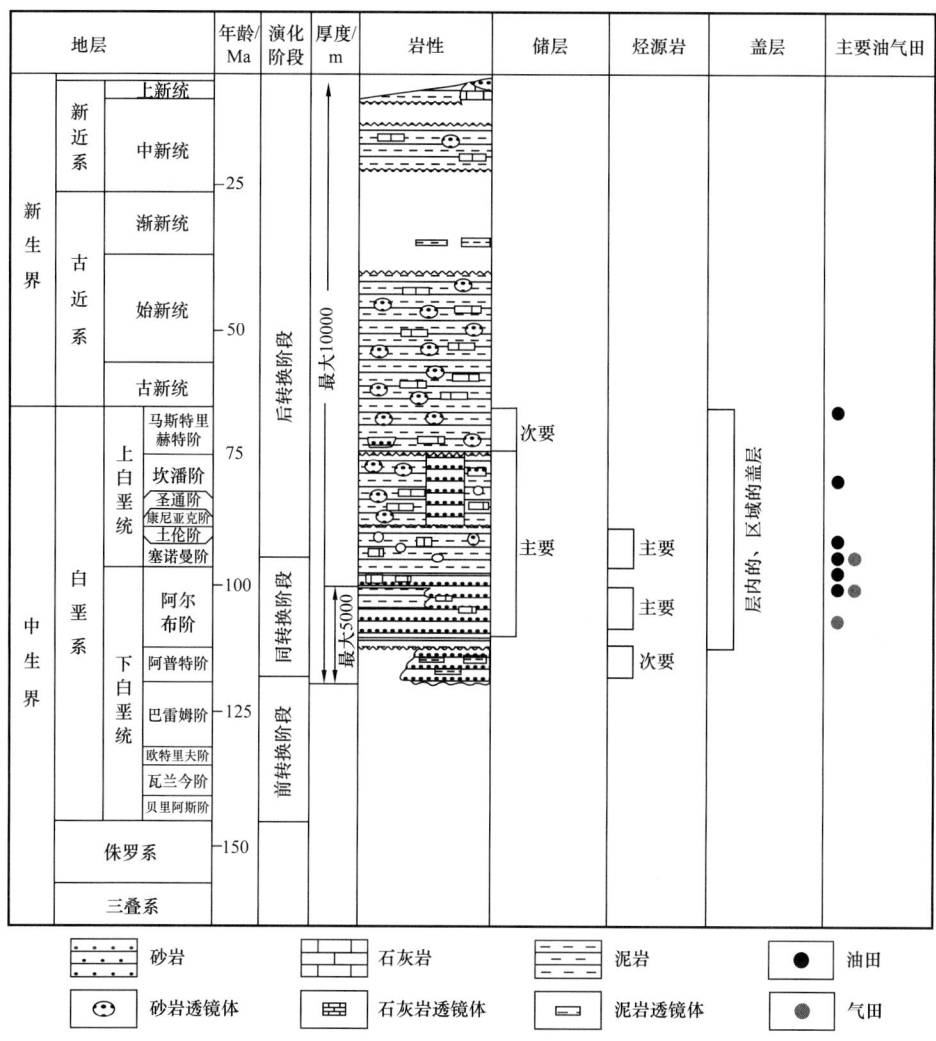

图 4-20 科特迪瓦盆地生储盖组合（据秦雁群等，2016；张凤廉等，2017）

塞诺曼阶—土伦阶烃源岩为海相泥页岩，以Ⅱ型干酪根为主，有机质含量相对较高。其中，塞诺曼阶烃源岩 TOC 在盆地西部变化较大，为 0.5%~3.7%，在东部则较为稳定，为 1%~1.5%；土伦阶烃源岩生烃潜力较大，TOC 平均为 5.5%。该套烃源岩向深水方向延伸较远，为深水区主要的油气来源，Jubilee 巨型油田的油气就来自于该套烃源岩（张凤廉等，2017）。

阿尔布阶烃源岩可分为中阿尔布阶和上阿尔布阶烃源岩，其中，中阿尔布阶烃源岩为湖泊相页岩，以Ⅱ型和Ⅲ型干酪根为主，TOC 平均为 1.2%，主要生气；而上阿尔布阶烃源岩则为海相页岩和泥灰岩，以Ⅱ型干酪根为主，TOC 平均为 2.1%，主要生油，其顶部的 Oligosteginid 浅海相泥灰岩，TOC 平均为 6.5%，向深水方向最高可达 15.3%（张凤廉等，2017）。

阿普特阶烃源岩为湖泊相页岩，以Ⅲ型干酪根为主，TOC 为 0.6%~2.6%，以陆源有机质为主，混有少量的海相有机质，主要表现为薄层生油为主的层段与厚层生气为主的层段互层（张凤廉等，2017）。

大洋钻探计划（ODP）的钻探（Leg 159）资料表明（Gadd S A et al.，1997；Mascle J, et al.，1998），盆地中心沉积载荷较大，热流值较高，烃源岩生烃较早，早白垩世生成的烃源岩在晚白垩世已经成熟，且成熟门限深度较小，如图 4-21 所示，盆地的生油窗深度为 2500～3000m，当深度超过 3000m 时，一些烃源岩已经过成熟。

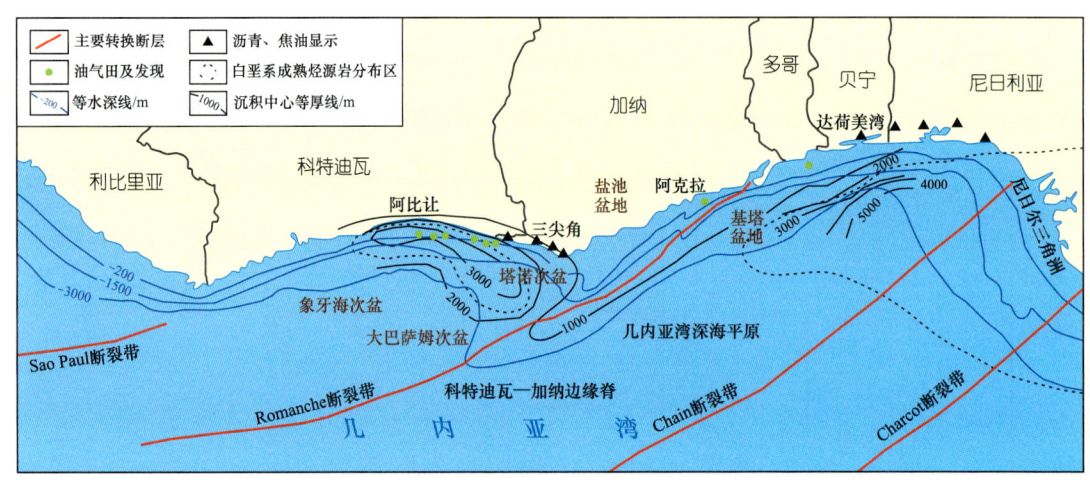

图 4-21　科特迪瓦盆地烃源岩分布图（据张凤廉等，2017）

2）储层特征

科特迪瓦盆地储层的发育明显受到转换断层的影响，已证实盆地发育 3 套储层，分别是阿尔布阶河流相碎屑岩、塞诺曼阶海相砂岩及土伦阶—圣通阶的深海浊积岩，其中土伦阶—圣通阶的深水浊积岩是盆地深水油气最主要的储层。

土伦阶—圣通阶是目前盆地内最重要的储层，主要分布于加纳境内的深水区，以深水河道及浊积斜坡扇砂体为主。其在纵向上相互叠置、横向上呈裙边状展布，形成多个小型扇体或复合扇体（图 4-22a）。深水扇储层砂体粒度一般较粗，砂泥比含量较高，物性较好，以原生孔隙为主，孔隙度达 15%～25%，平均可达 20%，平均渗透率为 200～500mD。深水区的一些重大油气发现，如 Jubilee、Tweneboa、Teak 和 Sankofa 都是以土伦阶砂岩为储层的。

在 Jubilee 油田发现以前，阿尔布阶砂岩被认为是盆地最主要的富油储层，是盆地大多数油气发现（如 Espoir、Foxtrot）所属的储层，以细粒—极细粒泥质和钙质胶结砂岩为主，孔隙度较高，平均为 21%，但渗透率相对较低，为 15～20mD，最高为 100mD；

塞诺曼阶储层是一套海相砂岩，形成于大规模海进期间，主要分布于盆地东部的构造低部位和海底斜坡峡谷中，以石英砂岩为主，孔隙度变化范围较大，为 13%～28%，多数产气，部分产油。

3）盖层特征

从盆地的沉积特征及地层柱状图（图4-20）来看，区内发育多套泥岩、页岩。其中，盆地在后转换阶段沉积了巨厚的海相页岩，封盖条件良好，为区域性盖层。此外，区域不整合面及断裂也起封盖作用。

4）成藏组合

根据源—储接触关系及生储盖叠置样式，可将科特迪瓦盆地划分为下生上储和自生自储2种成藏组合类型（表4-5）。

表4-5 科特迪瓦盆地主要的成藏组合特征（据张凤廉等，2017）

成藏组合类型	组合特征	运移通道	圈闭
下生上储	烃源岩为塞诺曼阶海相页岩，储层为土伦阶浊积砂岩	以铲式正断层、不整合面及粗粒砂体为主	以地层—构造圈闭和岩性圈闭为主
	烃源岩阿尔布阶湖泊相页岩，储层为塞诺曼阶海相砂岩		
	烃源岩为土伦阶海相页岩，储层为康尼亚克阶—坎潘阶浊积砂岩		
自生自储	烃源岩为阿尔布阶湖泊相页岩，储层为阿尔布阶顶部砂体	以铲式正断层和不整合面为主	以地层—构造圈闭为主
	烃源岩为土伦阶海相页岩，储层为土伦阶浊积砂岩	以粗粒砂体为主	以岩性圈闭为主

5）油气成藏主控因素

随着盆地内 Jubilee、Tweneboa 及 Owol 等深水油气田的发现，盆地深水油气勘探受到广泛的关注（Mascle J，et al.，1998；秦雁群等，2016）。以盆地的油气地质特征及最新的油气发现资料为基础，采用油气地质综合分析方法，对科特迪瓦盆地深水油气成藏主控因素进行讨论。

（1）深水浊积扇控位：

近年来盆地中所发现的深水油气藏，其烃源岩主要是上白垩统塞诺曼阶—土伦阶厚层海相页岩；储层主要是土伦阶—圣通阶深水浊积扇砂体；盖层主要是上覆新生界厚层海相页岩，即该盆地最主要的深水成藏组合为上白垩统自生自储和下生上储成藏组合，油气的分布主要呈浊积裙型（图4-22d），受深水浊积扇的控制（夏景生等，2009）：晚白垩世，盆地受大陆边缘沉降的影响，重力滑动构造发育，形成大量的铲式正断层；且在主动转换边缘阶段，大陆板块与大洋板块之间的差异导致大陆边缘不断沉降，盆地处于欠补偿型沉积阶段，碎屑物质搬运距离较短，沉积较快，形成的深水浊积扇被上覆厚层海相页岩快速掩埋，孔隙被很好地保存，为深水油气运聚成藏提供了良好的储集条件，利于油气成藏。如 Jubilee 油田，储层为相互叠置的土伦阶浊积水道复合砂体（图4-22b、c）。

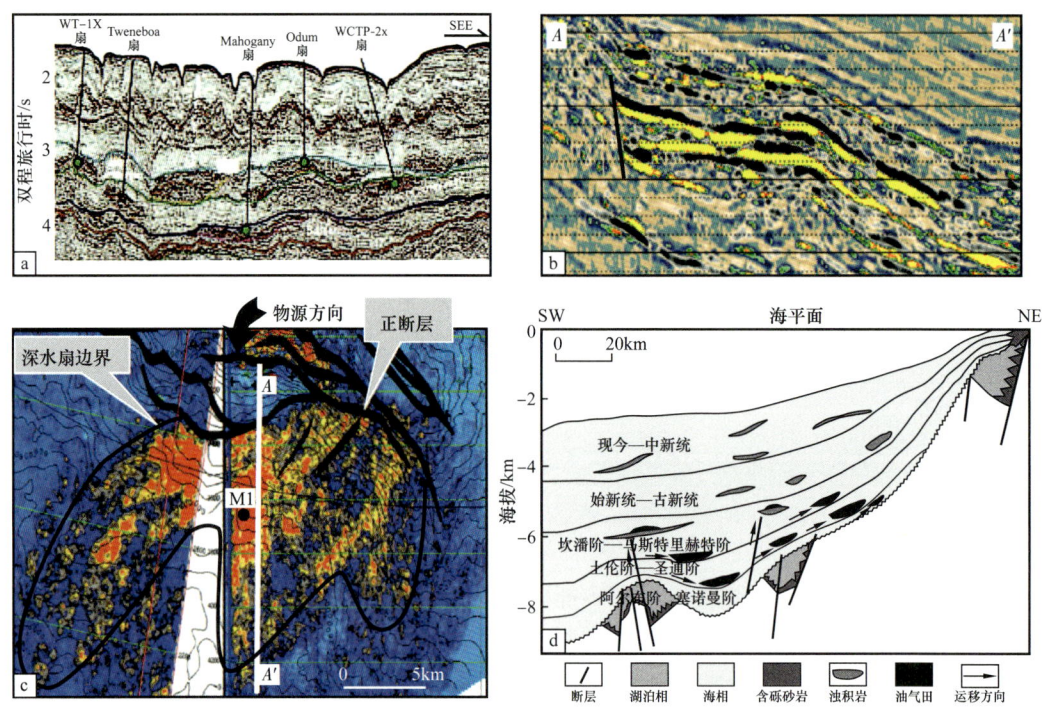

图 4-22 （a）科特迪瓦盆地深水扇沉积；（b）和（c）Mahogany 扇地震反射特征；（d）科特迪瓦深水油气成藏模式图（据 Dailly P, et al., 2013；温志新等，2013；张凤廉等，2017）

（2）断层控层：

盆地晚白垩世强烈的构造活动在油气成藏中也具有重要作用。构造运动产生了大量的高角度铲式正断层，沟通了烃源，为深部油气垂向运移提供了通道，使土伦阶海相页岩产生的油气向上运移至坎潘阶—马斯特里赫特阶深水浊积扇中聚集成藏。虽然上部的始新统—古新统也发育大量的深水浊积扇，但断层并未延伸至该地层，不能沟通深部的烃源，土伦阶产生的油气缺乏向浅部砂体运移的有效通道而不能在其中聚集成藏（张凤廉等，2017）。

综上所述，盆地深水油气藏的分布在横向上主要受深水浊积扇的控制，而在垂向上则主要受断层控制，具有"深水浊积扇控位，断层控层"的特点。根据这一特点，未来盆地应重点关注上白垩统深水浊积扇，这些扇体的成藏条件优越，有利于大型油气藏的形成。

二、尼日尔三角洲盆地油气地质特征

尼日尔三角洲盆地位于非洲西部中段大陆边缘（图 1-2），盆地主体位于尼日利亚境内，南段延伸到喀麦隆西部和赤道几内亚的比奥科岛海域，北段延伸到贝宁、多哥海域的贝宁湾，盆地东部以尼日利亚陆上的安纳布拉次盆为界。该盆地总面积为 $30 \times 10^4 km^2$，其中陆地面积为 $8 \times 10^4 km^2$，海域面积为 $22 \times 10^4 km^2$，是世界上最大的三角洲盆地之一，由尼日尔—贝努埃河系注入大西洋而成。三角洲沉积体体积达 $500000 km^3$，厚度最大可达

12km（Doust et al.，1990；应维华等，1998；赵欢欢，2011；岳鹏升，2012）。

尼日尔三角洲是西非目前主要的深水勘探盆地，也是目前深水区勘探的重点区域，已成为世界上第十二大油气聚集区（岳鹏升，2012）。尼日尔三角洲沉积体石油地质条件优越，生储盖组合配套，圈闭发育，油气勘探潜力巨大（苏玉山等，2019）。

尼日尔三角洲盆地是在白垩系裂谷的基础上，经始新世长期海退形成的以三角洲相充填为主的盆地。油气主要来自古近系—新近系漂移晚期的含油气系统，主力烃源岩为始新统—中新统厚层的 Akata 组页岩，页岩 TOC 平均为 1.68%，有机质以 II/III 型干酪根为主。盆地主力储层包括滨岸—近海三角洲和深水重力流—浊流砂体，在近陆的伸展区，主要为三角洲前缘砂体，如滨岸沙坝、点沙坝、分流河道等；在底辟构造带和逆冲构造带，发育各种浊积水道和席状砂储集体。盖层主要为漂移晚期发育的厚层优质层间泥岩。构造圈闭是尼日尔三角洲盆地主要圈闭类型，内环生长带主要为滚动背斜圈闭，其次为塌顶构造和断块圈闭，中环和外环泥底辟构造带发育深水重力流沉积，外环发育断背斜和背斜圈闭，均富集油气。尼日尔三角洲盆地发育匹配良好的生储盖组合，Akata 组烃源岩生成的油气可就近或经过断层向上运移，在各种储层砂体中聚集，油气藏满盆分布。三角洲前缘朵叶体砂体厚度大、物性好，油气最为富集（张光亚等，2014）。

1. 烃源岩

盆地发育 Akata 组、Agbada 组、Eze Aku 组及 Augu 页岩组等多套烃源岩，其中 Akata 组海相页岩和 Agbada 组底部海相页岩是盆地主要烃源岩。另外，白垩系页岩也具有一定的生油潜力。

目前，许多学者对尼日尔三角洲盆地 Akata 组页岩和 Agbada 组烃源岩进行了评价。Bustin（1988）对尼日尔三角洲钻至 Agbada 组和 Akata 组顶部的 63 口井、约 3300 个样品的统计分析表明，Agbada 组和 Akata 组的 TOC 为 0.1%～50%（煤），平均为 1.68%，和西非其他盆地烃源岩相比，有机碳丰度偏低，这可能与采集的样品以浅层页岩为主有关。Haack 等（2000）认为底部地质年代相对老的页岩，其有机碳丰度可能较高，类型好，才是盆地的主力烃源岩。

尼日尔三角洲古近系 Akata 组—Agbada 组烃源岩的干酪根中镜质组占 85%～98%，含少量类脂组和无定形，不含藻类，热解指标 HI 较低，一般在 50～160mg/g，主体以腐殖型和混合型干酪根（II 型）为主，但 Haack 等（2000）在暗色页岩段的下部发现了少量的氢指数高的烃源岩，并且通过原油生物标记物的研究，认为尼日尔三角洲的油气主要源自底部的海相腐泥型烃源岩。

尼日尔三角洲的生油窗顶面的埋深在 2000～3500m 之间，现今盆地的生油门限在盆地中央和西北地区最深，可达 3500m 以深，盆地周缘及海域较浅。Akata 组埋深多在 2000m 以浅，在全区基本处在生油窗以浅，而 Agbada 组仅在局部成熟。三角洲北部 Oben-1 井埋藏史分析表明，Akata 组顶部在晚始新世进入生油门限（R_o=0.66%）后，随着热演化程度不断增高并持续生排烃（图 4-23、图 4-24）。

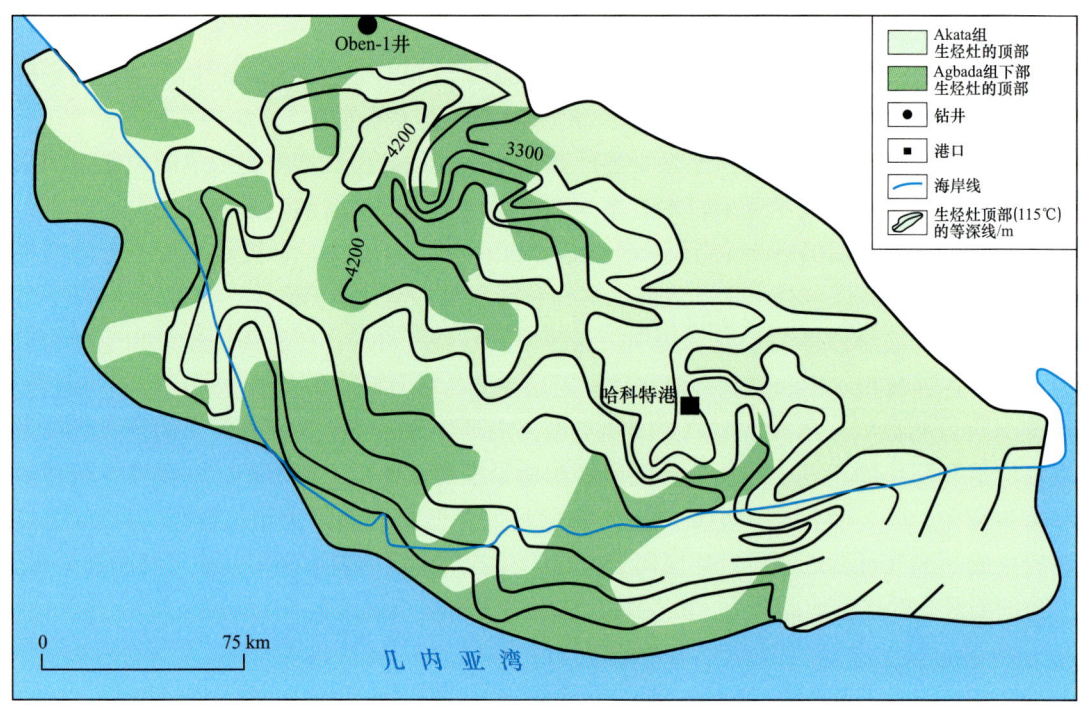

图 4-23 尼日尔三角洲生烃灶顶面埋深图（据 Evamy et al., 1978）

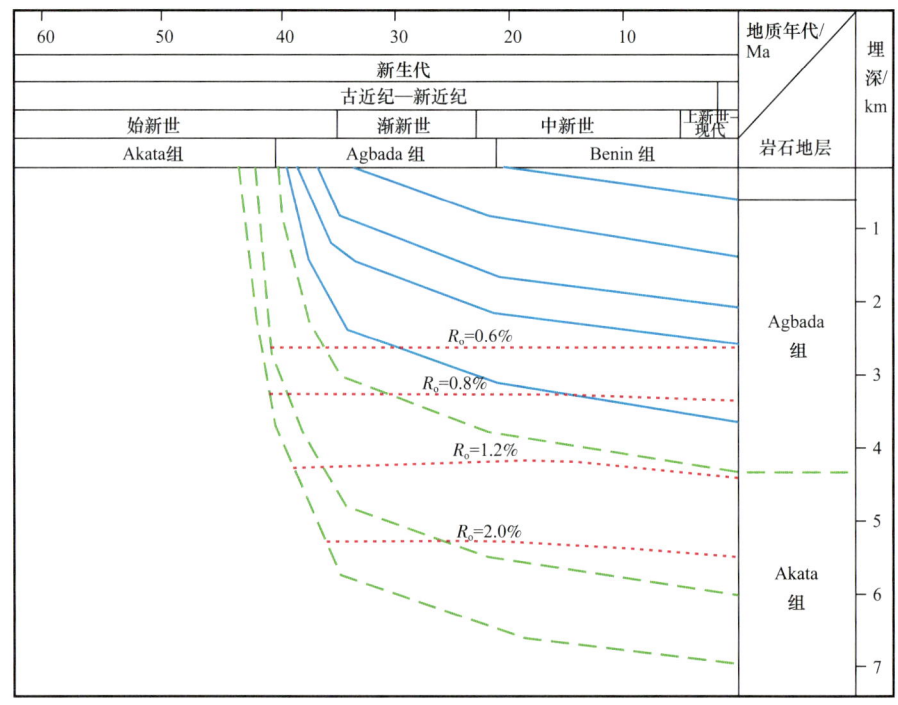

图 4-24 尼日尔三角洲盆地北部 OBEN-1 井埋藏史及有机质成熟度演化（据 Ekweozor et al., 1984）

2. 储层

(1) Agbada组三角洲前缘亚相砂岩：

盆地陆上及近海Agbada组总体为一套三角洲前缘沉积，发育水下分流水道、河口坝和沿岸障壁坝等多种成因的储层。Agbada组的单套油层厚度一般为15~45m，其厚度变化受生长断层控制，多向生长断裂带方向增厚。在盆地已发现的油田中，已知的储层多为始新统—上新统，分布稳定，纵向上由多个反旋回组成。Agbada组砂岩储层分选较好，胶结物含量低或少量钙质胶结，物性较好，具高孔隙度、高渗透率特征，孔隙度一般为22%~32%，最大可达40%，平均为25%，渗透率为500~1000mD。由于尼日尔三角洲盆地属于冷盆，地层时代新，埋藏时间短，因此岩石总体固结程度较差（属未固结或弱固结岩石），后期成岩作用对储层影响较小，孔隙度随深度变化很小，其储层储集性能主要受沉积相的控制。

(2) 深水浊积扇砂体：

在陆坡区，渐新世以来沉积的深水浊积扇砂体是主要的储层，可细分为浊积水道砂和席状砂两类主要砂体。在纵向上，根据Bonga油田及JDZ-1区块资料，储层主要发育在中新统，以叠加的浊积水道砂为主，储层的物性很好，如JDZ-1区块的Obo-1井的孔隙度为15%~30%，Bonga油气田的孔隙度为20%~37%，渗透率多大于1mD。下中新统主要发育外扇沉积，浊积水道沉积不发育，砂体厚度较小，物性相对较差，不是油田的主要产层。

据研究，尼日尔三角洲盆地内深水扇体系与尼日尔三角洲的发育密切相关。始新世，随着三角洲不断进积，盆地陆坡之下发育3个大型深水扇沉积体系，自东向西依次为卡拉巴（Calabar）扇、尼日尔（Niger）扇和艾文（Avon）扇（图4-25a、b）。平面上，3个扇体的物源来自于上部向陆方向的三角洲体系及其周边多条小型河流。除部分物源在三角洲前积作用下，沿着河流的延伸方向直接搬运至深水扇体，大部分陆源碎屑在西南向海洋季风产生的沿岸流作用下，沿岸线不断从尼日尔河及周边克罗斯河等河流的河口位置向两侧搬运。在岸线内弯区域，由于不同方向沿岸流交汇，流速降低，沉积物随之卸载。当沉积物堆积到一定程度，由重力流沿陆坡上切谷体系搬运至深水扇体沉积处。因此，盆地内主要的切谷体系发育在岸线内弯部位，且3个深水扇体中两侧的扇体规模明显大于中部尼日尔扇的扇体规模。

由深海测量投影（图4-25c）可以看出，尼日尔三角洲盆地陆坡上部发育多条切谷体系，物源供给整体呈线性分布，这些切谷只有少数切至陆架，宽度一般小于5.0km，切深一般在200m以内，切谷体系向下逐渐转化为反复叠加的水道天然堤及末端朵叶体系，最长延伸达700km。不同相带展布范围受整体陆坡地形控制，陆坡上密布的泥拱地形对切谷及水道的局部延展方向也产生一定影响。盆地内现今活动的切谷主要集中在盆地的西部及中部，与尼日尔三角洲主体进积方向的周期性迁移有关（刘新颖，2013）。

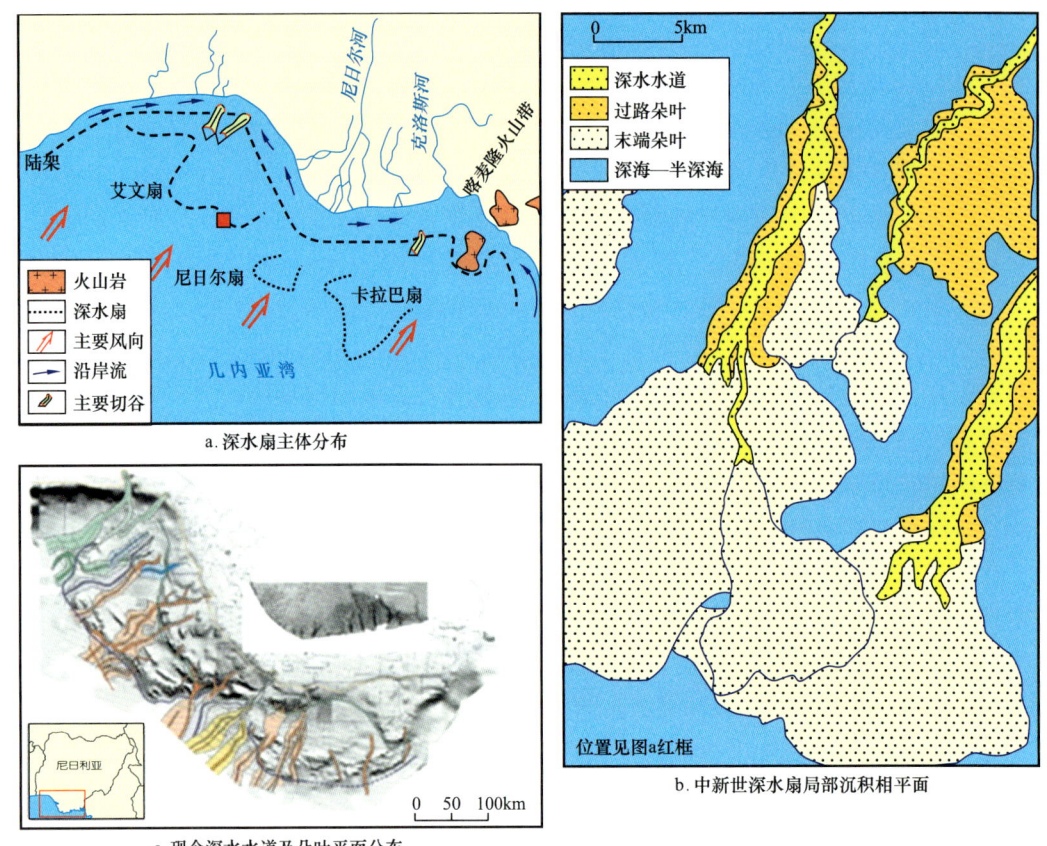

图 4-25 尼日尔三角洲盆地深水扇沉积特征及演化（据刘新颖，2013）

3. 盖层

在 Agbada 组的沉积区发育数层较厚的泥岩，如 Agbada 泥岩、Buguma 泥岩、Soku 泥岩、Afam 泥岩、Qua Iboe 泥岩等。部分泥岩甚至延伸至 Benin 组沉积区。它们都是尼日尔三角洲较大规模（三角洲尺度）海进过程中形成的泥岩，是重要的油气盖层。同时，由于海进时效性，这些泥岩层还可以被视作准等时的沉积，故在年代地层划分对比和地震解释中，可以作为良好的标志层（苏玉山等，2019）。

Agbada 组层内页岩是尼日尔三角洲的主要盖层，并提供了三种类型的封盖条件：沿断层的泥岩层封盖、断层造成与砂岩对接的互层封盖及垂向封盖。在三角洲边缘，主要剥蚀事件形成的切谷已经被泥岩沉积物覆盖，这些泥岩也可对一些海上油田提供顶部封盖。

4. 圈闭

尼日尔三角洲盆地主要发育构造圈闭、地层—构造圈闭、地层—岩性圈闭和地层—不整合圈闭等多种类型圈闭，但以构造圈闭为主，目前所发现的油气主要富集在构造圈闭中。在陆上三角洲及近海地区以伸展构造为主（图 4-26），发育滚动背斜、塌顶背斜等与同沉积生长断层有关的圈闭。陆坡区则以泥岩底辟构造和推覆构造等构造圈闭为主。

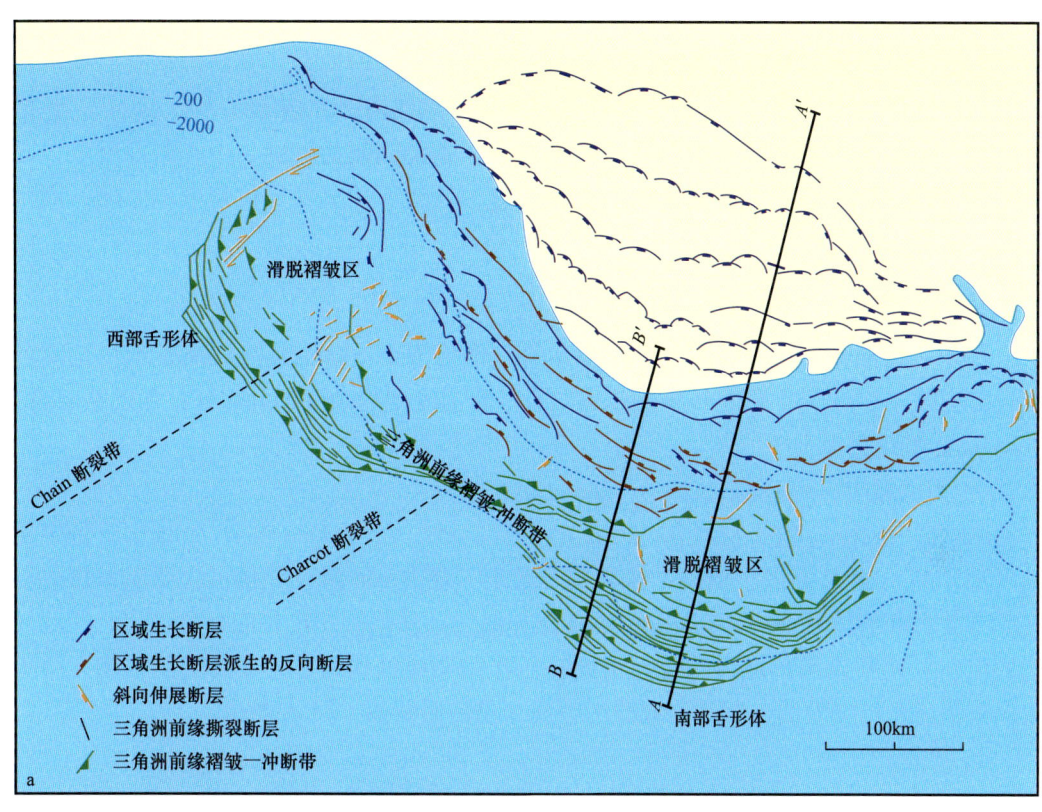

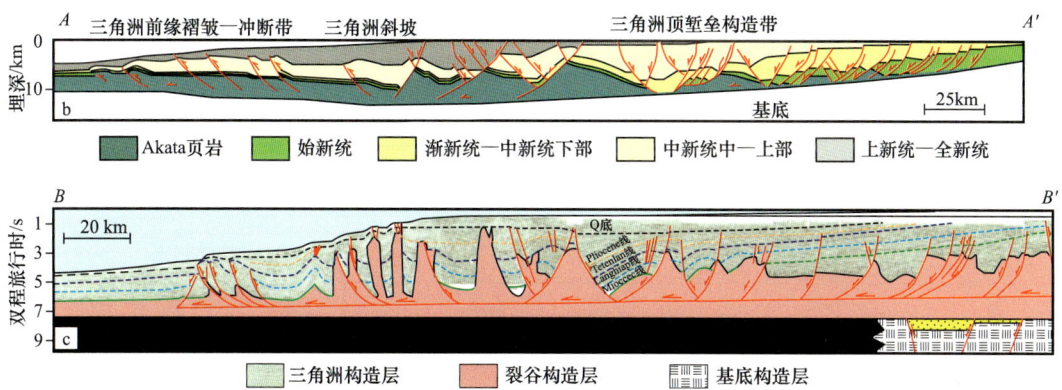

图 4-26　尼日尔三角洲的构造纲要图（a）(据苏玉山等，2019)；（b）A-A' 为跨尼日尔三角洲的区域构造剖面；（c）B-B' 为尼日尔三角洲的一条区域地震剖面

滚动背斜是陆上三角洲的主要构造圈闭类型（图 2-31）。滚动背斜可分为两类：一类是基本上没有错断的单纯滚动背斜，主要分布在北部三角洲沉积带、大乌格赫利沉积带和中央沼泽沉积带的北部；另一类是由 1 条或多条断层与主要同沉积断层作用形成的滚动背斜，这类构造分布较为广泛，主要分布在三角洲中部的大乌格赫利沉积带和中央沼

泽沉积带及滨岸沉积带的北部。

泥岩底辟构造主要发育在外陆架及大陆斜坡，底辟构造可能主要形成于晚中新世，对应前积三角洲负荷之下页岩的横向转移及前三角洲地层的抬升和褶皱。在上新世—更新世期间，部分底辟构造被三角洲沉积覆盖，生长断层开始发育，底辟构造对后期沉积有一定的控制作用（图2-32）。推覆构造主要分布在盆地南部的挤压区（图2-33），包括内褶皱带、外褶皱带及过渡滑脱褶皱带等构造带。主要圈闭为背斜、半背斜及断块、断鼻等，局部构造走向与逆冲断层走向一致，构造一般从下往上各层位均形成圈闭，圈闭幅度大，面积小，继承性好。

5. 成藏组合

尼日尔三角洲盆地可能存在两套成藏组合，即古近系Akata组—Agbada组已证实的成藏组合（图4-27）及上白垩统推测成藏组合。目前发现的油气绝大部分在古近系Akata组—Agbada组成藏组合中。

1）主力成藏组合——Akata组—Agbada组成藏组合

Akata组—Agbada组是尼日尔三角洲的主要成藏组合，Akata组及Agbada组是主要的油气源，Agbada组提供了储层、输导层及盖层，而Benin组仅提供了次要储盖层。与泥底辟有关的断裂体系及Agbada组厚层砂体为油气运移提供了良好的运移通道，广泛发育的同沉积同生断裂及斜坡区的重力滑脱挤压作用形成的构造是主要的圈闭类型。由于三角洲进积还在持续发展，因此该成藏组合现今仍是活跃的（图4-27）。

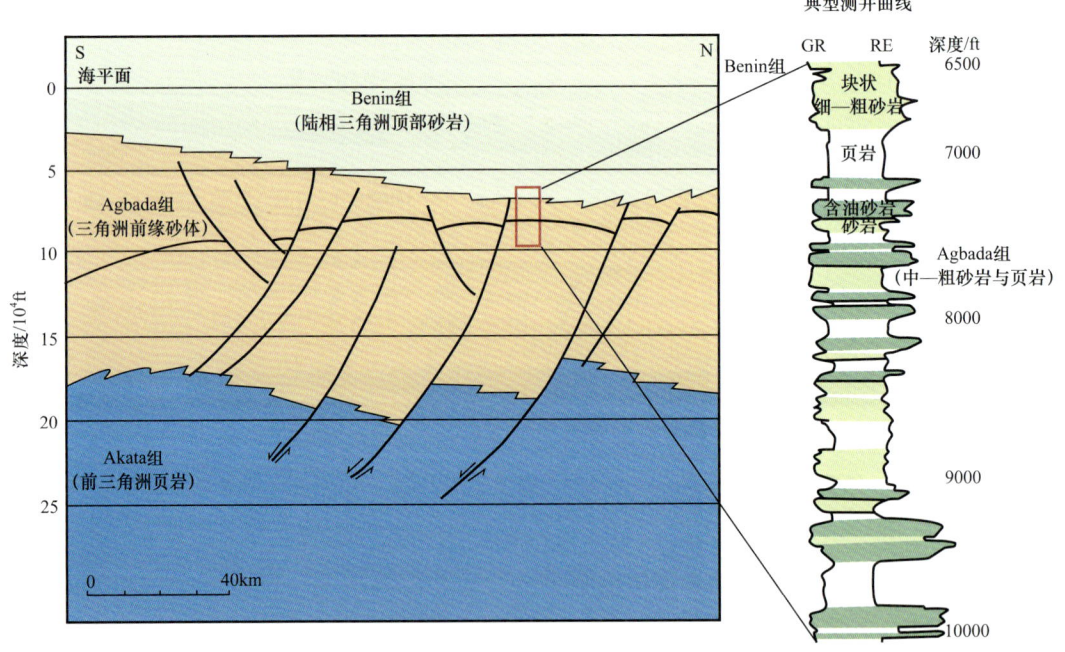

图4-27 尼日尔三角洲生储盖组合示意图（据Michele et al., 2005）

2）推测成藏组合——上白垩统成藏组合

上白垩统成藏组合（图 4-28）在尼日尔三角洲盆地以北的 Anambra 盆地发育，是尼日利亚早期勘探的主要地区，也取得了一些小的发现。后来尼日尔三角洲勘探取得巨大成果后，勘探重点就完全转向尼日尔三角洲，因此对白垩系成藏组合的勘探和研究工作基本停止。总体而言，目前认为其潜力很小。

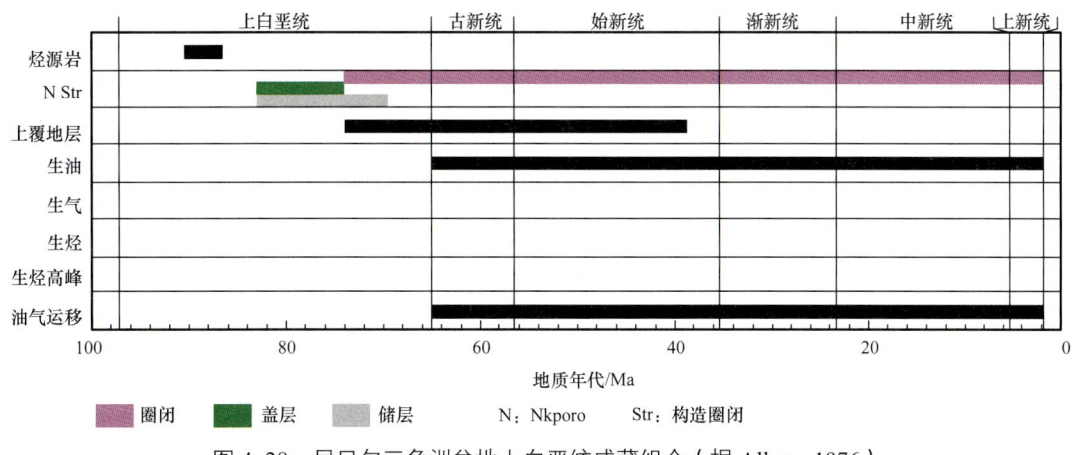

图 4-28　尼日尔三角洲盆地上白垩统成藏组合（据 Allen，1976）

6. 油气富集主控因素

1）三角洲持续发展、沉积厚度大，为油气富集奠定了雄厚的物质基础

尼日尔原始三角洲开始形成于晚白垩世，延续至古新世早期，因发生大规模海进而沉积了伊莫页岩之后，三角洲停止活动。始新世晚期重新开始了古近纪海退式进积型三角洲沉积，由北而南向大西洋的几内亚湾方向推进，至今仍在发展。在整个三角洲不断发育的过程中，沉积了一套由 Benin 组、Agbada 组和 Akata 组所组成的岩性组合，据地震资料推测，最大沉积厚度在 12000m 以上。

"源控论"强调了有效源区，是决定一个区域有无油气的根本前提（胡朝元，1982），Haack 等（2000）通过乙甾烷分布平面图证实了本区的主力烃源岩为海洋源烃源岩（图 4-29）。图中绿色为 C_{29} 甾烷相对含量大于 50% 的样品区，这些样品中的有机质基本以陆缘为主，绿色区域代表了烃源岩沉积期间最靠近三角洲水系的地区。蓝色区域原油的 C_{29} 甾烷相对含量等于或小于 40%，表明这些地区的烃源岩受陆缘有机质的影响很小，意味着确实有受海洋影响更多的区域性优质烃源岩的分布。海洋源有机质的分布范围和油气的分布有密切的关系，主要的巨型、大型油田及 75% 的储量分布在海洋源烃源岩分布的区域内，表明底部优质海相烃源岩的展布是控制油气富集的重要因素（图 4-29）。

上述指标表明，不同类型烃源岩的分布区域可能是控制尼日尔三角洲盆地陆上及近海区油气分布、富集的重要因素之一。其实，以上根据原油的地球化学指标推断的烃源岩的分布主要还是受盆地基底构造的控制，如果把海洋源有机质分布的区域和基底埋深联系起来，就会发现基底埋深较大的几个区域实际上代表了相互独立的生烃凹陷（图4-23），这些生烃凹陷和主要的油气富集中心在平面上基本是叠置在一起的，因此，无疑会对油气富集带的形成有重要的控制作用。

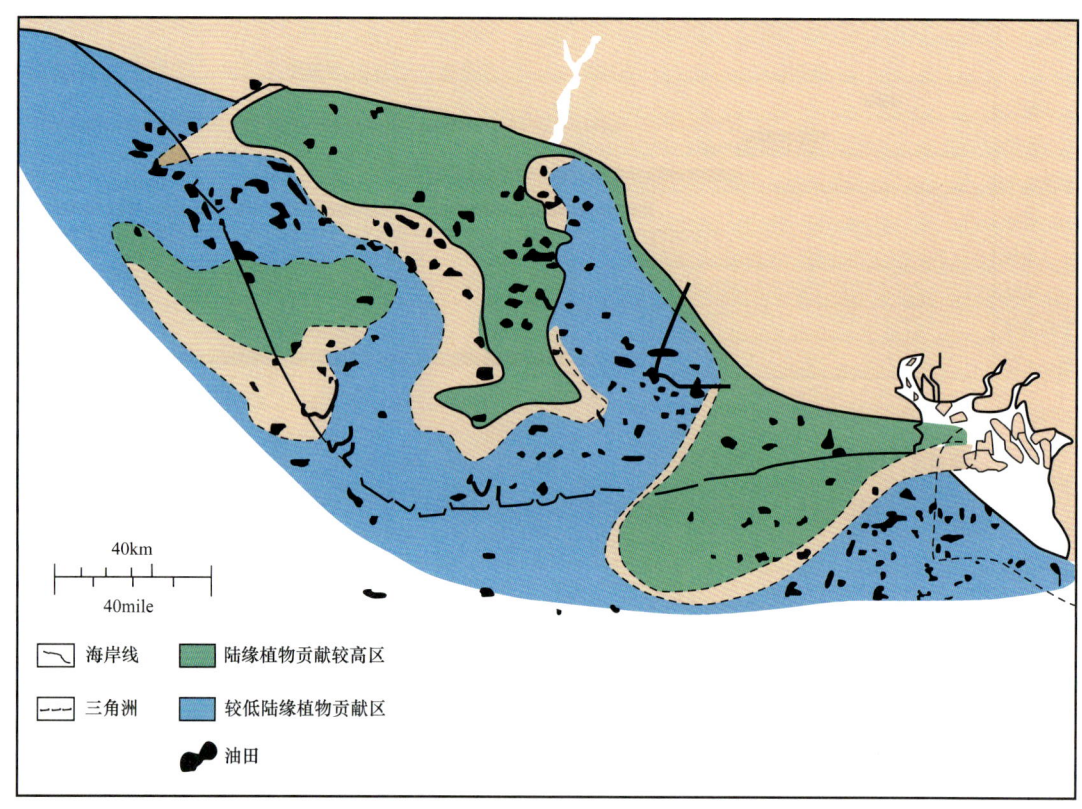

图4-29 C_{29}甾烷相对丰度平面分布图（据Hacck et al., 2000）

（绿色表示C_{29}甾烷大于50%，蓝色表示C_{29}甾烷小于等于40%）

2）生储盖组合发育全、配套好

生油层为前三角洲相Akata组黏土岩及Agbada组下部的暗色页岩，生油层总厚度在3500m以上。

储油层为三角洲前缘相Agbada组中的石英细—粉砂岩，物性良好，横向分布较稳定，也是尼日尔三角洲盆地中的主要勘探目的层。

盖层为三角洲平原相Benin组下部夹的Afam黏土段，横向分布稳定，一般厚度600m，为区域性盖层。

上述3个组纵向上组成生储盖组合，分布在整个三角洲区域。横向上也互为一体，从而构成良好的生油组合。

3）滚动背斜可形成良好的圈闭

生长断层下降盘伴生的滚动背斜，呈群带分布，有利于油气聚集，加之主要生长断层面作为油气运移通道，具有十分优越的油气富集条件。

4）砂体发育，可形成岩性油气藏

由于海岸线从北向南持续推进，各类三角洲相的沉积物继承性发育，尤其是三角洲前缘亚相及三角洲平原亚相中的河口沙坝砂、席状砂及点沙坝砂等砂体交织重叠分布，为该区地层、岩性油气藏的形成提供了广阔的领域。

7. 勘探潜力分析

1）勘探历程及勘探程度

尼日尔三角洲盆地的勘探始于1908年，截至目前已有上百年的勘探历程。目前大部分区域处于成熟勘探阶段。

（1）1908—1955年，探索阶段：

早期主要根据地表的油苗显示，以白垩系为目的层进行勘探，一直无发现。1953年在AKATA-1井的古近纪—新近纪中见到油气显示（Wescott，1992）。通过研究，对古近纪—新近纪三角洲的发生、发展和断层成因及与油气关系有了新的认识。

（2）1956—1996年，陆上和浅海石油勘探开发阶段：

认识到油气富集与同沉积正断层伴生的滚动背斜有密切关系，新生界是油气富集的主要目的层系，勘探工作有了重要进展。1962—1980年，陆地与浅海油气勘探迅猛发展，发现众多油田，但勘探主要在陆地；1964年发现第一个海上油田，到1972年，尼日利亚已然成为世界第10大产油国；1981年后因油价下跌，勘探和生产活动进入低谷；1990年以后，生产逐渐恢复，到1997年石油产量上升至 8.1×10^8 bbl。

（3）1997年至今，深水油气勘探阶段：

从1997年开始大规模开展深水油气勘探，2000年取得突破，到2001年，在12个深水区块内共发现20多个大、中型油气田，其中有多个可采储量达亿吨级。深水油气生产也在2003年取得重大进展，有6个油气田投入生产（Ofurhie，2002）。截至2005年，盆地内完成二维地震535300km（陆上127100km，海上408200km），完成三维地震134000km²（陆上约34000km²，海上约100000km²）。盆地共钻探井3582口，探井钻探成功率为49.9%。已发现732个油气田（陆上373个，海上359个）。实践证明，尽管尼日尔盆地整体勘探程度较高，近年来仍不断有新发现，特别是深水区，发现的规模非常大（图4-30）。

2）勘探潜力

根据前述的地质特征和主要构造区成藏特征分析，认为今后尼日尔三角洲盆地的主要勘探方向应是：

（1）深水区：

尼日尔三角洲盆地深水区是目前尼日利亚新增储量最多的领域，深水区占整个尼日尔三角洲盆地面积的58%，由于工艺和勘探开发成本高的原因，深水区勘探程度仍然很低，累计完钻井仅268口，发现Akpo、Bosi、Zafiro等近40个油气田或含油构造，发现原油储量 $11.81\times10^8m^3$，天然气 $4909.53\times10^8m^3$，凝析油 $1.04\times10^8m^3$（邓荣敬等，2008）。

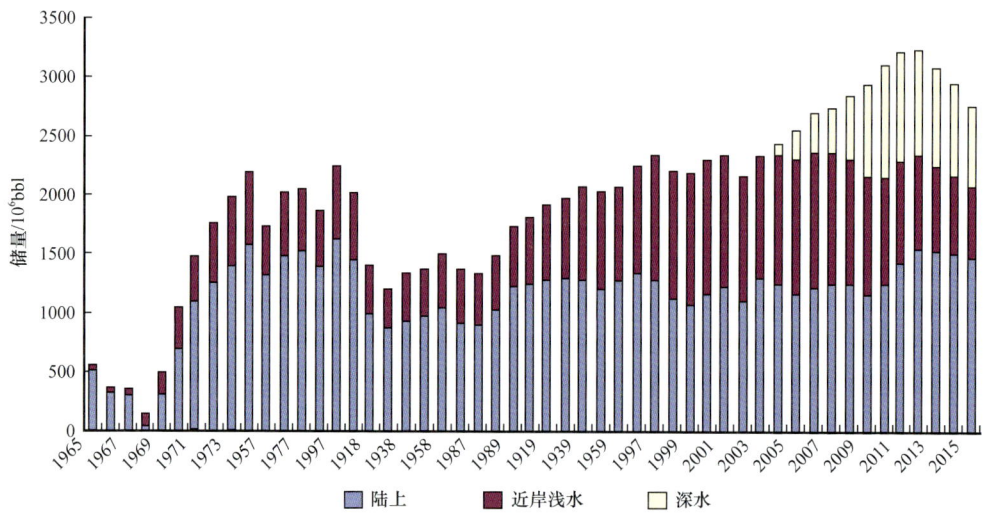

图 4-30　尼日尔三角洲盆地已发现油田储量规模（据 Wescott，1992；张功成等，2017）

深水区的大部分油藏是在背斜构造发现的，背斜构造在泥岩底辟区、内褶皱带、滑脱褶皱带及外指状冲断带都有发育，背斜构造+陆坡浊积体砂岩是成藏的基本组合。多数油气藏的油气基本分布在构造的南侧下坡翼，如深水区第二大油气田 Bonga、Bonga Southwest 油田，深海最大的凝析油田 Akpo 凝析油气田（JDZl 区块以北）、Uge 油田、N'Golo 油田及 Obo North 油田。

油气在构造南翼的分布主要受控于两个因素：一是砂体在正在生长的构造（泥底辟或者冲断背斜）的下坡规模大；二是南翼的烃类运移方向和充注量的优势。截至目前，已发现了 48 个油气田。深水区以背斜构造+陆坡浊积体砂岩组合为基本成藏要素。大部分油藏在背斜构造中，背斜构造在页岩底辟区、内褶皱带、滑脱褶皱带及外指状冲断带都有发育。虽然和三角洲主体相比有一定的差距，但深水区仍具有非常优越的成藏条件，而且勘探程度低，因此也是尼日尔三角洲盆地很具勘探潜力的地区。

（2）近海和陆上区域：

尼日尔三角洲盆地陆上及近海油气分布和油气田数量多（表 4-6），具有满盆分布的特点。尽管如此，油气主要富集在三角洲盆地中部的北西—南东向分布的弧形油气富集区（图 4-31），这些富集区的原油储量丰度在 $200\times10^8bbl/km^2$ 以上，多数巨型油田（储量大于 250×10^6bbl）、80% 的中型油田（$100\times10^6\sim250\times10^6bbl$）及 75% 的石油储量都集中分布在这些富集区内，在这个油气富集带内，自东向西发育 5 个油气富集中心，其原油储量丰度在 $600\times10^3bbl/km^2$ 以上，分布着盆地主要的巨型油田（图 4-31），尤其是油气最富集的 A 区，发育 5 个巨型油田。从深度上看，油气层段主要发育在 1500～4000m 的储层中，其储量占整个尼日尔三角洲储量的 90% 以上。

表 4-6 尼日尔三角洲盆地油气资源（据 Ofurhie，2002）

区域	石油可采储量/10^6bbl	天然气可采储量/10^{12}ft^3	凝析油可采储量/10^6bbl	油气田个数
陆上及浅海	52605.59	193.56	4042.43	716
深水区	8499	18.56	765.81	48
全盆地	61104.59	212.12	4808.24	764

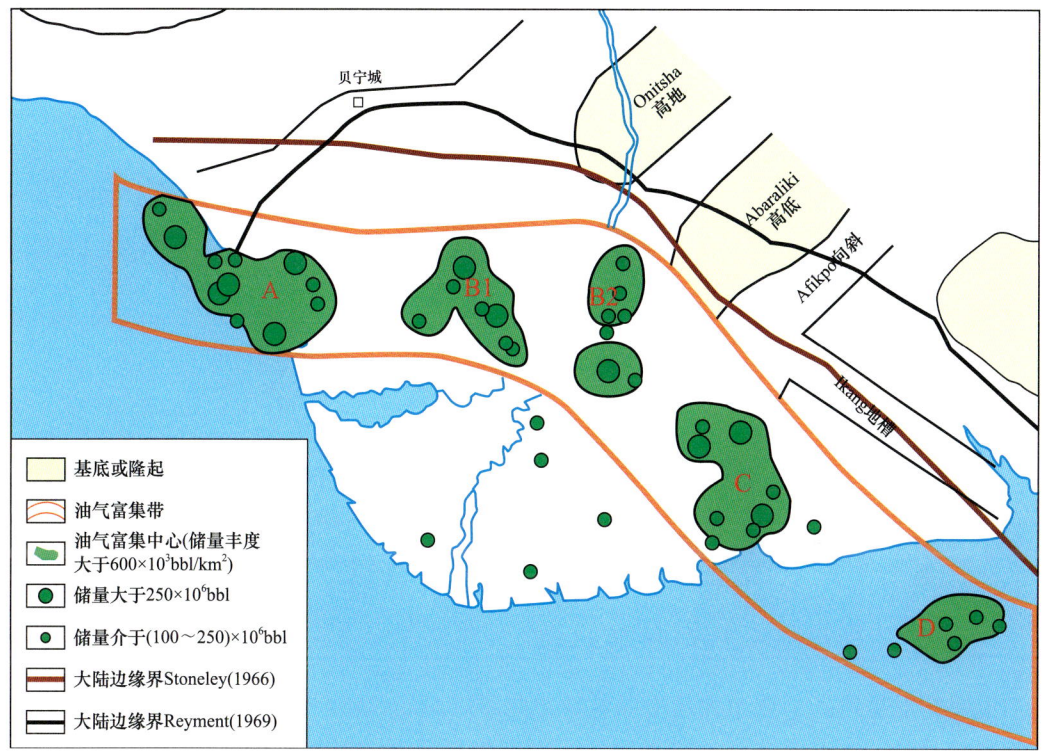

图 4-31 尼日尔三角洲盆地油气富集带、主要油气田和大陆边缘的相互关系
（据 Stacher P. 1995；Ofurhie M，2002）

（3）海底扇：

在尼日尔三角洲盆地还发育艾文切谷、尼日尔切谷和普林斯比切谷等 3 个大的海底切谷，这些海底切谷的沉积物重力流规模大且速度快，在深海平原形成三个规模较大的海底扇，主要为半深水—深水环境的海底扇水道—扇体体系沉积（图 4-32）。自西向东依次为艾文扇、尼日尔扇及卡拉巴扇，据研究，这些扇体在始新世开始发育，并在渐新世—中新世就已具规模。随海平面变化，浊积砂岩向上变厚，粒度由细砂变为中砂、含砾中砂，整体为一向上变粗的进积沉积序列。据以往深水勘探的经验来看，这些扇体均有一定的勘探潜力。

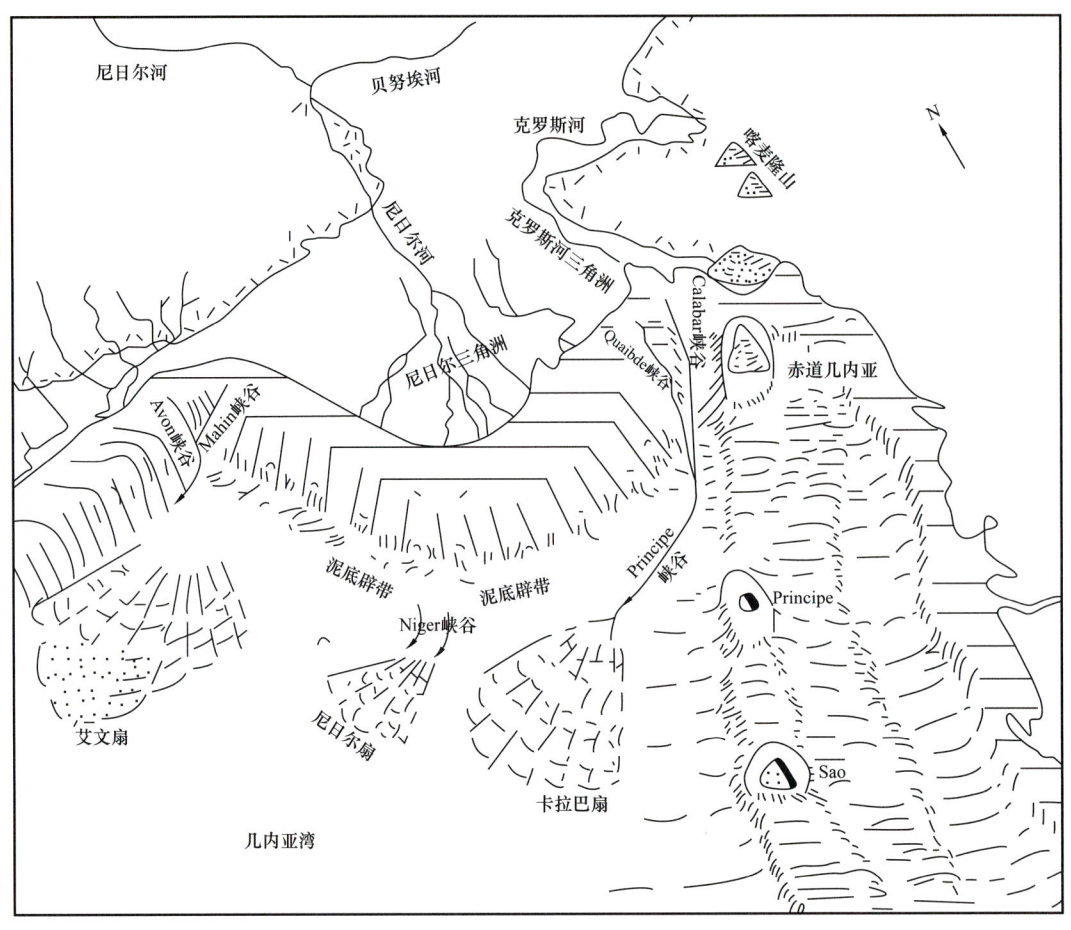

图 4-32　尼日尔三角洲盆地半深水—深水环境的海底扇水道—扇体体系（据苏玉山等，2019）

三、里奥穆尼盆地油气地质特征

里奥穆尼盆地属于被动大陆边缘盆地，南部以 Fang 断裂为界与北加蓬次盆相邻，北临杜阿拉盆地，东北是非洲中央地盾，西部则毗邻洋壳的东界，盆地海域最西边界为洋壳开始出露点（图 4-33）。

里奥穆尼盆地主要位于赤道几内亚境内，并有一小部分位于加蓬和喀麦隆境内，面积为 $1.95×10^4 km^2$，主要位于海上（面积为 $1.67×10^4 km^2$），陆上面积仅为 $0.27×10^4 km^2$。其海域盆地范围从加蓬最北边一直延伸到喀麦隆的南部，展布距离 250km，在陆上部分主要位于赤道几内亚，并沿海岸展布 150km 长。陆上部分平均宽度为 20km，海域部分宽度为 100km，并一直延伸到水深 2000m 的海域（图 4-33）。

目前，包括里奥穆尼盆地在内的尼日尔三角洲和南部的加蓬、安哥拉等被认为是西非海上最有潜力的勘探地区。目前已经在里奥穆尼盆地的深水区的 G 区块取得了两个重要发现，均为上白垩统储层。其中，Ceiba 油田可采储量约 $2×10^8 bbl$，2002 年产量约 $325×10^4 t$；NBG 油田可采储量亦在 $5×10^8 bbl$ 以上，已经在 2007 年投产。

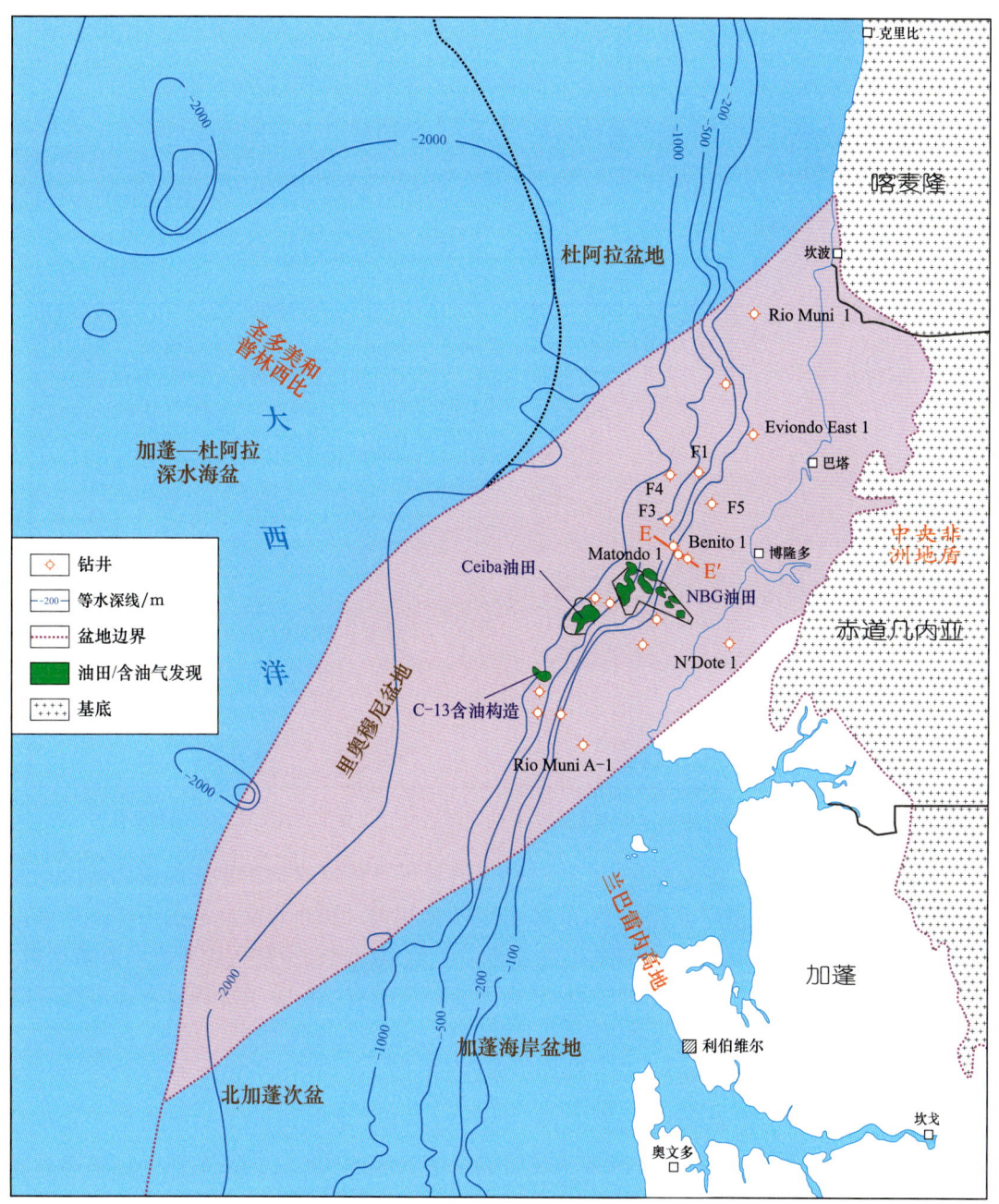

图 4-33 里奥穆尼盆地位置及主要油田分布（据吕福亮等，2011）

里奥穆尼盆地的油气显示纵向分布较广，从下而上包括下白垩统、上白垩统和古近系—新近系，同时不同层系的储量规模差异较明显，其中以上白垩统坎潘阶和圣通阶的储量最为丰富，占到盆地的 95% 以上。从平面上看，除 Ceiba 油田和 NBG 油田外，其他已发现的含油气构造多因储层物性差而并不具有商业价值。

1. 烃源岩

里奥穆尼盆地存在三套主力烃源岩（图 4-34）:（1）阿普特裂谷期湖泊相页岩；（2）阿普特阶—上阿尔布阶海相泥岩和微晶石灰岩；（3）塞诺曼阶—土伦阶海相泥岩。三套烃源岩均以生油为主。

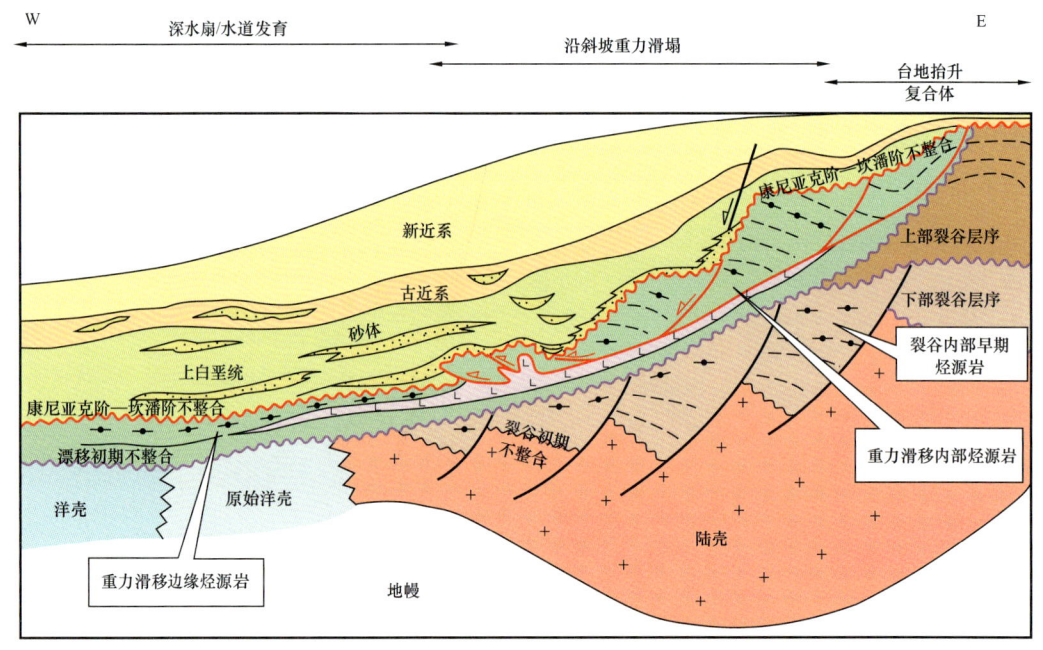

图 4-34　里奥穆尼盆地地质剖面及主要的烃源岩分布（据 Lawrence et al., 2002）

发育在陆架和斜坡上部的阿尔布阶海相页岩是里奥穆尼盆地的重要烃源岩（Dailly, 2002），并与南部加蓬海岸盆地的 Madiela 群烃源岩相当。和西非其他盐盆一样，里奥穆尼盆地烃源岩包括盐下湖泊相烃源岩及塞诺曼阶至始新统被动大陆边缘阶段的海相页岩。但阿普特阶薄层富有机质烃源岩层在加蓬海岸盆地不发育，而在里奥穆尼盆地发育更厚的碎屑岩。

1）阿普特裂谷期湖泊相页岩

该套阿普特裂谷期湖泊相页岩，TOC 大于 5%，以 I 型、II 型干酪根为主，分布局限于靠近陆壳的地区。这套烃源岩在圣通阶剥蚀前的成熟度已达到高成熟—过成熟阶段（盆地向海一侧），但因生排烃早，可能对康尼亚克期—坎潘期剥蚀之前形成的构造是最有效的。

2）阿尔布期—晚阿普特期海相泥岩和微晶石灰岩

阿普特阶最顶部分和阿尔布阶下部层序发育富含有机质的泥岩（Dailly, 2002），具有较大的生烃潜力，在 Matondo 1、Benito 1 和 East Eviondo 1 井都钻遇了 200m 厚的阿普特阶—阿尔布阶湖泊相—局限海相烃源岩，TOC 为 2%~4%，干酪根类型为 II 型—III 型，烃指数为 200~500mg/g。Ross 等（1993）认为上阿普特阶含盐地层中有机质泥岩是盆地的主要烃源岩。Turner（1995）认为这些泥岩富含藻类有机质，在 Benito 1 井中 TOC 可达 6%，S_2 超过 20mg/g，以 I 型、II 型干酪根为主，为好—很好的烃源岩，分布较广泛，成熟度适中，是该区的主力烃源岩。盆地内 S 区块内的 G-2 井钻遇了上阿普特阶烃源岩，其电阻率高，井壁取心泥岩中含油，是一套非常优质的烃源岩，大量排烃和运移时期为古近纪。图 4-35 为阿尔布阶—上阿普特阶海相泥岩和微晶石灰岩在圣通阶剥蚀之前的成熟度，盆地内大部分处于成熟早期，因此，圣通期的地层抬升剥蚀对该套烃源岩影响不大；在晚白垩世 R_o 达到 0.7%～1.3%，处于有利的生油期。现今该套烃源岩的成熟度较高，达高成熟—过成熟阶段。

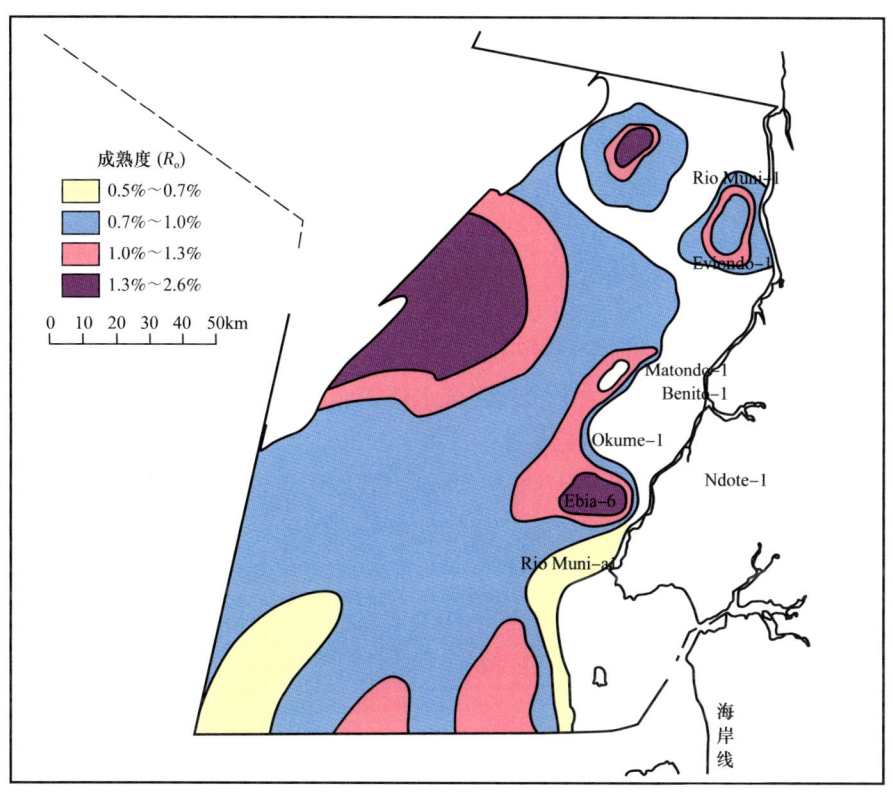

图 4-35　里奥穆尼盆地上阿普特阶—阿尔布阶海相泥岩和微晶石灰岩在圣通期剥蚀前的成熟度平面图
（据 Ross et al.，1993）

3）塞诺曼阶—土伦阶海相泥岩

塞诺曼阶—土伦阶海相泥岩是受缺氧事件影响的富含有机质的烃源岩，其分布广泛。TOC 大于 3%，II 型干酪根为主，S_2 大于 10mg/g。塞诺曼阶—土伦阶海相泥岩在圣通阶剥蚀前 R_o 小于 0.5%，尚未成熟；在白垩纪末大部分处于低成熟阶段（R_o<0.7%），局部 R_o 达 0.7%～1.0%；现今塞诺曼阶—土伦阶海相泥岩的成熟度比白垩纪末略有增加，盆地斜坡区 R_o 全部处于 0.7%～1.0%，可以部分生油，总体上，这套烃源岩成熟度不高，生烃量相对有限，为盆地的次要烃源岩。塞诺曼阶—土伦阶海相泥岩沉积时期正好是形成

全球最大海泛面时期，也就是所谓的凝缩段形成时期，属于优质烃源岩形成的有利时期。而且在盆地内已有钻井钻遇该地层，岩性描述为黑色泥岩，富含有机质，微含钙，有机质类型以腐泥型为主。而且盆地斜坡中上部的钻井地温梯度资料显示，阿普特阶—土伦阶这段地层具有相对高的地温梯度，多为4.21～6.25℃/100m，因此推测在主要成藏期（晚白垩世—古近纪）塞诺曼阶—土伦阶海相泥岩在盆地斜坡中上部的某些部位已经达到成熟，可能在局部地区成为重要的烃源岩。

对于渐新世—中新世海相泥岩，尽管也具有较高的TOC和较好的干酪根类型，但一般认为烃源岩尚未进入成熟阶段。

综合分析认为，阿尔布阶—上阿普特阶过渡层序及海相泥岩和微晶石灰岩有机质丰度高、生烃潜力大、成熟度适中，生排烃期对于晚白垩世以后形成的圈闭有利，是盆地的主力烃源岩；塞诺曼阶—土伦阶海相泥岩烃源岩，整体成熟度不高，但是在斜坡中下部的某些部位很可能达到成熟，也是重要的烃源岩；阿普特阶同裂谷期湖泊相页岩因生排烃早，可能对圣通期剥蚀前形成的圈闭是有效的。

2. 储层

里奥穆尼盆地上白垩统深水扇储层物性不如西非古近系—新近系大型深水扇，但上白垩统坎潘阶和圣通阶发育的水动力较强的储层单元具有较好的物性，如盆地内Ceiba油田和NBG油田的切谷水道、侵蚀水道或混合水道等储层，平均砂岩厚度达到10m，单层砂岩厚度也大多数在10m以上，孔隙度一般在20%以上，最高可达30%，渗透率平均可达500mD。G-13含油气构造的主力储层为水动力较弱的水道，以薄互层为主，平均砂岩厚度小于5m。钻井揭示储层物性较差，孔隙度小于15%，渗透率很低，影响了该含油气构造的商业价值（黄兴文等，2015c）。

1）主力储层

里奥穆尼盆地储层的沉积类型以浅海—半深海的浊积水道和浊积扇为主。康尼亚克阶/圣通阶界面是区域不整合界面，该时期大量沉积物经由陆架和陆坡上部的切谷和水道进入盆地内，沉积了各种浊积成因的圣通阶—坎潘阶低位域砂体。钻探证实，这类砂体是盆地最重要的储油砂体，大都具有较好的储集物性。

在陆坡上，这些浊积砂体又可划分为一般的浊积水道砂体和限制性切谷充填两类，它们都具有较好的储层物性。Ceiba油田就是第一类的典型代表，它的主力储层就是由一个主水道和多个朵叶体组成，储层呈厚层块状，沿着主水道方向连续性较好，储层物性较好，孔隙度20%～30%（平均26%），渗透率1～1000mD，砂岩厚度多大于230m，甚至Ceiba和Ovenge油田的净产油层砂体厚度超过107m。另外，在这些主水道之外，还有大范围的薄层的（与泥岩互层）溢岸席状砂和水道间沉积，已经被钻井证实也是一套较好的含油砂体，虽然砂层相对较薄，但是具有很好的横向连通性，而且局部具有很好的孔渗条件，同样是有效的储层。而NBG油田的主力储层的沉积模式就是在一个大的切谷背景下限制性充填的多期浊积水道的复合体。这些砂体的特点是分布明显受切谷形态的控制，都散布于切谷内部，横向连续性很差，基本上彼此孤立，但是都具有较好的储层物性。

2）潜在储层

里奥穆尼盆地盐前沉积发育有阿普特阶河流相砂体，但是这部分更老的裂谷层序和前裂谷层序在盆地内多没有钻井钻遇，其储层特征无法获知。但在邻近的加蓬盆地，已经发现了一些前裂谷阶段的有潜力的河流相—三角洲相砂岩储层。

3. 圈闭

里奥穆尼盆地早期陆架区的油气勘探以寻找构造圈闭为主，钻探证实勘探效果不明显。随着在盆地深水区相继发现 Ceiba 油田和 NBG 油田，寻找深水浊积砂体储层相关的圈闭成为了油气勘探的重点。目前盆地内深水区所发现的油藏主要有岩性—构造油藏和岩性油藏。油藏的类型和分布受到构造和岩性的双重控制（刘琼等，2012）。

里奥穆尼盆地在过渡期（晚阿普特期）沉积了一套潟湖相的盐岩层序，之后形成了阿尔布阶厚层高密度的碳酸盐岩。由于盐岩具有高流动性的特征，在大陆斜坡部位上覆厚重的沉积物很容易在重力作用下沿着盐层形成的软弱面发生重力滑脱。伴随重力滑脱常发育一系列的滑脱断层，高流动性的盐岩又可沿着其中的某些薄弱带上拱形成盐底辟，从而在滑动块体的尾部形成一系列张性构造，而在滑动块体前缘形成一系列逆冲断层和逆冲断背斜，就是所谓的"Toe-thrusts"构造，这些都是各类圈闭发育的有利部位，例如 Ceiba 油田（图 4-36）。所以岩底辟和重力滑脱的联合作用共同控制了里奥穆尼盆地的整体构造格局，它们对盆地圈闭形成、油气聚集等都具有非常积极的影响。

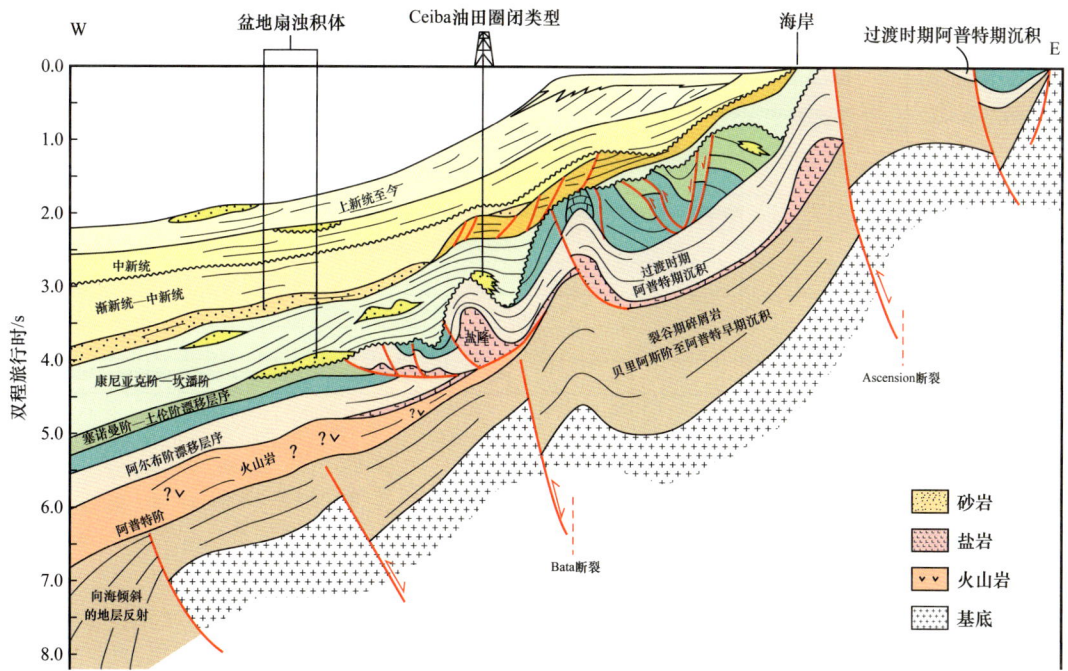

图 4-36 里奥穆尼盆地主要的圈闭类型（据 Dailly et al.，2000）

4. 成藏组合

盆地发育四套成藏组合,主要为阿尔布阶—坎潘阶成藏组合(图 4-37、图 4-38)、贝里阿斯阶—巴雷姆阶/新生界成藏组合、贝里阿斯阶—欧特里夫阶/阿普特阶成藏组合、土伦阶—坎潘阶/古近系成藏组合。其中只有阿尔布阶—坎潘阶成藏组合已证实,后面三个成藏组合还没有被证实。

里奥穆尼盆地上白垩统康尼亚克阶—坎潘阶与新生界中大断层较少,地层区域分布稳定,岩性组合以大套泥岩发育为特征,具有典型的泥包砂结构特征,区域性盖层发育,这对该区油气成藏具有非常好的保护和封盖作用。所以,整体上说,盆地具有较好的储盖组合条件。

1)主力成藏组合——阿尔布阶—坎潘阶成藏组合

阿尔布阶—坎潘阶成藏组合烃源岩为阿尔布阶页岩,储层为康尼亚克阶—坎潘阶浊积砂体,盖层为层间泥岩或上覆泥岩(图 4-37)。此成藏组合圈闭类型有被动大陆边缘早期的阿尔布阶碳酸盐岩地层—构造圈闭、阿尔布阶砂岩构造—不整合圈闭和康尼亚克阶—坎潘阶及新生界的地层—构造圈闭。钻井证实,阿尔布阶烃源岩已经成熟,但是其深部或者盆地盐下地层没有钻井钻遇。烃源岩上部为巨厚的古近系层序,使阿尔布阶烃源岩在深水区达到生烃灶,并且油气排烃一直持续到现今(Dailly et al., 2002)。

关于此成藏组合,已经有少量的公开刊物发表。在里奥穆尼盆地,裂谷期烃源岩不发育,或盐上烃源岩不成熟,阿尔布阶烃源岩多是盐上储层的重要烃源岩,油气多是通过断裂和盐构造边缘的运移通道运聚成藏的(图 4-38)。

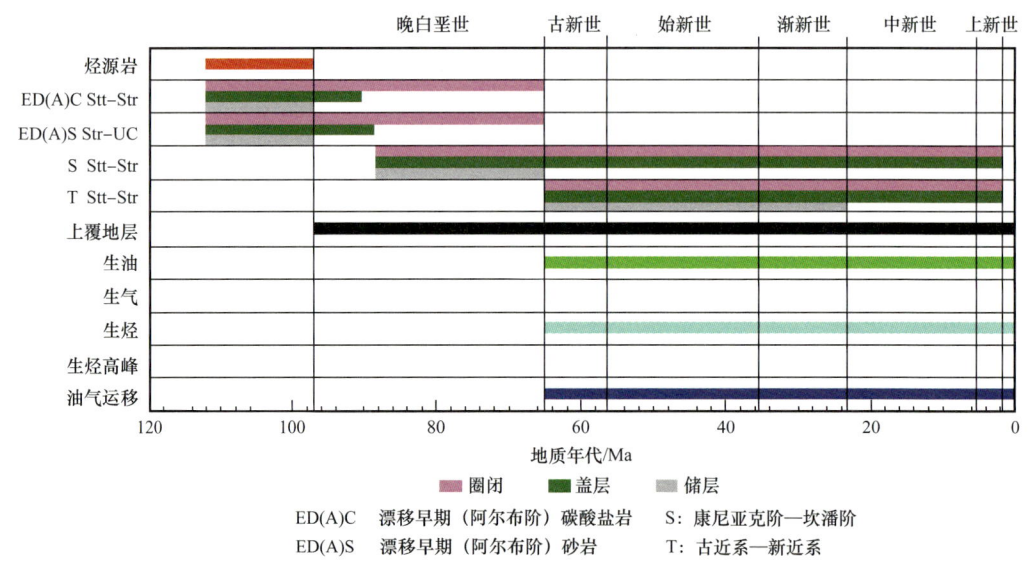

图 4-37 里奥穆尼盆地阿尔布阶—坎潘阶成藏组合(据 Turner,1995)

2)贝里阿斯阶—巴雷姆阶/新生界成藏组合

此成藏组合没有钻井证实,仅仅是从地震剖面解释结果预测。由于富含有机质和厚

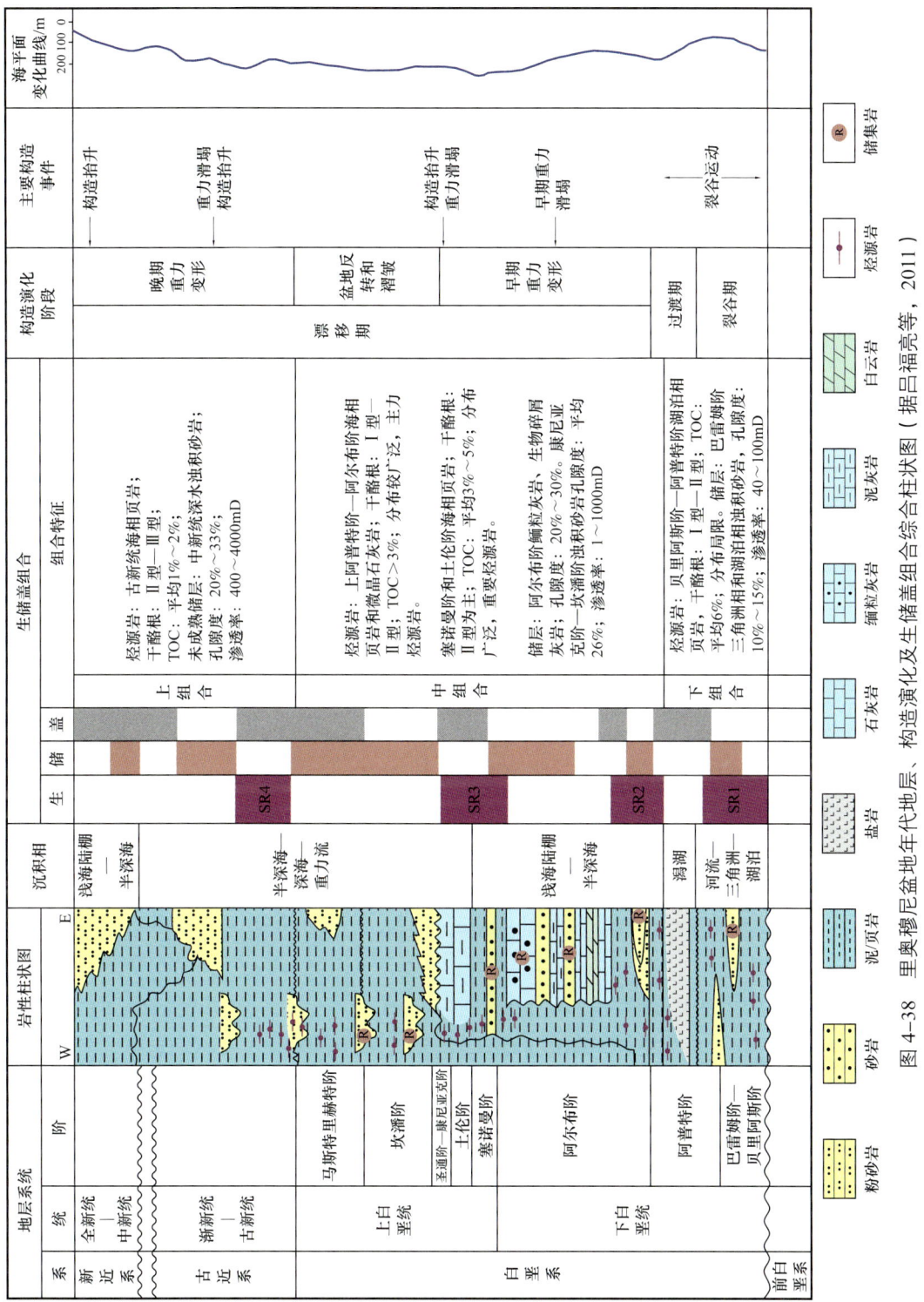

图 4-38 里奥穆尼盆地年代地层、构造演化及生储盖组合综合柱状图（据吕福亮等，2011）

度较大，巴雷姆阶 Melania 页岩是阿普特盐盆同裂谷时期的主要的湖泊相烃源岩，烃源岩岩层缺乏断裂，但是厚度较大，因此油气运移主要是直接通过输导层或通过不整合及犁状断层进入到早期裂谷储层内。阿普特层序内部的断裂和不整合的联合配置和上覆被动大陆边缘层序提供了油气向盐上储层的运移通道。

古近系沉积以来，尽管大西洋的继续发展及转换断层对该区产生了重要的影响，但是目前在盆地古近系—新近系中并未发现非常普遍的构造形变和断裂。因此，认为古近系—新近系区域保持相对稳定，为盆地烃源岩的成熟、排烃、聚集成藏及保存创造了有利的条件。总之，在里奥穆尼盆地，盐底辟和滑脱断层对圈闭的形成和油气成藏都具有重要的影响。

5. 勘探潜力分析

1）勘探历程及勘探程度

里奥穆尼盆地早期的海上勘探仅限于大陆架范围内，共钻 5 口井，均为干井。后期逐渐向深水转移，在下白垩统发现了大量油气。

1968 年 Gulf Oil 在盆地南部钻了 Rio Muni A-1 井，1971 年 Chevron 在北部又钻了 Rio Muni-1 井，均无发现。

1985—1991 年 Elf Aquitaine 在原来的 G 区块和 F 区块北部钻了 Benito-1、Matondo-1 和 Eviondo-1 三口井，同时还在陆地上钻了 N'dote-1 井（Turner，1995）。这些钻探发现了阿尔布阶具有很好的碳酸盐岩和砂岩储集体，以及阿普特阶的优质烃源岩和较好的砂岩储层，并且在 Eviondo-1 井获得了油气显示（Ross et al.，1993）。

1997 年，Triton 公司获得了位于大陆斜坡上部和陆架西部的 F 区块和 G 区块。Triton 公司对里奥穆尼盆地深水感兴趣的原因主要包括四个方面：

（1）钻井揭示陆架地区存在有机质类型好但未成熟的烃源岩，推测深水区已成熟；

（2）二维地震资料显示在陆架边缘和斜坡部位发育构造；

（3）陆架上切谷发育，预示沉积物能够以此为通道进入深水区；

（4）该盆地具有和高产的巴西 Sergipe-Alagoas 盆地类似的地质历史和构造背景（Dailly et al.，2002）。

Triton 公司在盆地大陆斜坡陆架西部经过持续勘探，分别在 1999 年、2001 年、2002 年先后发现了 Ceiba 油田、NBG 油田和 G-13 含油构造，它们是目前为止里奥穆尼盆地最重要的三个发现。

2）勘探潜力

里奥穆尼盆地为西非被动大陆边缘含盐盆地，受盆地规模及物源供给量控制，白垩纪及第三纪发育小型深水扇体系，具小型线物源深水扇特征，且延展方向受同期发育的盐构造影响，同时，受晚白垩世大西洋海平面长期上升影响，盆地晚白垩世深水扇体系表现为向岸退积特征。盆地深水扇体系发育深水水道、溢岸及决口朵叶、末端朵叶、滑塌体等多种沉积亚相类型。与西非古近系—新近系大型深水扇相比，上白垩统深水扇沉积相在组成特征上差别不大，差别主要体现在深水扇体系规模上，这也直接限制了盆地深水油气勘探潜力（黄兴文等，2015c）。

目前，在里奥穆尼盆地已有的油气发现几乎都集中在上白垩统，油气成藏具有3个最显著的特征：（1）浊积砂体特别是浊积水道砂体是主要的储集体；（2）盐底辟、重力滑脱对圈闭形成和油气运移具有重要影响；（3）良好的运移通道是油气成藏的重要条件。所以里奥穆尼盆地陆架斜坡区具有较好的生储盖条件，其勘探潜力在于寻找有利圈闭，特别是有油源通道的有利圈闭。

从储集类型来看，里奥穆尼盆地因不同浊积相带形成时浊流的水动力条件强弱不同，所以不同浊积相带储层的物性条件明显不同。但是主要沉积相单元为浊积水道和溢岸沉积，在地貌、测井及地震相上具有明显的分布规律及表现形式。可将里奥穆尼盆地上白垩统深水浊积体系划分为4种沉积微相组合：（1）浊积水道复合体；（2）叠置的浊积水道和溢岸沉积；（3）浊积水道和朵叶；（4）浊积水道前缘和席状体。这种沉积组合在时空发展演化中，伴随着沉积时的底形坡度、浊流的能量及其他因素耦合影响，产生不同主体相的沉积微相组合。最有利相带主要以前两种沉积相组合为特征。盆地康尼亚克期—坎潘期盐底辟和滑塌造成的不规则地形影响浊积砂质沉积物的运移路径，浊积水道上游部分在构造低地间迂回旋转。因此，从有利储集相带来看，斜坡中上部盐隆及滑塌发育区的浊积水道充填砂体是有利的深水勘探目标。

从层位看，上白垩统为里奥穆尼盆地深水盐岩构造区的主要勘探层系。里奥穆尼盆地晚白垩世深水扇沉积时期，盆地阿普特阶盐岩已开始活动或形成一系列近南北向或北北东—南南西的盐构造，盐构造对晚白垩世深水扇沉积有一定的控制作用，深水扇局部走向和砂体分布受到盐构造影响，导致盐构造长轴走向往往与深水扇延展方向平行，因此，盆地内盐构造低部位或者盐拱等的围斜部位往往沉积厚度较大的深水扇砂体，而构造顶部砂岩厚度普遍较薄。这种构造与砂体配置关系导致盆地以寻找低部位的岩性或构造—岩性油气藏为主，也在一定程度上限制了该盆地的油气藏规模和储量。古近系—新近系虽已有钻井揭示了其含油气性，由于距离下部烃源岩较远，且盆地不发育大规模的断层，运移难度相对较大，因此其勘探潜力较小。西非古近纪—新近纪大型深水扇沉积往往晚于盐（泥）构造形成期或最终定型期，在盆地整体向西倾斜的背景下，南北向或北北东—南南西向盐（泥）构造与东西向砂体垂直相交，形成东西下倾、南北尖灭的岩性—构造油气藏，构造高部位与厚层砂体叠合较好，易形成规模较大的油气藏（黄兴文等，2015c）。

里奥穆尼盆地西部斜坡中下部地层为二维地震资料覆盖区，水深大多在1500m以深，且没有钻井钻遇。由于斜坡区长期处于稳定的区域构造背景，缺乏构造活动，为平缓的深水平原环境，白垩系浊积砂岩形成条件相对较差，加之缺乏沟通深部油源的通道，所以成藏条件较差。在里奥穆尼盆地东部的斜坡中上部地层重力滑脱与盐拱构造带内（图4-39），构造样式丰富，是各类圈闭的集中发育区。由于重力滑脱和盐底辟的发育，产生的各类断层和裂缝成为有效的运移通道，成藏条件较好，在该带已有多个油气发现，著名的 Ceiba 油田就位于该带，同时又是三维地震资料覆盖区。综合以上多方面的因素，盆地东部的重力滑脱与盐拱构造带应该是最有利的勘探区带。

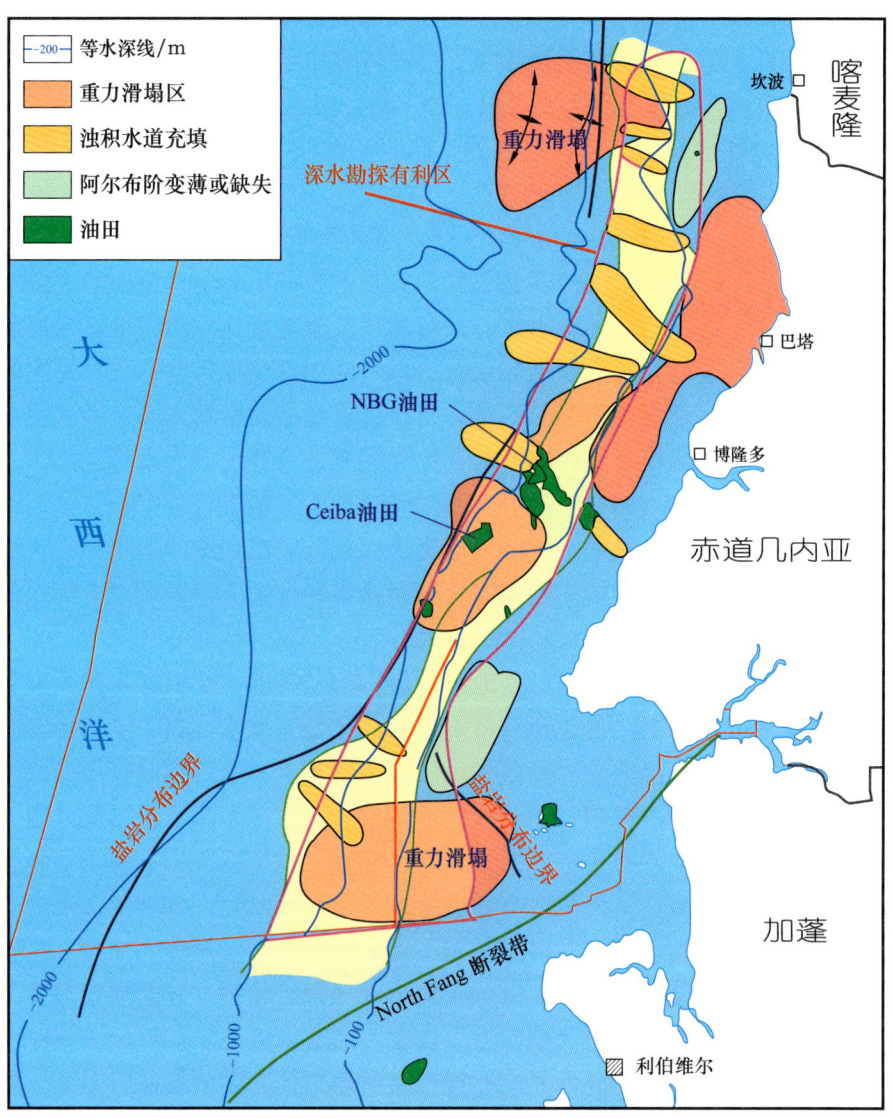

图 4-39　里奥穆尼盆地东部的重力滑脱、盐拱构造带分布图（据 Turner，1996）

四、加蓬盆地油气地质特征

加蓬盆地是南大西洋被动大陆边缘的含盐盆地，盆地被下白垩统阿普特阶盐岩划分为盐上、盐下两个构造层序。加蓬盆地由 3 个二级构造单元组成，以恩科米转换断层、兰巴雷内高地为界分为南加蓬次盆、北加蓬次盆和内次盆（图 2-5）（赵红岩等，2017）。

1. 烃源岩

加蓬盆地已经证实存在盐下、盐上两大套主力烃源岩，盐下为裂谷层段的富含有机质的 Kissenda 组和 Melania 组烃源岩。盐上为 Anguille 组海相页岩和 Azile 组海相页岩。

1）盐下烃源岩

主要为巴雷姆阶 Melania 组及贝里阿斯阶—欧特里夫阶 Kissenda 组湖泊相页岩。

Kissenda 组页岩，厚 500~700m，TOC 为 0.6%~2.23%（Kuo，1994），平均为 1.5%~2%；干酪根为Ⅲ型和Ⅱ—Ⅲ型，以生气为主（图 4-40、图 4-41）。

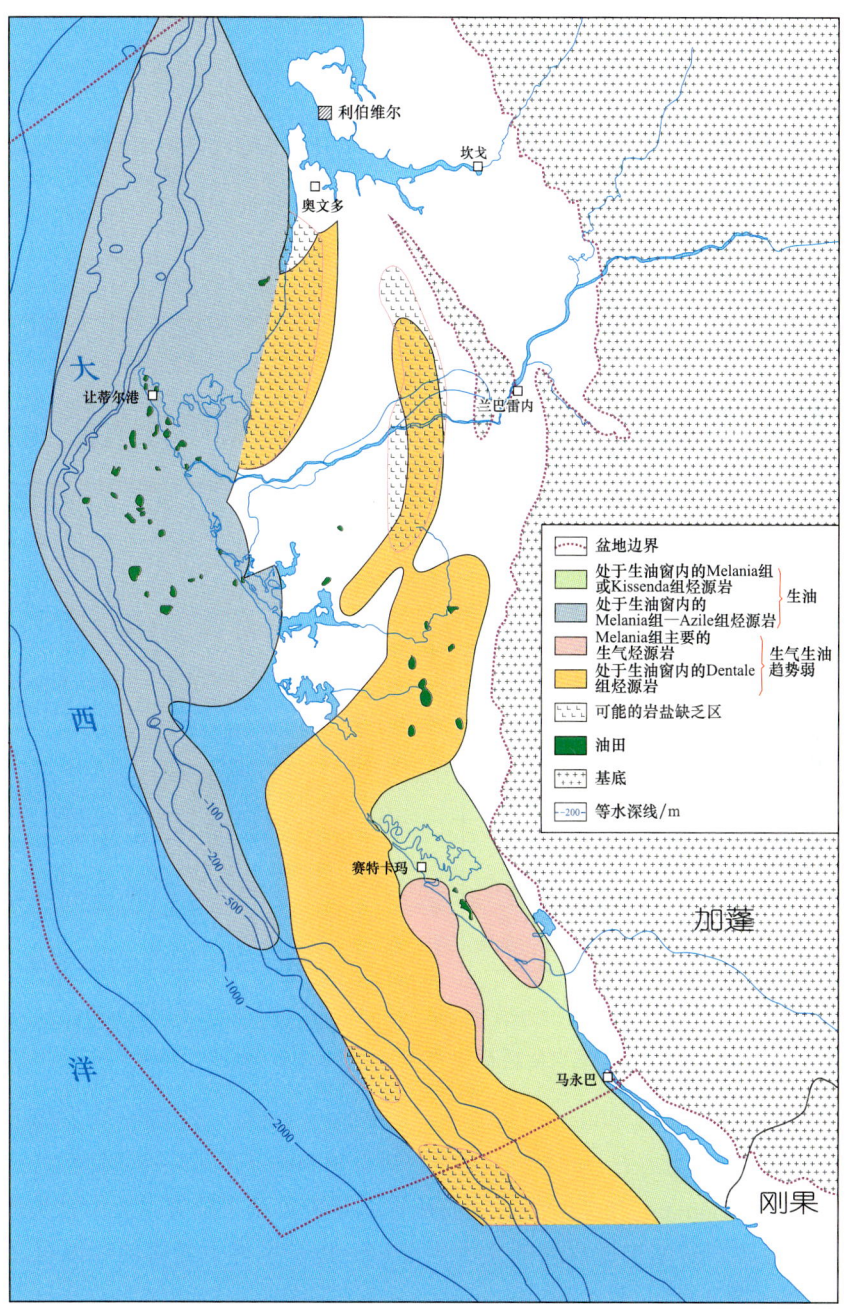

图 4-40　加蓬盆地主要烃源岩分布（据 Joyes，1995）

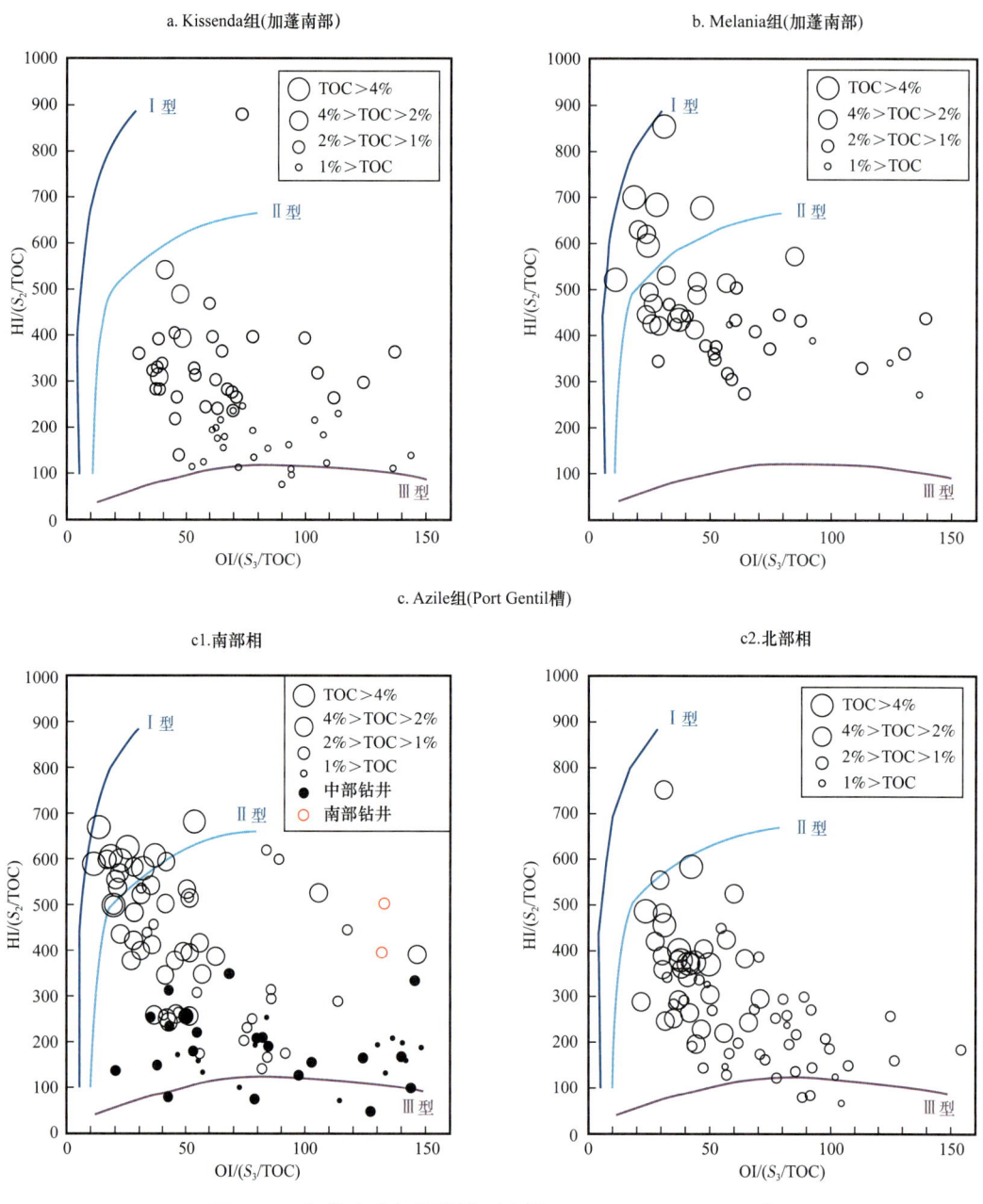

图 4-41 加蓬次盆烃源岩类型（据 Teisserenc et al., 2000）

Melania 组页岩，厚度 800~1600m，TOC 平均为 6.1%，最高可达 20%（Teisserenc et al., 2000），生烃潜力好；有机质类型以Ⅰ型（约 50%）和Ⅰ—Ⅱ型为主，为油源岩，有机质的类型随 Melania 组沉积环境改变而变化，其中Ⅲ型干酪根主要沿盆地周缘近物源区分布。该套油源岩是南加蓬次盆的主力烃源岩，也是世界上最富的烃源岩之一，其 R_o 为 0.5%~1.0%（图 4-41、图 4-42）。

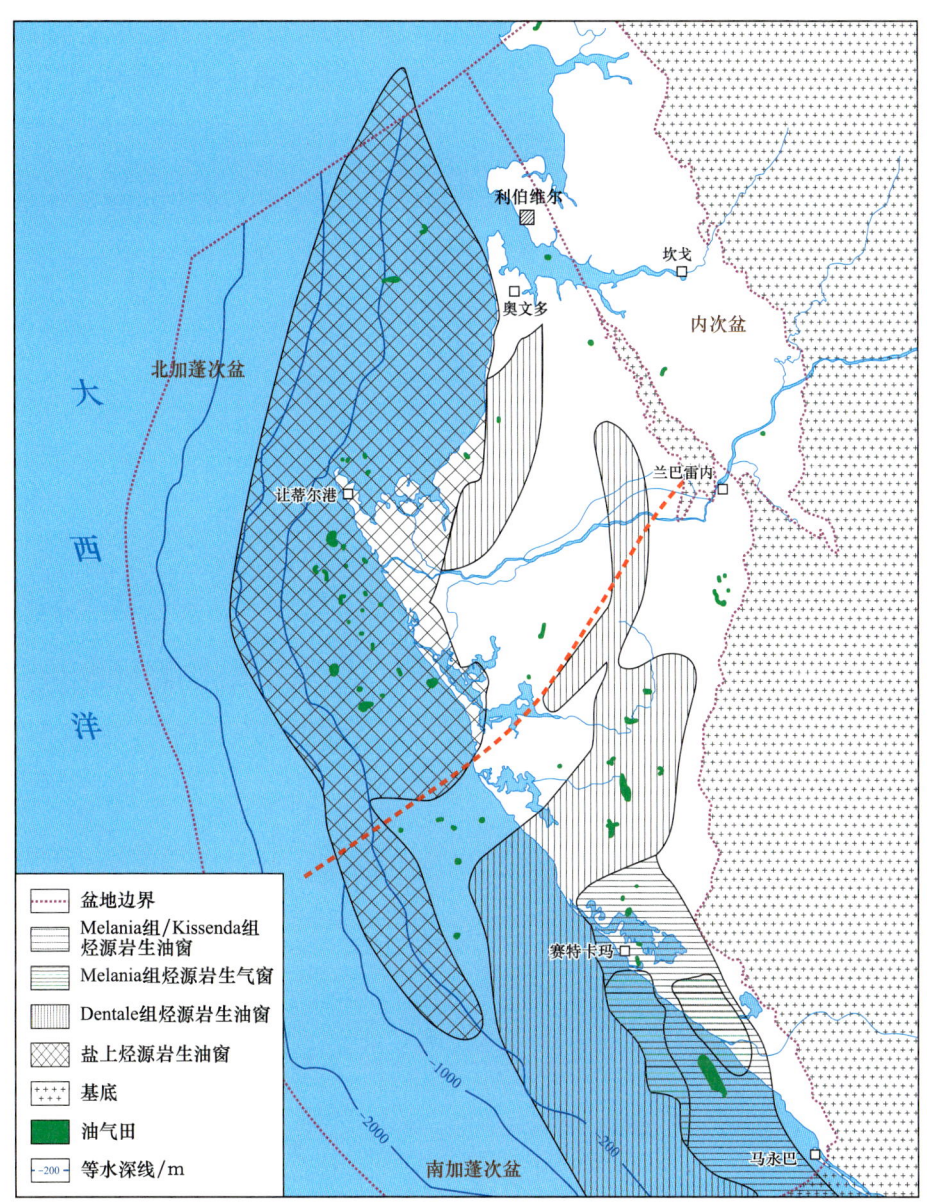

图 4-42 南部次盆 Melania 组顶成熟度（据 Teisserenc et al., 2000，黄兴文等, 2015b）

2）盐上烃源岩

盐上烃源岩主要为土伦阶 Azile 组和圣通阶 Anguille 组海相页岩，其次是局部分布的阿尔布阶 Madiela 组和塞诺曼阶 CapLopez 组页岩。

Anguille 组海相页岩分布广泛，TOC 一般超过 3.0%，生烃潜力一般超过 10mg/g，生烃指数远远大于 400mg/g（Katz et al., 2000），具有较大的生烃潜力。

Azile 组海相页岩广泛分布于让蒂尔港近海的广阔地区，而且根据有机质类型可以分为 3 个岩相。该组烃源岩是北加蓬次盆的主力烃源岩，在中新世成熟。南部海相 Ⅰ—Ⅱ 型干酪根最丰富，TOC 最高；北部海相由混合的 Ⅱ—Ⅲ 型和 Ⅲ 型为主，TOC 平均为 3%～5%，中北部较南部稍低；中部海相显示以 Ⅲ 型为主，TOC 最低（图 4-41、图 4-43）。

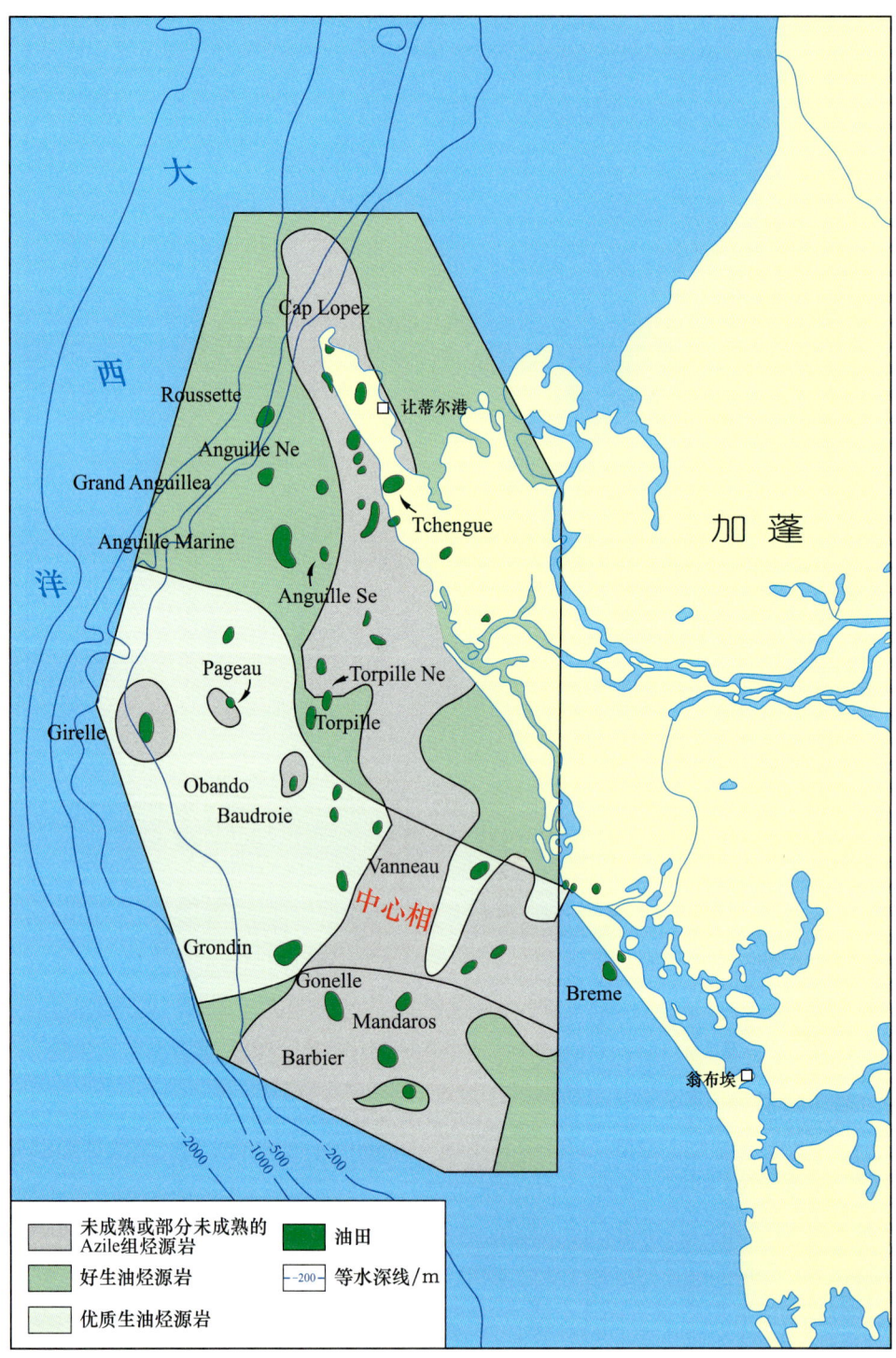

图 4-43 加蓬盆地 Azile 组烃源岩成熟度分布图（据 Joyes, 1995; Teisserenc et al., 2000）

2. 储层

盆地主要发育 4 套储层，主要分布在盐下及盐上层序中。

1）盐下储层

与其他西非盐盆不同，加蓬盆地盐下以砂岩储层为主，各个地层均有油气发现，其中主要储层为阿普特阶的 Gamba 组砂岩和 Dentale 组砂岩。

Gamba 组储层是加蓬盆地盐下重要储层之一，岩性为河流相—三角洲相砂岩，呈席状展布（图 4-44a）。储层厚度为 0～60m，以原生孔隙为主，孔隙度平均为 25%，渗透率为 100～5000mD，储层物性好。在 Rabi 油田揭示的 Gamba 组储层埋深约为 1000m，孔隙度为 18%～28%，渗透率为 100～5000mD。在相邻的下刚果盆地 Etame 油田中揭示 Gamba 组储层埋深约为 1800m，孔隙度为 30%，渗透率达 1500mD。

Dentale 组储层为盐下断坳转换期准平原化沉积，自下向上发育湖泊相—三角洲相—河流相（图 4-44b）。该组储层在区域上广泛分布，仅在局部高地遭受剥蚀。Dentale 组厚度平均为 1500m，其中砂岩厚度最大可达 1000m。纵向上储层下部泥质含量增多，优质储层在上部，平面上向海方向泥质含量增加，储层物性变差。Rabi 油田揭示砂岩厚度最大为 1000m，为未固结、未成岩的细粒—粗粒砂岩，净毛比高，为 0.7～0.9，储层埋深约为 1000m，孔隙度为 22%～32%，渗透率为 500～5000mD（黄兴文等，2015a；赵红岩等，2017）。

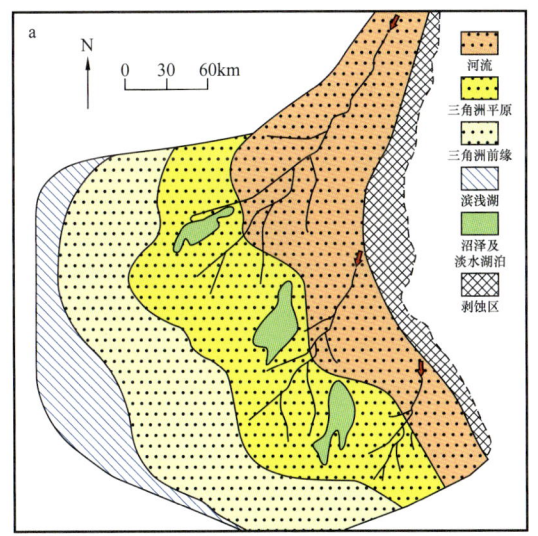
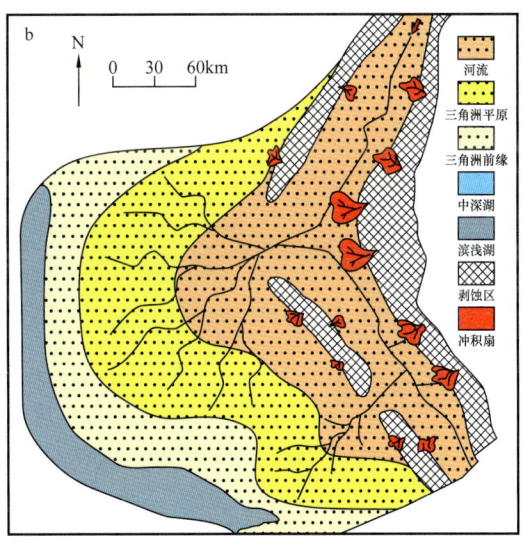

图 4-44 南加蓬次盆 Gamba 组沉积相平面图（a）及南加蓬次盆 Dentale 组沉积相平面图（b）
（据黄兴文等，2015a）

2）盐上储层

主要为浊积砂体，河道—三角洲砂体及碳酸盐岩。其中浊积岩储层是盐上最重要的储层（图 4-45），在上白垩统的 Anguille 组、Pointe Clairette 组和 Batanga 组均有发现，盆地 69% 的储量来自于这些储层。浊积岩储层的孔隙度高达 24%，渗透率高达 700mD，其分布受控于控制浊积体的断层带或盐隆。

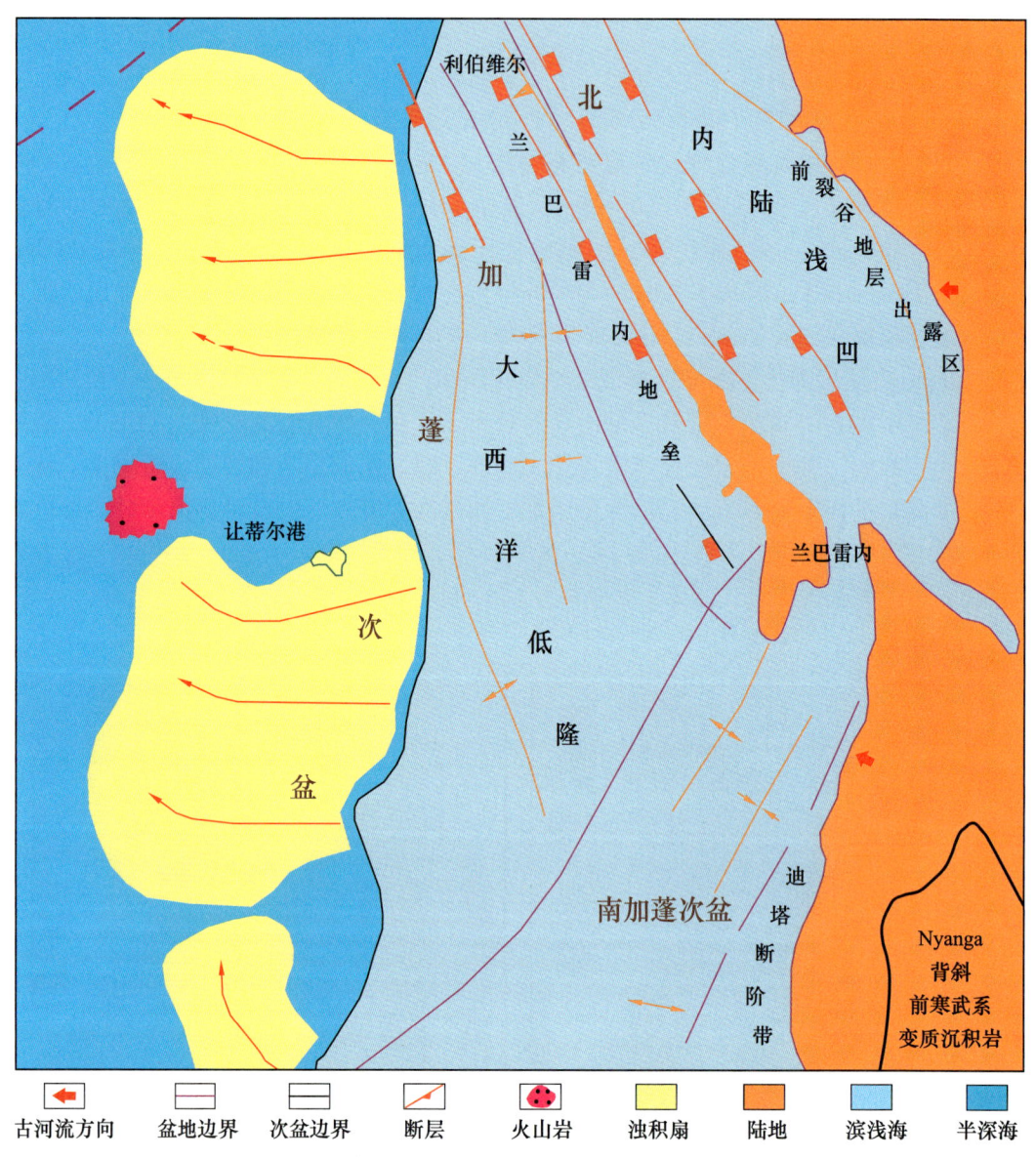

图 4-45　北加蓬次盆 Anguille 组浊积岩分布（据郭念发，2015）

3. 盖层

1）盐下盖层

主要为阿普特期的 Ezanga 组盐岩，为区域性盖层。Ezanga 组的盐层为高品质盖层，其厚度大小直接影响烃类从盐下向盐上储层的运移，只有在盐层不发育或盐层足够薄能形成盐窗时才可能发生运移。这可能是盐下形成油气富集的主要原因。

2）盐上盖层

盐上盖层为与储层同期沉积的泥页岩。从盖层分布情况分析，大致以第三枢纽带为界，以东为陆棚区，由于后期抬升剥蚀较为严重，盖层在大部分地区遭到破坏；以西为深海盆地区，盖层条件较好。

4. 圈闭

加蓬盆地有很多产油的圈闭，绝大部分圈闭与盐有关，仅有一小部分为中新统的河道砂岩地层圈闭。油田和储量按圈闭类型的分布统计结果显示：深部非刺穿盐丘和龟背斜圈闭中的油气占总可采储量的53%，刺穿盐丘的顶部和翼部圈闭中的油气占总储量的10%，盐下背斜圈闭中的油气占总储量的31%，倾斜的削蚀裂谷期断块圈闭中的油气占总储量的5%，中新统河道砂体地层圈闭中的油气占总储量的1.5%（图4-46、图4-47）。

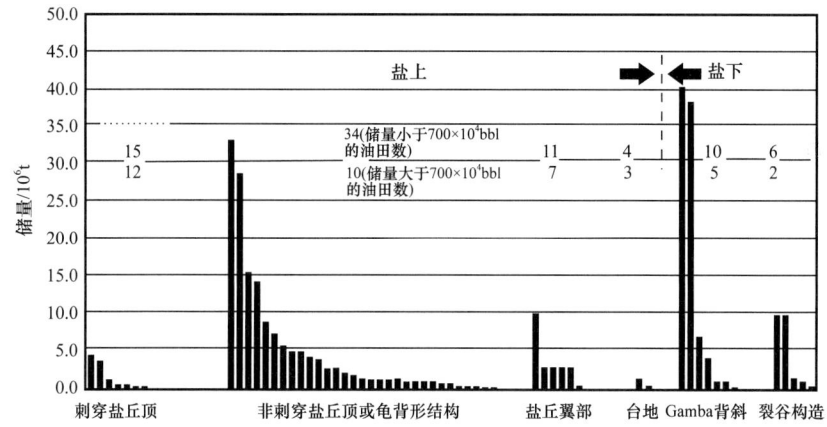

图4-46　加蓬盆地按圈闭类型统计的油田分布（据Teisserenc et al.，2000）

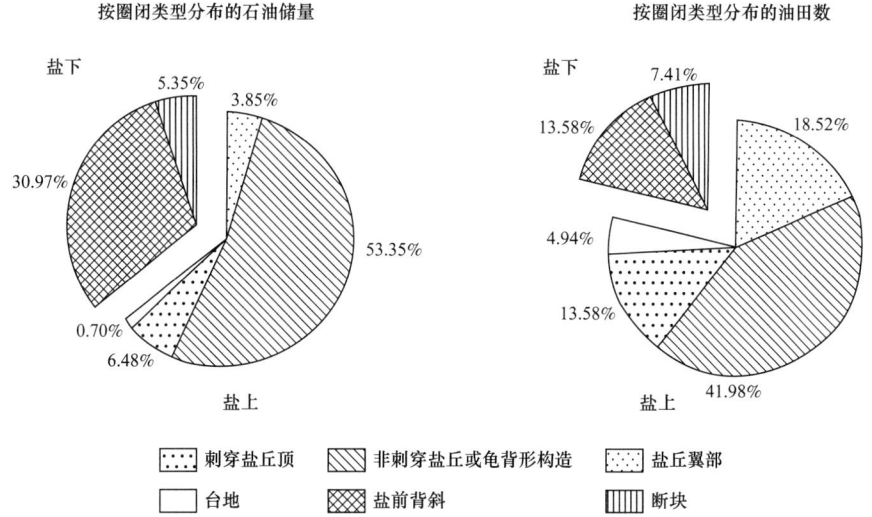

图4-47　加蓬盆地按圈闭类型统计的石油储量和油田数分布（据Teisserenc et al.，2000）

南加蓬次盆主要圈闭类型为构造圈闭和岩性—地层圈闭,在断层带附近,断层的侧向遮挡易于形成断层圈闭,在白垩系顶部不整合面附近,受不整合遮挡、盐封盖及砂体的侧向尖灭,可形成岩性—地层圈闭。圈闭自早白垩世贝里阿斯期—欧特里夫期开始发育,在下白垩统Kissenda组、Melanie组中生成油气。油气沿断层面纵向或在输导层内横向运移,由于储层与烃源岩的配置关系不同,可分为下生上储和自生自储油藏。

北加蓬次盆沉积物以浊积砂体为主,圈闭类型以台地边缘大的断崖和断层带控制下的岩性—构造圈闭为主。同时部分构造圈闭的形成与阿普特期盐岩活动有关,盐隆和盐底辟活动有利于圈闭的形成。侧变式和自生自储是其主要的成藏组合。

5. 成藏组合

加蓬盆地主要的产油气构造单元分布在北加蓬次盆和南加蓬次盆。由于沉积及构造特征不同,南、北次盆油气分布存在明显差异,其中南加蓬次盆以盐下成藏组合为主,北加蓬次盆以盐上成藏组合为主。

1)盐下成藏组合

烃源岩为Melania组湖泊相页岩、Kissenda组页岩,该套烃源岩一般在晚白垩世达到生烃高峰,生成的油气通过断层和不整合面运移至Gamba组砂岩和Dentale组砂岩储层中,与Ezanga组蒸发岩盖层形成良好的生储盖组合(图4-48)。构造主要为欧特里夫期到中巴雷姆期形成的背斜构造及断块构造,形成构造油气藏。该种油气藏类型主要发育在南加蓬次盆,且向南层位相对变老。由于生烃高峰在晚白垩世,圈闭的主要形成期在早白垩世,成藏组合的关键时刻是早白垩世末或晚白垩世早期,该套油气系统具有良好的成藏配置关系(图4-49)。

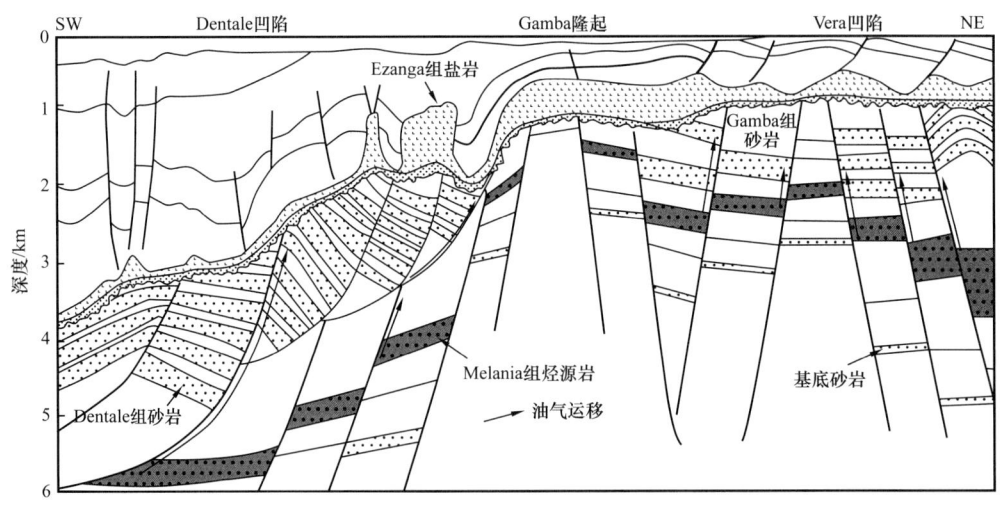

图4-48 加蓬盆地盐下油气成藏模式(据黄兴文等,2015a)

加蓬盆地盐下层序可以分为上、下两套储盖组合。上组合是加蓬盆地盐下最重要的储盖组合,其中发现的油气可采储量达25.8×10^8bbl(油当量),占加蓬盆地盐下总发现的 88.4%（图 4–50）。上组合以下白垩统阿普特阶 Gamba 组、Dentale 组储层为主，上覆 Vembo 组泥岩、Ezanga 组蒸发盐岩为盖层。下组合中发现的油气可采储量为 3.39×10^{8}bbl（油当量），占盆地盐下总发现的 11.6%（赵红岩等，2017）。下组合以下白垩统贝里阿斯阶—欧特里夫阶基底砂岩和 Kissenda 组、Lucina 组储层为主，上覆 Melania 组湖泊相泥岩为盖层。

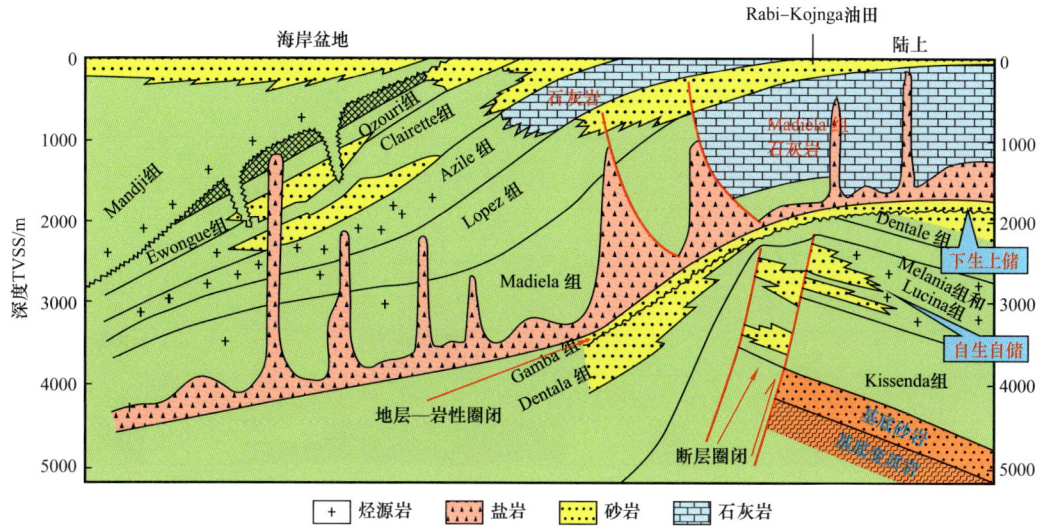

图 4–49　南加蓬次盆圈闭特征及成藏组合（据 Massonnat，1992；李莉等，2005；Teisserenc et al.，2000）

系	阶	组	可采储量/10^6bbl
古近系			171.63
白垩系	马斯特里赫特阶	Batanga组	1126.00
	坎潘阶	Pointe Clairette组	120.73
	康尼亚克阶—圣通阶	Anguille组	1084.78
	土伦阶	Azile组	52.47
	塞诺曼阶	Cap Lopez组	83.00
	阿尔布阶	Madiela组	156.52
	阿普特阶	Eadiela组	盐岩
		Gamba/Dentale组	2580.23
	贝里阿斯阶—巴雷姆阶	Lucina组	85.00
		Kissenda组	83.63
		基底砂岩	170.57

图 4–50　加蓬盆地各储层内发现的可采储量规模统计图（据赵红岩等，2017）

2）盐上成藏组合

盐上成藏组合以 Azile 组海相页岩为主要烃源岩（图 4-51），次要烃源岩为 Melania 组湖相页岩、Kissenda 组页岩，该套烃源岩在中新世达到生烃高峰，生成的油气通过盐刺穿、断层和不整合面运移至 Anguille 组砂岩和 Batanga 组砂岩储层，层间页岩为局部盖层，形成构造油气藏或岩性构造复合型油气藏或岩性油气藏，其中构造油气藏的规模较大。该种类型的油气藏主要发育在北加蓬次盆，也是加蓬盆地海上油气藏的主要类型。由于生烃高峰在中新统以后，圈闭形成期在晚白垩世末期，成藏组合的关键时刻是中新世末或上新世初，因此该套油气系统具有良好的配置关系。

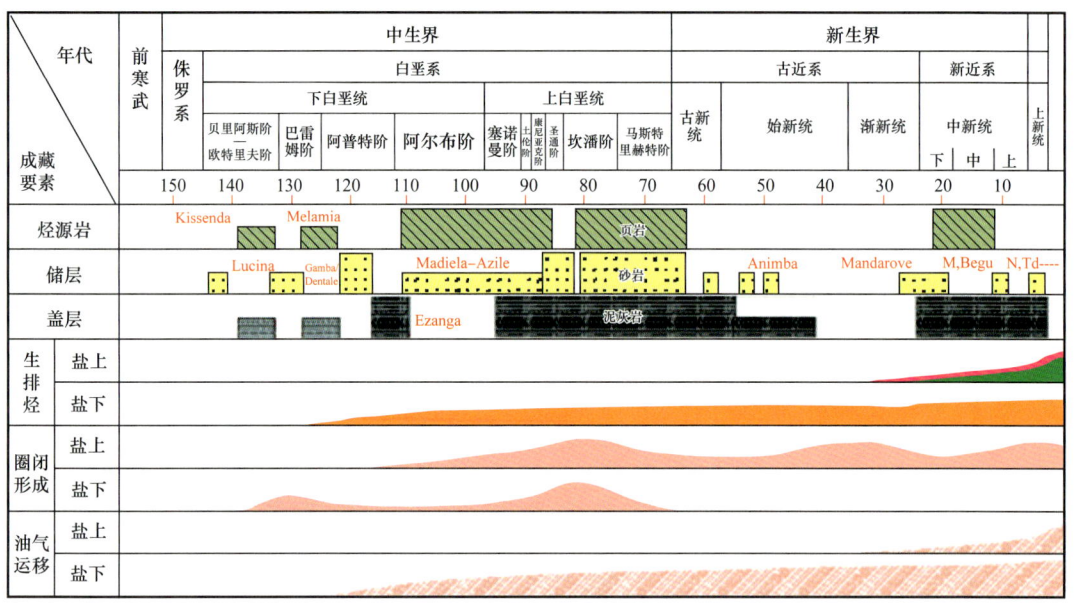

图 4-51　加蓬盆地成藏组合事件图（据 Katz et al.，2000）

6. 勘探潜力分析

受区域构造和沉积充填的影响，加蓬盆地的油气藏分布在平面上从南向北含油气层位逐步变新。在东西向上从陆向海，含油气层位逐步变新；纵向上，分盐下和盐上成藏组合。盐下属裂谷层系，圈闭受断层影响大；盐上属被动大陆边缘层系，圈闭主要受盐的构造活动的影响；其油气藏类型有较大的差别，油气成藏控制因素也不尽相同。

作为主要含油气盆地的南、北加蓬次盆，其油气分布规律也有各自的特征。其中南加蓬次盆以盐下裂谷期沉积为主，断层发育，形成一系列从陆上向海方向呈阶梯状下降的地堑、地垒相间构造，以正断层为特征。盐上地层原始沉积较薄，后期又抬升剥蚀，使盐上烃源岩沉积厚度小，埋深有限，大部分未成熟，而盐下断裂大部分未切穿盐层，盐下生成的油气难以穿过盐层运移至盐上，只有靠近北加蓬次盆盐上生烃中心的局部地区可能有小规模的勘探潜力。目前南加蓬次盆主要勘探目标是盐下成藏组合。

北加蓬次盆主体位于海上，油气发现也主要分布于海上（图 4-52）。该次盆以盐上被动大陆边缘期沉积为主,沉积厚度大,盐岩层发育,向海方向逐渐加厚,烃源岩以盐上 Azile 组为主,可能有盐下烃源岩的贡献。几乎所有构造均与盐的活动有关,形成各种与盐的底辟作用有关的圈闭,另外,发育有滑塌构造。该盆地由于盐下埋藏较深,钻探难度较大,因此,盐下勘探受到一定的限制,勘探程度低,勘探潜力不明。而盐上生储盖组合条件好,圈闭发育,埋藏较浅,具有较好的勘探前景,目前北加蓬次盆勘探目标以盐上为主。

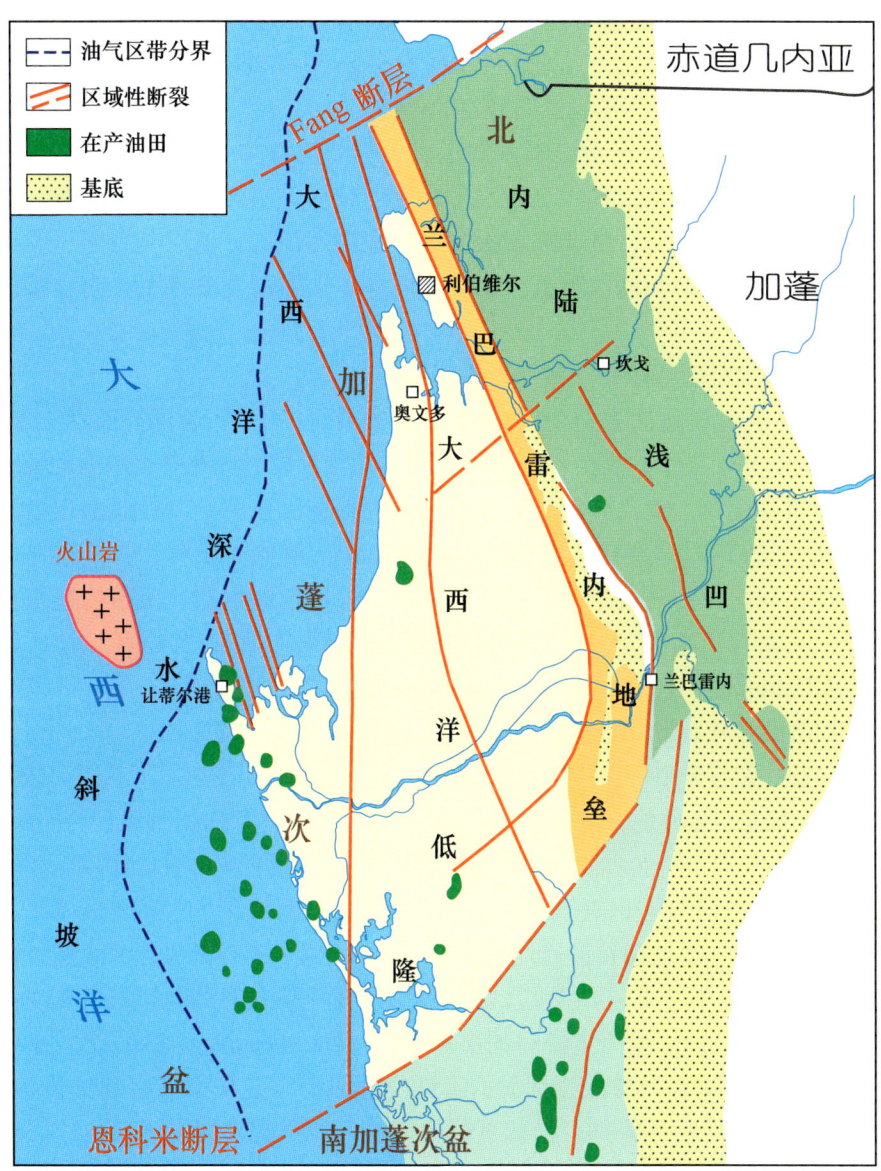

图 4-52 北加蓬次盆油气聚集带与油气分布(据郭念发,2015)

加蓬盆地盐下油气资源潜力丰富。据美国地质勘探局(USGS)2000 年估计,加蓬盆地盐下待发现油气资源量约 14×10^8 bbl,其中陆上待发现油气资源量 7.92×10^8 bbl,海上待

发现油气资源量 6.12×10^8 bbl。近年来的油气勘探进一步证实了加蓬盐下巨大的勘探潜力，尤其是海上的外裂谷带勘探潜力巨大。

盐下烃源岩为 Kissenda 组和 Melania 组页岩。其中，Melania 组属低能的湖泊沉积，广泛分布于加蓬盆地中，有机质丰度高、类型好，具有较大的生烃潜力，其分布特征表明，南加蓬次盆烃源岩主要处于生油窗，沉积中心处于生气窗。北加蓬次盆中部也是成熟的烃源岩，因此，盐下具有丰富的油气源。

储层以盐下 Gamba 组和 Dentale 组砂岩为主。两套储层以陆相—河流相—三角洲相砂岩为主，分布范围广，盖层为区域性分布的 Ezanga 组盐层，它是南加蓬次盆盐下层良好的区域盖层，为盐下油气富集提供了良好的条件。

盐下圈闭类型在南加蓬次盆以裂谷期形成的与断层相关的断背斜、断块构造为主。从地震剖面看出，在北加蓬次盆中，断层发育程度较低，与断层有关的断背斜等构造圈闭发育程度低于南加蓬次盆，且北加蓬次盆盐下地层埋深大，储层受后期压实等成岩作用影响大，储集物性较南加蓬次盆低。所以在同样生储盖配置条件下，南加蓬次盆勘探潜力优于北加蓬次盆。

（1）南加蓬次盆外裂谷带中—南部深水区：

地震资料显示南加蓬次盆外裂谷带中—南部深水区盐下地层厚度大，最大可达 6000m，盐下物质基础雄厚。剩余均衡布格重力异常显示该区域发育大范围的低重力异常区，且盐上地层厚度薄，综合分析认为发育盐下裂谷期沉积中心，是湖泊相烃源岩最有利的发育场所。最新钻井揭示该区 Gamba 组和 Dentale 组储层发育、物性较好；盐岩和盐上巨厚的海相泥岩作为盖层条件优越；与断层相关的掀斜构造、反转构造发育。油气成藏条件好，且勘探程度低，具有良好的油气勘探前景。2013—2014 年，该区域新钻探 2 口盐下探井 Dianman-1B 井、Leopard-1B 井均获成功。

（2）北加蓬次盆外裂谷带中—北部浅水区：

北加蓬次盆外裂谷带中—北部浅水区勘探程度低，2014 年才在盐下获得突破。钻井证实，该区域盐下烃源岩条件优越，烃源充足；盐下储层条件好，Gamba 组砂岩储层发育。

综合分析认为，加蓬盆地盐下有利勘探方向有以下 3 点：

① 以寻找大型气田为主。南加蓬次盆外裂谷带中—南部深水区和北加蓬次盆外裂谷带中—北部浅水区均位于外裂谷带。外裂谷带 Melania 组烃源岩具有埋深大的特征，现今处于高成熟—过成熟阶段，以生气为主，故上述 2 个有利勘探区带均以找气为主。

② Gamba 组、Dentale 组为主要目的层。Gamba 组、Dentale 组砂岩储层在沉积时处于湖平面下降阶段，湖盆碎屑供给量大，广泛发育河流—三角洲等有利储集相带类型，且埋深相对较浅，储层物性较好。而盐下其他储层，如早裂陷期 Kissenda 组、Lucina 组储层，在其沉积时处于湖平面快速上升阶段，以细粒沉积为主，粗碎屑相对不发育，仅在局部发育浊积砂岩储层，规模相对小，且埋深大，物性相对差。因此，Gamba 组和 Dentale 组是现阶段上述 2 个有利区带最现实、最有利的主力勘探目的层系。

③ 深大断裂附近的掀斜构造是有利勘探目标。断层相关构造是外裂谷带最有利的成藏圈闭类型，而加蓬盐下油气具有近源成藏的特征。因此，生烃灶内及周边紧邻深大断裂的掀斜构造是最有利的勘探目标类型（黄兴文等，2015a；赵红岩等，2017）。

盐上烃源岩以土伦阶 Azile 组海相页岩为主，其次局部分布的烃源岩为 Madiela 组和 CapLopez 组。Azile 组烃源岩为一套黑色泥岩、泥灰岩，是区域重要烃源岩。总体特征西部较东部生烃潜力大。北加蓬次盆海上中央带有部分烃源岩没有成熟。

储层以盐上 Anguille 组、Pointe Clairette 组和 Batanga 组砂岩为主。据沉积特征的研究，Anguille 组—Batanga 组—Pointe Clairette 组发育半深海—深海相背景下由断层—断崖控制的重力流沉积海底扇，具有较好的储集性能。

盐上成藏组合特征：储层发育受台缘断层—断崖控制，烃源充沛，圈闭的发育与盐有很大关系，主要为盐构造相关的构造圈闭、与盐丘的遮挡作用有关的断块圈闭等，有部分浊积体的岩性圈闭。由于盐上地层沉积时期的沉降中心在北加蓬次盆，所以南加蓬次盆盐上地层沉积厚度小，目前没有油气发现。

五、下刚果盆地油气地质特征

下刚果盆地位于加蓬、刚果、安哥拉（卡宾达省）、刚果民主共和国及安哥拉海域（图 4-53），盆地北部以马永巴隆起与加蓬海岸盆地为邻，南部以安布里什隆起与宽扎盆地为邻，东界为前寒武系基底，西界为陆架边缘。盆地面积为 $16.9×10^4 km^2$，主要位于海上（面积为 $15×10^4 km^2$），陆上面积仅为 $1.9×10^4 km^2$。

下刚果—刚果扇盆地目的层有盐下白垩系、盐上碳酸盐岩及古近系和新近系海底扇砂岩，其中盐上 2 套勘探层系勘探程度相对较高。该盆地的盐下勘探程度相对较低，在多套地层中发现了油气，但尚未取得重大勘探突破。

截至 2016 年底，下刚果盆地共有 244 个油气发现，其中陆上 42 个，海上 202 个，累计油气可采储量为 $293.5×10^8 bbl$（油当量），预探井成功率可达 37.9%。其中盐上 174 个油气发现，油气可采储量为 $266.9×10^8 bbl$，盐下获得 70 个油气发现，油气可采储量为 $26.6×10^8 bbl$（逄林安，2018）。目前，除在陆缘发现大量油气田外，在下刚果盆地也发现了一系列超深水区的油气田。这些油田多距离海岸 140～150km（31、32 及 33 区块），水深多超过 1500m，其中在 31 区块发现了水深超过 2000m 的普卢陶油田。32 区块水深也达 1540m，已有一口井日产油 6800bbl。在未来的几年内，随着勘探的深入，这些油田的产量将会有较大的增加。

下刚果盆地是西非地区的主要油气富集区之一，在西非中段沿海盆地中占有重要位置，有着较好的油气成藏条件。

1. 烃源岩

1）主力烃源岩

盆地盐下主力烃源岩为下白垩统贝里阿斯阶—巴雷姆阶湖泊相泥页岩，沉积于淡水—

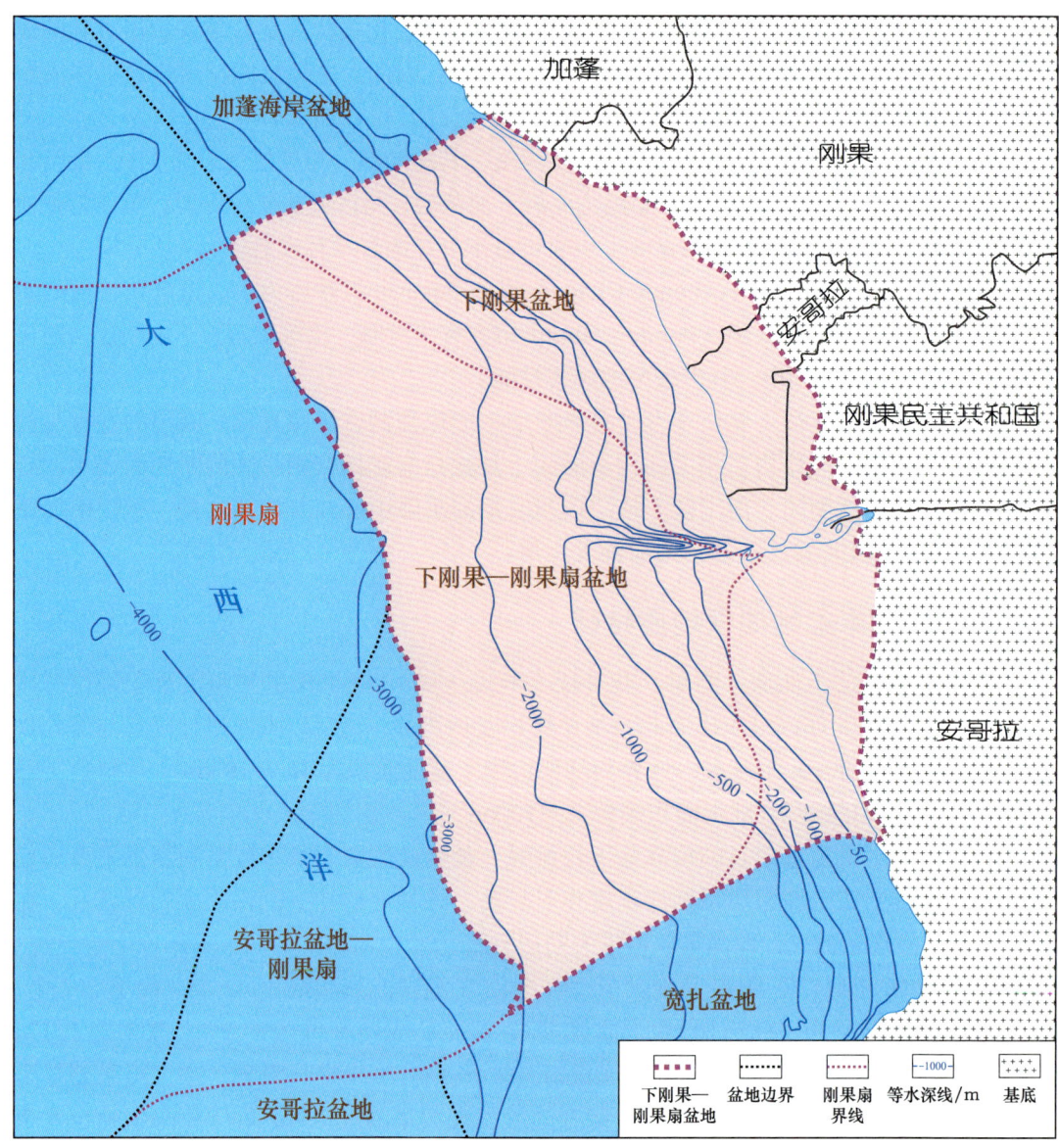

图 4-53 下刚果—刚果扇盆地位置图（据 Katz et al., 2000）

半咸水缺氧环境，呈棕色、灰色或黑色，有机质非常丰富。据研究 TOC 平均可达 7%，最大值超过 30%，S_2 为 2.6～29mg/g，平均 10mg/g；HI 为 256～598mg/g，平均 416mg/g；干酪根以 II_1 型为主（逢林安，2018），是一套优质烃源岩。该盆地浅水区 Takula、Emeraude 等油田钻探资料已揭示下白垩统贝里阿斯阶—巴雷姆阶的 Bucomazi 组（安哥拉）、Marnes Noires 组（刚果）湖泊相泥页岩（图 4-54），有效厚度约 430m，TOC 为 5%～11%，有机质类型为 I 型干酪根（含 II 型），地温梯度为 3.5～5.0℃/100m，生烃门限为 2000～3000m（赵红岩等，2012；黄兴等，2017）。

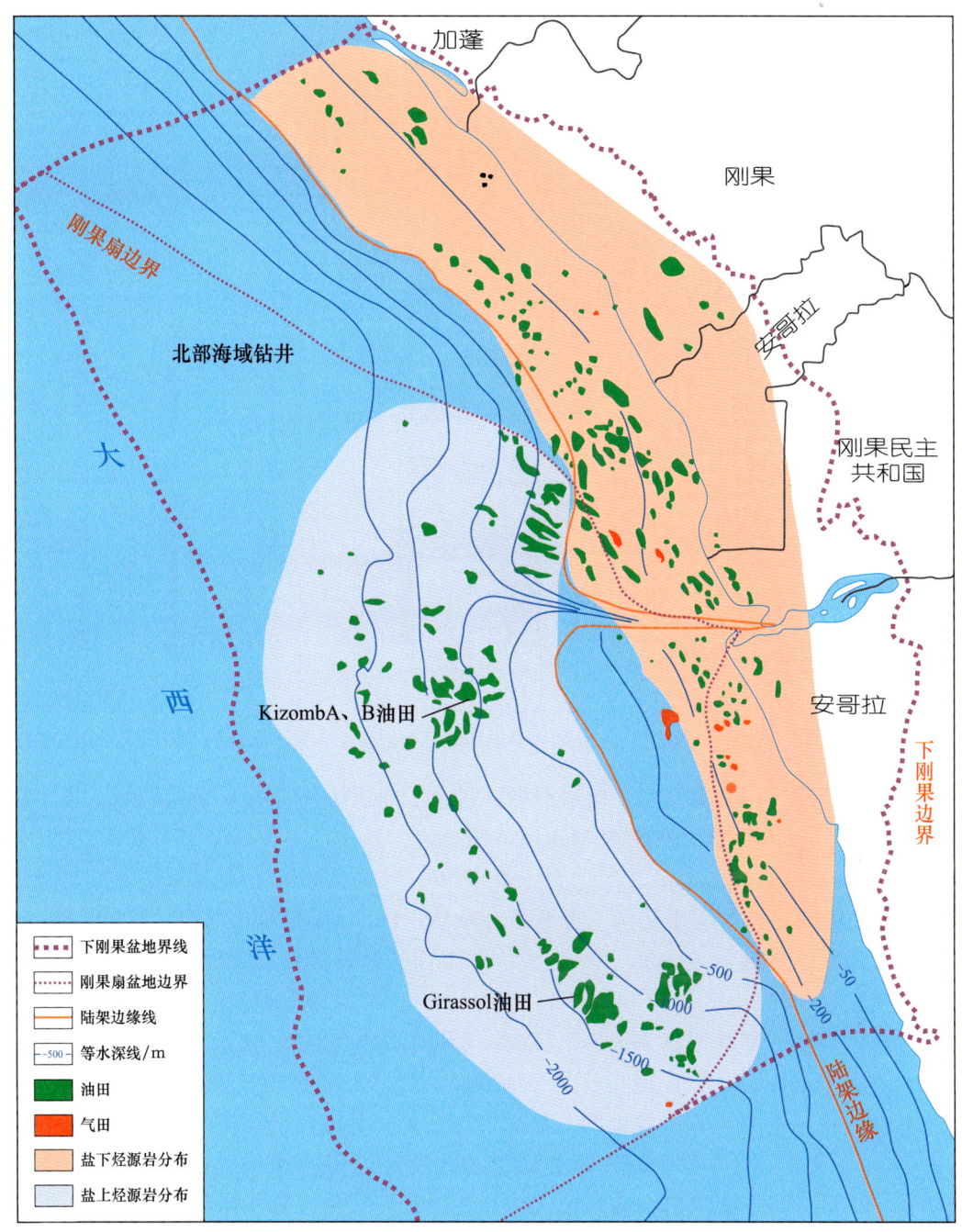

图 4-54 下刚果盆地有效烃源岩分布（据赵红岩等，2012）

Bucomazi 组烃源岩，TOC 大于 20%，最大值可达 30%。在安哥拉一带的卡宾达海域，TOC 多大于 2%，多为一般到较好的烃源岩（图 4-55）。这些湖泊相烃源岩的厚度及分布取决于非洲与南美板块分离过程中裂谷体系的演化过程。Bucomazi 组与早白垩世湖泊沉积伴生，为由裂谷作用引起的湖泊相边缘沉积体系。在安哥拉沿岸盆地，裂谷作用下形成了 Bucomazi 组及其同期沉积物。这一地区广泛发育裂谷期的烃源岩，富含有机质，其厚度可达 1800m（Mchargue，1990）。

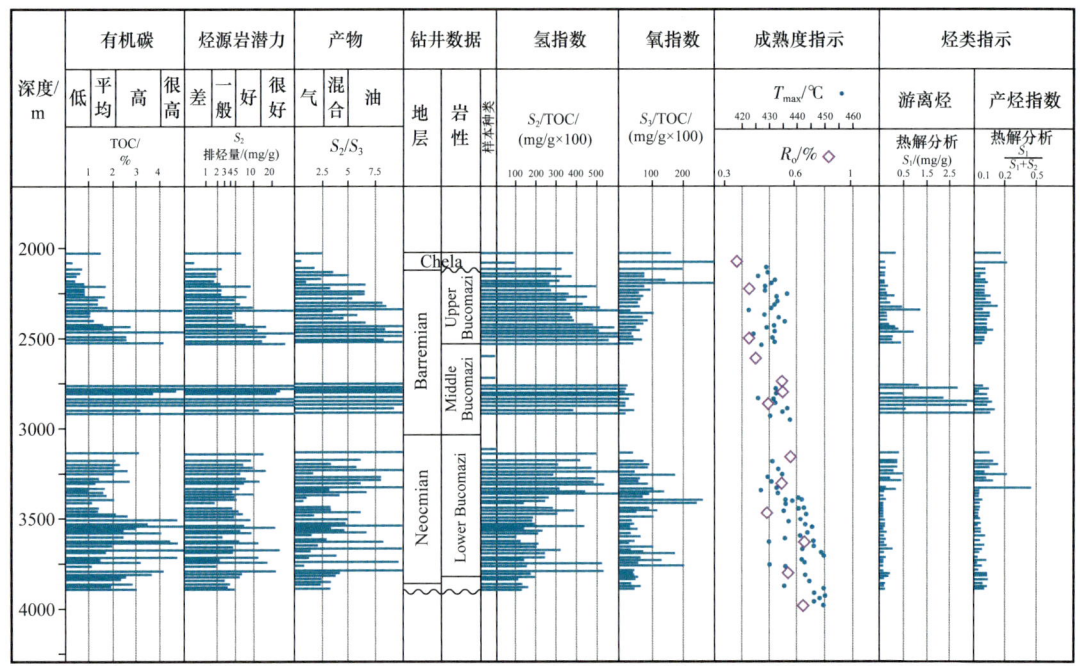

图 4-55　下刚果盆地盐下湖泊相 Bucomazi 组烃源岩地球化学剖面（卡宾达海域）（据 Harris et al.，2004）

盆地盐上海相层序中发育多套烃源岩，包括上白垩统—古近系 Molta Seca 组、Iabe 组、Landana 组，渐新统—中新统 Malembo 组页岩。其中，主要烃源岩为塞诺曼阶—古近系下层的 Iabe 组和 Landana 组烃源岩（图 4-56）。

盐上主力烃源岩为塞诺曼阶—古近系 Iabe 组—Landana 组海相泥岩。塞诺曼阶—土伦阶 Iabe 组页岩 TOC 超过 10%，具有极好的生油品质。古新统下层的 Landana 组页岩 TOC 为 4%，具有生油品质（Cole et al.，2000）。

下刚果盆地南部深水区 Girassol、Dalia 等油田钻探资料已揭示塞诺曼阶—土伦阶的 Iabe 组与 Landana 组（安哥拉）及 Madingo 组与 Likouala 组（刚果），TOC 平均值超过 4.6%，生烃潜力较高；盆地西北部深水区钻井资料也已揭示盐上烃源岩 TOC 平均值为 2%（图 4-57），具有中等—好生烃潜力，生烃门限为 3500～4000m（赵红岩等，2012）。Madingo 组烃源岩岩性为灰色泥岩与泥质灰岩互层，测井相自然伽马值为钟形、锯齿状，地震相表现为中低频、中高连续、强振幅。Madingo 组烃源岩沉积于晚白垩世土伦期—始新世，属于裂后期海相烃源岩，Madingo 组沉积速度极为缓慢，沉积厚度薄（200～600m），沉积时间跨度大（90—40Ma），属于典型的凝缩段沉积，总体发育暗色优质烃源岩（黄兴等，2017）。

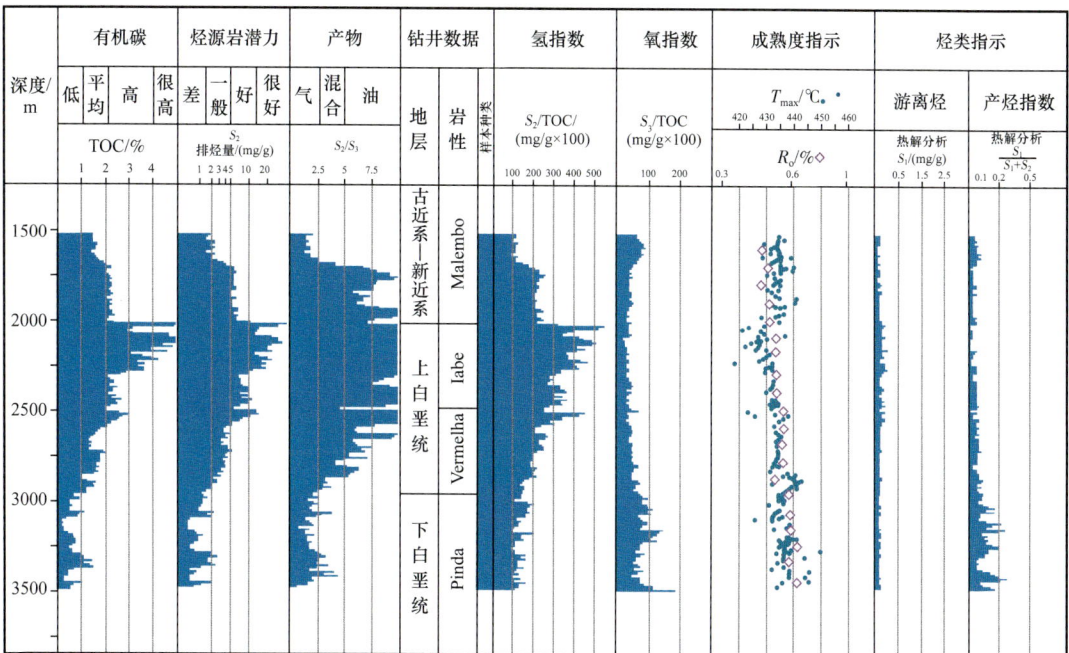

图 4-56　下刚果盆地（安哥拉）盐上 Iabe 组烃源岩地球化学剖面（卡宾达海域）（据 Harris et al.，2004）

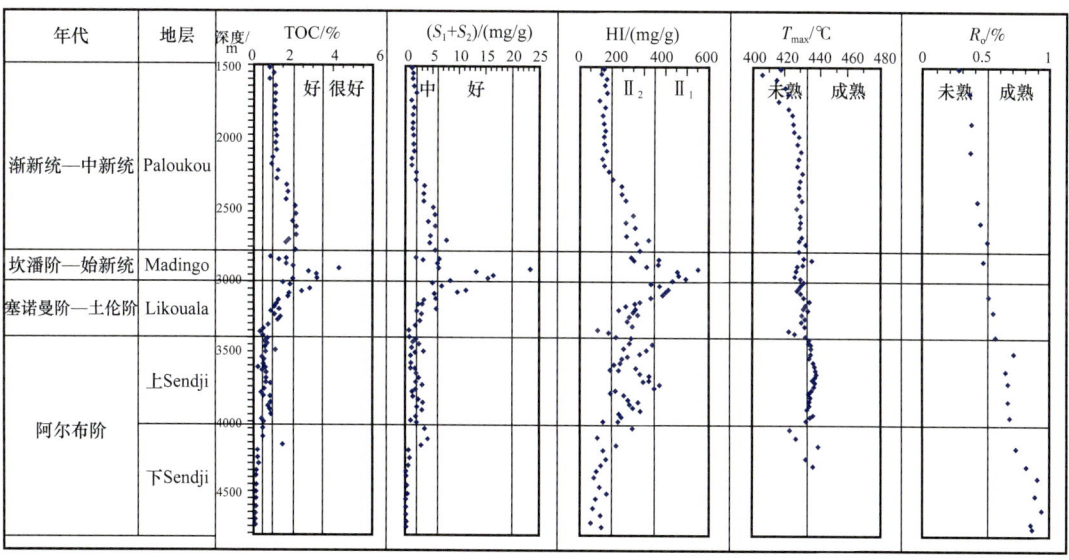

图 4-57　下刚果盆地 MOHM-1 井地球化学指标综合剖面（据赵红岩等，2012；黄兴等，2017）

2）次要烃源岩

下刚果盆地安哥拉海域的 Moita Seca 组烃源岩被认为是次要烃源岩（Cole et al.，2000），生烃潜力有限。深水页岩沉积发育在狭长水循环受限的沟槽中，与阿尔布阶碳酸盐岩台地为同期沉积。Moire Seca 页岩和泥灰岩的 TOC 最大可达 3.0%（Cole et al.，2000），具有一定的生烃潜力。到目前为止，钻井显示未成熟，但未钻遇埋藏更深或盆地盐上地层沉积更厚的地区。如果烃源岩有机质足够丰富，则在裂谷期烃源岩不发育或盐上烃源岩不成熟的地区，可为盐上储层供烃。它通过断层和夹层通道运移到同期形成的碳酸盐岩储层中，之后通过断层和盐层通道运移到更新的储层中。

3）烃源岩成熟度

盆地内盐下烃源岩生油窗上限在2000～3000m，而盐上海相烃源岩生油窗上限在3500～4000m。生油窗深度取决于沉降裂谷盆地轴部的位置。刚果盆地的裂谷体系，在巴雷姆阶地堑中心具有较高的地温梯度，之后在盆地边缘抬升和剥蚀过程中，生油窗沿盆地西侧移至较深的位置。盆地东边盐下烃源岩仍然未成熟，虽然古沉积厚度超过了2500m，这在盆地中心已达到成熟。

盐上烃源岩除了新近系的刚果扇沉积中心，只有未被证实的上白垩统—始新统烃源岩可能成熟。而在刚果扇埋藏最厚的地区，即使是早古新世沉积在盐滑筏地堑最深处的Malembo组页岩也能达到成熟。总之，裂谷期烃源岩除了盆地边缘以外都达到了成熟，而被动大陆边缘期烃源岩仅在拥有巨厚新生界沉积盖层处达到成熟，古新统烃源岩仅在刚果扇沉积最厚的地区达到成熟。

2. 储层

盆地发育盐下和盐上两套主力储层，主要为碎屑岩储层和碳酸盐岩储层。总体看来，下刚果盆地碎屑岩储层比碳酸盐岩储层储量大。被动大陆边缘期储层（盐上）和裂谷期储层（盐下）均是如此。阿普特阶过渡相储层仅发育Chela组/Gamba组砂岩。

1）盐下储层（侏罗系提塘阶—白垩系下阿普特阶）

盐下碎屑岩储层形成于陆相和湖泊相环境。它们直接来源于基底，主要为变质岩，部分为基底物质后期结晶或火山岩再造作用，或来自于砂岩和粉砂岩。砂岩矿物成熟度低，属近物源、近距离搬运，含有大量岩石碎片、云母、长石和黏土。因此除非孔隙中充满油气，否则成岩作用对该类储层的孔隙度、渗透率影响极大。已知的碎屑岩储层有早期裂谷系的Luculla组和Erva组（安哥拉）、Vandji组（刚果）、Djeno组（刚果）和Lucina组（加蓬），和中晚期裂谷系的Melania组和Dentale组（加蓬），以及Tchibota组（刚果）。

这些碎屑岩储层中，Luculla组中发现的储量最大。在安哥拉的卡宾达，Luculla组又被分为S-Lucula和L-Luculla单元（McHargue，1990）。S-Luculla单元一般结构成熟度和成分成熟度低，为长石砂岩到次长石砂岩，来源于结晶和变质基底，沉积环境为冲积扇（McHargue，1990）。与之相比，上覆的L-Luculla储层物性较好，为纯净、分选好、偶尔含云母的成熟石英砂岩，可能是沉积在高能环境，如湖泊相三角洲、沙滩和沿岸沙坝上经过改造的S-Lucula单元在湖面上升和下降过程中形成的S-Luculla冲积扇（McHargue，1990）。孔隙度和渗透率分别可达30%和700mD。

其他的盐下碎屑岩储层油气发现相对较少。Vandji组砂岩（刚果）为长石质、细—中等粒度、分选较差、局部含页岩或超薄层砾岩。沉积相类似S-Lucula砂，形成于陆相环境。

Erva 组和 Djeno 组砂岩为泥石流沉积，而 Erva 组储层致密，多数为泥质胶结玄武岩或砂质碎屑岩（McHargue，1990），其孔隙度和渗透率可能与邻近断层裂缝发育有关（McHargue，1990）。Erva 组唯一产油的地区是 Kali 油田（卡宾达）。Djeno 组砂岩储层中的烃应该来源于西部裂谷内部高点或边缘。

Lucina 组砂岩（加蓬）由细到极细粒泥质和含云母砂岩组成，为湖泊相浊积岩，沉积厚度超过 90m。这些砂岩易受石英加大、碳酸盐胶结和自生黏土发育的影响。在约 2000m 处，孔隙度降至 15%，渗透率降至 10mD（Teisserenc et al.，2000）。

Dentale 组上部砂岩储层厚度可达 200m，但向南储层物性变差，厚度递减，而且南部槽地中仅发育 Dentale 组下部地层。同样地，随埋深增加，孔隙度和渗透率迅速降低。刚果 Tchibota 组砂是刚果 Dentale 组储层的等效层，具有极好的储集物性：孔隙度最大可达 30%，渗透率可高达 1000mD。在刚果（布拉扎维）Menge 组砂岩中发现小规模储层，最好的井日产量为 400bbl，孔隙度为 10%～12%，而渗透率不超过 1mD。这其中只有三个地区可认为是油藏，但产量都很低。

之后一直到阿普特期准平原作用，在准平原上广泛发育席状向上变细的碎屑岩沉积，即加蓬盆地的 Gamba 组或安哥拉和刚果及刚果民主共和国的 Chela 组。砂岩储层分布在底部，具有明显的辫状水道特征，由底部砾岩向上变为细—粗粒具交错层理砂岩，顶部是未固结的砂。砂岩厚度 0～50m，向西减薄为厚度不足 10m 的泥质砂岩。

碳酸盐岩储层主要以藻丘或湖泊边缘建造的形式出现，如 Toca 组（安哥拉、刚果）和 Banio 组（加蓬）。碳酸盐岩储层的品质很大程度上取决于沉积后的白云化作用，而白云化作用取决于陆上暴露程度和水平面深度。

多数碳酸盐岩油气藏分布在安哥拉的卡宾达 Toca 油田，而在刚果的 Toca 组和南加蓬次盆的 Banio 组烃聚集量却很小。巴雷姆期—阿普特期的 Toca 组由石灰岩、白云岩和泥灰岩及稍少的页岩和砂质碳酸盐岩（McHargue，1990）组成，是 Bucomazi 组中段和上段的侧向同期产物。Toca 组沿湖泊高点发育特色的骨架碎片或偶尔在次高点发育浅滩，厚度从很小到 300m，骨架成分由藻类介形亚纲动物和瓣鳃动物碎片组成，也发育藻类叠层石。组构从泥粒状石灰岩到颗粒石灰岩。孔隙类型为湖平面处于低水位时引起的陆上暴露和（或）阿普特期准平原作用（Chela 组之下）形成的剥蚀面上形成的溶蚀孔隙和印模孔隙。准平原作用后，Toca 组沉积物的一部分具有凹陷地形，在随后的盐沉积旋回中逐渐接受沉积。卡宾达 Takula 油田盐下部分的 Toca 组可识别出窗格状孔隙和裂缝孔隙。这一油田的生产历史显示有效孔隙度为 16%～20%，局部渗透率高达 600mD（Dale et al.，1992）。在卡宾达的 Malongo 西油田，Toca 组石灰岩储层厚度超过 100m，渗透率为 1～10D。

2）盐上储层

盐上储层主要包括阿尔布阶碳酸盐岩储层和阿尔布阶、塞诺曼阶硅质碎屑岩、古近系—新近系浊积岩储层。

其中阿尔布阶—中新统Vermelha组砂岩储层是下刚果盆地的重要储层，在Wamba、Takula、Numbi和Vuko油田发育最好，为固结到固结较差的、细至粗粒的长石石英砂岩，潮坪环境。孔隙度和渗透率均值分别为25%（可达35%）和1000mD。最好的储层为滩砂、潮道砂和沙坝砂。浅滩砂孔隙度、渗透率平均值分别为28%、1500mD（Dale et al., 1992）。孔隙度和渗透率大小取决于白云岩胶结物的数量。潮道砂的孔隙度和渗透率稍低，分别为20%~25%和500mD（Dale et al., 1992）。同浅滩砂一样，储层物性在很大程度上取决于白云岩胶结物的多少。

塞诺曼阶的Tchala组砂岩也是刚果重要的储层，它代表了Likouala组的底部。Tchala组砂是白云质细到中细粒浅海相砂，并且是从下伏Sendji组穿时发展的。砂岩具有好到极好的储层物性，是Tchibouela油田和Tchibouela东油田主要的储层。Likouala组的碳酸盐岩储层和塞诺曼期近岸细到极细到粗粒砂岩储层中已有油气产出。

上白垩统其他沉积主要为安哥拉和刚果民主共和国Iabe组海相页岩。安哥拉全区广泛分布砂岩和粉砂岩及砂质石灰岩、白云岩互层，沉积环境为沿岸和陆架相，包括Azul段、Lago段和Mesa段，是Banzala和Maiongo北油田的主要储层，孔隙度和渗透率变化极大。储层物性在同沉积构造高点的高能浅水区一般较好，而向生长断层方向变差。刚果民主共和国包括Iabe组的砂岩和粉砂岩及土伦阶Kinkasi段的砂岩和黏土质石灰岩。塞诺曼期到早古新世期间，南刚果在盐构造顶部发育细粒砂岩和粉砂岩。塞诺曼期砂岩和Emeraude组裂缝高度发育的薄层碳酸盐岩是Emeraude油田的主要储层，其中的多数油被不渗透的泥质阻挡，只能通过碳酸盐岩裂缝输送到储层，裂缝不发育地区含油很少或完全不含油。

古新世、始新世和中新世浊积岩储层都存在于下刚果盆地（包括刚果扇覆盖区）。晚始新世浊积岩储层分布有限，仅在切谷和北安哥拉的Essungo平台区发育，后至现今的刚果河入口。平台上浊积岩厚度100~200m，含有大量未固结透镜状砂体。在安哥拉的Essungo油田（刚果扇覆盖区），浊积岩出现在Maiembo组，为始新世—古新世沉积，由不规则展布的、分选较差的细粒砂和与古切谷有关的砂岩组成，切谷是碎屑物注入的通道。油田资料表明储层的孔隙度为16.5%~23%，渗透率为139mD。古新世浊积岩在刚果河口发育更广泛，厚度超过1500m。在安哥拉的Bananeiral油田，浊积岩储层发育在盐隆起侧面，平均孔隙度和渗透率分别为17%和128mD。

碳酸盐岩储层（阿尔布阶—塞诺曼阶）主要分布在安哥拉的Pinda组或刚果的Senji组。Pinda组和Sendji组可以划分3个储层单元。

Pinda组下段在北安哥拉3区块主要为陆架边缘发育的高能环境条件下沉积的鲕粒白云岩和藻类白云岩，厚度不小于100m。储层物性取决于白云岩化作用、淋滤作用、硬石膏充填作用和裂缝发育情况。硬石膏充填部分孔隙使储层品质变差，而盐滑筏构造中未被填充的裂缝又增加了储层的渗透率。向西主要为MoitaSeca泥岩相，向东Bufala高能碳酸盐岩相的白云岩和硬石膏充填孔隙形成稍差储层。3区块的南部和北部，陆架边缘高能碳酸盐岩相在陆架相内部和外部不发育，仅局部发育高能陆架边缘相，碳酸盐岩储层物性也变差。Pinda组上段陆架边缘碳酸盐岩向东变为与Pinda组下段相似的沉积物，反映了海平面相对上升引起的剥蚀。在北安哥拉，Pinda组上段裂缝发育的白云岩和白云质砂岩储层由于硬石膏充填孔隙而成为非储层。Pinda组中段同样储层质量变差。卡宾达的Pinda组砂岩和白云质砂岩是最好的储层，多数沉积在近岸沙坝和浅滩（Dale et al., 1992）。砂岩孔隙度和渗透率均值分别为22%和150mD（Dale et al., 1992）。Pinda组石灰岩当孔隙度和渗透率由于溶蚀和（或）白云岩化作用而增加时也可成为储层，孔隙度为10%~20%，渗透率仅为10~20mD。

其他的储层还有Kungulo油田的Mayuma组碳酸盐岩储层，该组的砂质白云岩和白云质砂岩储层中产油，储层物性多为差到较差。

3. 盖层

Loeme组（安哥拉，刚果）或Ezanga组（加蓬）的盐层是下刚果盆地的主要盖层。其主要作用在于阻挡油气从盐下烃源岩向盐上储层运移。只有在盐层缺失或盐层足够薄形成所谓的盐窗时才能运移。盐层也增强了作用于Gamba组/Chela组砂岩圈闭上Gamba组/Chela组页岩的封闭能力。另外，盐构造能使盐层变薄而不能形成有效隔挡，所以尽管Gamba组/Chela组通常发育极好的储层，但也常常是散失带。

裂谷层系中，盖层主要为广泛分布的Bucomazi组湖泊相页岩，厚度足以形成封闭，这些湖泊相页岩可以作为封盖夹层。

盐上储层被广泛分布的下白垩统、上白垩统和古近系—新近系海相页岩封盖，如上阿尔布阶页岩。但更重要的盖层为超覆的下塞诺曼阶页岩。土伦期和塞诺曼期Iabe组厚层的海相页岩和它的同类沉积物是区域上重要的盖层，古近系—新近系Landana组和Malembo组页岩同样也是重要的盖层。

另外，盐下和盐上页岩、粉砂岩、泥灰岩或黏土质碳酸盐岩夹层也可形成重要的层内盖层。

4. 圈闭

依据圈闭的成因、形态、遮挡条件和储集岩岩性，可以将下刚果（刚果扇）盆地的圈闭分为构造圈闭、构造—岩性圈闭和构造—地层圈闭3个大类8个亚类，其中以构造圈闭和构造—岩性圈闭为主（表4-7）。据统计，在已发现的369个油气田中，属于构造圈闭的油气田有147个，占油气田总数的39.8%，可采储量为92546.85×10^{4}t油当量，占盆地总储量的23.2%；属于构造—岩性圈闭的油气田有207个，占油气田总数的56.1%，可采储量为300066.99×10^{4}t油当量，占盆地总储量的75.2%，其中深水浊积水道圈闭油气田储量占该类圈闭储量的72.6%；而构造—地层圈闭的油气田个数较少，规模较小，可采储量仅为6460.82×10^{4}t油当量，占盆地总储量的1.6%。

1）构造圈闭

下刚果（刚果扇）盆地发育多种类型的构造圈闭（图4-58），且以背斜圈闭为主（表4-7）。截至2013年在已发现的构造圈闭油气田中，仅有6个油气田为断层圈闭，可采储量为941.10×10⁴t油当量；属于背斜圈闭的油气田有141个，可采储量为91605.75×10⁴t油当量，占构造圈闭储量的99%。

（1）背斜圈闭：

背斜圈闭属于最常见的构造圈闭类型。在下刚果（刚果扇）盆地，发育简单背斜、穹隆背斜、披覆背斜、断背斜、盐构造滚动背斜和龟背斜等背斜圈闭，主要分布在白垩系。其中以简单背斜、盐构造滚动背斜和龟背斜圈闭为主，截至2013年发现可采储量为71450.68×10⁴t油当量，占构造圈闭储量的77.2%。

（2）断层圈闭：

断层圈闭是沿储层上倾方向受断层遮挡所形成。但单一的断层圈闭较为少见，可采储量为941.10×10⁴t油当量，仅占构造圈闭储量的1.0%，多数情况下断层常与岩性相结合形成构造—岩性复合圈闭（刘琼等，2013）。

表4-7 下刚果（刚果扇）盆地圈闭类型和储量丰度（据刘琼等，2013）

大类	亚类	小类	油气田个数	可采油当量/10⁴t	单个油气田最大储量/10⁴t	单个油气田最小储量/10⁴t	油气田平均储量/10⁴t
构造圈闭	背斜圈闭	简单背斜圈闭	62	30876.16	4566.30	0.41	514.66
		盐构造滚动背斜圈闭	29	26184.38	15216.85	6.85	902.88
		龟背斜圈闭	18	14390.14	5273.97	1.37	799.45
		断背斜圈闭	20	10281.51	1933.84	3.15	514.11
		穹隆背斜圈闭	8	8776.30	5136.99	6.85	1096.99
		披覆背斜圈斜	4	1097.26	860.68	21.92	274.38
	断层圈闭		6	941.10	474.93	2.74	156.85
构造—岩性圈闭	浊积水道圈闭		99	217946.03	13356.16	6.85	2201.51
	岩性尖灭圈闭		93	80120.27	9406.44	0.14	861.51
	砂岩透镜体圈闭		5	959.18	547.95	1.37	216.44
	生物礁圈闭		10	1041.51	273.97	14.11	104.52
构造—地层圈闭	削截不整合圈闭		11	6397.26	4977.12	5.75	581.51
	地层超覆圈闭		4	63.56	45.62	2.47	15.89

2）构造—岩性圈闭

下刚果（刚果扇）盆地自裂谷期至漂移期发育了河流相、浅海相至深海相等多种不同的沉积环境，不同类型的储集体与构造相结合，形成了多种不同类型的构造—岩性

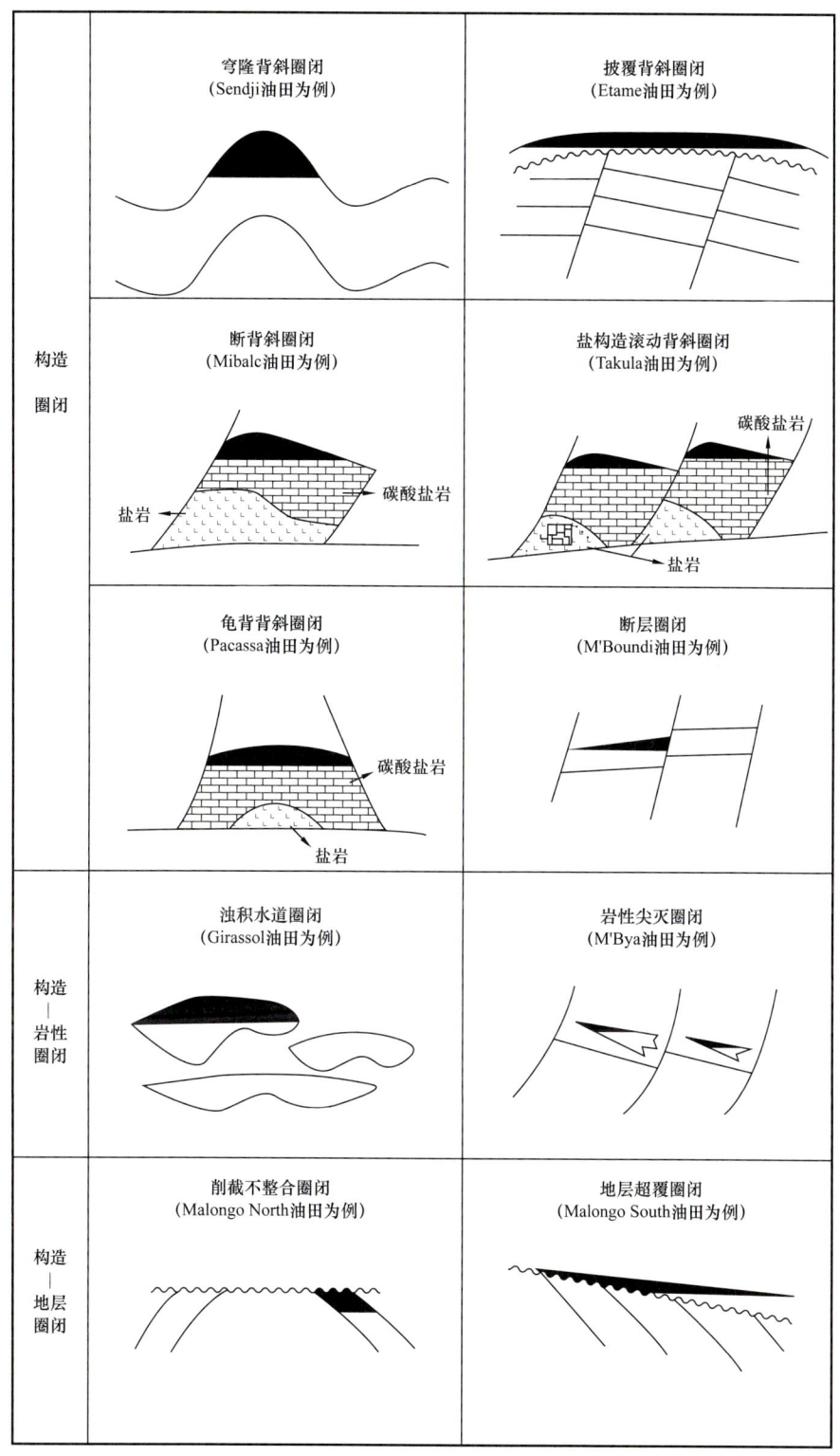

图 4-58　下刚果（刚果扇）盆地圈闭类型及特征（据刘琼等，2013）

圈闭，发育浊积水道圈闭、岩性尖灭圈闭、砂岩透镜体圈闭和生物礁圈闭共计207个构造—岩性圈闭。其中以浊积水道圈闭为主，截至2013年发现该类油气田99个，可采储量为217946.03×10⁴t油当量，占构造—岩性圈闭储量的72.6%；其次是岩性尖灭圈闭，截至2013年发现该类油气田有93个，可采储量为80120.27×10⁴t油当量，占构造—岩性圈闭储量的26.7%；无论是从总油气储量还是单个油田的储量来说，砂岩透镜体圈闭和生物礁圈闭的规模都要远远小于上述两种类型的圈闭。

3）构造—地层圈闭

构造—地层圈闭的发育主要与区域性的不整合面有关。在不整合面之下为削截不整合圈闭，不整合面之上为地层超覆圈闭。在该类型圈闭中，发现油气田个数较少，规模较小，可采储量仅为6460.82×10⁴t油当量，占总储量的1.6%，以削截不整合圈闭为主（刘琼等，2013）。

圈闭的分布总体表现为由北向南、由陆向海，发育层位由老变新（图4-59）。盆地北部的加蓬地区主要发育裂谷层系，圈闭主要分布在盐下的过渡层系和裂谷层系中，发育层位从Lucina油田的裂谷层系下白垩统Melania组到Etame油田的过渡层系下白垩统Gamba组，层位逐渐变新，圈闭类型以岩性尖灭圈闭、砂岩透镜体圈闭和披覆背斜圈闭为主。在盆地的中部刚果和卡宾达地区，裂谷层系和漂移层系均较为发育。圈闭从盐下的裂谷层系和过渡层系到盐上的漂移层系均有分布，发育层位从陆上Mengo油田裂谷层系下白垩统、浅水区Takula油田漂移层系上白垩统到深水区Bilondo油田新近系，由陆向海，层位逐步变新。盐下下白垩统圈闭以断层圈闭和岩性尖灭圈闭为主；盐上上白垩统圈闭由陆向海，从简单背斜圈闭、盐构造滚动背斜圈闭到被地堑或半地堑分隔而形成的背斜圈闭；盐上深水区新近系圈闭则以浊积水道圈闭为主。在盆地的南部安哥拉地区，裂谷层系不甚发育。圈闭主要分布在盐上的漂移层序中，以断背斜、盐构造滚动背斜和龟背斜圈闭为主。同时，由于沉积环境适宜生物礁的生长，该区还发育生物礁圈闭。

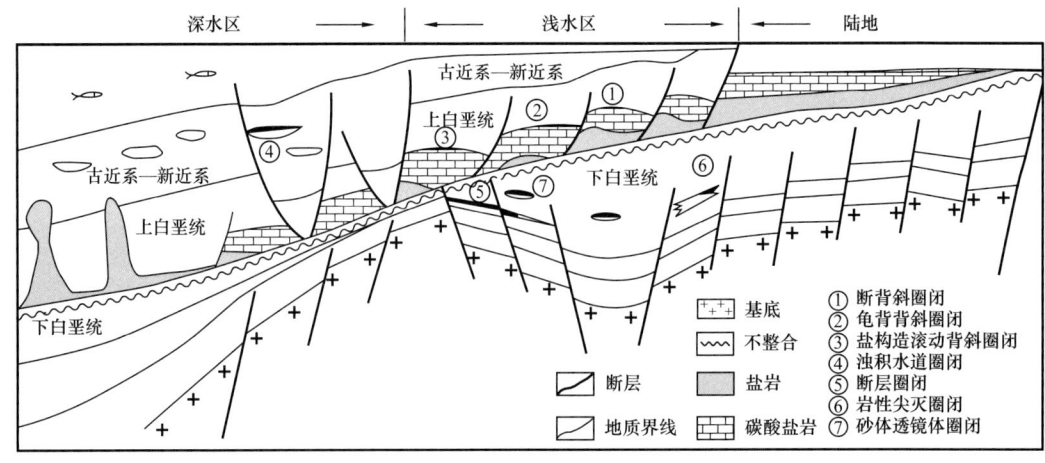

图4-59 下刚果（刚果扇）盆地圈闭分布模式（据刘琼等，2013）

从圈闭的分布又可将下刚果（刚果扇）盆地的圈闭分为盐下圈闭和盐上圈闭。

（1）盐下圈闭：

前阿普特期准平原层序受拉张裂谷构造运动作用，主要形成与正断层相关的一系列构造，如斜坡和褶皱。裂谷断层近平行于现今海岸线，具有中至高角度断面，走向为北北西向，这期间形成了地垒、地堑、半地堑和一些倾斜断块。在陆架中部到外侧常见基底地垒带，早期裂谷充填物为东—北东向而晚期裂谷充填物为西—南西向。高角度转换断层以一定角度发育在拉张断裂带右侧。晚期裂谷充填序列如 Dentale 组（加蓬）和 Tchibota 组（刚果），主要位于地垒西侧，被犁形断层切割，显示了生长特征和滚动特征。主要裂谷内剥蚀面显示了披覆和超覆地层，尽管经历了阿普特期准平原化作用，一些裂谷高点足以形成碳酸盐岩建隆，它们在 Chela 组/Gamba 组形成上覆披覆构造。

盐下圈闭主要包括早期裂谷系倾斜断块中的 Lueula 组/Vanji 组砂岩储层，早期和中期裂谷系发育的页岩为其盖层和烃源岩；沉积在基底高点处的中到晚期裂谷系下白垩统 Toca 组碳酸盐岩储层，其烃源岩为 Bucomazi 组有机质页岩；晚期裂谷系犁式断块中的 Tchibota 组和 Dentale 组砂岩储层，其盖层和烃源岩为中期裂谷系湖泊相页岩，低角度背斜中发育的过渡带 Gamba 组/Chela 组砂岩被阿普特阶盐封闭，其烃源岩为 Bucomazi 组/Melania 组有机页岩。

盐下裂谷期的圈闭非常发育且类型多样，既发育构造圈闭又发育地层圈闭，以构造圈闭为主。盐下构造主要受控于裂谷期的伸展构造作用，以断层控制的断垒和地垒构造为主，发育断块、断鼻和背斜圈闭等各类圈闭，背斜圈闭的形成与裂谷构造和剥蚀面密切相关。圈闭的分布与裂谷构造和盐丘的展布有一定的联系，盐下油气主要分布在裂谷构造的陡坡带和地垒上，地垒是形成多层系含油的油气富集有利区。圈闭成因类型控制着油气藏的规模，背斜、断背斜构造圈闭的成藏规模较大，断块油藏规模相对较小。

（2）盐上圈闭：

盆地中典型地震剖面显示，阿普特期准平原期地层将裂谷层系与过渡层和被动大陆边缘层区分开来。裂谷期断层再次活动的可能性不大，盐构造形成的断层通常为犁式断层，断层前端伸入准平原上的残留盐层。准平原在热冷却漂移构造运动阶段发生倾斜和褶皱，在基底隆起区附近，这类地形可能为主要的剥蚀地形。

盐上圈闭包括盐控制的沉积中心的阿尔布阶—塞诺曼阶碳酸盐岩、上白垩统和古近系—新近系砂岩岩性圈闭和盐构造圈闭，包括背斜、披覆构造、断层背斜、倾斜断块、龟背斜、河道和盐丘圈闭等。

盐上地层主要受盐构造控制，既发育拉张构造也发育挤压构造。早期（约 110Ma，Duval et al., 1992），当热冷却伴随着沉降及沉积物充填时，盐运动拉开了序幕。当南大西洋通过海底扩张加宽并且由于新形成的洋壳不断冷却而使洋底加深时，阿尔布期阶段性的连续沉积向西倾斜。广泛的盐运动在东部形成伸展构造、西部形成挤压构造的"平衡"构造体系，其间存在过渡阶段。一般来说，毗邻基底出露区的大型陆上地区缺乏盐岩层。盐构造运动的厚度取决于上覆沉积载荷的沉积厚度和沉积速率及盐岩层的原始厚度，盐岩层厚度后期可能积累到300~1000m。盐运动形成了褶皱、犁式断层逆牵引构造、倾斜断块、拆离体（尤其在阿普特期准平原作用阶段）、盐株、底辟、盐墙和盐盖及连续的推覆盐体。

5. 成藏组合

下刚果盆地存在四套成藏组合：Bucomazi组—Lucula组/Toca组/Vandji组成藏组合、Bucomazi组—Vermelha组/Pinda组/Malembo组成藏组合（图4-60）、Iabe组/Landana组—Pinda组/Malembo组成藏组合（图4-61）和Moita Seca组—阿尔布阶—中新统成藏组合，其中前三个已被证实。

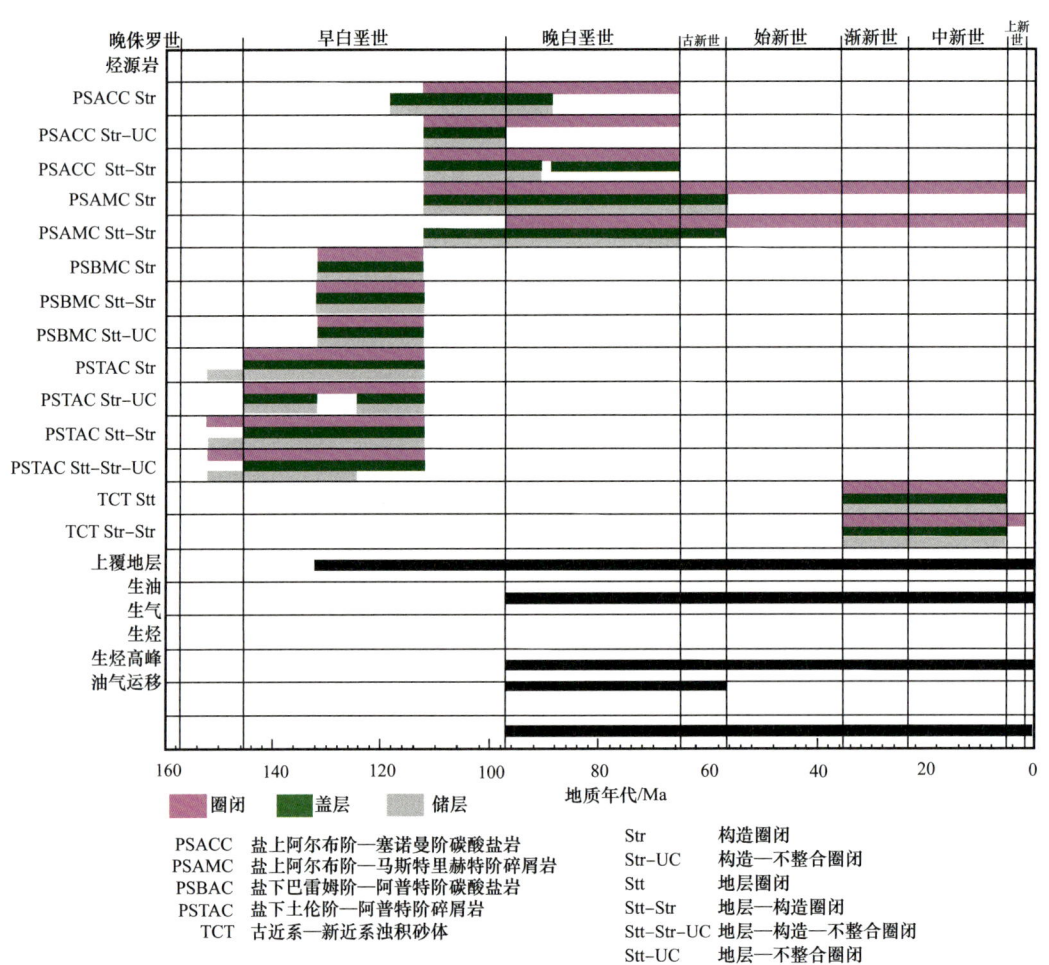

图 4-60　下刚果盆地 Bucomazi 组—Vermelha 组/Pinda 组/Malembo 组成藏组合（据 Burwood，2000；Anka et al.，2009）

1）Bucomazi组—Lucula组/Toca组/Vandji组成藏组合

主力烃源岩为下白垩统裂谷期Bucomazi组湖泊相页岩，Bucomazi组生成的油气储集在盐下储层（Lucula组、Toca组、Vandji组、Djeno组等）中。有效盖层包括Bucomazi组、

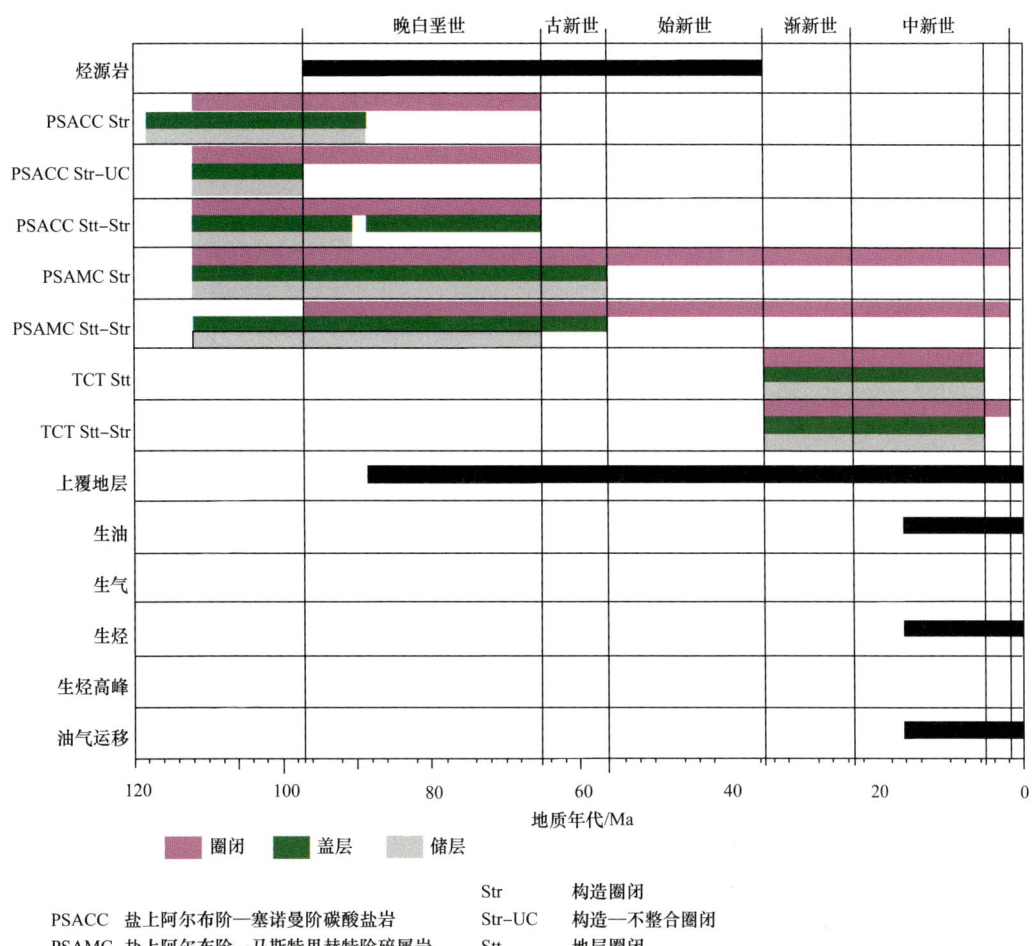

图 4-61　下刚果盆地 Iabe 组 /Landana 组—Pinda 组 /Malembo 组成藏组合（据 Burwood，2000；Anka et al.，2009）

Toca 组页岩和 Loeme 盐层。Bucomazi 组在晚白垩世开始生烃，一直持续到现在。成熟度数据表明热流足以使烃类从负载为 1000m 厚的裂谷地堑轴部开始运移，它们可能通过毗连和断层通道运移到盐下碎屑岩储层和碳酸盐岩储层中。当运移到阿普特期准平原不整合面时，Chela 组 /Gamba 组砂岩比任何已知的裂谷系碎屑储层拥有更好的物性，它既可作为储层又是非常好的运移通道。

2）Bucomazi 组—Vermelha 组 /Pinda 组 /Malembo 组成藏组合

主力烃源岩为下白垩统裂谷期 Bucomazi 组湖泊相页岩。储层包括盐上 Mavuma 组、Pinda 组、Vermelha 组及 Iabe 组等。安哥拉深水的主要产油区——陆架区主要发育该盐下盐上复合成藏组合，有效盖层发育，包括 Moita Seca 组和 Pinda 组页岩，阿尔布阶—古近系 Vermelha 组、Sendji 组、Iabe 组和 Landana 组的进积页岩及渐新统—中新统 Malembo 组的层内页岩。Bucomazi 组在晚白垩世开始生烃，一直持续到现在。Bucomazi 组—

Vermelha 组/Pinda 组/Malembo 组成藏组合中各个次盆生烃时间略有不同，但多数是在塞诺曼期至古新世期间生烃。上覆阿普特期盐形成了盐窗构造，生成的烃可以通过盐上断层、碳酸盐岩、粉砂岩和砂岩运移到圈闭中。由于沉降导致的向西强烈倾斜，造成圈闭被斜坡和断层破坏，这些斜坡和断层可使烃类再次运移到更新的储层（图 4-62）。

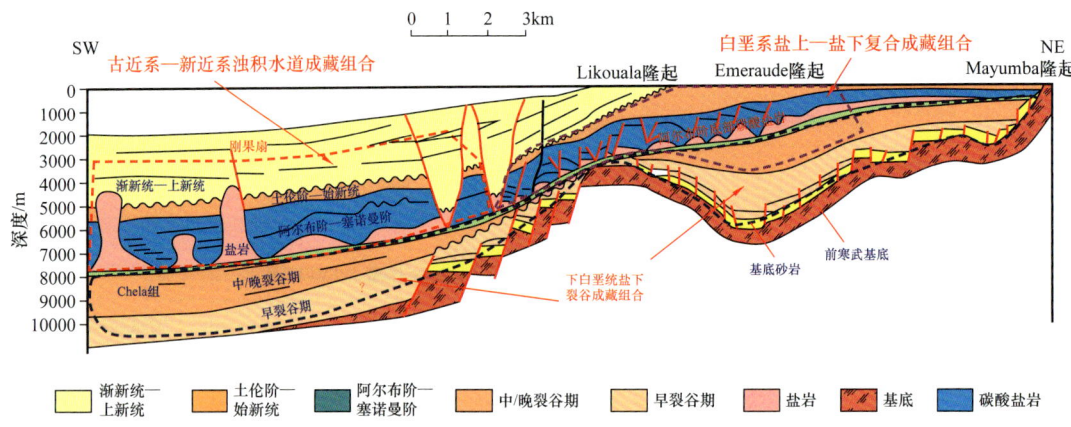

图 4-62　下刚果（刚果扇）盆地主要的成藏及勘探潜力分析（据 Harris，2000；Giresse，2005 修改）

注："?"表示存疑

3）Iabe 组/Landana 组—Pinda 组/Malembo 组成藏组合

该成藏组合主要的烃源岩是盐上 Iabe 组和 Landana 组海相页岩。在卡宾达地区，页岩中的有机质特别丰富，它与较晚的富含有机质的古近系 Landana 组页岩都归为该成藏组合。

刚果地区和南加蓬次盆与 Iabe 组同期地层并未发现富含有机质的页岩，这可能是现今大陆架缺少成熟烃源岩造成的。当然在加蓬更北的地区，奥古三角洲负载使该部分变为成熟烃源岩。土伦阶 Bancdu Prince 组页岩是主要的富含有机质烃源岩。同时刚果和加蓬与 Landana 组同期沉积物也未发现具生烃潜力的烃源岩。这可能是这些地区页岩中存在较多的碎屑物质，或者是由于中加蓬火山碎屑喷发物质的存在造成的。当然远离刚果扇盆地沉积中心的地区，沉积物负载厚度不够大，所以这些页岩在古近纪表现为低热导率，仅在盐重力滑塌作用引起的沉积滑塌形成的地堑深部才能达到成熟。

Iabe 组页岩之所以成为烃源岩，是新近纪刚果扇和盐构造运动形成沉积负载，尤其是滑筏地堑发育的结果。盐筏及其伴生的下倾断层将页岩烃源岩搬运到生油窗，并且将生成的油运移到更老的储层，如下 Pinda 组中，这是完全可能的。同样，断层也可能作为运移通道将烃类运移到较浅储层中，断层甚至可能将这些下刚果页岩生成的油运移到上覆刚果扇盆地中的新近系储层中。

6. 勘探潜力分析

下刚果（刚果扇）盆地是西非重要的油气产区之一，盆地的勘探程度相对较高，其勘探潜力体现在 3 个领域：盐上渐新统—中新统浊积水道成藏组合，盐下—盐上白垩系复合成藏组合及盐下成藏组合（图4-62）。深水—超深水区发育的盐上成藏组合是下刚果（刚果扇）盆地油气最富集的地区，是近年来安哥拉深水的主要产油区，陆架区发育盐下盐上复合成藏组合，也是盆地油气主要富集区之一。

纵向上，下刚果盆地发育多套成藏层系，截至2012年发现油气多集中分布在以下3个成藏层系中（图4-63）：

（1）深层盐下河流相—湖泊相碎屑砂岩、湖泊相碳酸盐岩层系，发现油气可采储量总计 22×10^8 bbl，占盆地已发现总可采储量的7.5%；

（2）中层盐上下白垩统阿尔布阶陆架边缘海相碳酸盐岩、滨浅海砂岩层系，发现油气可采储量 112.4×10^8 bbl，占盆地已发现总可采储量的38.3%；

（3）浅层盐上渐新统—中新统深水浊积碎屑砂岩层系，发现油气可采储量 159.1×10^8 bbl，占盆地已发现总可采储量的54.2%。

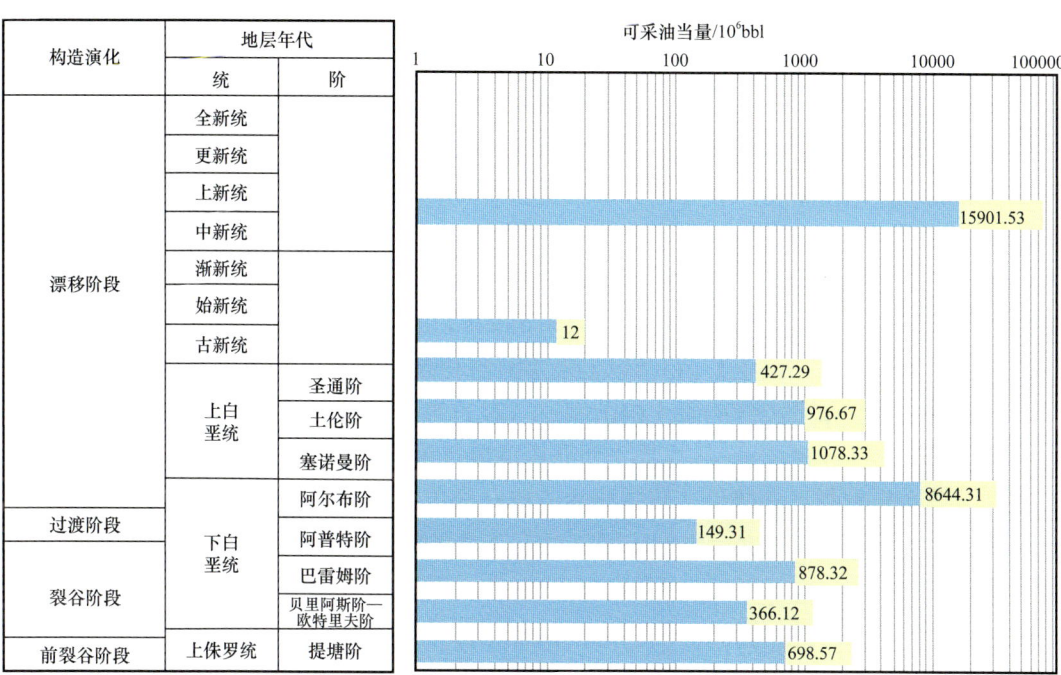

图4-63 下刚果盆地油气纵向分布图（据赵红岩等，2012）

由此可见，下刚果盆地由深层的白垩系至浅层的新近系均分布有大量的油气，盐上阿尔布阶海相碳酸盐岩和新近系深水浊积碎屑砂岩层系是盆地勘探的主要目的层。

1）盐下裂谷成藏组合

截至目前，盐下裂谷成藏组合的勘探以陆上及浅海为主，总体以小油藏居多，但在部分地区由于政治因素复杂，勘探程度相对较低，有一定的勘探潜力。深水区尚未对盐下进行勘探，但和裂谷期的下刚果盆地具有相似地质背景的巴西Santos盆地近年来在深水区（2000m左右）盐下的大发现，可能会改变对包括下刚果盆地在内的阿普特盐盆深水区盐下的潜力的评估。

2）盐下—盐上复合成藏组合

陆架区是目前盐下—盐上白垩系复合成藏组合发现储量最多的地区。该区具有较好的油气地质条件，盐下 Bucomazi 组页岩为成藏提供了充足的烃源岩，发育 Pinda 组碳酸盐岩和 Vermelha 组滨岸砂岩两套储层，广泛发育的盐滚背斜提供了丰富的圈闭。刚果河以北陆架区的油源、储层等成藏条件比南部要好。陆架区由于水体较浅，勘探程度高。深水由于盐下资料较少，针对这套碳酸盐岩储层的勘探极少，因此，盐下—盐上白垩系复合成藏组合在深水区的潜力有待落实。

3）深水—超深水区盐上渐新统—中新统成藏组合

下刚果（刚果扇）盆地的深水—超深水区是近年来西非油气勘探取得重大突破的热点地区，深水—超深水区盐上渐新统—中新统成藏组合具有优越的石油地质条件，刚果扇主体范围内的 Iabe 组优质烃源岩已经成熟，为成藏提供了很好的物质基础，渐新统—中新统 Malembo 组浊积砂体及阿普特阶盐相关构造则为深水—超深水区成藏提供了良好的储集条件和圈闭条件（图 4-62）。

据赵红岩等（2012）研究，下刚果盆地油气藏平行海岸线分布，有明显的分带性（图 4-64）。深层盐下层系成藏的油气田主要分布在盆地东北部的陆上及浅水区，以小—特小型油气田为主（图 4-64a）；中层下白垩统阿尔布阶层系成藏的油气田集中分布在陆架边缘附近，以中—小型油气田为主（图 4-64b），其中浅水区北部以中型油气田主，浅水区南部以小型油气田为主；浅层新近系层系成藏的油气田集中分布在盆地深水区的刚果扇沉积区域内，以大—中型油气田为主（图 4-64c），其中深水区南部及中部以大型油气田为主，深水区北部以中型油气田为主。由此可见，由陆向海，下刚果盆地储集层系年代逐渐变新，先由深层盐下层系到中层盐上阿尔布阶层系，再到浅层新近系层系。

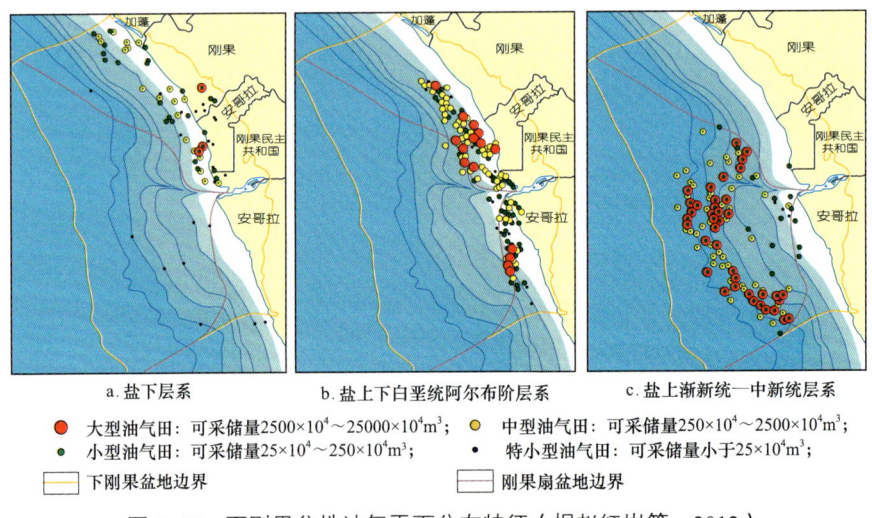

图 4-64　下刚果盆地油气平面分布特征（据赵红岩等，2012）

下刚果盆地深水区南、北部油气田分布亦具有差异性，从南向北油气田数量和规模明显变小（图 4-64c），这种变化特点主要是因为刚果扇沉积中心从渐新世至中新世由盆地东南向西北方向迁移,造成盐上地层厚度的分布差异所致,盆地南部地层埋深最深达 8000m,北部地层最大埋深为 6000m。由南向北,该盆地盐上地层的沉积厚度逐渐变小,从而使盐上烃源岩成熟度逐渐降低。例如,盆地南部 Girassol 油田区盐上地堑最大深度达 4500m(水深约 1500m),盆地中部 KizombaA、B 油田区盐上地堑埋深超 4s(地震波双层旅行时,水深约 1.3s);而刚果北部海域盐上地堑埋深仅为 3.2s(水深约 1.4s),周边钻井没有获得油气发现,且揭示盐上烃源岩层系未成熟($R_o<0.5\%$)。因此,盐上地层沉积厚度直接控制了盐上烃源岩的成熟度及有效烃源岩的分布,从而造成了深水区油气分布的南北差异性(赵红岩等,2012)。

六、宽扎盆地油气地质特征

宽扎盆地位于非洲大陆西海岸,盆地南北长约 600km,东西宽约 350km,总面积约为 162616km^2。其中,海上面积约为 133142km^2,陆地面积约为 29474km^2。盆地北邻下刚果盆地,南为本格拉高地。宽扎盆地可划分为 3 个二级构造单元,分别为内宽扎次盆、外宽扎次盆和本格拉次盆。内、外宽扎次盆以中央隆起带为界,外宽扎次盆与本格拉次盆以火山链为界(刘亚雷等,2017)。

2011 年,安哥拉宽扎盆地 Cameia-1 井的油气发现拉开了西非深水盐下油气勘探的序幕。Cameia-1 井于 2011 年 8 月 28 日开钻,2012 年 2 月 5 日完钻,水深 1682m,完井深度为 4886m,在盐下湖泊相碳酸盐岩获得较好油气发现(赵红岩等,2017)。

1. 烃源岩

宽扎盆地从早白垩世至新近纪共发育五套烃源岩,其中有三套已被证实,有两套为潜在烃源岩。三套已证实的烃源岩:盐下裂谷期湖泊相泥岩,盐间海相泥页岩、泥灰岩及盐上的海相泥岩。盐下裂谷期的烃源岩及盐间烃源岩在深水区埋藏很深,很多在盐上储层沉积前已达到生油窗;盐上海相烃源岩一般埋深小,尚未成熟,除非在有巨厚的古近系—新近系地区(图 4-65、表 4-8)。

表 4-8 宽扎盆地烃源岩分布(据 Burwood,1999)

烃源岩	时代	沉积环境	岩性	油田分布	证实程度
下 Cuvo 组	早白垩世巴雷姆期	深水—半咸水/咸水湖泊相	同裂谷 I 期盐下湖泊相页岩	9 区块油气显示 /21 区块 Cameia-1、Cameia-2 井 /23 区块 Azul-1 井	证实
上 Cuvo 组	早白垩世晚期早阿普特期	浅水/短暂半咸水/咸水湖泊相/初期海进	同裂谷 II 期盐下湖泊相页岩	Luanda 油田、Cacuaco 油田	证实
中 Binga 组	阿普特期/阿尔布期	局限海进滨海相	盐间浅海相碳酸盐岩/泥岩	Tobias 油田、Galinda 油田	证实
阿尔布阶	晚白垩世早期早阿尔布期	内浅海相	盐上海相碳酸盐岩	未证实/推测外宽扎次盆可能存在	潜在

续表

烃源岩	时代	沉积环境	岩性	油田分布	证实程度
Itombe 组	晚白垩世塞诺曼期—土伦期	外浅海相,具有少量陆源有机质输入	盐上海相泥岩	未证实(推测外宽扎次盆可能存在)	潜在
Margas Negras 组	古近纪始新世	古近系凹槽沉积	盐上海相泥岩	Quenguela 北油田、Legua 油田;推测外宽扎次盆可能存在	证实

1)盐下烃源岩

Maculongo 组和上 Cuvo 组的富含有机质地层(Joyes,1995)是已经证实的盐下烃源岩地层。Burwood(1999)指出,下 Cuvo 组 TOC 超过 2%,S_2 为 18mg/g。Joyes(1995)指出,富含有机质的 Maculongo 组与相邻下刚果盆地的 Bucomazi 组有机质供烃能力相似,但因其在区域内零星分布,所以很难预测。上 Cuvo 组分布比 Maculongo 广泛一些,TOC 为 2.5%,S_2 为 7.3mg/g(Burwood,1999)。盐下湖泊相烃源岩分布受控于裂谷期裂陷盆地的分布范围,主要分布于盆地东部的裂陷之内,如 Maculungo 地堑。

对宽扎盆地油源分析结果表明(Burwood,1999;Schiefelbein et al.,1999),盆地内的多数陆上盐上储层中的原油来源于阿普特期之后的烃源岩,但在一些油田如 Berto 油田和 Benfica 油田具有源自盐下供烃的混源特征的原油。Schiefelbein 认为宽扎盆地原油源自海相或海陆过渡相类型的地层,那些具有已确定混源特征的油,既可能是因为不同的油源的混合,也可能是因为混合的干酪根所产生的。盐下下白垩统巴雷姆期湖泊相烃源岩沉积于裂谷期断陷湖盆,其分布受控于断陷湖盆的发育程度,主要在内宽扎次盆裂谷期断陷发育。内宽扎次盆钻井揭示盐下烃源岩为下白垩统巴雷姆阶下 Cuvo 组湖泊相页岩,形成于深湖—半深湖沉积环境,TOC 大于 1%,最高可达 20%;HI 介于 300~800mg/g,主要属于Ⅰ/Ⅱ型干酪根;R_o 介于 0.5%~1.0%,处于成熟阶段(图 4-66),为优质倾油型烃源岩。外宽扎次盆下白垩统湖泊相页岩 TOC 平均为 3.1%,最高达 20%,为Ⅰ型干酪根。外宽扎次盆深水 21 区块 Cameia-1 井和 Cameia-2 井分别在盐下下白垩统钻遇了 270m 及 370m 高的油柱;外宽扎次盆与本拉格次盆交界的 23 区块 Azul-1 井在盐下下白垩统获得重大油气发现,日产油量达 477m³。表明外宽扎次盆存在早白垩世断陷湖盆,发育高丰度盐下下白垩统巴雷姆阶湖泊相页岩,开辟了深水区盐下下白垩统油气勘探新领域,极大地提高了宽扎盆地深水区勘探潜力(杨永才等,2013)。

盐下下白垩统湖泊相烃源岩在内宽扎次盆广泛分布;在宽扎盆地斜坡深水区亦有广泛发育,且连续延展,与下刚果盆地相对比,分布面积略微减小(图 4-67)。

2)盐间烃源岩

盐间海相烃源岩为阿普特阶顶部 Binga 组浅海相碳酸盐岩和泥岩,TOC 介于 6.12%~13.8%,HI 大于 600mgHC/gTOC,为Ⅱ型干酪根,属于优质烃源岩。深海钻探 DSDP364 揭示白垩系泥灰岩有机质存在高丰度层段,但处于未成熟阶段(Kendrick, et

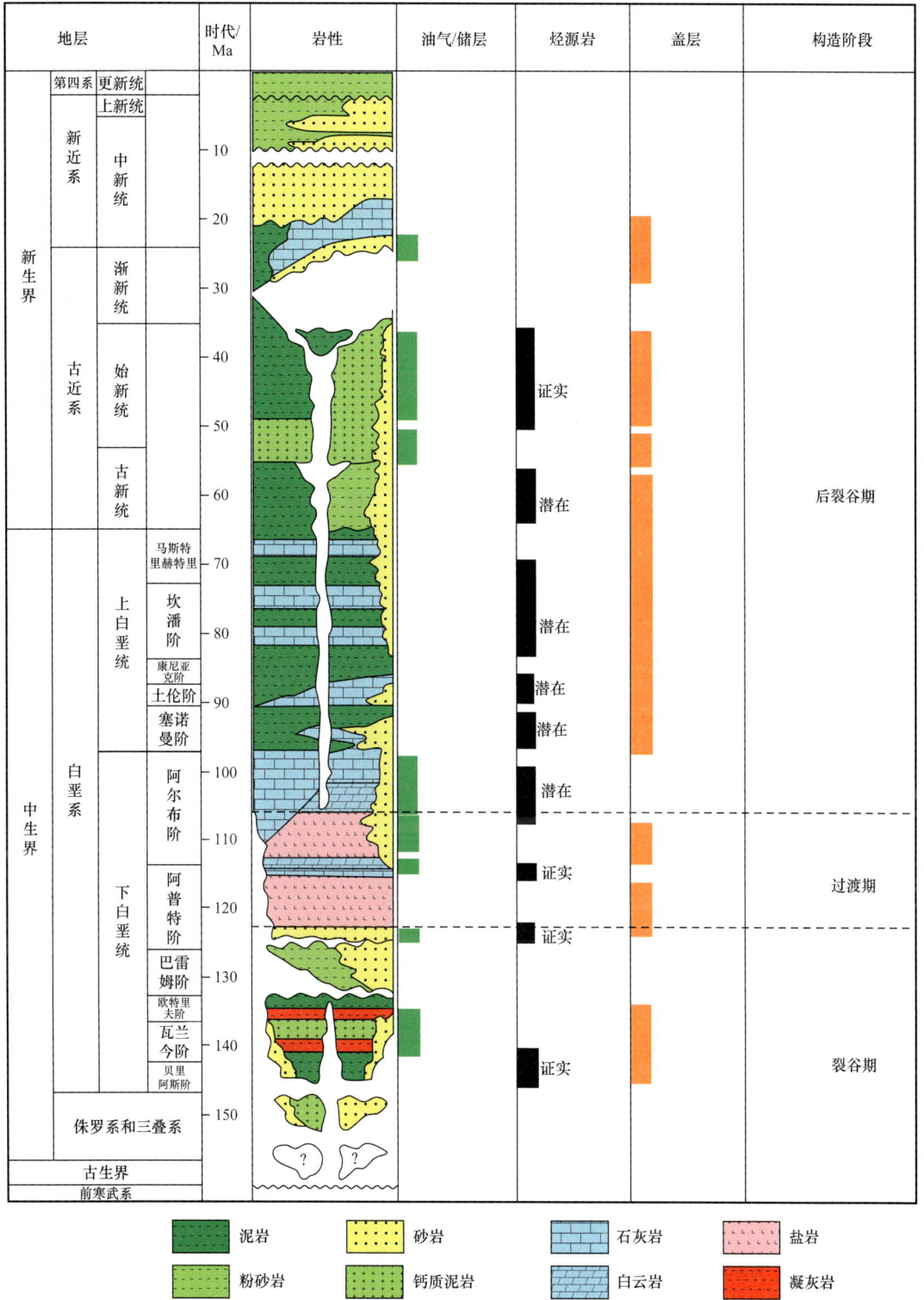

图 4-65　宽扎盆地生储盖组合特征（据杨永才等，2013）

注："？"表示存疑

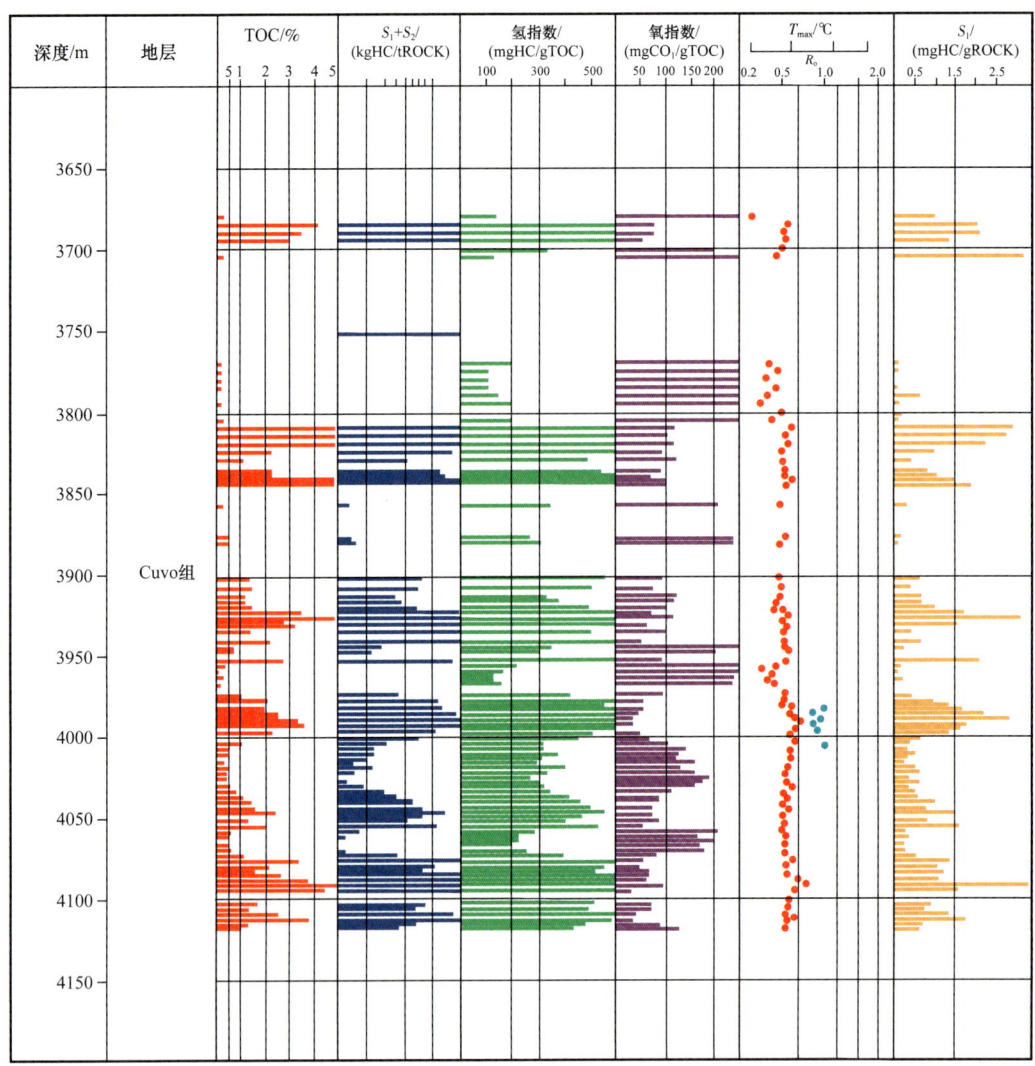

图 4-66 宽扎盆地盐下湖泊相烃源岩地球化学剖面（据杨永才等，2013）

al., 1978)（表 4-9）。Tobias 油田揭示盐间阿普特阶碳酸盐岩烃源岩 TOC 为 6.3%，处于成熟阶段。在内宽扎次盆西北部发育盐间下白垩统阿普特阶海相碳酸盐岩和泥岩烃源岩；在宽扎盆地海域可能发育盐间下白垩统阿普特阶海相烃源岩，呈南北条带状不连续分布（图 4-67）。

3）盐上烃源岩

盐上烃源岩成熟度普遍较低，但在埋深较大的地区可能达到成熟。上白垩统 Teba 组、Itombe 组和 Rio Dande 组海相泥岩是潜在烃源岩；始新统页岩是 Quenguela 地堑内油田的最主要的烃源岩；始新统 Cunga 组泥岩通常还未成熟，是潜在的烃源岩。而在古近系地堑中，始新统 Margas Negras 组页岩已经成熟，TOC 为 3.6%，S_2 为 19mg/g，属于具有很好的生烃潜力的烃源岩。在陆上 Funda-3 井中，在被渐新统充填了的古近系地堑中，古

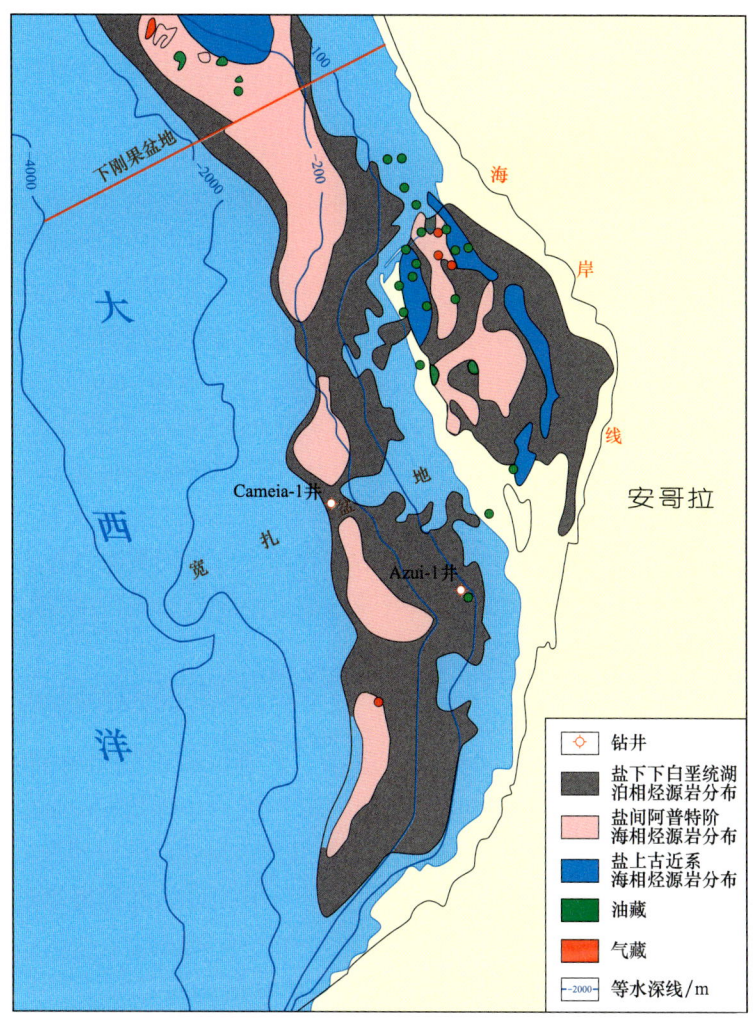

图 4-67 宽扎盆地烃源岩分布图（据杨永才等，2013 修改）

表 4-9 安哥拉深海钻探 DSDP364 有机质丰度和成熟度（据 KendrickJW，et al.，1978）

样品 （编号，间隔 /cm）	海底之下深度 / m	时代	岩性	TOC/ %	观测数 / 个	R_o/ %	R_o 平均值 / %
1-2，130～138	10.6	第四纪更新世	钙质泥和黏土	1.3			
20-3，130～136	582	晚白垩世康尼亚克期		0.1	7	0.27～0.45	0.33±0.06
24-1，0～10	672.5	晚白垩世土伦期	白垩、泥岩	10.3	20	0.23～0.36	0.28±0.02
41-3，144～150	1010	白垩纪阿普特期—阿尔布期		6.12	18	0.23～0.48	0.32±0.04
43-1，130～133	1034.8	早白垩世阿普特期	白云岩、腐殖泥	13.8	3	0.20～0.26	0.24±0.08

新统/始新统烃源岩在埋深2000m时开始生烃，达到这一埋深时中—上始新统的Cunga组黑色泥灰岩具有生烃潜力，Quenguela北油田Cunga组裂缝型黑色泥灰岩中的19°API原油可能来自该组。

早期裂谷的Muculungo组和上Cuvo组侧向上可以和下刚果盆地有机质丰富的Bucomazi组页岩相对比，在盆地东部发育。中部阿普特阶的Binga组有机质丰富，目前仅在Galinda油田和Tobias油田地区发现，推测在盆地中西部地区也可能发育盐间烃源岩。盐下生油窗的顶底可界定在2000~2800m，大部分盐下和盐间烃源岩已达到成熟阶段。

上白垩统和古近系海相页岩及海相微晶灰岩为盆地潜在的烃源岩，其中最具勘探潜力的地层是坎潘阶和上古新统至始新统的海相页岩。塞诺曼阶Itombe组和Teba组的页岩是优质烃源岩层，但在盆地东部未成熟，古近系的Rio Dande组和Cunga组与之相似。部分古近系Cunga组的Margas Negras页岩在陆上地堑（Quenguela北和Mulvenvos北油田）中沉积并达到成熟，是盐上唯一被证实的烃源岩（图4-68）。盐上海相烃源岩生油窗在3500~3800m之间，上白垩统和古近系烃源岩在陆上古近纪地堑和古近系厚度大的区域可达到成熟阶段，在盆地西部地层沉积变薄，盐上烃源岩的成熟度是最大的勘探风险因素。

2. 储层

宽扎盆地的油气主要产自盐间和盐上层序，盆地40%的储量来自盐上阿尔布阶Catumbela组灰质砂岩和石灰岩，20%来自盐上渐新统—中新统Quifangondo组海相砂岩，其他产层几乎都是盐间阿尔布阶Binga组碳酸盐岩、Mucanzo组碎屑岩和盐上阿尔布阶Quissonde组碳酸盐岩储层，除此之外在盐下上Cuvo组砂岩和碳酸盐岩中也发现较少储量。

与下刚果盆地和加蓬海岸盆地不同，宽扎盆地以盐上和盐间储层（占盆地储量的98.5%）为主，盐下储层（占盆地储量的1.5%）与之相比属于次要产层。

1）盐上及盐间储层特征

渐新统—下中新统的Quifangondo组砂岩是被证实的宽扎盆地的主要储层。含页岩的砂岩夹层形成了Quenguela北油田主要的含油气储层，储层岩性变化从分选差的粗砂岩到分选好的细砂岩、含碳砂岩和粉砂质黏土岩不等。储层孔隙度变化范围通常为4%~25%，渗透率变化范围为18~37mD。Quenguela北油田的储层位于早中新世—中中新世形成并强烈错断的盐丘背斜上，含页岩的砂岩储层夹层向西尖灭于下伏的Cunga组中新统黑色泥质泥灰岩。在Quenguela地堑、Calombaloca地堑及两个地堑之间的地区均发现以这套储层为产层的油气田。

阿普特阶Binga组是盆地内重要的储层，也是Tobias油田的主要储层。该储层由裂缝性的鲕粒灰岩和间或含有硬石膏的白云岩组成，储层孔隙度从2%~14%不等，平均孔隙度为2.5%。其渗透率为0.1~100mD，但因裂缝的存在使局部地区渗透率达到12000mD。在Tobias油田，裂缝多出现在带有平行侧翼和倾角向下平行断层的盐背斜构

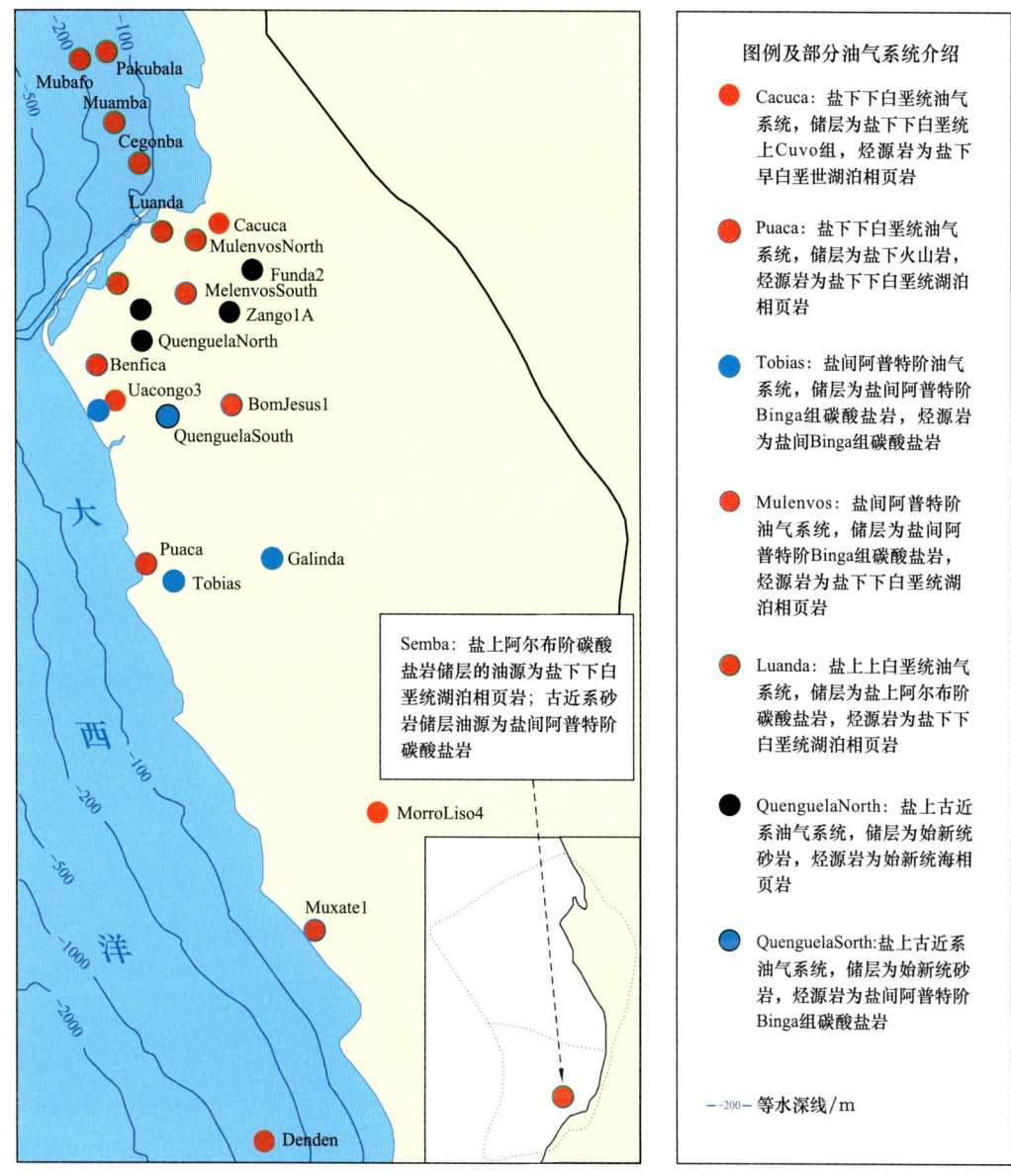

图4-68 宽扎盆地油气田分布及其油气源（据杨永才等，2013修改）

造圈闭的轴部。Binga组碳酸盐岩南北分布较广，从盆地北部的Mulenvos south油田到盆地南部的Muxate 1油田均见到该组储层。Binga组除碳酸盐岩外，在盆地东部还发育碎屑岩沉积，目前在Binga组碎屑岩中尚无油气发现。

其余储层，如Catumbella组和Quissonde组的碳酸盐岩储层，尽管其可采储量很低，但也较重要。Berto油田是从Quissonde组和Cammbella组碳酸盐岩储层中开采原油的两个油田中较大的一个，该油田还从Tuenza组的白云岩和硬石膏中发现了原油。Bento油田储层孔隙度变化范围为5%～12%，而且其上部盐拱背斜构造的向外延展也增加了裂缝渗透率。在 Luanda 油田，Catumbella 组和 Quissonde 组的碳酸盐岩储层孔隙度变化范围为 5%～10%，而原生渗透率值很低，但因裂缝的存在使低渗透率的问题在某种程度上得到弥补，使其平均值达 300mD。Catumbela 组和 Cacoba 组碳酸盐岩是 Mulenvos 南油田的主要储层，其孔隙度范围为 10%～15%，均值为 13%，而渗透率从 1～1000mD 不等。

2）盐下储层特征

上 Cuvo 组是盐下主要储层，储层由分选从好到差的带有介壳灰岩夹层（Cacuaco 油田）或被白云质碳酸盐岩胶结的干净的石英砂岩组成。孔隙度平均值为 10%，渗透率从 7～20mD 不等，平均渗透率为 13mD，该砂岩可能为滨岸沉积，主要分布在宽扎盆地陆上。海上的 Denden 圈闭属于 Cuvo 组的碳酸盐岩，但该圈闭不具有商业价值。

陆上 Puaca 油田是超覆在 Cabo Ledo 基底隆起的火成岩透镜体油田，含少量的气 / 凝析气藏。人们认为这些含烃的火成岩代表了与 Maculungo 组等时的储层，而不是通常所推测的基底岩石。

3）潜在的储层

在盐上沉积层序中，圣通阶—马斯特里赫特阶的三角洲和浊积砂与始新统—中新统的浊积体是潜在的储层。

宽扎盆地海上有潜力的储层包括上 Cuvo 组的碳酸盐礁体，晚白垩世塞诺曼阶的三角洲和浊积砂岩及渐新统—中新统的浊积砂岩。深水区的渐新统—中新统浊积体和白垩系三角洲砂岩具有一定的勘探潜力。由于勘探程度低，目前对盆地深水区浊积体的分布认识有限。

3. 盖层

盆地中主要盖层为盐岩和上白垩统—新近系的海相泥岩和泥灰岩。阿普特阶厚层盐岩是盆地中的区域性盖层，但因为盆地中多数烃类被封闭在盐上储层中，因而对盐上储层而言不具有盖层意义。

最重要的盖层是封盖了 Binga 组碳酸盐岩储层的阿尔布阶 Tuenza 组蒸发岩，以及中新统封盖了下中新统 Quifangondo 组硅质碎屑岩储层的层间页岩。Cunga 组、Binga 组、Quianga 组、Quissonde 组和 Cuvo 组的页岩、硬石膏和沥青质白云岩形成了层间封盖或下伏储层的封盖层。

4. 圈闭

宽扎盆地发育两种不同的构造样式，一种与盐运动有关，另一种与盆地裂谷期的伸展构造有关。

盐下主要受裂谷期伸展构造控制，构造发育时期为晚侏罗世—早阿普特期，与这一时期相关的构造为伸展正断层、中高角度断层和铲状断层，走向大致与海岸平行。这些断层被高角度的北东—南西向转换断层分隔。与裂谷期构造运动相关的圈闭类型有掀斜断块、滚动背斜和披覆背斜等。

盐上圈闭主要受盐运动控制，包括盐伸展和盐挤压，随之产生的构造有大量的褶皱、铲式断层和滑脱构造等。盐上在盆地东部形成盐伸展区，中部形成盐转换区和西部形成盐挤压区。盆地东部盐伸展区主要受滑脱断层影响形成与盐有关的构造，如盐枕、盐筏—地堑复合体。圈闭类型可形成与盐拱相关的背斜圈闭、受盐岩遮挡的圈闭、与盐隆上部派生正断层相关的圈闭、与古构造有关的披覆背斜，在盐缺失区还可形成与断层同生长的滚动背斜。在盆地西部盐岩挤压区大多数盐运动伴随着逆断层，有些地区可能发生地层重复，在沉积物较薄的地区可形成盐蓬，在巨厚盐体发育区可能存在被盐岩包裹的沉积体。西部盐挤压区也可形成与盐遮挡有关的圈闭类型，如盐墙、盐蓬、龟背斜等。在盐转换区主要发育盐柱、盐枕等构造，也可形成龟背斜和盐岩遮挡类型的圈闭。

盐下圈闭以掀斜断块为主，形成于早白垩世，盐下烃源岩在阿普特阶之后开始排烃，圈闭形成时间和油气运移时间相匹配，油气生成后可通过断层和输导层运移至圈闭中成藏。盐上圈闭形成时间主要为阿尔布期—中新世，盐上烃源岩在古近系—新近系地堑等埋深大的地区于始新世之后成熟，圈闭形成时间与排烃时间匹配，有利于油气的聚集。

5. 成藏组合

宽扎盆地有三套已证实的成藏组合，即 Margas Negras 组 /Cunea 组—Quifangondo 组新生界盐上成藏组合（图 4-69）、Binga 组盐间成藏组合（图 4-70）和 Cuvo 组—Cuvo 组 /Binga 组 / 阿尔布阶 /Quifangondo 组盐下成藏组合（图 4-71）。另外还有 2 套推测的成藏组合，即阿尔布阶 micrites 组—圣通阶 / 新生界和 Teba 组 /Itombe 组 /Rio Dande 组—圣通阶 / 新生界成藏组合。

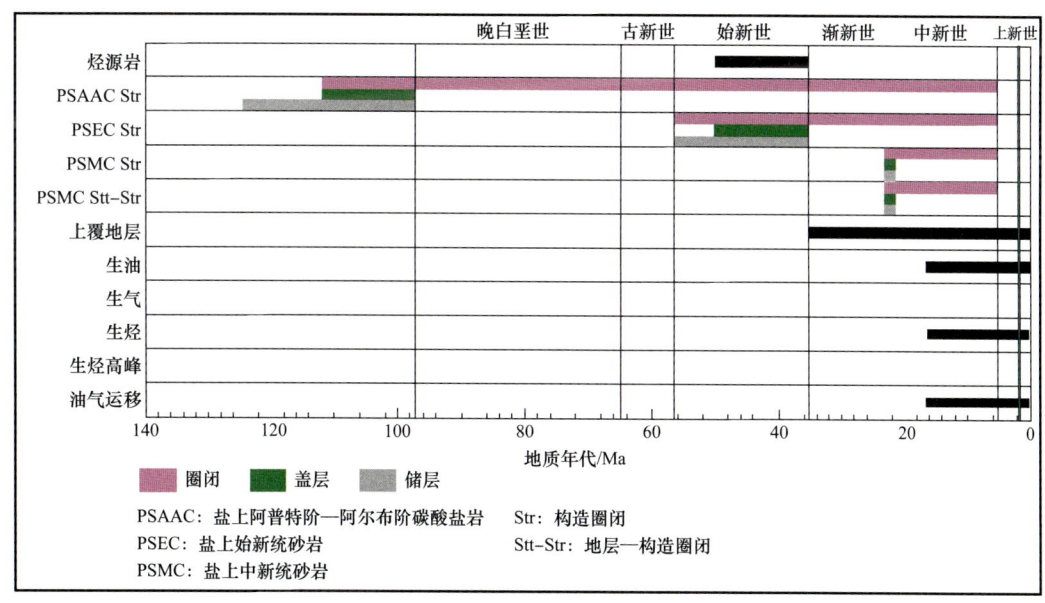

图 4-69　宽扎盆地 Margas Negras 组 /Cunea 组—Quifangondo 组新生界盐上成藏组合
（据 Burwood，2000；Hudec et al.，2002）

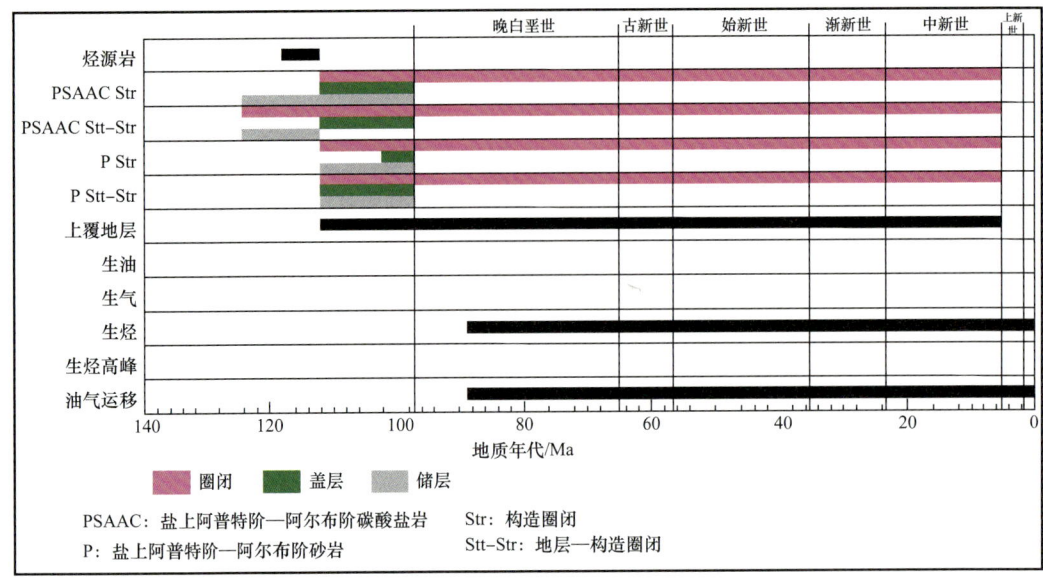

图 4-70 宽扎盆地 Binga 组盐间成藏组合（据 Burwood，2000；Hudec et al.，2002）

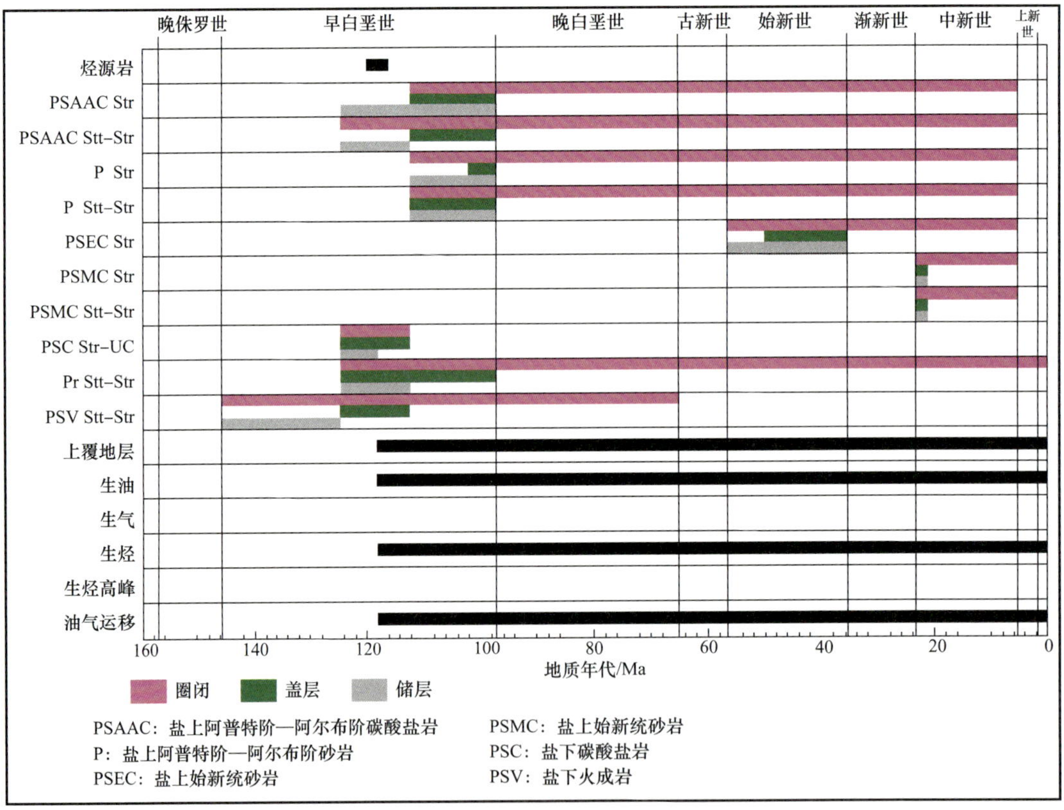

图 4-71 宽扎盆地 Cuvo 组—Cuvo 组 /Binga 组 / 阿尔布阶 /Quifangondo 组盐下成藏组合
（据 Burwood，2000；Hudec et al.，2002）

1）主力成藏组合

（1）Margas Negras 组 /Cunga 组—Quifangondo 组古近系—新近系盐上成藏组合：

Margas Negras 组 /Cunga 组—Quifangondo 组古近系—新近系盐上成藏组合分布于古近系—新近系地堑中，具有一定的资源潜力。其中始新统的页岩沉积于地堑中，埋藏较深，为渐新统—中新统的砂岩储层提供油源，始新统砂岩储层、阿尔布阶 Catumbela 组和 Cacoba 组的碳酸盐岩储层原油来自此页岩。该含油系统的陆上部分已有发现，而海上部分还没有商业发现。在向深海勘探的过程中，与其相当的始新统含油系统可能更具有经济价值，该系统为近陆斜坡拉张的盐构造区域、远离斜坡挤压的盐构造区域及盐盆地边缘区域提供了可供勘探的靶区。

（2）Binga 组盐间成藏组合：

Binga 组盐间成藏组合是盐间成藏组合，Binga 组泥晶灰岩可作为邻近的 Binga 组砂岩或鲕粒碳酸盐岩储层的油源层，包括 Catumbela 组和 Cacoba 组在内的碳酸盐岩储层的油源都来自于此。

（3）Cuvo 组—Cuvo 组 /Binga 组 / 阿尔布阶 /Quifangondo 组盐下成藏组合：

盐下 Cuvo 组的页岩与 Binga 组组成了与上述类似的成藏组合，称为 Cuvo 组—Cuvo 组 /Binga 组 / 阿尔布阶 /Quifangondo 组盐下成藏组合。盐下 Cuvo 组页岩为该系统的烃源岩，Cuvo 组 /Binga 组 / 阿尔布阶 /Quifangondo 组砂岩和碳酸盐岩为储层，其中 Cuvo 组砂岩被认为是宽扎盆地的次要储层，但它是下刚果盆地的主要产层。

随着深海勘探的发展，与 Cuvo 组—Cuvo 组 /Binga 组 / 阿尔布阶 /Quifangondo 组和 Margas Negras 组 /Cunga 组—Quifangondo 组同期的成藏组合可能具有重要的经济意义，但那些与这两类不同期的具有潜力的成藏组合可能与阿尔布阶的泥晶灰岩和上白垩统 Teba 组 /Itombe 组 /Rio Dande 组页岩地层及上白垩统和古近系—新近系的三角洲及浊流沉积有关。

2）潜在成藏组合

（1）阿尔布阶 micrites 组—圣通阶 / 新生界成藏组合：

阿尔布阶 micrites 组—圣通阶 / 新生界是一推测的成藏组合，这一成藏组合可能发育于宽扎盆地深水地区，阿尔布阶泥晶灰岩在这里可能发育并达到成熟。油气也可从盐下烃源岩生成后沿盐运动形成的断层进入上白垩统和新生界三角洲相或浊积砂储集体。这一推测的成藏组合如果存在，则会使宽扎盆地深水区的勘探潜力大大提高。

（2）Teba 组 /Itombe 组 /Rio Dande 组—圣通阶 / 新生界成藏组合：

Teba 组 /Itombe 组 /Rio Dande 组—圣通阶 / 新生界是另一推测的成藏组合，这一推测的成藏组合已经证实有烃源岩存在，但成熟度不高。在盐上埋藏深的地区如盐挤压区的东侧，部分上白垩统及新生界烃源岩可能达到成熟，在侧向上可与塞诺曼阶三角洲体系和新生界三角洲、浊积体并置形成油气藏。

6. 油气成藏主控因素

1）盐上油气成藏主控因素为盐运动控源、控储、控圈闭，构造、圈闭控油

盐运动对盐上油气成藏的主要影响是形成了古近系—新近系地堑，使地堑中盐上烃

源岩达到成熟，并提供渐新统—中新统碎屑岩储层的沉积空间，盐运动形成的盐构造相关圈闭为盐上油气聚集提供有利的圈闭条件，从而控制油气的聚集。

由于中中新世盆地东部抬升，导致盐伸展区盐岩流动加剧，部分地区缺失盐岩形成一系列的古近系—新近系地堑，这些地堑自东向西逐渐形成，地堑内大多充填了厚层的渐新统—中新统，使盐上始新统泥岩埋深加大并达到成熟，而在盆地其他多数地区，盐上烃源岩可能未达到成熟阶段。盐运动和构造活动对渐新统—下中新统的Quifangondo组砂岩具有控制作用，中中新统盆地东部抬升加剧，陆上剥蚀物充填到地堑中形成盆地主要的Quifangondo组砂岩储层。盆地东部盐伸展区主要受滑脱断层影响形成与盐有关的构造，如盐枕、盐筏—地堑复合体，可形成与盐拱相关的背斜圈闭和受盐岩遮挡的盐边构造，在盐缺失区还可形成与断层同生长的滚动背斜。盆地东部古近系—新近系地堑内及周边是盐上油气藏的有利勘探区。此外，在盆地西部深水区上白垩统三角洲和渐新统—中新统浊积砂分布的地方，盐上烃源岩若能达到成熟，也是盐上勘探的有利区带。

2）盐间油气成藏主控因素为盐隆控储、控圈闭，储层和圈闭的有效配置控油

盐间Binga组碳酸盐岩储层发育的有利相带对形成盐间油气藏至关重要，与盐岩相关的盐隆是有利的圈闭类型，有利于碳酸盐岩储层发育的相带和盐相关圈闭在空间上的良好配置控制盐间油气聚集。

Binga组沉积时，宽扎盆地主体处于海相环境，除东部为滨岸砂岩沉积外，向西逐渐过渡为海相碳酸盐岩和深水泥灰岩、泥岩沉积。Binga组碳酸盐岩上覆于过渡期厚层盐岩，由于盐岩的差异压实作用和盆地东部的抬升导致盐岩流动，盐底辟开始形成。发生盐隆的局部地区水体较浅，成为碳酸盐岩礁滩相储层发育的有利相带，因此盐隆对盐间储层发育具有一定的控制作用。在盐隆的顶部往往由于局部派生的张应力形成馒头开花状断层，这些断层又使Binga组储层的渗透率得到改善，从而提高储集能力。因此，盐隆控制了盐间储层发育的有利相带，使储层和圈闭在纵向上相互叠置，成为盐间油气聚集的主控因素。盐隆发育部位为盐间勘探的有利目标。

3）盐下油气成藏主控因素为断陷控源、控圈闭，烃源岩、圈闭和储层有效配置控油

断陷控藏主要体现在两个方面，一是断陷控源，二是断陷控圈闭。盐下裂谷期断陷的发育位置和规模控制着湖泊相烃源岩的分布范围，相比下刚果和加蓬盆地而言，宽扎盆地盐下裂谷期构造发育较弱，目前只在盆地东部识别出Maculungo地堑。盐下裂谷期断层的发育和展布影响盐下与断层有关的圈闭的发育情况，圈闭的发育和分布进一步控制油气的聚集成藏。盐下油气藏主要储层为上Cuvo组滨岸砂，这套储层在平面上的展布与圈闭和烃源岩的空间配置控制盐下油气的聚集。

从盐下构造看，以倾斜断块为主的圈闭发育于盆地东部的断陷内，盐下烃源岩主要分布于盆地东部的断陷内，上Cuvo组滨岸砂亦分布于盆地东部，因此，盆地东部断陷发育区是盐下最有利的勘探区带。今后，随着对盐下断陷盆地发育范围和规模的进一步认识，可能对盐下有利勘探区会有新的发现。

7. 勘探潜力分析

宽扎盆地属于西非海岸阿普特期盐盆之一，主要位于安哥拉大西洋沿岸，大部分位

于海上（图4-72）。盆地北以安布里什隆起为界，南界为 Morroliso 隆起，东部以前寒武系基底为界，西部边界为阿普特阶盐岩（大致等同于陆壳与洋壳的界限）。宽扎盆地由于政治因素复杂，勘探程度低，其勘探工作主要集中在近海部分，油田主要分布在陆上的罗安达地区，油田规模较小，储量少，目前油田的产量很低，1998年后多数油田已经停产。从1975年起，宽扎盆地陆上区域已经被认为是成熟的勘探区域，但深水领域的勘探程度还很低，有很大的勘探潜力。

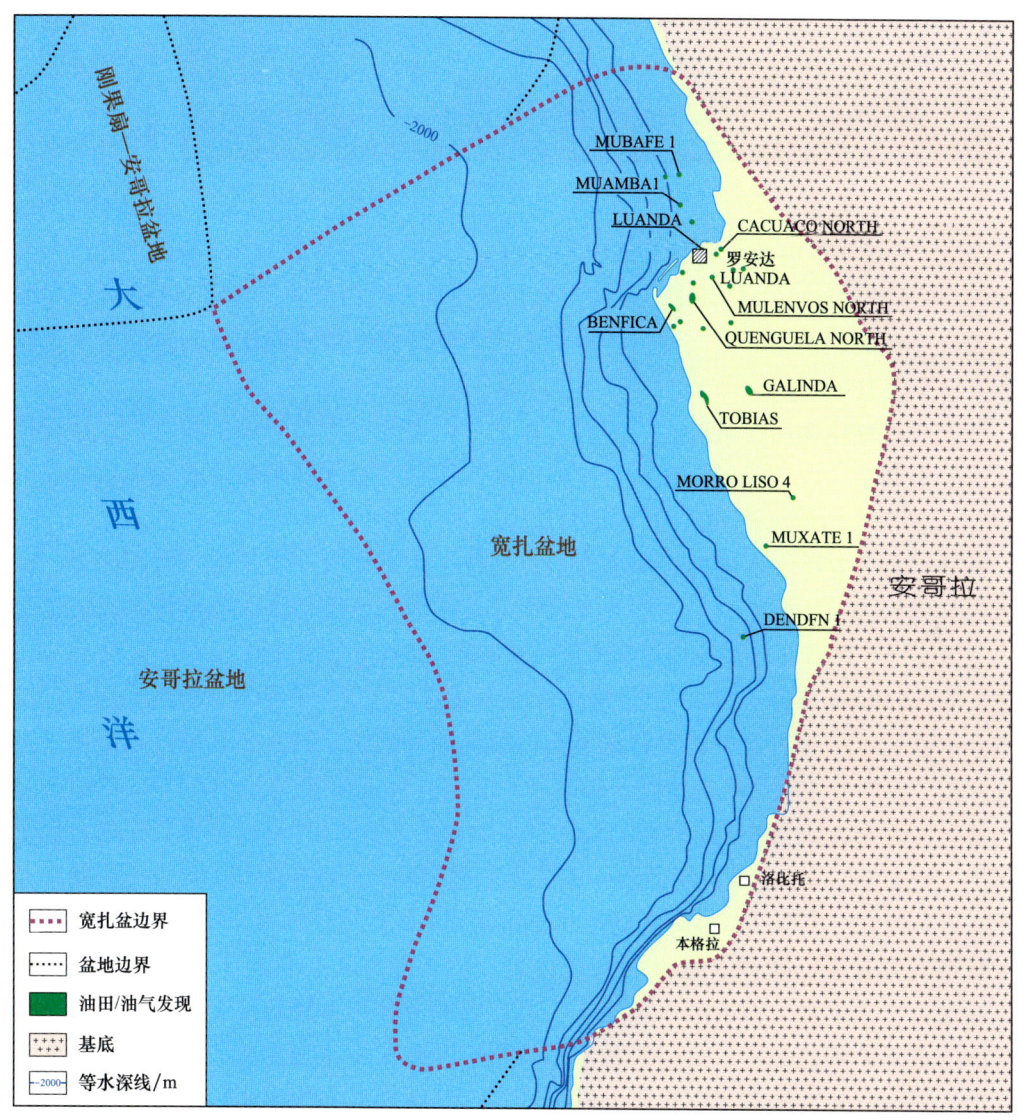

图4-72　宽扎盆地位置图及主要油田分布（据Hudec et al., 2002；童晓光等, 2002）

在宽扎盆地已发现的油气可采储量中，盐下湖泊相烃源岩的贡献占39%，盐间海相泥岩和碳酸盐岩对可采储量贡献为47%，二者合计达可采储量的86%；而始新统海相页岩的贡献则为14%。

宽扎盆地盐下成藏模式如图 4-73 所示。断块是裂陷盆地重要的油气储集单元，巴雷姆阶湖泊相页岩生成的油气沿裂陷期断裂或不整合面向上运移，在基底构造高部位的 Toca 组优质碳酸盐岩和砂岩中运聚成藏。因此，对宽扎盆地盐下勘探来说，断裂控制的基底构造高部位是油气聚集区，储层类型和分布是其能否成藏的关键（刘亚雷等，2017）。

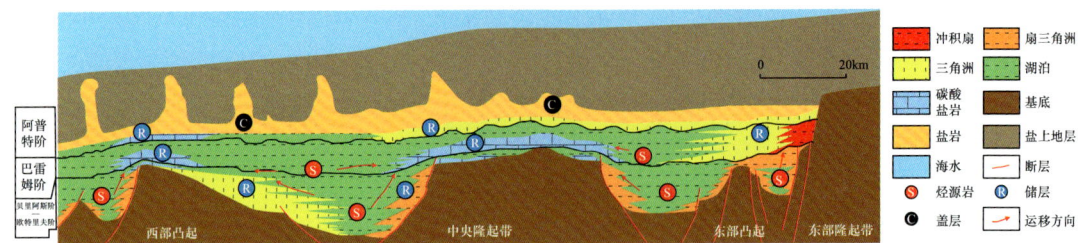

图 4-73　宽扎盆地盐下成藏模式（据刘亚雷等，2017）

盐间下白垩统阿普特阶含油气系统，烃源岩为盐间阿普特阶 Binga 组浅海相碳酸盐岩和泥岩，储层为盐间阿普特阶 Binga 组浅海相鲕粒灰岩和白云岩，盖层为上覆阿普特阶盐岩，为自生自储。盐间下白垩统阿普特阶油气主要分布于内宽扎次盆，向外至宽扎盆地深水区勘探潜力降低。

盐上上白垩统含油气系统，烃源岩为盐下下白垩统巴雷姆阶湖泊相页岩，盐层厚度减薄或发生刺穿，盐下湖泊相烃源岩生成的油气运移至盐上阿尔布阶海相碳酸盐岩或砂岩储层，盖层为上白垩统泥岩，为古生新储。

另外，潜在含油气系统的烃源岩为上白垩统（塞诺曼阶—土伦阶）海相泥岩，储层为上白垩统砂岩或碳酸盐岩，盖层为上覆泥岩。该油气系统在南大西洋被动大陆边缘西非下刚果盆地、科特迪瓦盆地加纳深水区（Jewell，2011）及南美洲 Santos 盆地、Compos 盆地（Schiefelbein et al.，2000）、法属圭亚那海域深水区等均有油气田发现。因此，推测外宽扎次盆和本格拉次盆可能发育盐上上白垩统油气系统。该油气系统分布受控于上白垩统海相烃源岩成熟度（杨永才等，2013）。

盐上古近系含油气系统，烃源岩为古近系始新统 Margas Negras 组海相泥岩，储层为渐新统—中新统 Quifangondo 组砂岩，盖层为上覆泥岩，为古生新储。该油气系统分布受控于古近系烃源岩成熟度，推测在宽扎盆地陆坡深水区盐筏移区可能发育该油气系统。

盆地发育盐下、盐间、盐上三套烃源岩。盐下烃源岩有机质丰度较高，具有一定的生烃潜力，主要为裂谷期湖泊相泥岩，但在区域上分布不稳定，主要有利分布区在盆地东部的盐下裂陷盆地内；盐间烃源岩有机质丰度高，是盆地主要的烃源岩，主要分布在盆地中西部；盐上烃源岩有机质丰度也较高，其生烃潜力取决于成熟度，在陆上古近系—新近系地堑中可以达到成熟，在盆地中部部分古近系—新近系沉积较厚的地区也可能达到成熟。截至 2013 年，宽扎盆地共发现 26 个油气田，有 20 个油气田主要分布于陆上，其余 6 个分布在海上（图 4-74）。盐下下白垩统巴雷姆阶油气田主要分布于宽扎盆地南部，MorroLiso-4 油田和 Denden 油田的油源为盐下下白垩统阿普特阶湖泊相烃源岩。盐间下白垩统阿普特阶油气田主要分布于内宽扎盆地中部陆上的 Tobias、Galinda、Uacongo、Benfica、BomJesus1 等油田，油源为盐间下白垩统阿普特阶 Binga 组海相碳酸盐岩、泥岩或盐下湖泊相烃源岩。盐上下白垩统油气田主要分布于内宽扎次盆，包括北部陆上的 Berto、MulenvosSouth、MulenvosNorth、Luanda 油田及海域的 Cegonba、Muamba、Pa-kubalu 等油田，油源为盐下下白垩统巴雷姆阶湖泊相烃源岩。盐上古近系油气田主要分布于内宽扎次盆，包括北部陆上的 Quenguela North、QuenguelaSouth、Zango1A、Funda2 等油田，油源为始新统海相烃源岩。盐间下白垩统、盐上上白垩统、盐上古近系油气田均围绕地堑及烃源灶分布，烃源岩是宽扎盆地油气藏形成与分布的主控因素（杨永才等，2013）。

盆地发育盐间—盐上和盐下两套储层，但以盐间—盐上储层为主。在盆地内盐下储层以上 Cuvo 组碎屑岩为主，盐间以 Binga 组碳酸盐岩储层为主，盐岩层为区域性盖层，封盖能力强。盐上以上白垩统—新近系碳酸盐岩和碎屑岩为储层，以广泛分布古近系—新近系页岩为盖层，形成良好的储盖组合。盆地已证实存在盐下、盐间、盐上三套含油气组合，其中盐间、盐上含油气组合是盆地的主要含油气组合。

在平面上，宽扎盆地已发现的油气田主要分布在陆上，大致为盐岩分布东界以西的地区及盆地东北部靠近陆上的浅海地区。其中海上目前只有 6 个油气发现，主要是盐上阿尔布阶碳酸盐岩产层和盐间 Tuenza 组向陆上相变的碎屑岩产层（Mucanzo 组），另外在中东部浅海还发现一个以盐下上 Cuvo 组碳酸盐岩为产层的油气田。陆上已发现的 26 个油气田主要分布在 Quenguela 地堑和 Calombaloca 地堑内及这两个古近系—新近系地堑的周边，主要为盐上碎屑岩、碳酸盐岩和盐间碳酸盐岩产层。盐间 Binga 组碳酸盐岩产层主要分布在古近系—新近系地堑以外的区域，在南北向上延伸较远，盐上渐新统—中新统碎屑岩产层主要分布在古近系—新近系地堑内及地堑周边。

从盐下构造图推测盐下烃源岩主要分布于盆地东部。目前盐下油气藏主要储层为上 Cuvo 组滨岸砂，这套储层分布于盆地东部；盐下圈闭类型为倾斜断块等与断层有关的构造，盆地东部是目前可以证实的裂陷构造较为发育的地区，因此盆地东部区域是盐下最有利的勘探区带。今后，随着对盐下断陷盆地发育范围和规模认识的不断创新，可能对盐下有利勘探区会有新的认识。

宽扎盆地盐下成藏组合特征为：烃源岩为盐下下白垩统巴雷姆阶湖泊相页岩，储层为盐下下白垩统巴雷姆阶—阿普特阶上 Cuvo 组碳酸盐岩和砂岩，盖层为阿普特阶盐岩，为自生自储型（杨永才等，2013；霍红等，2008）。Cameia-1 井、Cameia-2 井和 Azul-1 井盐下下白垩统巴雷姆阶均获得油气勘探突破，表明在陆坡深水区发育下白垩统巴雷姆阶高丰度的湖泊相页岩，发育优质碳酸盐岩储层，同时发育可作为盖层的厚层盐，其成藏规律类似于巴西 Santos 盆地 Tupi 巨型油田的盐下成藏组合，表明宽扎盆地深水区盐下下白垩统层系具有很大勘探潜力（刘亚雷等，2017）。

对于以宽扎盆地为代表的含盐盆地来说，盐岩发育程度对成藏组合有很大影响。对于厚盐区，区域封盖作用很强，油气被有效封闭和保存，在盐下圈闭中聚集成藏。目前，盐下发现的所有大型油气田均位于厚层盐岩覆盖区，如南美的 Lula 油田，这对宽扎盆地的油气勘探有很大启示；对于薄盐区—无盐区，盐岩作为盖层的封堵性变差，多发育沟通盐上、盐下的油气运移通道，油气多通过盐窗和盐相关断层运移到盐上层系成藏，对这些区域来说，重点勘探目标应放在盐上层系。

盐下下白垩统地堑发育位置和规模控制了优质湖泊相烃源岩的分布范围，油气分布则受控于湖泊相烃源岩的分布。储层为下白垩统巴雷姆阶砂岩，盖层为阿普特阶盐岩；圈闭是形成于早白垩世的掀斜断块与滚动背斜、与盐活动有关的构造圈闭或岩性圈闭；烃源岩在阿普特期之后开始排烃，与圈闭形成时间和油气运移时间匹配好，油气生成后通过断层或输导层运移聚集。因此，盐下下白垩统油气成藏具有断陷控源、控圈闭特征，烃源、圈闭、储层有效配置控制了油气藏的形成与分布（图 4-74a）（杨永才等，2013）。

盐上和盐间是盆地内重要的油气成藏组合。盐间油气成藏主控因素为储层和圈闭的有效配置。盐间油气成藏组合以盐间 Binga 组泥灰岩为烃源岩，以 Binga 组碳酸盐岩为储层，以上覆盐岩或泥岩为盖层，形成自生自储的油气成藏模式。Binga 组碳酸盐岩储层发育的有利相带对形成盐间油气藏至关重要，与盐岩相关的圈闭控制油气的聚集，有利于碳酸盐岩储层发育相带和盐相关圈闭在空间上的良好配置控制盐间油气聚集。

下白垩统上阿普特阶 Binga 组沉积时，盆地最东部为滨岸砂沉积，向西逐渐过渡为海相碳酸盐岩和深水泥灰岩、泥岩沉积。Binga 组碳酸盐岩上覆于厚层盐岩上，由于差异压实和盆地东部的抬升导致盐岩流动，盐底辟开始形成。发生盐隆的局部地区水体变浅，成为碳酸盐岩礁滩相储层发育的有利相带。同时，盐隆亦有利于改善上覆碳酸盐岩储层的储集性能。因此，盐隆对盐间碳酸盐岩储层的发育具有控制作用。盐间下白垩统阿普特阶油气成藏具有盐隆控储、控圈闭特征（图 4-74b）（杨永才等，2013）。

盐上油气成藏主控因素为烃源岩成熟度、储层和圈闭。盐上古近系—新近系地堑中由于地层埋深大，始新统泥岩已经成熟，在古近系—新近系地堑以外的其他陆上地区盐上烃源岩还未达到成熟。上白垩统泥岩是潜在的烃源岩，在地层厚度较大的海上部分地区可能会达到成熟。盐上成熟烃源岩的分布在很大程度上控制着盐上的油气成藏，在断层沟通盐上、盐下地层的地区可能存在盐间及盐下烃源岩为盐上供烃的情况。盐上储层和圈闭的发育控制油气的聚集成藏。

中中新世盆地东部抬升，导致盐流动加剧，部分地区缺失盐而形成一系列古近系地堑，地堑内充填了厚层渐新统—中新统。仅在古近系地堑内始新统海相烃源岩达到成熟阶段，生成油气沿断层或不整合面向上运移聚集成藏。盐上古近系油气赋存于渐新统—下中新统砂岩内，盖层为上覆层内页岩；圈闭是与盐活动有关、随盐伸展和挤压产生大量的褶皱、铲式断层和滑脱构造等。盐上古近系油气成藏具有盐活动控源、控圈闭的特征（图 4-74c）。

盐上和盐间圈闭类型多样，可形成与盐拱相关的背斜圈闭、受盐岩遮挡的圈闭、和断层相关的断块型圈闭等，在盆地不同的部位可发育各种类型的圈闭。盐间 Binga 组泥灰岩分布在盆地中西部，盐上烃源岩在古近系—新近系地堑和盆地中部古近系—新近系埋

第四章 深水盆地油气地质特征

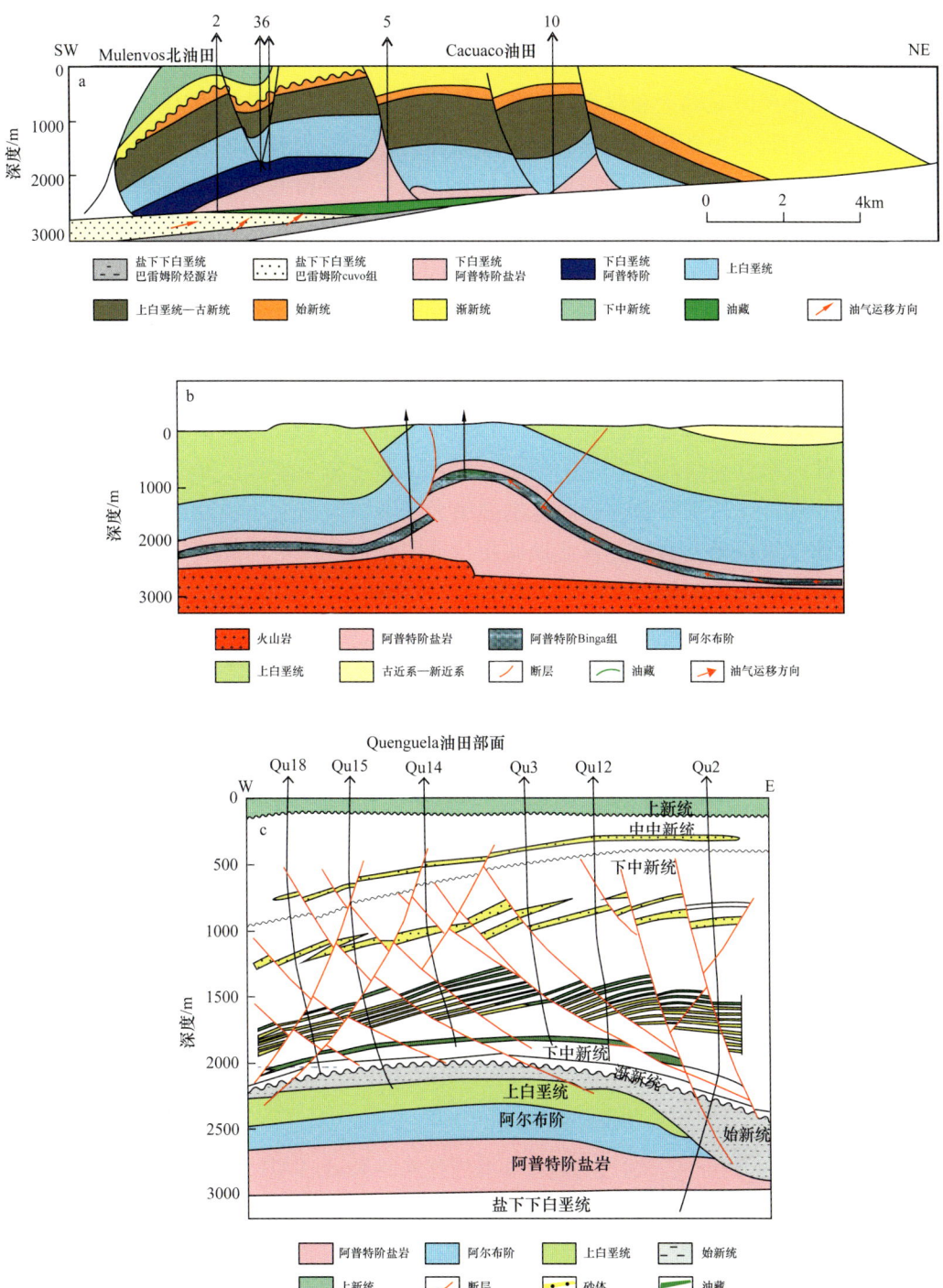

图 4-74 宽扎盆地盐下下白垩统（a）、盐间阿普特阶（b）、盐上古近系（c）成藏模式对比
（据杨永才等，2013 修改）

藏大的地区可以成熟。渐新统—中新统碎屑岩储层主要分布在古近系—新近系地堑及其周边，盐间和盐上碳酸盐岩储层已经在盆地中东部得到证实。受烃源岩和储层等因素的共同控制，盐间—盐上的有利勘探区为盆地中东部地区。

盐上有利勘探区除陆上和浅水区以外，深水区也有一定的勘探潜力。深水区上白垩统三角洲和渐新统—中新统浊积砂分布的地方是盐上勘探的有利区带。在砂体分布的部位如果盐上烃源岩具有一定的埋藏深度并成熟，或存在盐窗可使盐下和盐间生成的油气运移至盐上储集体中，则具有很好的勘探前景。这种盐上有利勘探目标目前还属于推测的成藏组合，主要风险是盐上烃源岩是否达到成熟。

第三节 西非南段盆地油气地质特征

非洲西部海岸盆地南段各盆地的形成、发育、演化与中生代以来南大西洋的裂谷作用及后期的持续扩张作用有关，是冈瓦纳超级大陆解体与南大西洋的扩张形成的大陆裂谷和被动大陆边缘型叠合盆地。各盆地地质特征的相似性决定了其油气地质条件的相似性，下面以西南非海岸盆地为例来说明其石油地质特征。

一、纳米比盆地油气地质特征

纳米比盆地位于非洲中南部西海岸，盆地95%位于安哥拉境内，5%位于纳米比亚境内。北边为宽扎盆地，南边以沃尔维斯海脊为界与西南非海岸盆地相连，整体为一个狭长的、长条形南北走向的盆地，面积为46857km^2，其中陆上面积7615km^2，海域面积39242km^2。纳米比盆地至今未有过钻井活动，共完成二维地震采集8400km，其中包括邻近的安哥拉盆地的测线。

1. 烃源岩

纳米比盆地烃源岩大部分为过渡期中—上巴雷姆阶—阿普特阶中的页岩。烃源岩质量和成熟度尚不清楚，晚白垩世至新近纪发育厚层海相甚至深海相层序，其中的页岩可能为该盆地的潜在烃源岩。

2. 储层

盆地内储层还未经证实。通过与西南非海岸盆地的Kudu 9A/1、A–J1等发现进行类比，表明纳米比盆地可能有两个潜力储层段：在裂谷单元Ⅱ期发育的海相至过渡相砂岩和过渡期的海相砂岩。据前人资料，前者在西南非海岸盆地的A–J1有发现，并形成了小油藏，孔隙度10%～13%，渗透率0.1～438mD。后者在西南非海岸盆地的Kudu 9A/1发现中形成了规模较大的气藏，孔隙度为1%～20%，渗透率在0.1～100mD之间。另外，根据周边盆地的研究成果，在纳米比盆地中部可能发育有一定规模的古近系—新近系海底扇，为该盆地的另一个重要的潜在储层。

3. 盖层

纳米比盆地由于勘探程度低，盖层情况还不明确。从已有的资料分析，最有可能成为盖层的是过渡期层序上部的下阿普特阶厚层页岩。这些页岩可以封盖其下的油藏中的烃类，阻止其进一步向上运移。从前人研究成果看，任何层间的页岩都有潜力作为有效盖层。

4. 圈闭

纳米比盆地的构造圈闭包括掀斜断块、四面倾斜闭合背斜和滚动背斜。地层圈闭在局部也是很重要的。地层尖灭、进积和退积沉积楔、三角洲扇体和河道、深水扇和河道及碳酸盐礁体中很可能发育地层圈闭。

5. 运移

过渡期的上巴雷姆阶—阿普特阶沉积中的页岩生烃可能发生在晚白垩世，生成的烃类沿广泛发育的断层和不整合面输导体系向上部储层运移。发育好的页岩地层可有效地封盖烃类进一步向上运移和从圈闭中渗出。

6. 成藏组合

在裂谷Ⅱ期和过渡期存在两种主要类型的构造—地层储盖组合，主要为巴雷姆阶—阿普特阶的地层—构造储盖组合和瓦兰今阶—欧特里夫阶的地层—构造储盖组合（图4-75）。

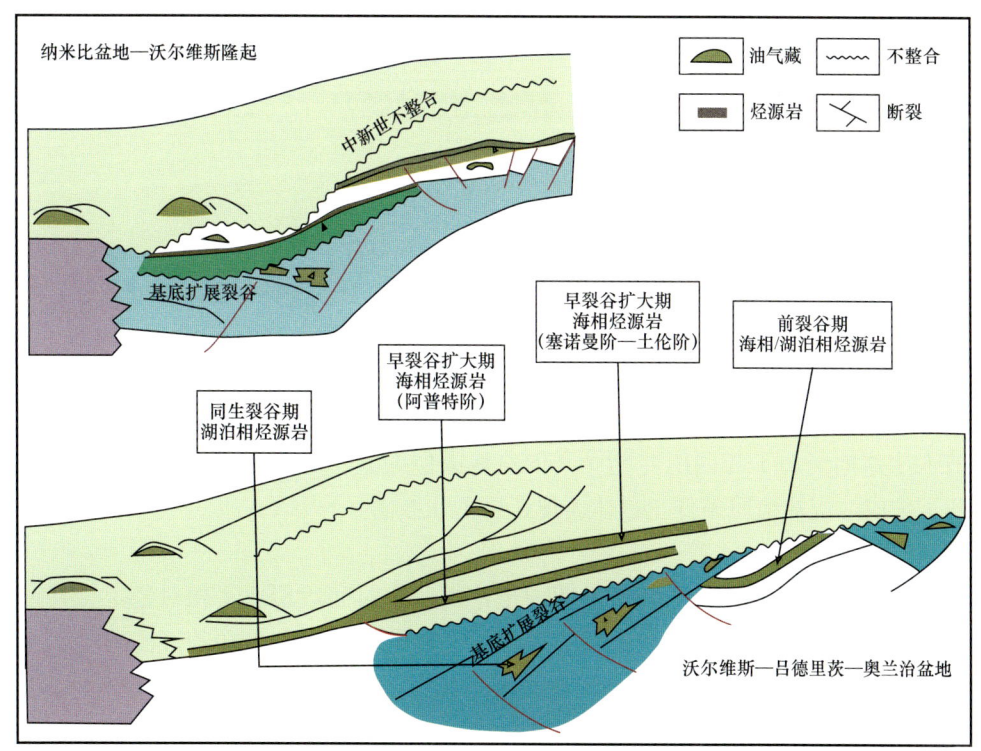

图4-75 纳米比地区油气成藏组合（据童晓光等，2002）

1）巴雷姆阶—阿普特阶的地层—构造储盖组合

储层为海相砂岩，据西南非海岸盆地 Kudu 9A/1 气藏资料，储层的孔隙度值在 1%～20% 之间。层间页岩可作为该储盖组合的盖层。

2）瓦兰今阶—欧特里夫阶的地层—构造储盖组合

潜力储层为瓦兰今阶—欧特里夫阶海相到过渡相砂岩。据西南非海岸盆地 A-J1 发现中的含油储层资料，储层的孔隙度在 10%～13% 之间。上覆过渡阶段沉积的页岩很可能是主要盖层。

纳米比盆地的成藏组合主要为巴雷姆阶—阿普特阶—欧特里夫阶/巴雷姆阶/阿尔布阶成藏组合，为一推测的成藏组合（图 4-76）。烃源岩为巴雷姆阶—阿普特阶泥页岩，储层为欧特里夫阶—阿尔布阶砂岩，盖层为巴雷姆阶、阿普特阶和古新统层间泥岩，圈闭类型为地层—构造圈闭，生油期和运移期为晚白垩世及以后。

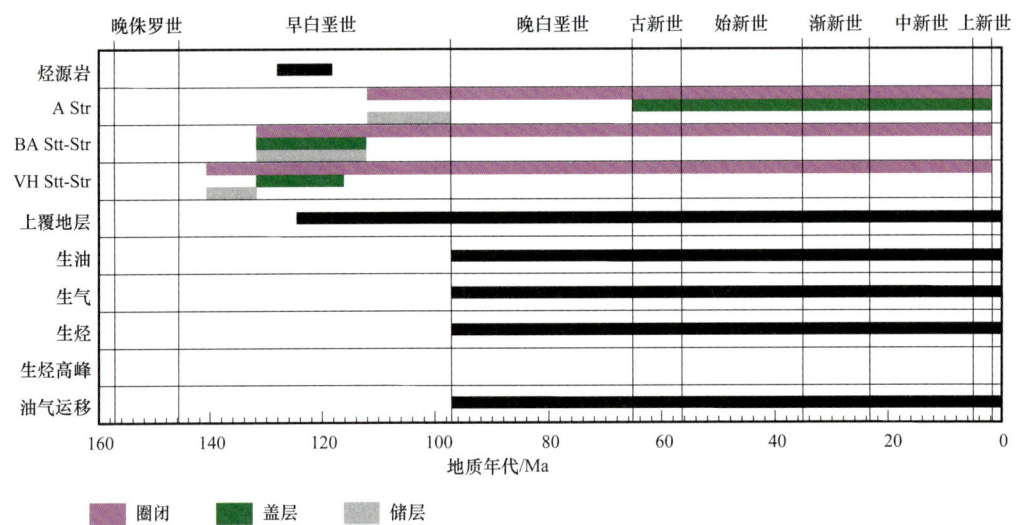

图 4-76　纳米比盆地巴雷姆阶—阿普特阶—欧特里夫阶/巴雷姆阶/阿尔布阶成藏组合

（据 Burke et al., 2003）

7. 勘探潜力分析

纳米比盆地经历了与西南非陆缘其他盆地类似的演化历程和阶段，纳米比近海诸盆地具备了生成油气的地质条件。具体表现在以下几方面。

1）烃源岩条件

纳米比盆地在阿普特期和塞诺曼期—土伦期两个时间段形成了相对稳定、有一定厚度的烃源岩层，而裂谷期湖泊相和前裂谷 Karoo 期沉积也存在潜在的烃源岩层。这些烃源岩 TOC 较高，干酪根类型为 II 型。这与沃尔维斯海脊北部诸盆地内（北部盆地区）的情况相似，北部盆地区内除没有发育 Karoo 期沉积及烃源岩外，裂谷期、被动大陆边缘期也均发育了烃源岩，干酪根类型及 TOC 等也很相似。

2）构造演化

据边缘构造演化特征，纳米比盆地边缘裂谷作用较北部盆地略早些，相应地，初始洋壳及有关的蒸发岩沉积也早些，而阿普特阶的局限水体环境时间大体一致，只不过北部盆地区是受横向沃尔维斯海脊的阻挡，而纳米比盆地区是受南部 Falkland 高原的横向阻挡。塞诺曼阶—土伦阶烃源岩与北部一致，同受全球高海平面缺氧环境的影响。

3）纳米比边缘沉积体系

沉积体系内发育 3 个大型不整合，加上频繁的海进海退形成的碎屑沉积，使裂谷期到被动大陆边缘期发育了大量碎屑岩沉积，是良好的潜在储层。而早白垩世沉积的蒸发岩和海相页岩是良好的盖层，这与北部盆地区的情况也很相似。从结构上看，纳米比盆地区与北部盆地区十分相似，也是火山岩型被动大陆边缘，由减薄了的陆壳、过渡洋壳和洋壳构成，发育陆架、斜坡、陆隆等构造单元，发育历史与北部盆地区相似，被动大陆边缘期地层层序中发育了大量重力滑动构造，这些重力滑动构造对后期浊流沉积的控制和构造—地层圈闭的形成起着重要的作用，因此纳米比盆地区也具备了形成大型油气圈闭的构造条件。阿普特阶烃源岩和塞诺曼阶—土伦阶烃源岩除部分地区处于未成熟或早期成熟外，离岸一定距离的广大区域内处于中等—晚期成熟（部分已达生气门限），达到了生油、气阶段，其成熟度与北部盆地区相比相同或略高。

4）发育河流三角洲

纳米比盆地区沿岸边缘发育了一条奥兰治河，其规模和河水流量较大，但到目前为止对其携带沉积物量、形成的浊积岩规模和分布、气候条件等方面的研究还较欠缺。北部盆地区，油气产出丰富的重要因素之一是沿边缘在地质历史时期发育了汇水范围很大的大型河流系，如尼日尔三角洲的贝努埃河、下刚果油气区的扎伊尔河（刚果河）、宽扎盆地的宽扎河等。这些大型河流携带大量碎屑进入海区形成了规模很大的尼日尔三角洲、刚果扇和宽扎扇，使被动大陆边缘期沉积物厚度大增。这些厚层沉积负载一方面有利于油气成熟，另一方面有利于边缘向海方向的掀斜抬升而使陆上部分抬升剥蚀，产生更多量的碎屑沉积，并更易形成复杂的重力滑动构造。

综上所述，纳米比盆地与西非南部其他含油气盆地应该具有相似的形成、演化特征，但由于该区受早期冈瓦纳大陆破裂的影响，火山活动强烈，对盆地生储盖层的形成和发育有一定的影响。最有潜力的圈闭和储盖组合很可能出现在浅水区域，在中央半地堑和构造转折线附近。

纳米比盆地是世界上极少数勘探程度极低的地区，对其勘探潜力的研究具有重要的战略意义。但盆地主体处于海上深水区，坡度大，勘探难度大，投资高，在一定程度上制约了盆地的勘探进程。同时盆地资料有限，认识程度和研究程度低，有一定的推测性，勘探风险大。

二、西南非海岸盆地油气地质特征

西南非海岸盆地位于纳米比亚近海和南非开普省的西部，主要分布于西非南部海域。该盆地面积497859km²，主要包括3个次盆，北部靠近沃尔维斯海脊为沃尔维斯次盆（面积156346km²），中部为吕德里茨次盆（面积93021km²），南部为奥兰治次盆（面积248492km²）（图4-77）。沃尔维斯次盆平均水深1260m，盆地最大沉积厚度9000m。该盆地发育在泛非基底之上，是一个早期裂谷和晚期被动大陆边缘的叠合盆地。西非与南美裂离时，受沃尔维斯海脊的分隔，该盆地处于西非南部开阔海环境，盆地内没有盐岩沉积；而沃尔维斯海脊北部的加蓬、下刚果等盆地处于局限海环境，为含盐盆地，两类盆地具有截然不同的石油地质特点。

目前西南非海岸盆地勘探程度较低。仅发现Kudu大气田，2P可采储量$3.82×10^{12}ft^3$。另外，在南非还有一些中小型气田发现，如储量$0.3×10^{12}ft^3$的Ibhubesi气田。直至2019年，在南非的Brulpadda勘探区才有了$10×10^8bbl$的油气大发现。

西南非海岸盆地裂谷和漂移层序均比较发育，主力烃源岩包括裂谷期欧特里夫阶—巴雷姆阶湖泊相页岩和阿普特阶海陆过渡相页岩，均已获得证实；漂移期塞诺曼阶—土伦阶也可能发育潜在的气源岩。由于区域地温梯度较高，这些烃源岩均处于高—过成熟阶段，以生气为主。

裂谷期和漂移期均已证实发育砂岩储层，河流相、海相和风成砂岩均可能发育。Kudu大气田储层为风成砂岩，储层孔隙度最高可达20%。

盆地发育各类断层圈闭和地层圈闭，漂移期还可能发育地层—构造等复合圈闭。根据Kudu气田分析，天然气主要来自巴雷姆阶高成熟页岩生气，近源聚集于同层的风成砂岩。南非Ibhubesi气田，天然气则可能是阿普特阶页岩生气，经长距离运移聚集而成藏（张光亚等，2014）。

1. 烃源岩

盆地主要的烃源岩是下阿普特阶页岩，次要烃源岩是欧特里夫阶页岩；另外，西南非海岸盆地未能证实的烃源岩主要为塞诺曼阶—土伦阶页岩及古近系—新近系海相页岩。

1）下阿普特阶烃源岩

下阿普特阶缺氧页岩在南大西洋有大面积沉积，阿普特阶烃源岩与Falkland高原离开非洲南端之前，对南大西洋南部海水与全球其他大洋的海水循环起障壁阻挡作用而形成局限海、海水受限的环境有关，此期形成了缺氧富有机质沉积，厚度在40~146m之间，TOC普遍为1.61%~2.6%（最高25%），有机质类型为Ⅱ型，HI为180~800mg/g，生烃潜力普遍为3~20mg/g（最大159mg/g）。埋藏史研究表明，阿普特阶烃源岩热演化程度适中，部分地区处于成熟和高成熟阶段，在大面积范围内应该处于生油窗内（图4-78），主要的生排烃时期集中在晚白垩世。

2）上欧特里夫阶烃源岩

上欧特里夫阶湖泊相腐泥型黑色页岩烃源岩TOC高达10%，HI为600mg/g，以Ⅱ型

第四章 深水盆地油气地质特征

图 4-77 西南非海岸盆地位置图（据 Alison et al., 1995）

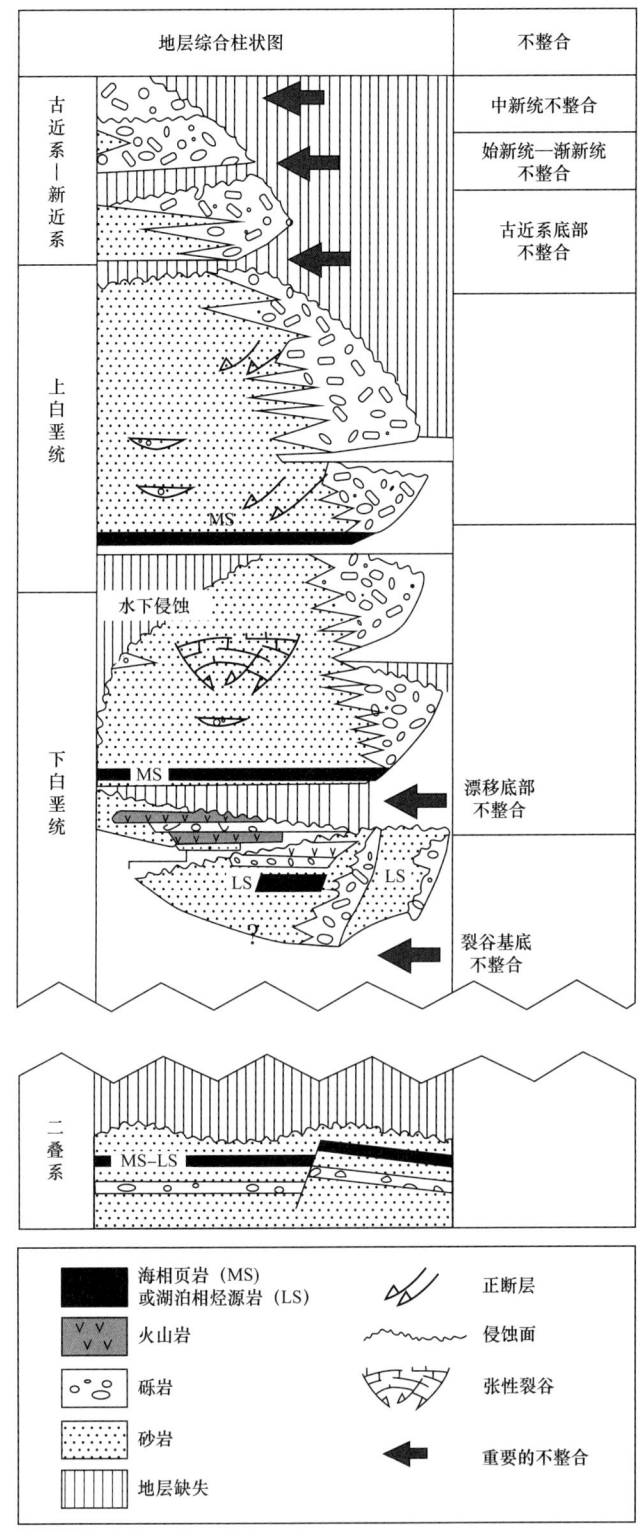

图 4-78 沃尔维斯次盆烃源岩层位分布（据 Bray et al., 1998）

干酪根为主，R_o 值仅为 0.7%～0.8%。上巴雷姆阶灰色页岩厚度为 61～127m，以陆源有机质为主，TOC 多为 1.3%～1.6%，已处于高成熟演化阶段—生气阶段。

3）潜在烃源岩

（1）塞诺曼阶—土伦阶烃源岩：

塞诺曼阶—土伦阶烃源岩与晚白垩世的全球性缺氧事件有关，晚塞诺曼阶—土伦阶页岩为Ⅲ型干酪根烃源岩，TOC 在 2012/13-1 井可达 5.0%，烃源岩分布规律不明显。该套烃源岩的有效性主要取决于其成熟度，整体上成熟度偏低，一般仅在各次盆中心部分达到成熟（图 4-79）。

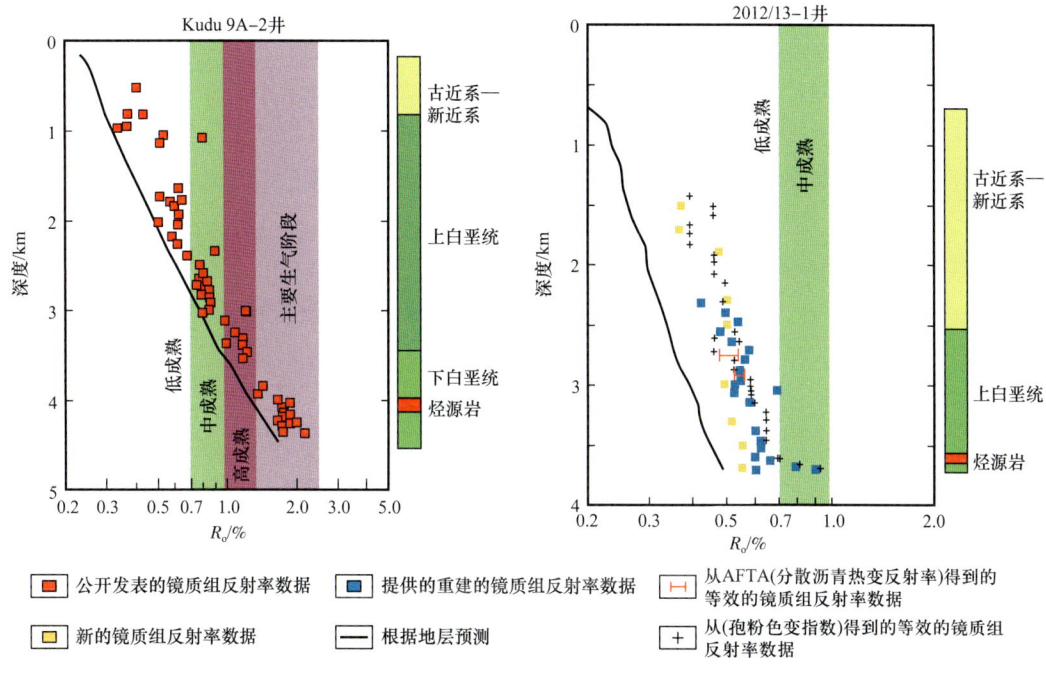

图 4-79 奥兰治次盆烃源岩成熟度剖面图（Kudu 9A-2 井及 2012/13-1 井）（据 Alison et al.，1995）

（2）古近系—新近系烃源岩：

古近系—新近系海相页岩也是非常有潜力的烃源岩，其形成于被动大陆边缘盆地的较深水环境，一般具有优越的有机质形成条件，该套烃源岩的有效性主要取决于其成熟度，在各次盆的中心部位有可能成熟并生烃。

在 Kudu 9A-2 钻井中，可见到这两套烃源岩层。钻井中，下阿普特阶发育海相含油和含气烃源岩，岩层厚约 140m，平均 TOC 为 2% 左右（原始 TOC 可能还要高）。Davies 等（1990）做的热解参数表明，这些烃源岩为Ⅱ型干酪根。在 Kudu 井东南部的奥兰治盆地内，没有钻遇塞诺曼阶—土伦阶烃源岩，而是钻到了同时代的优质烃源岩（2012/13-1 井），TOC 超过 5%，在纳米比亚北部和安哥拉水域的 DSDP 钻井中也见到了优质烃源岩。

另外，裂谷期地层中的富有机质湖泊相泥岩也具生烃潜力。奥兰治次盆中，就见到了早白垩世裂谷沉积中含油的湖泊相烃源岩。

将区域资料与南非和南美对比分析后,认为前裂谷 Karoo 群沉积地层内也可能存在潜在的生油烃源岩。

4)成熟度和油气生成

研究表明,渐新世以前的古地温梯度为 38℃/km,最高可达 40℃/km,渐新世以后盆地逐渐冷却,现今地温梯度平均 33℃/km。埋藏史分析表明,白垩系烃源岩烃类的排驱和运移始于坎潘期;到渐新世,烃源岩层段已经过了生油窗并开始生气,在晚中新世—上新世进入干气生气高峰。

据 Kudu 9A-2 井和 2012/13-1 井的镜质组反射率和孢子染色成熟度资料,认为古近纪—新近纪时古地温最高,其温度超过现今温度。如 2012/13-1 井中,下白垩统烃源岩于古近纪高地温期间进入了早期成熟生油窗。纳米比亚边缘海上大多数阿普特阶烃源岩为石油早成熟或中成熟,沃尔维斯次盆和吕德里茨次盆为石油晚期成熟,而在奥兰治次盆中,部分地区已达生气窗。塞诺曼阶—土伦阶烃源岩在沃尔维斯次盆、吕德里茨次盆和奥兰治次盆进入中成熟生烃窗,而吕德里茨次盆和奥兰治次盆的沉积中心部分烃源岩达到晚期成熟。

根据镜质组反射率、磷灰石裂变径迹等资料模拟热史分析油气形成的时间后认为,纳米比亚边缘生成的油气已被白垩系有效地封盖,可储集在储层及圈闭之中。

纳米比亚海上钻井资料表明,被动大陆边缘期地层中的海相富油烃源岩为早白垩世和晚白垩世早期地层,其烃源岩品质、成熟历史和构造特征表明,所形成的油气运移到被动大陆边缘期底部不整合面之下的裂谷储层中(如 Kudu 油田),以及运移到白垩纪和古近纪—新近纪被动大陆边缘期地层的潜在储层中。在发育阿普特阶和塞诺曼阶—土伦阶海相烃源岩的广大地区,这些烃源岩现在正处在中期到晚期成熟生烃窗(图 4-80),在纳米比亚海上大部分地区具备了使油气聚集在裂谷期和被动大陆边缘期储层中的有利条件。

2. 储层

盆地主要储层有 3 套,均为白垩系。第一套是瓦兰今阶—欧特里夫阶河流三角洲相或湖泊相砂岩储层,孔隙度在 10%~15% 之间,渗透率为 0.1~438mD;第二套是巴雷姆阶风成砂岩储层,孔隙度在 1%~20% 之间,渗透率在 0.1~767mD 之间;第三套为上阿普特阶—上塞诺曼阶砂岩储层,孔隙度在 9%~26% 之间,平均渗透率在 79~296mD 之间。阿普特阶砂岩沿着南—北向槽最发育,从该沉积中心向两翼减薄尖灭。不过,渗透率的变化趋势与砂岩厚度变化相反,在翼部砂岩较薄的地方渗透率反而较高。

盆地还发育多套潜在储层,最主要的是上康尼亚克阶的 16A 层序,在盆地的许多井都有钻遇。另外盆地自北向南发育 4 个规模不等的古近系海底扇,其中以奥兰治次盆发育的海底扇规模最大,这些海底扇也可成为较有利的储层。其他的潜在储层包括上古生界到下中生界河流相和 Karoo 超群的风成砂岩。

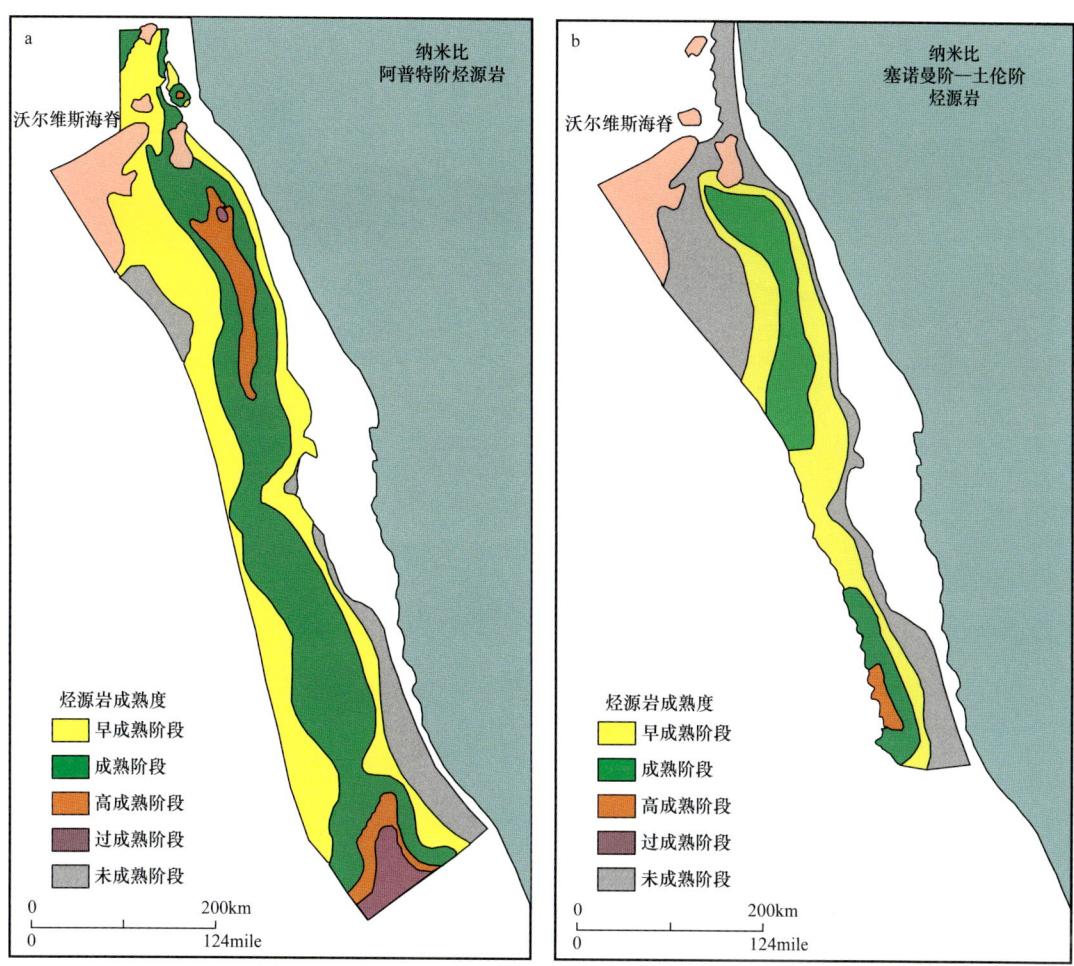

图 4-80 阿普特阶烃源岩成熟度（a）和塞诺曼阶—土伦阶烃源岩成熟度（b）分布图（据王剑等，2016）

3. 盖层

盆地主要盖层是发育于不同单元的泥页岩层，裂谷期和被动大陆边缘期厚层页岩是良好的盖层。

4. 圈闭

盆地的圈闭类型较多（图 4-81），既有地层—岩性圈闭又有构造圈闭。目前勘探发现的圈闭类型以地层—岩性圈闭居多，主要分布在裂谷期和被动大陆边缘期，构造圈闭包括掀斜断块、四面倾斜闭合背斜和滚动背斜，其发育与断层关系密切。

5. 运移

通过对西南非海岸盆地已发现的油气藏成藏特征的对比分析，认为该区以短距离运移为主，裂谷期形成的断裂系统及晚白垩世和古近纪—新近纪大量发育的同生断裂是油气运移的良好的通道。

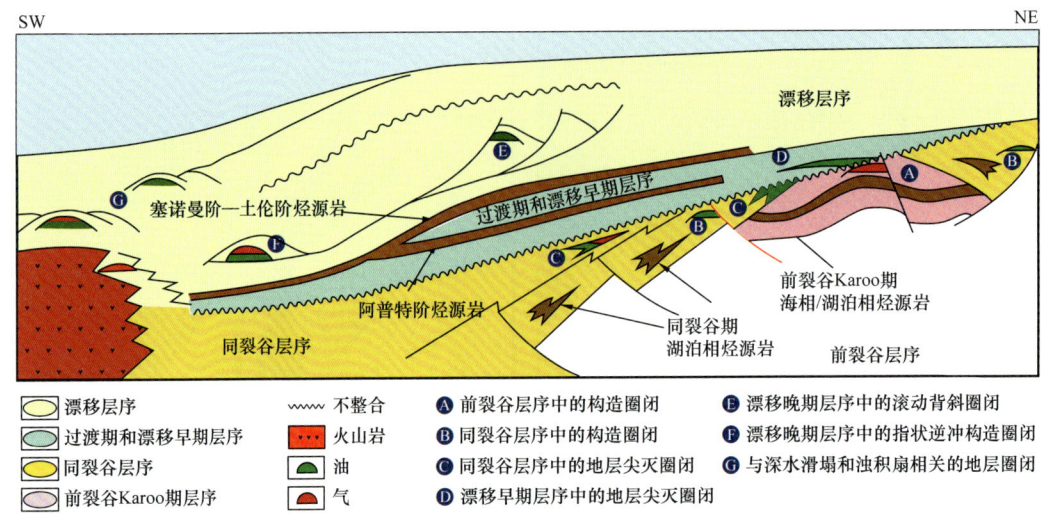

图 4-81　西南非海岸盆地烃源岩分布及成藏组合类型（据 Akanni，1998）

6. 成藏组合

该盆地包括巴雷姆阶—阿普特阶—巴雷姆阶/阿尔布阶和欧特里夫阶两个成藏组合，二者皆为确定的成藏组合（图 4-82）。其中巴雷姆阶—阿普特阶—巴雷姆阶/阿尔布阶成藏组合的烃源岩为巴雷姆阶—阿普特阶泥页岩，储层为巴雷姆阶—阿普特阶及阿尔布阶砂岩，圈闭类型为地层—构造圈闭，油气生成和运移期为白垩纪晚期及以后，其中生烃高峰期为晚中新世—上新世。欧特里夫阶成藏组合烃源岩为欧特里夫阶泥页岩，储层为欧特里夫阶砂岩，圈闭类型为构造圈闭，油气生成和运移期为晚白垩世晚期及以后。

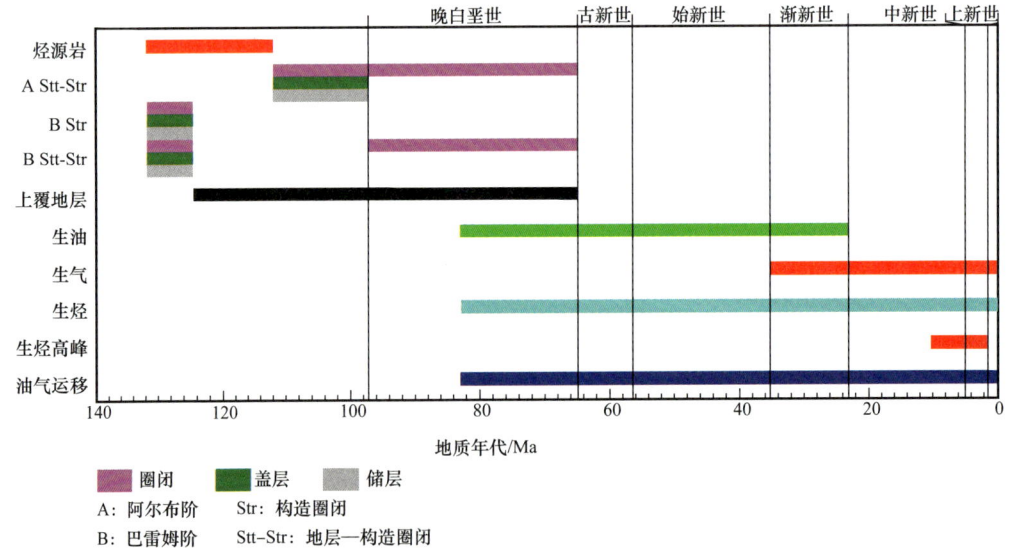

图 4-82　西南非海岸盆地巴雷姆阶—阿普特阶—巴雷姆阶/阿尔布阶成藏组合（据 Alison et al.，1995）

储盖组合主要存在于欧特里夫阶、巴雷姆阶和阿尔布阶中,已发现圈闭主要为地层圈闭,也有一些构造圈闭(图4-81)。Kudu油田的巴雷姆阶储盖组合由砂岩与具部分封堵能力的玄武质火山岩层互层组成,是至今唯一有商业开采价值的储盖组合。

7. 油气富集的主控因素

西南非海岸盆地研究程度较低,在近 $50×10^4km^2$ 的范围内仅有 80 口钻井,平均探井密度为 $6250km^2$/口,而且探井密度并不均匀,大部分集中在奥兰治次盆中。完成的二维地震采集 $9.7×10^4km$,测网密度 $5.1km^2$。目前已有 7 个发现,这些发现主要集中分布在南部的奥兰治次盆周围,其他 2 个次盆——沃尔维斯次盆、吕德里茨次盆均没有发现。从 3 个次盆的形成、发育及演化特征分析,3 个次盆均经历了前裂谷、裂谷和后期的被动大陆边缘阶段,不同程度地发育了巴雷姆阶和阿尔布阶的烃源岩,具有相似的成藏条件,但南部的奥兰治次盆沉积层厚度大(大于7000m),烃源岩发育,热演化程度高,以生气为主,而其他两个次盆沉积层厚度相对较小(约5000m),整体成藏条件较奥兰治次盆差。因此,奥兰治次盆是西南非海岸盆地主要勘探区,也是未来重点勘探目标区。

1)源控

根据已钻井烃源岩的有机地球化学资料分析,西南非海岸盆地已证实有 3 套烃源岩——上欧特里夫阶、巴雷姆阶和下阿普特阶烃源岩。其有机质丰度高,干酪根类型以Ⅱ型为主,但演化程度不均衡,上欧特里夫阶湖泊相腐泥型黑色页岩在A-J1井镜质组反射率仅为 0.7%~0.8%;而巴雷姆阶页岩已处于高成熟演化阶段——生气阶段;下阿普特阶页岩演化程度低,生烃潜力取决于热演化程度,综合分析认为其具有较大的生烃潜力,可能以气为主。但是,目前这 3 套烃源岩在盆地的发育特征不清楚,不同构造带演化程度及区域展布特征也不甚清楚,推测 3 套烃源岩在盆地不同构造带具有不同的演化特征,因此,盆地可能具有一定的石油勘探潜力。

2)热控

盆地现今地温梯度平均 33℃/km,但是,从镜质组反射率(R_o)推断出的古地温梯度是 38℃/km,最高可达 40℃/km。这表明了从渐新世以来盆地遭受了冷却过程。据推测,大陆扩张之后的早白垩世期间,地温梯度更高。在古新世抬升期间有一次区域性升温,在渐新世达到峰值温度。而且,埋藏史研究表明,白垩系烃源岩在晚白垩世和古近纪初可能已经排油,在晚中新世—上新世进入干气生气高峰。地球化学资料表明,深度达到4000m,烃源岩已进入干气热演化阶段。因此,根据西南非海岸盆地烃源岩埋藏深度,推测演化程度均已达到高成熟阶段,可能以生气为主,具有较大的天然气勘探潜力。

3)圈闭控藏

盆地内已经识别出多种类型的圈闭,包括掀斜断块、地层尖灭、披覆构造等多种类型的圈闭及地层—构造复合圈闭等,特别是该区由于坡度大,重力作用形成的压实及重力滑塌构造也是主要的圈闭类型,这些圈闭的形成和发育特征及与油气运移聚集的匹配关系有待进一步研究。

从上述的分析可以看出，盆地油气分布主要受控于烃源岩和储层的发育情况。从盆地烃源岩热演化程度、储层分布及油气分布来看，盆地内油气分布可以分为裂谷和被动大陆边缘两个主要构造阶段来初步预测盆地油气的分布，其中裂谷阶段储层为主要储集体，被动大陆边缘阶段储层为潜在储层。因此，盆地油气分布范围较广，潜力较大，其中奥兰治次盆潜力最大，其具体潜力有待进一步勘探证实。

沃尔维斯次盆的阿普特阶有效烃源岩自晚白垩世开始生油（图4-83），渐新世进入高成熟生气阶段。油气的运移与生成同步进行，一直持续到现今。盆地主要的圈闭形成于晚白垩世，圈闭的形成和油气的生成、运移在时间上匹配较好，圈闭可有效捕获其形成后生成的油气（王剑等，2016）。

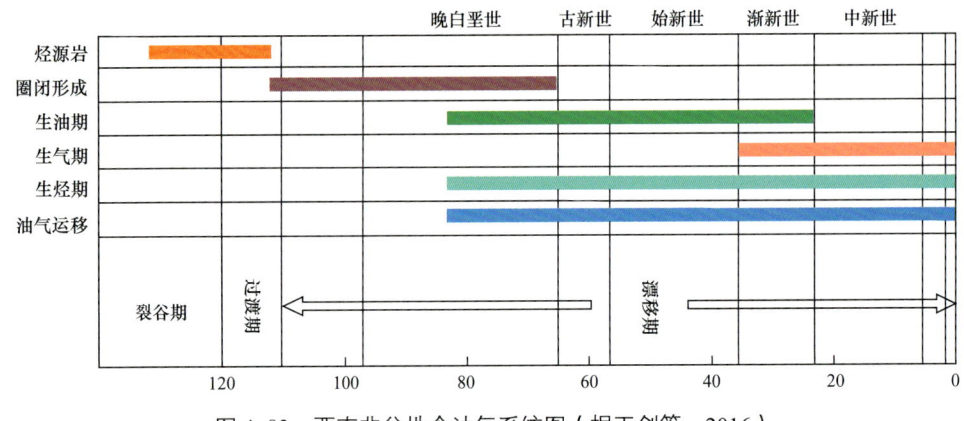

图4-83 西南非盆地含油气系统图（据王剑等，2016）

8. 勘探潜力分析

西南非海岸盆地上部发育大套海相泥页岩，可作为良好的盖层。另外该盆地一直处于较为稳定的构造环境，可以认为该盆地保存条件好。

由于奥兰治次盆勘探程度较高，研究程度也较高，所以以奥兰治次盆为例，进行成藏主控因素分析。初步认为，盆地的油气分布主要受控于烃源岩和储层的发育情况，烃源岩的质量和热演化程度及砂岩储层的发育情况控制了盆地油气的分布。

在裂谷阶段，烃源岩主要为上欧特里夫阶、巴雷姆阶和下阿普特阶，烃源岩演化程度高，普遍进入生气阶段，储层的发育情况是影响油气分布的关键，其下白垩统有利储层的分布控制了油气的分布范围，因此裂谷阶段有利储层分布区（裂谷盆地东部靠近主要物源区）为有利油气分布区（图4-84a）。

在被动大陆边缘阶段，盆地的烃源岩为晚塞诺曼阶—土伦阶，另外古近系—新近系海相页岩也是非常有潜力的烃源岩。烃源岩的热演化程度是油气分布的关键，烃源岩成熟度偏低，一般仅在各次盆中心部分达到成熟。而该阶段的储层主要为古近系—新近系盆地，自北向南发育4个规模不等的海底扇，因此推测为被动大陆边缘阶段的潜在有利油气分布区（图4-84b）。

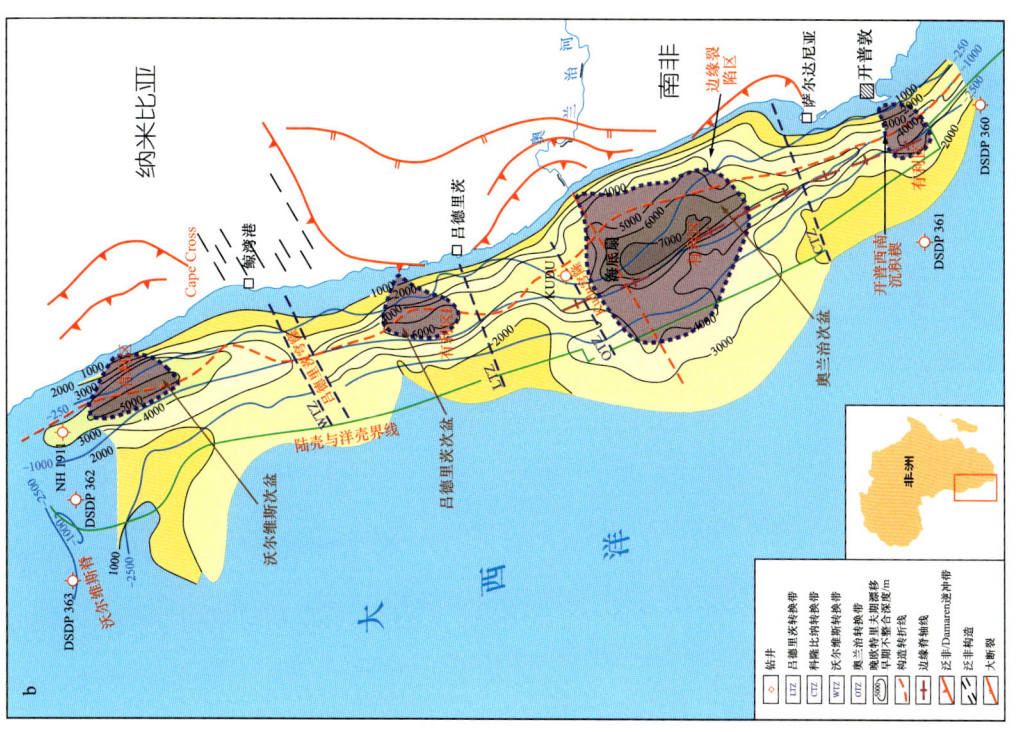
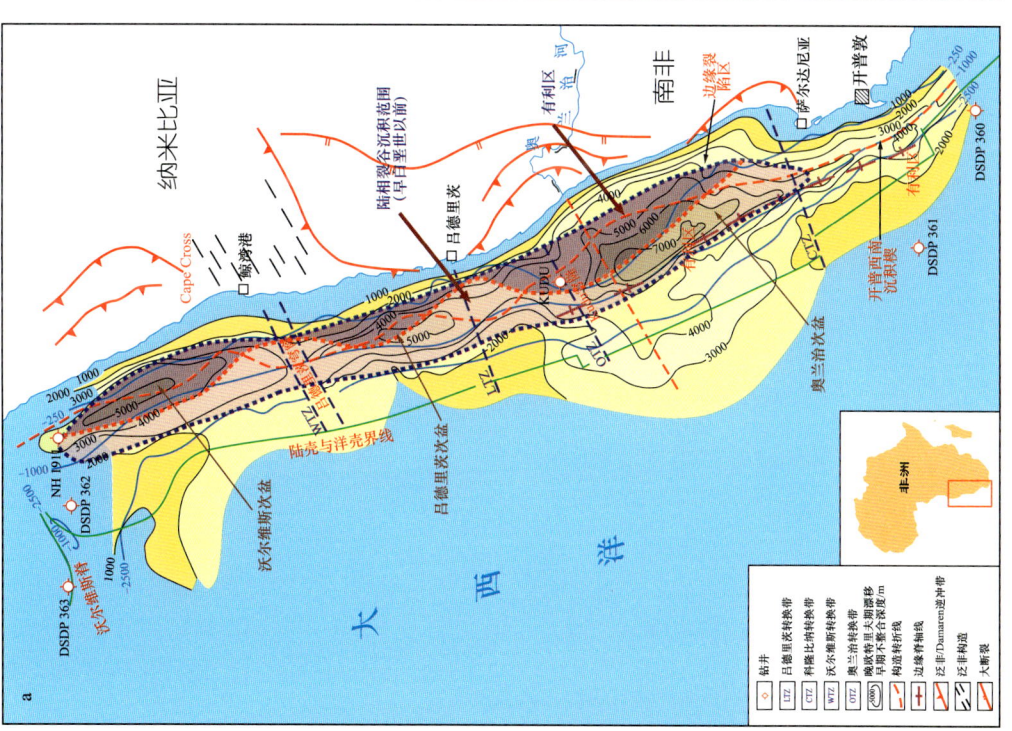

图 4-84 西南非盆地裂谷阶段（a）和热沉降阶段（b）油气分布预测图（据 Alison et al., 1995）

非洲西部大陆边缘海岸盆地带经历了前裂谷期、同裂谷期和漂移坳陷等主要构造演化阶段，发育多个含油气系统，烃源岩有机质丰度高，尤其是中段阿普特盐盆盐下同裂谷期烃源岩，泥岩 TOC 高达 30%，烃源岩成熟度适中；西非海岸盆地带的储层以裂谷期、坳陷期河流、三角洲水道及前缘、扇三角洲浊积水道砂岩为主，储层物性比较好；层间泥岩盖层发育、又有北段三叠系和中段阿普特阶区域性盐岩盖层，盖层条件优越；发育在裂谷层系、坳陷层系内的各类断块圈闭、同生断层相关褶皱圈闭、岩盐和厚层泥岩塑性流动相关圈闭、各类不整合、潜山、地层和岩性圈闭，圈闭类型多样。大多数的圈闭形成于烃类运移之前或同期，各类断层、盐窗、储集体、不整合面构成有效的油气运移通道。有利的油气成藏条件和配置，形成了非洲西部大陆边缘海岸盆地群以油为主的油气聚集。

第五章 深水盆地成藏要素特征及对比

受区域构造和沉积充填的影响,非洲西部被动大陆边缘盆地的油气藏分布在平面上从南向北含油气层位逐步变新。在东西向上从陆向海,含油气层位逐步变新;纵向上,分盐下和盐上成藏组合。盐下属裂谷层系,圈闭受断层影响大;盐上属被动大陆边缘层系,圈闭主要受盐的构造活动的影响;其油气藏类型有较大的差别,油气成藏控制因素也不尽相同。

第一节 烃 源 岩

西非地区油气主要分布在尼日尔三角洲和西非被动大陆边缘含盐盆地,待发现油气资源丰富,具有良好的勘探前景。

西非被动大陆边缘盆地发育多套烃源岩,自下而上依次为志留系海相页岩、侏罗系海相页岩、下白垩统湖泊相页岩、上白垩统海相页岩和新生界海相页岩(图5-1),以侏

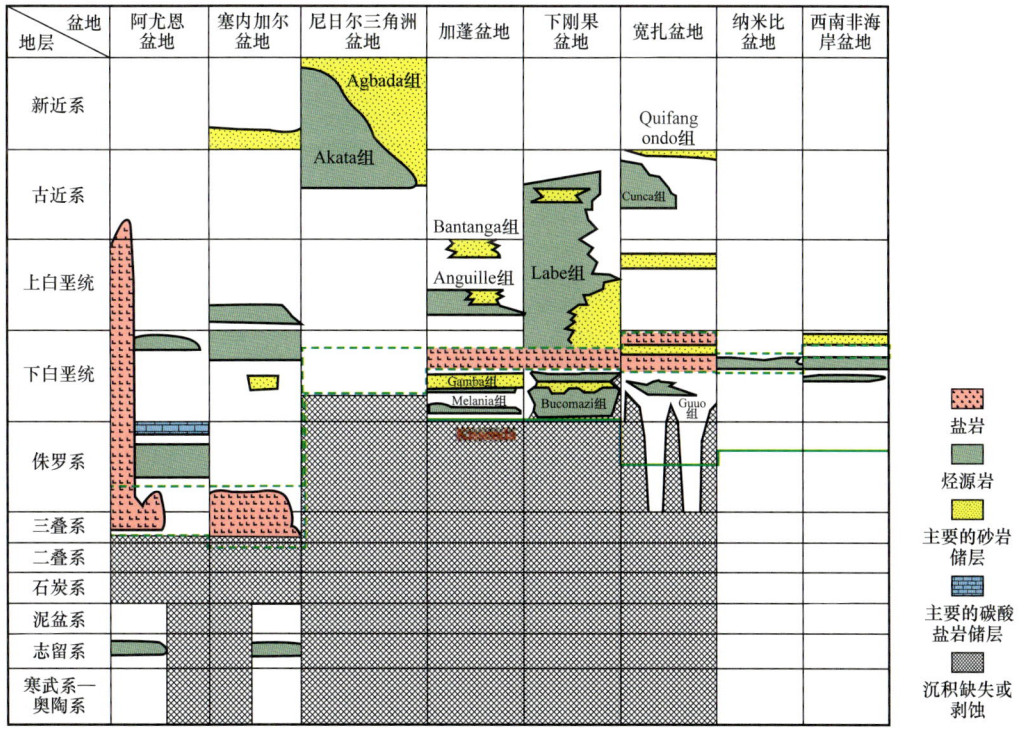

图 5-1 西非被动大陆边缘盆地烃源岩和储层(据林卫东等,2008)

罗系、下白垩统、上白垩统和新生界4套烃源岩为主。北段的索维拉盆地和塔尔法亚盆地以侏罗系烃源岩为主；中段科特迪瓦盆地、贝宁盆地，中南段的杜阿拉盆地、里奥穆尼盆地、加蓬盆地、下刚果盆地、宽扎盆地和西南沿海盆地主要发育下白垩统湖泊相烃源岩和上白垩统海相烃源岩；尼日尔三角洲盆地主要发育新生界海相烃源岩（图5-2）（张光亚等，2018）。

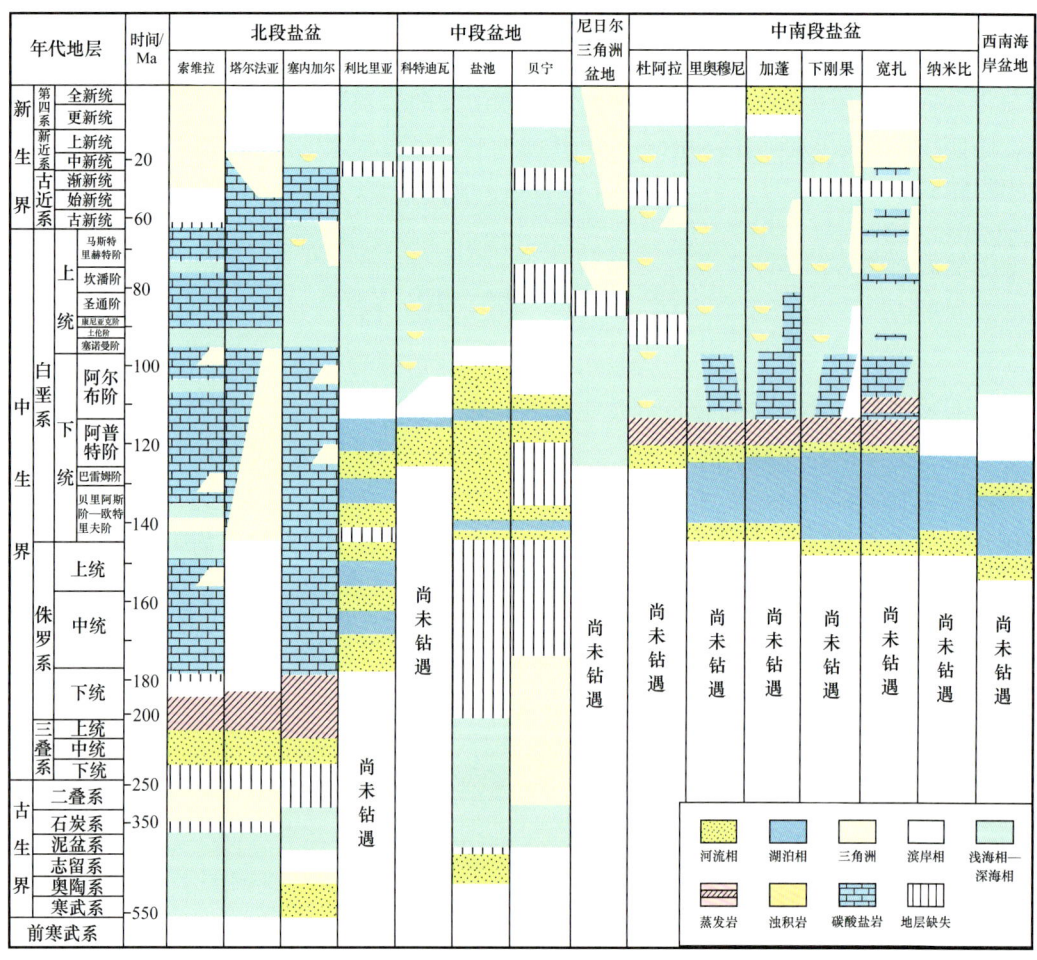

图5-2 西非地区主要盆地沉积相划分（据张光亚等，2018）

西非被动大陆边缘盆地的深水储层所含的油气通常是由储层下部老的烃源岩产生，并大多出现在4种主要的相类型中：（1）盐下湖泊相泥岩；（2）早期盐上浅海相—半深海相；（3）陆架—斜坡盆地相；（4）前三角洲。最重要的烃源岩是裂陷期湖泊相页岩或泥岩及裂后热沉降的局部海相泥岩，但以裂陷期的烃源岩为主。

目前西非的绝大部分油气来自三套烃源岩，即下白垩统盐下湖泊相页岩、上白垩统—古近系早期盐后浅海/半深海相及开放海陆架内/斜坡盆地海相页岩及古近系—新近系海相—三角洲相（或前三角洲斜坡）烃源岩。盐下烃源岩更多分布在西非被动大陆边缘盆地的内侧地区，而在外侧地区，盐上烃源岩以海相的偏油干酪根为主。

一、主力烃源岩

1. 下白垩统盐下湖泊相烃源岩

下白垩统湖泊相烃源岩（盐下湖泊相烃源岩）主要分布在加蓬海岸盆地、下刚果盆地及宽扎盆地。油源对比分析表明，下白垩统湖泊相烃源岩是下刚果盆地近海盐下、盐上上白垩统和加蓬海岸盆地陆上盐下及宽扎盆地盐下原油的主力烃源岩，另外，下白垩统湖泊相烃源岩也是大西洋对岸巴西深水油气的主要供烃者。在里奥穆尼盆地中，盐前湖泊相/浅海上阿普特阶泥岩形成含Ⅰ型和Ⅱ型干酪根的烃源岩。在坎波斯盆地中，Lagoa Feia组的烃源岩由薄板状、含碳质和含钙质的泥岩组成，富含偏油的Ⅰ型干酪根。加蓬盆地下白垩统盐下湖泊相烃源岩为巴雷姆阶Melania组及贝里阿斯阶—欧特里夫阶Kissenda组湖泊相页岩，Madiela组中发现了较好—好的烃源岩，湖泊相黑色有机质页岩TOC平均为6.1%，有机质类型为Ⅰ型和Ⅱ$_1$型，而Kissenda组湖泊相烃源岩只在少数井钻遇，丰度比Melania组低，TOC平均1.5%~2%，有机质主要由Ⅲ型和Ⅱ$_2$型干酪根组成，它们都是在初始裂谷底部的浅咸水湖到超咸水湖中沉积形成。在进入大陆漂移的完全海相环境之前，它们经历了周期性的海水涌入和干枯循环阶段。HI高，约900mg/g，生油潜力大于20mg TOC/gRock（表5-1）。

表5-1 西非被动大陆边缘主要烃源岩特征（据Huc，2004；林卫东等，2008）

盆地	构造期次	时代	岩相岩性	烃源岩类型特征	成熟度
阿尤恩—塔尔法亚盆地	裂谷后期	中晚侏罗世	泥质灰岩	Ⅱ型—Ⅲ型，TOC为1.47%~2.49%，R_o>0.7%	成熟阶段
	被动大陆边缘期	早白垩世	湖泊相页岩	Ⅱ型—Ⅲ型，TOC为1%~5.9%	未成熟—低成熟
塞内加尔盆地	前裂谷期	志留纪	海相页岩	Ⅱ型—Ⅲ型，TOC为1%~5.5%	未成熟—低成熟
	前裂谷期	晚二叠世	湖泊相页岩	Ⅱ型—Ⅲ型，TOC为2%~3.5%	低成熟
尼日尔盆地	裂谷期	晚白垩世	湖泊相页岩	Ⅰ型—Ⅱ型，TOC为0.1%~50%（煤）	未成熟—低成熟
里奥穆尼盆地	裂谷早期	早—中侏罗世	湖泊相页岩	Ⅰ型—Ⅱ型，TOC>5%	高成熟—过成熟
	裂谷晚期	早白垩世	湖泊相页岩	Ⅱ型—Ⅲ型，TOC为2%~4%	高成熟—过成熟
	被动大陆边缘期	晚白垩世—新近纪	海相页岩	Ⅱ型，TOC>3%，R_o<0.5%	低成熟
加蓬盆地	裂谷期	早白垩世	湖泊相泥岩	Ⅱ型—Ⅲ型，TOC为1.5%~2%	成熟阶段
	裂谷晚期—被动大陆边缘期	早白垩世—古近纪	海相页岩	Ⅱ型—Ⅲ型，TOC为3%~5%	成熟阶段

续表

盆地	构造期次	时代	岩相岩性	烃源岩类型特征	成熟度
下刚果盆地	裂谷期	早白垩世	湖泊相泥岩	Ⅱ型，TOC>20%	低成熟
	被动大陆边缘期	晚白垩世—新近纪	海相页岩	Ⅱ型，TOC为4%～10%	低成熟
宽扎盆地	裂谷早期	早白垩世	湖泊相泥岩	Ⅱ型，TOC>2%	成熟
	裂谷晚期	晚白垩世	海相泥岩	TOC>6%	低成熟
	被动大陆边缘期	晚白垩世—古近纪	海相泥岩	TOC>3.6%	低成熟
纳米比盆地	裂谷晚期	晚白垩世	海相页岩	未知	未知
西南非海岸盆地	裂谷期	早侏罗世	湖泊相页岩	TOC为1.6%～2.6%	一般成熟
	裂谷期	早白垩世	湖泊相页岩	Ⅱ型，TOC为1.3%～1.6%，R_o>0.7%	成熟阶段

2. 上白垩统—古近系早期盐上海相烃源岩

上白垩统—古近系烃源岩以海相页岩类烃源岩为主。烃源岩多沉积在被动大陆边缘盆地中，处于未成熟到成熟阶段。受古气候和古大西洋地理环境的控制，上白垩统海相页岩类烃源岩在西非多数盆地都有，为以Ⅰ型有机质为主的高丰度烃源岩，烃源岩的生烃潜力主要受成熟度控制。油源对比研究认为，上白垩统—古近系海相烃源岩是安哥拉深水区的下刚果盆地深海及加蓬海岸盆地海域的主要烃源岩。研究实例包括里奥穆尼盆地的中白垩统、下刚果盆地的上白垩统和南部墨西哥湾的中白垩统和古近系。Girassol油田（下刚果盆地）的烃源岩是上白垩统Labe组，这套地层由约400m厚的深水、开阔海相泥岩组成。平均TOC为4.6%，主要是Ⅱ型干酪根，资源潜力为26mg HC/gRock（图5-2）。

3. 古近系—新近系海相—三角洲相（或前三角洲斜坡）烃源岩

古近系—新近系海相—三角洲相烃源岩广泛分布在西非油气最丰富的尼日尔三角洲盆地，目前对尼日尔三角洲盆地古近系—新近系烃源岩的认识有两个主要观点：一是陆源植物有机质为主的低丰度巨厚Akata组页岩是盆地的主力烃源岩；二是受基底控制的海源腐泥型高丰度海相页岩是盆地的主力油源。两种观点均认为古近系—新近系Akata组海相—三角洲相页岩是尼日尔三角洲的主力烃源岩。尼日尔三角洲的Bonga油田和Zafiro油田的石油最有可能产生于Akata组的始新统—中新统烃源岩，此烃源岩是巨厚（超过9000m）的前三角洲泥岩沉积层，含Ⅱ型干酪根和Ⅲ型干酪根。下部斜坡相偏油，靠近陆架和近海则偏气。在滨岸的Aroh-2井中，地层生油潜力为5～20mg/g，烃指数为200～500mg HC/gTOC。

二、次要烃源岩

根据地表露头及区域地质资料推测，在西非北段的阿尤恩—塔尔法亚盆地和塞内加尔盆地可能还存在志留系页岩，这套烃源岩属于前裂谷期海相，分布面积及潜力不详，但在成因、环境及质量和丰度上与北非古达米斯（Ghadamès）盆地和穆祖克（Muzuk）盆地 Tanezzuft 组放射性页岩均非常相似，可能是西非海岸盆地北段潜在的优质烃源岩。

侏罗系烃源岩仅分布在阿尤恩—塔尔法亚盆地，属于后裂谷被动大陆边缘开阔海海相页岩沉积，TOC 1.47%～2.49%，有机质类型为Ⅱ型，白垩系坎潘期已经成熟，目前处于生气阶段。

第二节 储 层

从理论上讲，被动大陆边缘盆地的油气储层可在前裂谷期、裂谷期、热沉降期任一阶段出现。西非地区发育侏罗系、下白垩统、上白垩统和新生界4套储层，侏罗系及更老的储层主要分布在索维拉盆地、塔尔法亚盆地和盐池盆地；下白垩统陆相和海相储层主要分布在加蓬盆地、宽扎盆地和西南沿海盆地；上白垩统海相储层主要分布在科特迪瓦盆地、里奥穆尼盆地和贝宁盆地；新生界三角洲相储层主要分布在下刚果盆地、杜阿拉盆地和塞内加尔盆地，油气主要富集在后三套体系中（图5-1，表5-2）。

从储层岩性来看，油气主要产出于砂岩储层中，砂岩油气储量占总储量的75.3%，碳酸盐岩油气储量仅占22.3%，主要原因是非洲大陆在板块演化过程中，长期处于南极附近的高纬度地区，在新近纪以后才逐渐漂移到现今的纬度地区。在西非南段的下刚果盆地、加蓬盆地、宽扎盆地等盆地广泛发育下白垩统砂岩及局部碳酸盐岩储层，储层物性好，下白垩统裂谷陆相储层中的油气主要来自裂谷期的湖泊相烃源岩。

从产出的层位看，虽然前寒武系—新近系均有油气发现，但以古近系和新近系的油气聚集最为重要，其次为中生界，这与世界油气产出总的特点是一致的。其中上白垩统储层是西非主要储层段之一，为被动大陆边缘早期的滨岸砂、潮道等多种类型的砂体及碳酸盐储层。上白垩统的油气主要有两个来源：一是来自下白垩统的湖泊相烃源通过"盐窗"往上运移而来；二是下白垩统自生的烃源岩。古近系—新近系储层是西非最重要的储层段，包括 Agbada 组三角洲砂体以及安哥拉深海的古近系—新近系浊积体。古近系—新近系储层内的油气主要来自被动陆缘期以来古近系—新近系及上白垩统的海相、三角洲相烃源岩。

一、浊积岩储层

浊积体作为西非被动大陆边缘盆地深水油田的主要储集体，主要是水道和席状砂相储层（大约各占三分之一），其次为天然堤+水道储层、切谷充填储层及碎屑流储层，其中底流改造储层相对较少。这些储集体出现于现今的深水区，往往是陆坡沉积物向前推进的结果（图5-3），多数油田受储层物性的限制，使得越往深水区，储盖层时代越新。近些年在下刚果盆地安哥拉的深水勘探也主要集中在中新统浊积岩储层，这些深水浊积体系与大型三角洲的发育及海平面的变化引起的陆坡的推进密切相关。

表 5-2 西非被动大陆边缘主要储层特征（据 Evamy et al., 1978; Teisserenc et al., 2000; Harris et al., 2004; Lawrence et al., 2002; Ross et al., 1993; Bunwood, 2000; Bray et al., 1998; Burke et al., 2003; Dumestre, 1985; Ranke et al., 1982）

地区	盆地	构造期次	储层时代	沉积相	储层岩性	孔隙度/%	渗透率/mD
西非北段	阿尤恩—塔尔法亚盆地	被动大陆边缘期	晚侏罗世	浅海陆架相	Puerto Cansado 组碳酸盐岩沉积体	7~25	
西非北段	塞内加尔盆地	被动大陆边缘期	始新世末—中新世	深水浊积扇	碎屑岩	约50	
西非北段	塞内加尔盆地	被动大陆边缘期	古新世—始新世	陆架沉积	页岩、石灰岩、泥灰岩	30~50	
西非北段	塞内加尔盆地	被动大陆边缘期	晚白垩世	边缘海相	砂岩	15~35	
西非北段	塞内加尔盆地	被动大陆边缘期	侏罗纪—早白垩世	陆架沉积	碳酸盐岩	10~23	
西非中段	尼日尔三角洲盆地	被动大陆边缘期	始新世—上新世	三角洲前缘	砂岩	22~32	500~1000
西非中段	尼日尔三角洲盆地	被动大陆边缘期	始新世—上新世	深水浊积扇	浊积水道砂、席状砂	15~37	>1
西非中段	里奥穆尼盆地	被动大陆边缘期	晚白垩世	浅海—半深海浊积水道和浊积扇	浊积砂岩	20~35	1~1000
西非中段	加蓬盆地	裂谷晚期	早白垩世晚期	河流相	Gamba 组砂岩	10~29	50~1000
西非中段	加蓬盆地	被动大陆边缘期	早白垩世晚期	河流相—三角洲相	Dentale 组砂岩	10~30	50~5000
西非中段	加蓬盆地	被动大陆边缘期	晚白垩世—古近纪	深水浊积扇	浊积砂体	10~24	5~700
西非中段	下刚果盆地	被动大陆边缘期	早白垩世末期	滨浅海相	碳酸盐岩	8~35	300~1550
西非中段	下刚果盆地	被动大陆边缘期	古新世、始新世和中新世	潮坪相	砂岩	16.5~23	50~139
西非中段	下刚果盆地	被动大陆边缘期		深水浊积扇	浊积岩	1~30	1~700
西非中段	下刚果盆地	裂谷期	侏罗纪—白垩纪	陆相和湖泊相	碎屑岩		

续表

地区	盆地	构造期次	储层时代	沉积相	储层岩性	孔隙度/%	渗透率/mD
西非中段	宽扎盆地	被动大陆边缘期	渐新统统一早中新统	滨岸沉积—三角洲相	砂岩	4~25	18~37
			早白垩世末期	蒸发台地	碳酸盐岩	5~15	1~1000
			早白垩世晚期	蒸发台地	裂缝型鲕粒灰岩和白云岩	2~14	0.1~100
			早白垩世晚期	滨浅海相	砂岩	平均10	7~20
	纳米比盆地	裂谷晚期	早白垩世早期	海相至过渡相	砂岩	10~13	0.1~438
		裂谷早期	早白垩世中期	滨浅海相	砂岩	1~20	0.1~100
西非南段	西南非海岸盆地	被动大陆边缘期	早阿普第阶—晚塞诺曼期	滨浅海相	砂岩	9~26	79~296
		裂谷晚期	巴雷姆期	沙漠	风成砂岩	1~20	0.1~767
		裂谷早期	瓦兰今期—欧特里夫期	河流三角洲或潮泊相	砂岩	10~15	0.1~438

在西非被动大陆边缘盆地共识别出 6 种浊积岩储层类型（图 5-3）：（1）切谷充填储层；（2）水道为主的储层；（3）天然堤 + 水道型储层；（4）席状砂储层；（5）碎屑流沉积储层；（6）底流改造型储层。大多数油田包含不止一种储层类型，很多包含 3 种或者更多种储层类型，但在西非被动大陆边缘盆地以前 5 种为主。

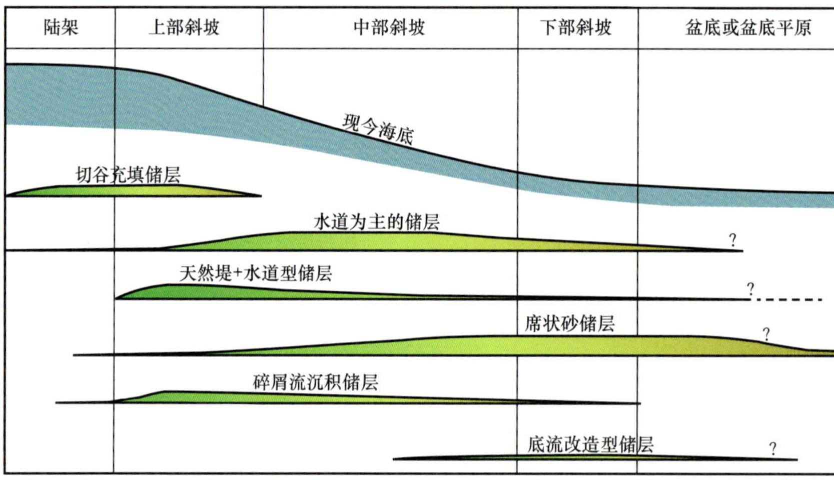

图 5-3　被动大陆边缘不同类型浊积储层分布及丰度（据童晓光等，2002）

注："?"代表存疑

切谷充填储层多发育在外部陆架和上部斜坡，在中部斜坡大量发育水道为主的储层，天然堤 + 水道储层则在上部斜坡大量发育。越向斜坡下部，浊积储层类型的数量及规模变得越小，但是在盆地底部仍有天然堤 + 水道型储层发育，这也说明了影响浊积储层发育因素的复杂性。从目前西非被动大陆边缘已经发现的油田来看，席状砂储层分布比较广泛，在中部斜坡到盆地底部之间数量最多。碎屑流沉积储层是上部斜坡特有的典型储层，往往发育在切谷充填型水道底部；底流改造储层在西非不发育，也很少有油田钻遇，主要在斜坡下部和盆地底部发育。

这几种浊积储层类型沿陆坡向下呈规律性分布，下刚果盆地的实例说明（图 5-4），在上部斜坡，水道以直的切谷和显著的天然堤/漫滩沉积楔为特征；沿斜坡向下，水道的弯曲程度和宽度随着斜坡坡度不同而发生变化。斜坡坡度陡的地区常以较低弯度的水道为特征，显示沉积物路过和少量浊积水道砂沉积的过程；在较缓的地方，水道变窄且蜿蜒曲折，像曲流河沉积一样，常具有宽阔的漫滩沉积区域，向前水道逐渐分叉，并终止于由水道化席状砂储层组成的舌状体中（Sikkema et al.，2000）。席状砂沉积在斜坡地形低洼地或者断层控制的沉陷区中。厚层的富砂水道化浊积岩主要沉积在斜坡上地形平缓的地区。

1. 切谷充填储层

1）特征

切谷是大型（宽度大于 2km）的沟谷，通常在斜坡上部和外陆架上形成，常被水道控制的浊流沉积充填（图 5-5）。在西非被动大陆边缘，几个切谷充填储层的实例分别是 Bonga、Zafiro、Ceiba、NBG、Girassol、Anguille Marine 等油田（表 5-3）。这些油田被限制在大规模的切谷地貌中，切谷宽 2～11km，长 15～35km，沉积充填厚度多为 70～900m。在很大程度上，它们的沉积特征表明靠近切谷侧面的储层侧向上超可形成地层圈闭，因此地层圈闭要素较明显。在差异压实情况下，砂岩多呈透镜状，周围被泥岩封闭，可形成良好的地层圈闭。

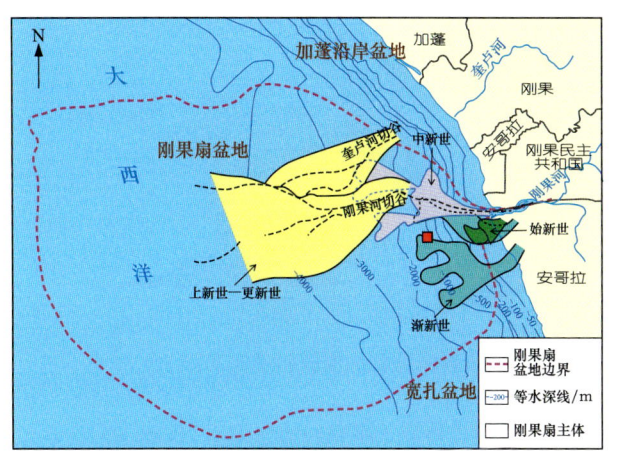

a.深水扇主体分布

b.渐新世深水扇北部边缘沉积相碰面

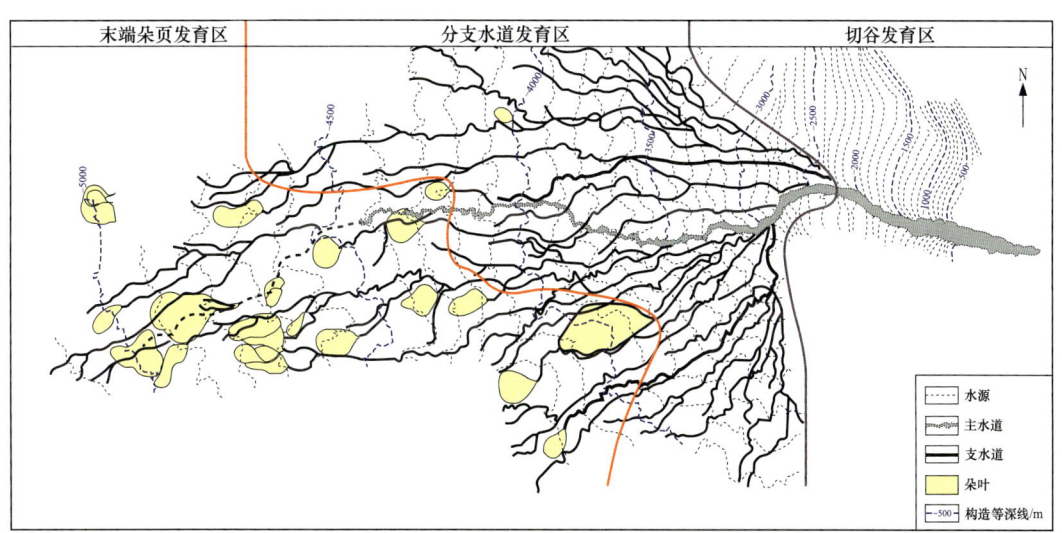

c.刚果扇水道及末端朵叶平面分布

图 5-4 下刚果盆地深水扇沉积特征及演化（据刘新颖，2013）

2）地震响应

由于地貌形态特殊，即使是在质量较差的二维地震剖面中，这种储层的切谷充填形态也常有清晰的显示，特别是较深的切谷充填。过去，在确定勘探目标的时候，地层圈闭往往不被看好，只是被当作是构造圈闭的辅助圈闭类型，因此，上述几个切谷充填的油田实例都是在构造圈闭的基础上被发现的。

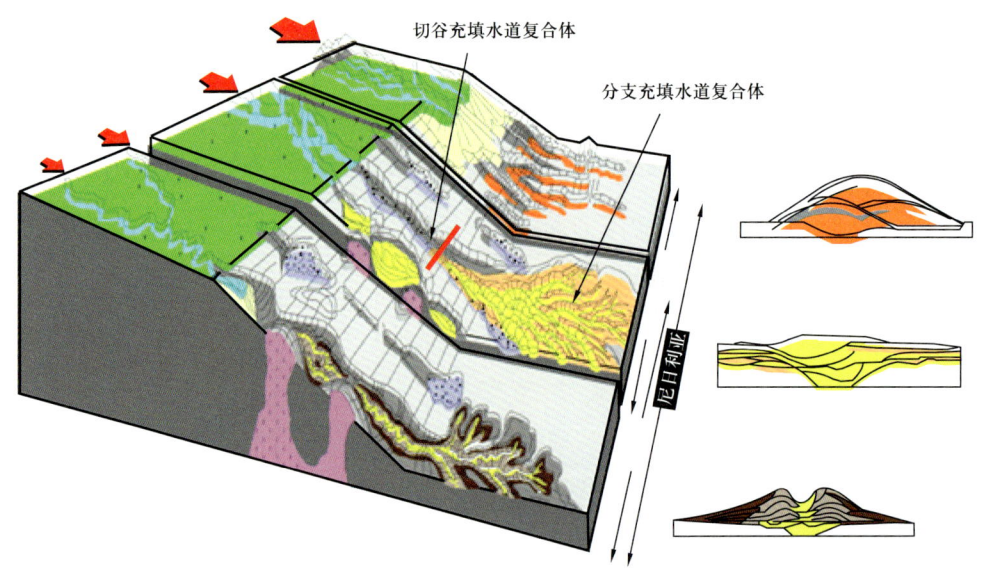

图 5-5　尼日尔三角洲盆地深水区主要储集砂体类型（据刘新颖，2013）

表 5-3　西非被动大陆边缘盆地中的水道为主的储层的关键特征（据 Mayall et al., 2000；Navarre et al., 2002；Sikkema et al., 2000）

油田	位置	水道及切谷充填储层	储层时代	N:G	储层厚度/m	水道宽度	宽厚比
Bonga	尼日尔	702 砂体	中新统	0.9	15~18	500~1800	60~120
Zafiro	赤道几内亚	Zafiro 主体砂	上新统	0.6	<61	900~2100	25
Ceiba	赤道几内亚	Ceiba 砂组	坎潘阶	0.5~0.8	244	—	—
Girassol	安哥拉	B3 水道浊积体	渐新统	0.5	<107	530	5
Anguille Marine	加蓬	Anguille 组	康尼亚克阶—圣通阶	0.25	198~304	—	—

3）沉积过程和沉积相

西非被动大陆边缘切谷充填沉积都是在斜坡上部形成的。一个理想的切谷形成历史可划分成以下几个沉积阶段：

（1）切谷早期阶段：在平行斜坡的、受基底控制的断层发育地带，向盆地方向下倾的铲状断层面或者滑塌痕提供了斜坡上部的向源侵蚀的切谷的开端。在这些初始切谷逐渐向外延伸到外部陆架后，它们可作为陆架沉积物搬运的通道，这样能够加强和加深初始的斜坡切谷从而形成规模；

（2）切谷侵蚀阶段：切谷在浊流通过斜坡上部时被侵蚀；

（3）切谷充填阶段：被滑塌、集块状砂质浊流和浊流水道充填；

（4）切谷溢出和废弃阶段：以逐渐增多的偏泥质的和薄层砂岩沉积及越过初始切谷

切口向外延伸沉积为特征。

4）储层结构

以交互切割水道相和少量的天然堤沉积为特征，多发育在斜坡中上部的下切谷沉积背景上，主要出现在里奥穆尼盆地的 NBG 油田，以垂向叠置的厚层中—粗或中—细砂岩韵律性重复出现为特征，单层厚度大，横向上变化较快，呈透镜状产出。因水道间的泥质沉积物常被之后的浊积水道冲刷掉，所以在"U"型下切谷中保留下来的沉积物主要是浊积水道砂体，砂体厚度一般占整个下切谷充填沉积的 50% 以上，砂岩累计厚度可达数百米。在切谷底部多有强烈的冲刷侵蚀特征，反映了较强的水动力条件和充足的物源供应。从 NBG 油田的 Elon-3 井来看，切谷底部多见泥砾、冲刷面或岩性突变，粒序层理发育，单层多具正粒序；自下而上依次可见冲刷构造、块状层理或粒序层理、平行层理等沉积构造，这些都是切谷在充填演化不同阶段的沉积表现。因此，从其沉积特征上看，这种多期浊积水道相互冲刷叠置的特征，反映了储层受限及快速卸载沉积的特点。

2. 水道为主的储层

1）特征

水道是底面受侵蚀的伸长状小型切谷，和切谷的区别主要在规模上。水道化浊积储层可能向斜坡下延伸 5~10km 或者更长，但是很少有宽度超过 2km 的水道，通常要窄得多。水道为主的储层是西非被动大陆边缘最常见的储层类型，在 Bonga、Zafiro、Ceiba、Girassol 和 Anguille Marine 油田都分布。这种类型的储层可以出现在陆缘斜坡上的任意地方，但是可能在斜坡中部更为常见。在斜坡上部，因水动力较强，常以浊流萎缩期泥质沉积物为主，砂质沉积物不发育，因而少见水道为主的储层，而在斜坡下部和盆地底部，其平缓的海底斜坡坡度更适于决口扇状漫滩和席状砂沉积的发育。

2）地震响应

水道是根据它们伸长的、狭窄的、或多或少连续的形态来识别的，从弯曲程度上能清晰地把水道和其他线形沉积体区分开（例如断层、滑塌等）。近年来，三维地震分辨率的提高增强了对弯曲水道的识别能力，包括水道的截弯取直和少见的浊流水道的侧向加积模式。地震上的水道形状的对应关系和地震相在含油气砂岩中多表现为强振幅，特别在含气的砂岩中。所有西非的、以水道为主的储层的研究实例中，当砂岩含油气时多表现出较强的振幅，含气时还多表现为较强振幅。在西非的大陆边缘上，Bonga、Zafiro、Ceiba 和 Plutonia 油田（下刚果盆地 Girassol 油田向西 50km 处）的水道为主的储层都显示出 3 类 AVO（振幅随偏移距变化）异常特征。

在研究储层平面分布和制定开发计划时，三维地震属性分析和地震反演技术已经变得非常关键，尤其是在钻井资料相对缺乏的情况下。如 Ceiba 油田，地震资料品质较好，足以确定储层的结构和水道砂体的叠置方式。在 Girassol 油田，水道充填浊积砂岩多表现为强振幅反射地震相（HARP）。AVO 异常分析在发现 Zafiro 油田的过程中起了举足轻重的作用，地震振幅属性的提取已经可以获得多种地震相/沉积相的特征，包括斜坡底部沉积、辫状水道沉积、曲流水道沉积和泛滥冲积沉积。依据地震资料，Zafiro 油田可分为两个区带（从测井资料上不容易区分确定），二者具有不同的碎屑物成分和波阻抗特征。在两个区带之间的范围，地震振幅信息遮掩了两者的差别。

在采用了高分辨率地震方法的区域，地震常被用于单个砂体及其侧向叠置结构的研究。当分辨率达到约 15m 时，砂体沉积单元都能够被识别确定，往往较厚的含油储层产生强振幅反射。但在地层厚度接近地震调谐厚度的地区，地震振幅和纯油层厚度之间的相关性往往不强。

在沉积埋藏过程中，泥岩经历的压实作用比砂岩要强烈。因而处于砂岩充填水道两边的泥岩首先被压实，导致水道顶部之上的地层表面形成一个凸形体，这个凸形体向上逐渐变小直至消失。在 Plutonio 油田（下刚果盆地）的发现过程中，曾采用过这种地震相特征（图 5-6）追踪这类差异压实构造，并结合 3 类 AVO 异常和"平点"技术一起识别水道相储层。

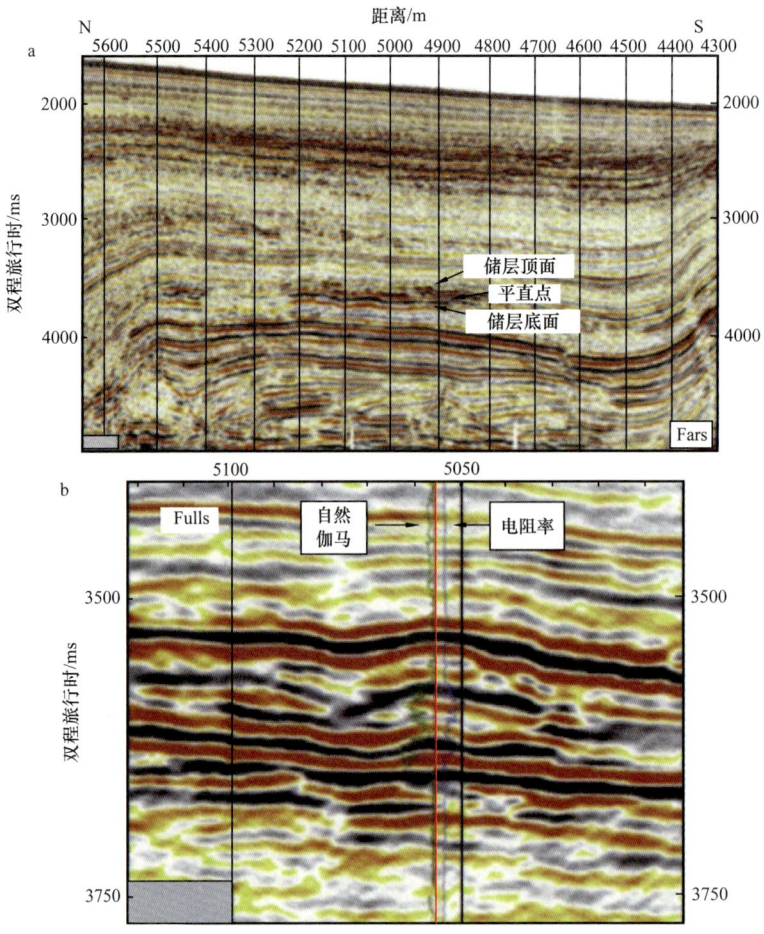

图 5-6 下刚果盆地的 Plutonio 油田（a）南—北向三维地震剖面（远角叠加），表现出砂岩充填水道相关的振幅异常和差异压实特征；(b) 穿过一口井位的详细的地震剖面，其中包括自然伽马和电阻率测井曲线，表现出差异压实作用

3）沉积过程和沉积相

水道常成为浊流的沉积通道。通常，水道最初是被高能的低密度流体沿斜坡向下流动的过程中侵蚀而形成的，而且，早期并没有沉积下来大量沉积物（Mayall et al.，2000）。在一些侵蚀洼地常被较高密度的浊流充填，在充填补齐后最终溢出初始的水道切谷，其后连续的沉积及叠加作用就形成凸起的地形地貌，并在一个典型的水道衰退周期内发育较小型的天然堤+水道沉积。切谷初期的水道沉积可能比切谷更窄，可横过谷底自由摆动，而叠置关系复杂的水道砂体和水道间细粒沉积物可能就是水道在切谷中摆动沉积的，显示出纵向上和横向上不同程度的叠加。

水道具有突变的底部侵蚀面，通常有从水道堤岸或者上游河床底部冲刷下来的粗粒泥砾形成的滞留沉积。在岩心和钻井剖面中，几乎所有的水道都表现为正粒序，越向上部沉积物越细，而且厚度变薄，常见向上变细的上部沉积层序沉积覆盖在块状的下部沉积层序之上。块状砂之上通常是层理清晰的砂和泥，多被不同岩性的砂泥岩薄互层覆盖。这种相序已经有广泛的记录，例如西非的 Bonga、Girassol、Zafiro 和 Ceiba 油田。

在高分辨率三维地震资料和井资料分析的基础上，三大石油巨头（碧辟、道达尔和壳牌）已经建立了各自的大致相似的斜坡水道形成过程和沉积相模型（表 5-4）。虽然它们之间也有某些明显的区别，但都认为初始的水道切谷是被搬运通道中的流体侵蚀形成的，水道底部有粗粒的滞留沉积，其中下部碎屑流沉积是一个典型的充填周期的开始（图 5-7）。大部分水道充填多由叠加的水道充填沉积开始，向上是浊流密度变低后形成的堤岸水道复合体，并可溢出初始河谷，形成溢岸沉积。

表 5-4　碧辟、道达尔和壳牌公司所建立的斜坡水道模型对比（据 Mayall et al.，2000；Navarre et al.，2002；Sikkema et al.，2000）

碧辟	道达尔	壳牌	
泥岩	泥岩	泥岩	
水道—天然堤复合体 （低N∶G，蛇曲状水道）	天然堤+水道型储层 （Leveedchannel堤成谷） （低蛇曲状，低N∶G水道）	"建设阶段" 天然堤+水道型储层（堤成谷）	
		"溢出阶段" 广泛发育的 席状砂沉积	"堵塞阶段"泥岩 堵塞水道，水道 废弃
砂质叠加水道沉积（大块—成层状砂岩，高N∶G，厚度1～10m）	大规模的水道复合体（约50m厚）	"充填阶段"水道充填砂体或水道充填砂体	
滑塌和泥质—砂泥碎屑流 复合体沉积 基底滞留沉积 粗砂质沉积和砂砾岩沉积 （1～2m）	基底碎屑流沉积（约20m厚）	"侵蚀阶段"碎屑流和滑塌沉积	
水道下切作用泥质沉积	水道下切作用泥质沉积	水道下切作用泥质沉积	

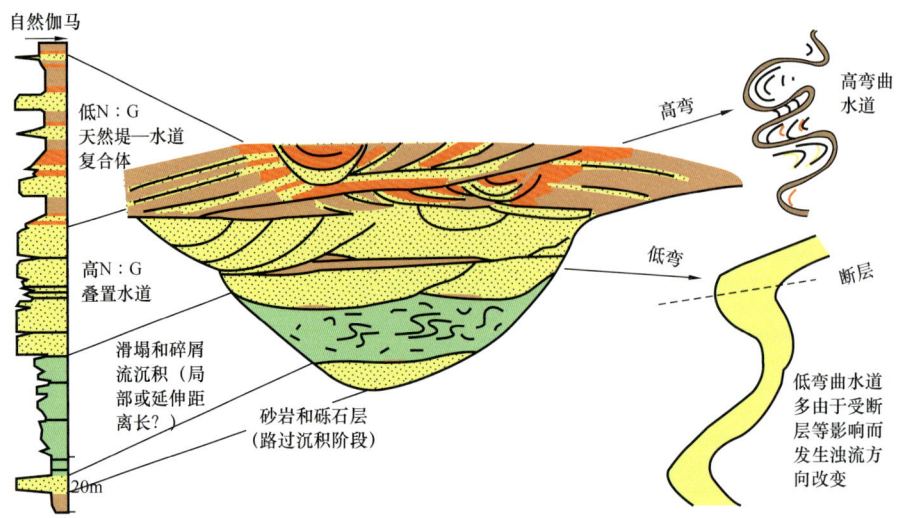

图 5-7 典型的斜坡水道充填沉积特征（据 Mayall et al., 2000）

注："?"表示存疑

根据 Navarre 等（2002）的研究，一个理想的水道储层形成包括以下阶段（图 5-8，图 5-9）：侵蚀阶段，此时下切底层形成水道/沟谷；充填阶段，切谷被砂质为主的水道化浊积物充填；溢出阶段，流体溢出到漫滩上，形成薄层的、侧向延伸很广的席状砂沉积；填塞阶段，当水道被废弃时，泥质沉积物充填在残余水道的低洼处；后期的相对偏泥的沉积建造阶段，以形成天然堤+水道沉积为特征，顶部被半远洋泥封盖。

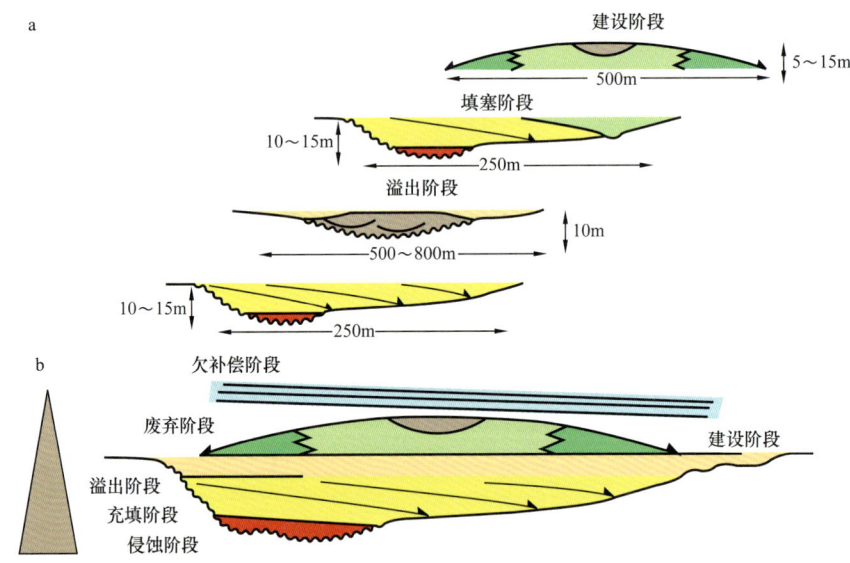

图 5-8 西非被动大陆边缘的斜坡水道典型垂向相序（底部从一个侵蚀相开始，接着是充填、溢出、堵塞和建设相）（据 Hudec et al., 2002；Navarre et al., 2002）

在下刚果盆地的 16 区块和 18 区块，Sikkema 等（2000）利用三维地震资料和有限的钻井资料，在平缓的斜坡上识别出了主要的蛇曲状水道复合体。在可容纳空间较大的地方，这些复合体多形成向上变细的沉积层序，多由 4 个沉积阶段的沉积充填组成：

（1）初期的深切水道作用过程，形成侵蚀；

（2）底部碎屑沉积单元（约 20m 厚），主要是纯砂层或者泥质碎屑流沉积，以初始河谷中的伸长的舌状体或者低弯度的水道沉积形式出现；

（3）在低到中等弯度的多向水道中沉积下来块状的、叠加的水道砂（约 50m 厚）。从地震相上看，这些叠加水道沉积多表现为叠置的强反射带。这些强反射带上部多被弱反射组合的高弯度侧向叠加水道砂和薄层沉积覆盖，整体含砂量较低。和水道复合体沉积伴随的席状砂沉积可能是溢出水道或者水道决口形成的。

（4）加积的、低弯度的天然堤+水道或者溢流沉积单元含砂量相对较小（50～100m 厚）。

地震上这些沉积单元表现为连续的、叠置的低—中强振幅反射组合。这些沉积单元被限制在初始河谷内或者溢出初始河谷。高弯度水道如果被泥质充填，常形成均一的弱反射，并与水道/堤坝复合体具有一定沉积继承关系（Sikkema et al., 2000）。

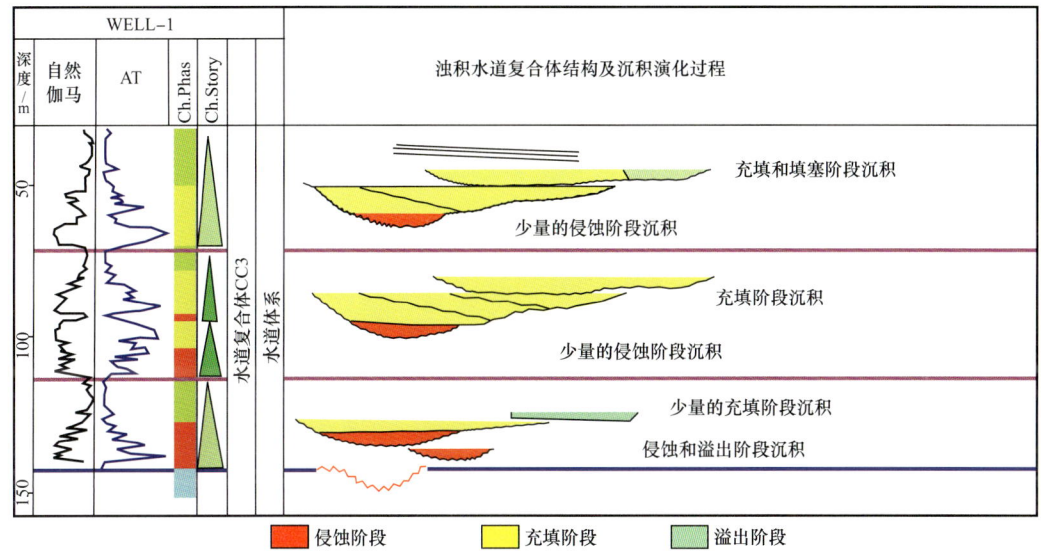

图 5-9 Girassol 油田单井垂向相序和解释（据 Navarre et al., 2002）

4）储层结构

通常水道型储层的相互连通比席状砂储层弱得多。水道为主的储层很少由孤立的单个砂质充填切谷组成。它们通常是组合的形态，由一个相对宽的包含几个较小规模的水道充填主切谷（水道）、水道间的河漫滩泥和席状砂组成。此外，这个主切谷常发生溢流，并在邻近的斜坡上形成加积的水道和席状砂沉积。因此，砂岩分布图难以揭示主切谷（水道）或者单个的局部水道充填沉积。近年来，三维地震技术的应用揭示水道储层内部结构已经成为可能。利用地震成像技术及钻井资料，揭示出这种水道体系及复合体（Navarre et al., 2002）通常具有直线型形态或非常低弯度形态，并通过最陡的通道向斜坡下方延伸（图 5-10）。水道的形态发生弯曲多是海底地貌形态变化的结果，例如岩盐/泥岩核隆起、断层崖和滑塌构造等。另一方面，较小型的结构单元的形态，有点类似在河流相环境观察到的、交织状水道和低弯度到高弯度的水道蜿蜒形态。高弯度的水道通常相对狭窄，多与建设期间发育的后期水道及薄层的水道沉积物有关。有些蛇曲水道在三维地震剖面上成像很清晰，因为它们多被泥岩填塞。在 Giassol 油田中，在 CC3 水道复合体顶部显示出高度弯曲的水道形态，在沉积上，它往往伴随并沉积在直的到微弯的水道之上。在 Bonga 油田，其中的两个主要储层显示出对比鲜明的水道形态。较富砂的 702 砂岩层由一个高度连接的水道复合体组成，显示出低弯度和辫状水道形态，而更富泥的 690 砂岩层是一个由弯度更大的水道组成的松散叠加复合体。在 Ceiba 油田和 Auger 油田中，地震振幅图像也已经揭示出低弯度到中弯度的砂岩充填的水道沉积。

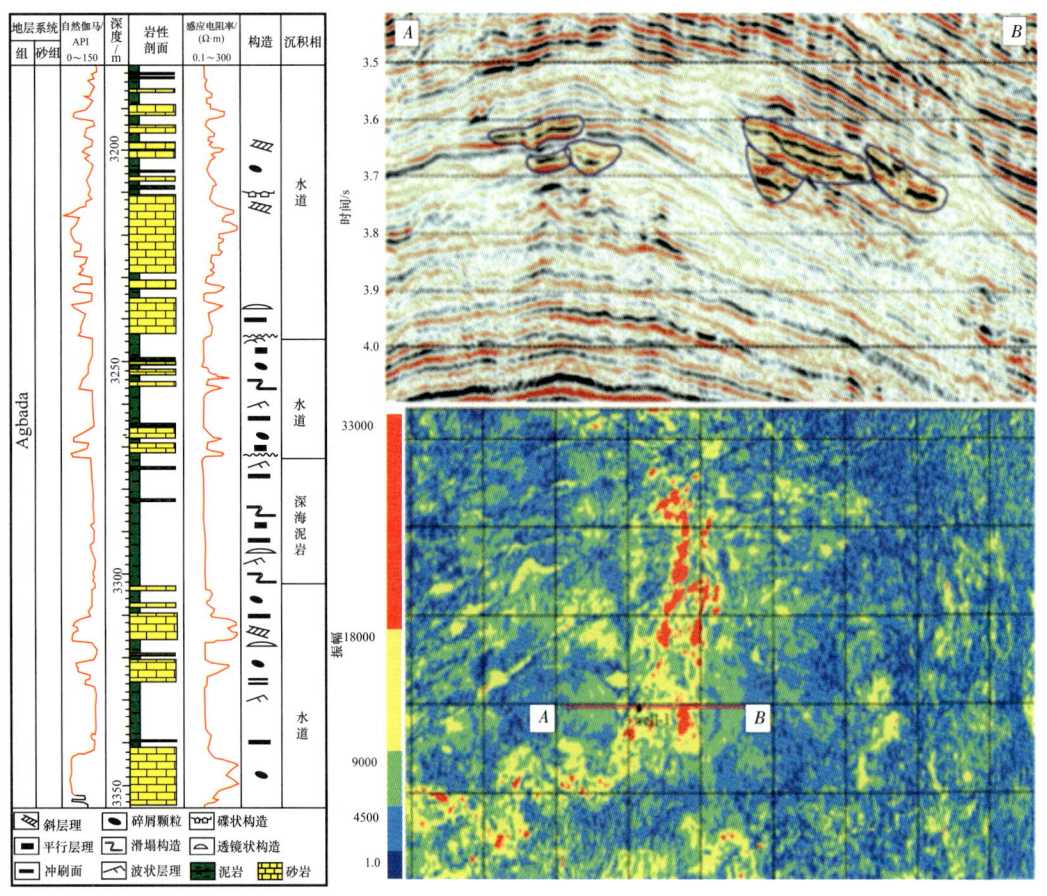

图 5-10 尼日尔三角洲盆地某深水海底扇水道测井及地震响应特征（据陈志鹏等，2017）

3. 天然堤 + 水道型储层

1）特征

天然堤 + 水道型储层是指沿着摆动的水道边缘漫滩沉积上建造的正向凸起沉积。西非的 Girassol 油田就是这种类型的储层（图 5-11）。在多数油田当中，天然堤 + 水道型储层只占总储层当中的一小部分。天然堤+水道多出现在较大的深水环境中,但是多以斜坡上部更常见,以砂质浊流充填的分支水道沉积和低密度较细粒的漫流沉积物形成的天然堤沉积为特征,并在平面及垂向组成浊积砂体复合体。

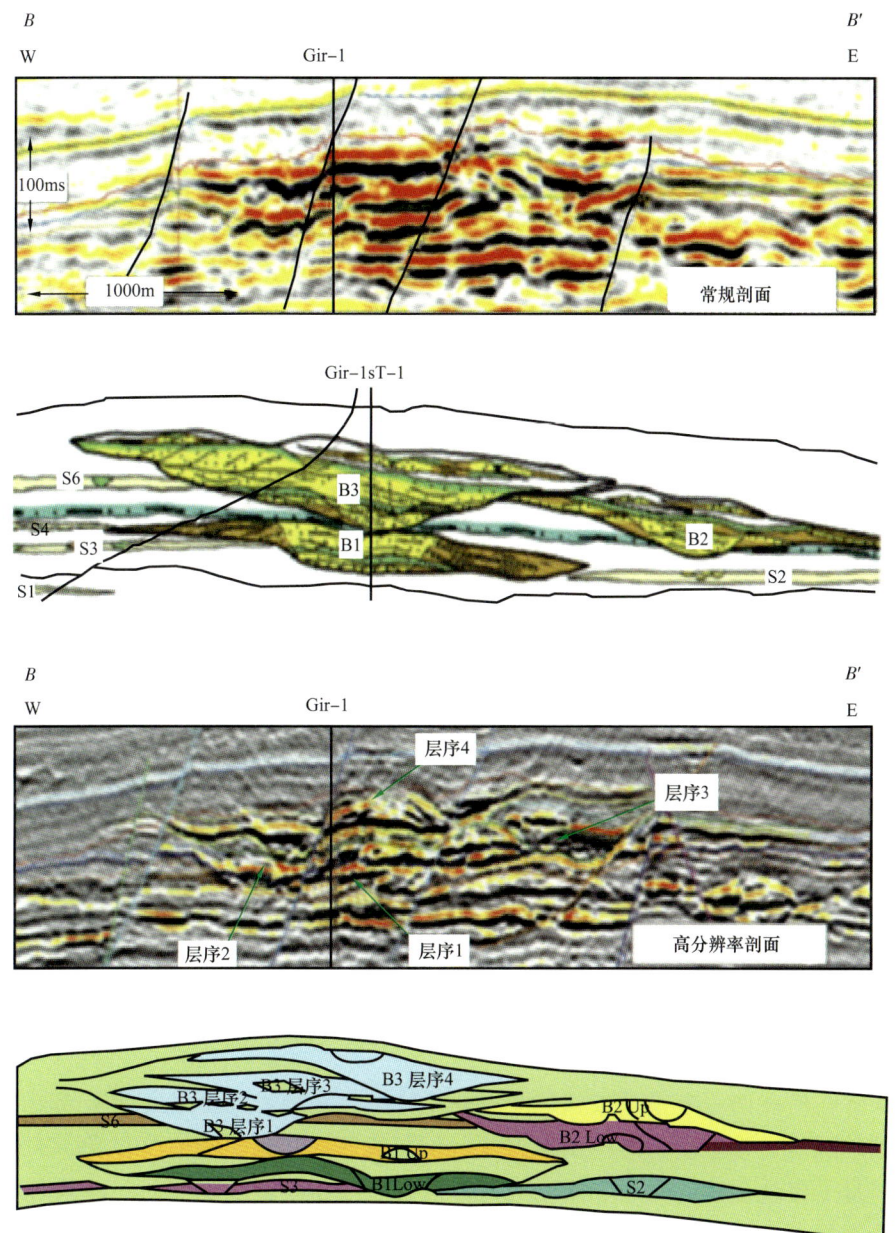

图 5-11 加蓬盆地 Girassol 油田天然堤+水道型储层结构及地震相特点(据 Beydoun et al.,2002)

2)地震响应

在高品质的地震剖面上,单个的天然堤+水道因它们的地震相表现为"翼状切谷"型横截面而被大量识别出来。这种"翼状切谷"型横截面反映了它们的沉积形态及沉积特征，切谷或水道两边侧翼的偏泥天然堤的差异压实作用更加增强了这种地貌形态。在地震剖面上，天然堤的地震相通常表现为低到中等强度反射特征，其侧面的强振幅亮"线"多为砂岩充填水道沉积，其地震相的这种特点表现为明显的"翼状切谷"地震反射外形。水道和天然堤分别表现相对强和弱的振幅是这种储层的地震相特征。天然堤＋水道通常完全被泥岩包裹，并很少在横向上和纵向上叠加，这使它们以倾斜、叠瓦状、侧向不连续、强地震反射地震相特征出现在斜坡和盐岩隆起侧翼。

3）沉积过程和沉积相

这种储层典型的特征是：一个中心窄的砂岩充填水道，或者较少见的泥岩充填水道被侧面沉积范围更广天然堤围堵，形成缓慢向远离水道方向倾斜的薄层砂、粉砂和泥质沉积。在水道延伸的远端，天然堤沉积砂质更少并且变薄尖灭到周围斜坡的泥质沉积中。在靠近水道的地方，天然堤的顶部经常沉积堆积成比河道充填更高的地貌特征。天然堤沉积堆积在初始水道形成的阶段，此时发生过路沉积，大多数砂质沉积物向斜坡下搬运，而水道充填沉积则发生得相对晚一些，多发生在水道流体能量减弱的时候。天然堤＋水道型储层的加积建设型地貌及沉积构型，易于在沉积物供给相对偏泥和局限的空间中沉积下来。它们和Mutti等（1987）提出的Ⅲ型冲积扇同等级，但这种冲积扇多为一种以小规模的泥岩沉积为主的体系，并在陆棚边缘的高位体系域三角洲向盆地方向溢出的流体中沉积下来。

4）储层结构

天然堤＋水道沉积相带常相对较窄（15～900m），厚度多为20～60m，宽厚比（9～14）相对较低。在多数情况下，天然堤的宽度大大超过其主水道的宽度。天然堤多为薄层粉、细砂岩沉积，并且具有越远离主水道，含砂量越小而泥质含量逐渐增大的特点。单个天然堤沉积层序从底部向顶部，具有明显变薄、砂岩含量明显变少的沉积特点。因此，在电测曲线上，天然堤多表现出锯齿状测井响应特点，并从底部向顶部，自然伽马值由低到高变化。相反，水道充填沉积的电测曲线通常表现为短柱状及小型箱状，但是薄层（有时小于1cm）通常小于常规测井工具的分辨率，而且泥质砂岩的高束缚水含量也会抑制电阻率。因此，识别这种薄层和富泥的天然堤＋水道沉积非常困难。

4. 席状砂储层

席状砂在横截面上多呈平板状，厚度变化较小，底部界面上多有微弱或不明显的侵蚀。席状砂沉积通常被认为是弱受限浊流沉积形成的，其侧向延伸没有受到水道边缘的限制，但是更多地受浊流大小和水动力条件的控制。事实上，正如局部冲刷所示，席状砂和低凸起水道多为一个连续的沉积区域，这至少说明席状砂沉积具有一些弱受限浊流沉积的组分。在实际应用中，席状砂和朵叶体具有相同的沉积，侧重点不同。很多朵叶体事实上是复合体，包括水道和席状砂。Shanmugam等（1991）建议朵叶体这个词只用于形容一个砂体或者沉积复合体的形态，而不是指一个特殊的沉积过程或沉积环境。

席状砂为主的储层在西非深水出现的频率较高，西非的Anguille Marine油田就是这种类型的储层。它在斜坡下部和接近盆地底部的地方最为发育，这些地方的海底坡度较缓，且浊流容易溢出水道边缘形成薄层状的席状砂沉积。席状砂为主的储层也可能发育在海底地形较高的斜坡上部，多受地貌限制，浊流速度减小，浊流被阻塞而形成席状展布的沉积体。

1）地震响应

西非席状砂为主的储层在地震反射结构上也有明显的振幅异常，在下伏地层之上显示出微弱的凸起，近平行于主要构造倾向。向侧向振幅异常消失，没有明显的下超、上超或侵蚀。利用高分辨率三维地震阻抗已经可以对单独的席状砂朵叶体和补给水道成像（图5-12），而利用更常规的地震/测井资料时，这些构造单元是不可见的。特有的地震振幅异常，加上神经网络控制的三维地震相分析，可以区别厚层、连续的朵叶体，较薄的朵叶体末端部分，薄的朵叶体边缘及储层缺失（泥质充填）。

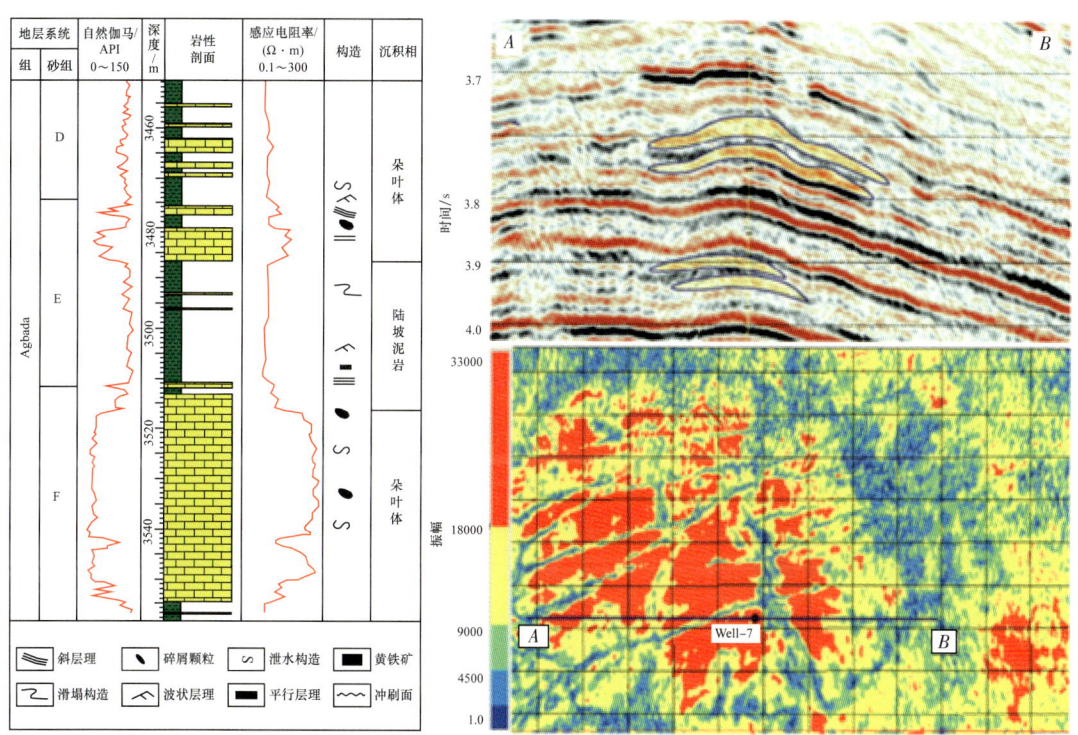

图5-12　尼日尔三角洲盆地某深水海底扇朵叶体测井及地震响应特征（据陈志鹏等，2017）

2）沉积过程和沉积相

西非席状砂为主的储层可以在下列环境中出现：斜坡内局部洼地、浊流体系前端的水道体系的末端朵叶体、海底扇的上部扇朵叶体/中间扇地区、冲出水道的漫滩扇。这类储层主要发育鲍马序列中的Tb、Tc和Te段沉积，在盆地斜坡上的席状砂储层比较稀少，主要是水道化体系浊积体，但是在盆地底部的远端，席状砂储层发育。

3）储层结构

平面上看，席状砂通常呈扇形，具有朵叶状、扇状和不规则形状，不同于多数水道充填、切谷充填或者天然堤+水道储层的条带状或者串珠状形态。席状砂规模变化极大，但是它们通常都有较低的凸起。大型的席状砂规模可能有20km宽，在西非有记录的最小的席状砂规模小于600m（例如Anguille Marine油田）。多数席状砂宽度在1.5~6.0km之间。通常，它们呈伸长状，平行于沉积物搬运方向，有时是因海底地形而形成的厚层叠置状。因此，很多席状砂的宽度大约只有其长度的一半。同样的，席状砂的厚度变化也很大，一般为3~150m。多数席状砂储层厚度在10~50m之间。

席状砂储层的宽厚比大于水道化储层的宽厚比，变化范围10（Anguille Marine）~500，但是常见的是在50~300之间。叠置的席状砂储层通常会超过30m厚，甚至达到150m厚。

5. 碎屑流沉积储层

达到储层品质的碎屑流沉积储层在西非的Zafiro、Girassol、Anguille Marine等油田都有发现。它多是由滑塌引起，在斜坡上部较为常见，是在沉积物搬运穿过外陆架在斜坡上发生的削峭作用的结果。在Girassol油田中，碎屑流沉积发生在斜坡水道的底部，为一种从水道边缘或者从斜坡上部而来的滑塌沉积。它们多具有反向递变粒序，发育泥质碎屑丰富的砂岩或者含砾砂岩。这些粗砂岩或者砾岩通常被厚层的较细粒的砂质浊积岩覆盖。

砂质碎屑流沉积出现的第二种形式是滑塌朵叶体。比如在Zafiro油田，砂质碎屑流沉积厚达60m，已经从地震振幅和岩心测井资料中得到证实。碎屑流沉积储层具有混杂的地层倾角特征，特别是在砂质碎屑流沉积含有砂岩注入构造、胶结带和其他浊流沉积碎片的地带。如果碎屑流沉积储层的泥岩含量少，也能显示出极好的储层物性。例如，在Zafiro油田中，碎屑流沉积是主要的高产岩层之一，孔隙度为22%~35%，渗透率为1000~3000mD。在Girassol油田中，也有孔隙度为15%~20%，渗透率为10~1000mD的砂质碎屑流沉积岩储层的记录。

6. 底流改造型储层

底流改造沉积相（或者"等深流沉积"）在Zafiro、Anguille Marine油田中都有记录。Shanmugam（2000）提出了一系列从岩心如何识别底流改造沉积相的标准，包括薄层（小于5m）中的互层韵律和细粒纯砂岩/粉砂岩、泥岩纹理的出现，还有砂层发育的地层（每米岩心中有超过50层）。鉴别标准包括：内部侵蚀面、陡峭的（无侵蚀）上部接触面和由陡到缓的下部接触面、不同尺度的反向递变层理、层叠的交错层理（浊积岩中很少）和其他牵引流的证据。它们类似潮汐相和陆架相，但是因和其他深海相和半远洋泥联系紧密而与这两类岩石区分开来。

这种沉积在斜坡下部和盆地底部比在斜坡中部和上部更容易保存下来，斜坡中部和上部沉积容易被沉积物重力流再作用。在Zafiro油田中，底流改造沉积形成了除砂质碎屑流沉积之外的高产岩相。这种沉积储层为纯净的极细粒到细粒（局部到中粒）砂岩，以叠加的或者孤立的砂层出现，并常发育平行及沙纹层理。测井曲线响应为锯齿状，类似低电阻带。底流改造沉积岩的孔隙度为20%～30%，渗透率大于1000mD。在一些井中，如Zafiro油田，超过30%的产油层是由底流改造砂岩组成。在Anguille Marine油田中，等深流沉积相由细小的纹层状的，非常细粒的砂岩、粉砂岩和泥岩组成。它的纯储层地层比变化极大，可能取决于被改造的沉积物类型。

二、碳酸盐岩储层

碳酸盐岩储层在西非深水区分布比较局限，从目前的发现看，主要分布在南部的宽扎盆地和北部的阿尤恩—塔尔法亚盆地。宽扎盆地40%的储量来自盐上阿尔布阶Catumbela组灰质砂岩和石灰岩，20%来自盐上渐新统—中新统Quifangondo组海相砂岩，其他产层几乎都是盐间阿尔布阶Binga组碳酸盐岩、Mucanzo组碎屑岩和盐上阿尔布阶Quissonde组碳酸盐岩储层，除此之外在盐下上Cuvo组砂岩和碳酸盐岩中也发现较少储量。

上侏罗统Puerto Cansado组碳酸盐岩是阿尤恩—塔尔法亚盆地唯一被证实的储层。其中以某些发育在晚侏罗世碳酸盐岩台地上的礁体和鲕粒滩为最有潜力的储集体。该储层质量可能局部因岩溶作用而得到改善，例如在MO-5井，孔隙度达25%，位于陆上的MO-2井孔隙度7%～20%，储层为晚侏罗世在陆架边缘的西边发育的碳酸盐岩沉积体。该沉积体很可能由中—晚侏罗世再次沉积的含文石生物碎屑组成，具有良好的储集物性。

第三节 圈 闭

被动大陆边缘盆地深水油气田绝大多数为构造—地层复合圈闭。研究的油气田中大约有80%显示出地层圈闭的某些要素，但没有一个油气田完全属于地层圈闭。研究的西非所有的油气田都显示出构造圈闭的某些要素，其中有20%的油气田完全属于构造圈闭。西非被动大陆边缘盆地油气藏的特点是圈闭形成时间长，而转换边缘盆地和陆内盆地圈闭更多的是幕式形成的，它们之间在形成历史上有着鲜明的不同。

一、地层圈闭

这种圈闭类型在西非被动大陆深水区比较常见，多为沉积尖灭和侵蚀削截形式。其中侵蚀削截比较不常见（例如Ceiba油田），且多出现在斜坡地带，并向深海平原方向逐渐减少，这是由于深海平原的海底从未暴露在侵蚀地表或者浅海沉积作用范围内造成的。在Ceiba油田，坎潘阶储层段在油田两端都被古近系—新近系泥质切谷充填削截（图5-13）。在地震相上，多表现为倾斜的反射面向上倾方向被水平或不规则界面从上中断，代表沉积岩层在构造变动后被剥蚀，形成角度不整合的环境。

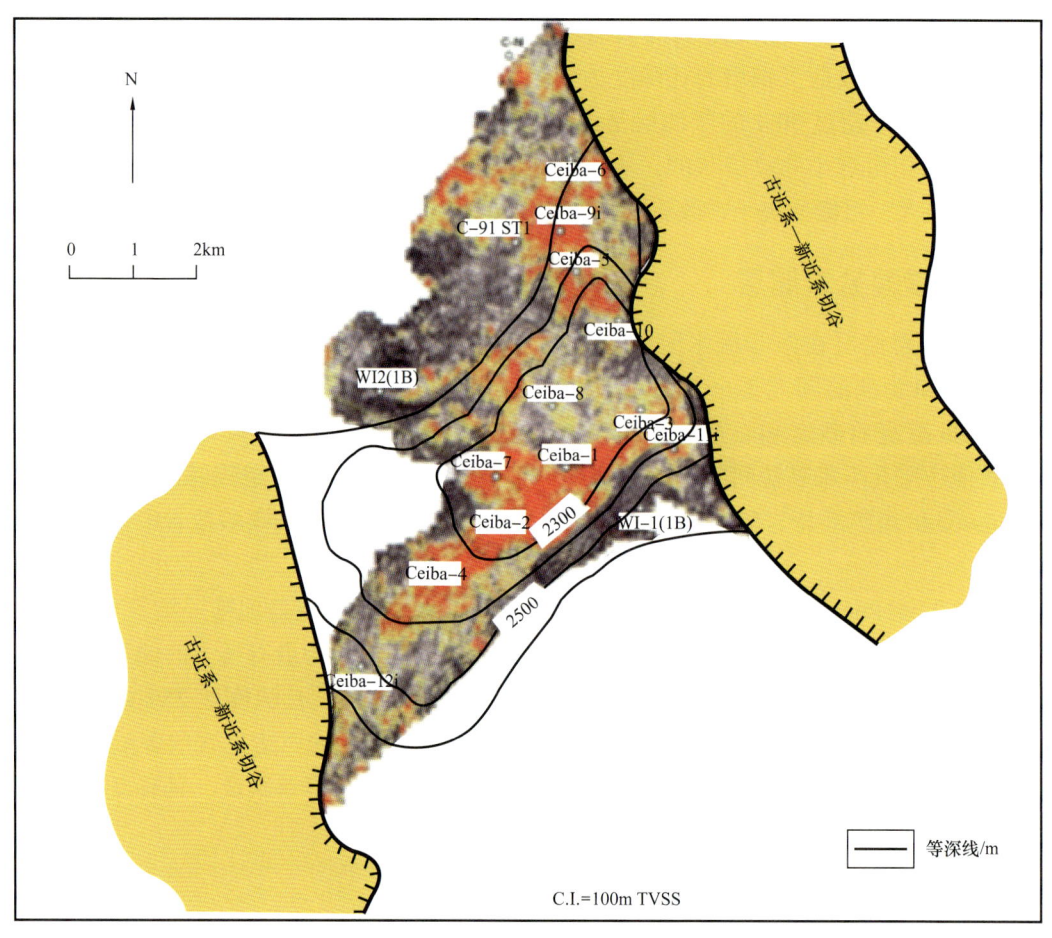

图 5-13 Ceiba 油田储层顶部深度构造图及 RMS 叠合图（古近系—新近系切谷被泥岩充填，可形成北东及南西向地层圈闭）（据 Dailly et al., 2002）

在西非深水油田群中，盐上浊积储层相关油气田中沉积尖灭比较常见。概括而言，浊流体系中，砂泥比在上部斜坡和下切谷最大。因此，储层向泥岩中尖灭在下部斜坡和盆地底部也就是砂泥比最小的地方最为常见。在上部和中部斜坡上，浊积砂岩更趋于连续，是油气连接补给水道体系的地方。因此，上倾方向通常都会形成地层圈闭，除了在砂岩尖灭到下部的古老地层中，例如盐隆。沉积尖灭可以出现在各种各样的环境中，其地震响应都有明显的表现。在海底地形变化较平缓的地方，砂岩多侧向尖灭在一个平缓的斜坡上，这种情况在西非被动大陆边缘盆地很少发现，只在 Zafiro 油田、Girassol 油田等显示出这种储层尖灭类型。大多数的沉积尖灭都和海底构造有关，比如盐岩（泥岩）隆起、盐岩滑离相关的龟背斜或者盐岩滑离相关的洼地。在盐岩主要分布地区，例如塞内加尔盆地、下刚果盆地、宽扎盆地等，盐核隆起侧翼的上倾尖灭较为常见。在盐隆地带，储层和超覆地层段都明显变薄，地震剖面上同沉积构造隆起都比较容易识别。在尼日尔三角洲盆地的 Bonga 油田和里奥穆尼盆地的 Ceiba 油田，其泥岩核隆起和盐岩核隆起分别在储层沉积前开始发育并且影响了沉积，形成地层尖灭。

二、构造圈闭

西非被动大陆边缘盆地中,深水油气藏主要发育3种构造圈闭:(1)侧向遮挡圈闭(出现频率约95%);(2)断层封闭(出现频率为67%);(3)岩体刺穿(出现频率约为20%)。这几种圈闭主要出现在拉张、挤压、岩盐相关等构造背景下形成的构造中。

1. 与拉张构造背景相关的构造

这种构造形成于西非海岸盆地上部斜坡和陆架环境,在盐下及盐上都很发育。拉张环境形成的构造圈闭主要包括:(1)与生长断层相关的断块和滚动背斜;(2)掀斜断块和地垒断块。在尼日尔三角洲,斜坡上部和大陆架拉张构造非常发育,在这些地方多形成平行于海岸线的铲式断层,并形成线型沉积带,沉积厚度可达8km。

2. 挤压构造

在西非被动大陆边缘,主要为斜坡下部形成的前缘逆冲背斜,如尼日尔三角洲的Zafiro油田和Bonga油田、里奥穆尼盆地的Ceiba油田。这些挤压构造形成的圈闭以陡倾的逆冲为特征,并沿着共同的拆离面单独冲出或者成带逆冲。在尼日尔三角洲,陆架/上部大陆斜坡拉张带在整个更新世向海移动过程中,推挤下伏活动塑性泥岩进入到前缘逆冲断层的挤压带内,并且在下部斜坡发生泥岩底辟(如Zafiro油田和Bonga油田),从而横贯盆地形成一系列复杂的圈闭类型和圈闭序列。

3. 与岩盐相关的构造

由于盐岩的塑性流动作用,形成了形态极为复杂的盐体变形构造。近年来,国内外学者对世界各地(包括伸展盆地和挤压型盆地)盐构造进行过详细研究,发现了形式多样的盐体变形构造,主要可归纳为协调变形构造和刺穿变形构造,它们主要表现为盐背斜、盐滚、盐枕、盐墙、盐蘑菇、盐丘和盐倒悬体等样式(图2-27)。关于盐构造触发机制,目前的认识主要有以下6种:浮力作用、差异负载作用、重力扩张作用、热对流作用、挤压作用和伸展作用。在西非被动大陆边缘,盐岩往往起拆离面的作用,漂浮体位于盐层之上,形成表层伸展构造。重力滑动也叫作重力驱动下的滑动,就是断块沿着平缓的斜坡向下移动。盐岩初始沉积在局限型盆地之中,这些盆地位于两个断裂作用的地块之间。大陆裂开时,这种沉陷与沉积负载使重力滑动形成,向上倾方向的过渡伸展是由下倾部位形成的底辟、挤压构造和外来盐席等作用来调节的。

盐岩的流动受自身流体压力的变化控制,流体压力既可以由构造作用触发,也可以受沉积物的差异负载引发。如果盐有足够的厚度,则将在其上覆层最薄处开始上拱形成底辟。据Jackson等(2000)研究,盐底辟有三种形式——主动式、响应式和被动式。西非被动大陆边缘盐岩发生的底辟主要为主动式底辟,这种底辟与重力滑动作用能量的积累有关。底辟使上覆岩层上隆减薄,盐顶部可能形成一些微小的断裂,可形成油气运移的良好通道。

与盐构造有关的油气圈闭大多是复合圈闭,它们或是覆盖在深部的盐体之上,或是侧向或顶部被盐或与盐有关的断层所封堵（盐上、盐间和盐下成藏组合）。在西非被动大陆边缘，这种构造圈闭主要出现在深水斜坡到盆地底部的地方，包括：（1）岩盐侧翼封堵圈闭；（2）岩盐刺穿圈闭；（3）岩盐滑离龟背斜圈闭；（4）盐丘上覆穹隆和背斜圈闭；（5）盐下地层圈闭。西非的圈闭类型多数是盐岩侧翼封堵圈闭，其形成过程多是连续的浊流沉积物堆积和事件性浊流沉积物被搬运到盆地中，形成一系列退覆或叠瓦状砂岩，上倾尖灭于岩盐隆起的侧翼。岩盐隆起之外更厚的沉积物堆积，引起差异沉降，导致岩盐隆起进一步生长。在某些情况下，盐底辟刺穿上覆储层，在上倾方向靠近岩盐/泥岩形成圈闭。岩盐滑离龟背斜由两个相邻的岩盐隆起上的岩盐向下移动形成，这种移动导致已经堆积在低洼处内部的沉积物在边缘发生沉降，从而形成背斜型构造或者龟背斜构造。

与盐岩相关的圈闭分布受原始盐岩盆地和后来的盐类构造发育范围的控制。在西非被动大陆边缘盐盆中，在超深水斜坡的下部往往是盐岩最厚和连续性最大的地方，这往往是在上部地层的重力作用下，陆架沉积楔向前推移，并使盐岩向海方向移动的结果。向陆方向，受盐岩底辟作用和盐岩排挤，并通常导致局部盐上沉积层间断性地接触到盐下基底。在盐上沉积物堆积最厚处，其下部接触基底的范围最大。这个区带沿陆向上，盐岩隆起的分布可以有巨大的变化，这取决于初始盐岩的厚度和盆地的地质发育历史。在所有的含盐岩地区，盐丘上覆穹隆和背斜都发育相似的构造，比如 Anguille marine 油田。

盐岩具有易流动的特性，被动大陆边缘盆地倾斜、拉张构造应力和上覆地层的差异负载作用造成岩盐流动并带动盐上地层发生构造变形，形成了大量的盐构造及相关断层。盐构造不仅影响盐上层系的构造形态和沉积特征，也控制盐上圈闭的形成（陶崇智等，2015）。

伸展区发育滚动背斜、穹隆背斜、断层遮挡和断层—岩性复合等圈闭（图5-14）。过渡区，盐底辟及相关的共轭断层为油气圈闭的形成提供了构造条件。在盐底辟侧面可发育岩性尖灭圈闭和盐底辟遮挡圈闭，并可在盐底辟顶部形成穹隆型背斜圈闭、断层遮挡型圈闭和构造—岩性复合圈闭。挤压区发育大型的盐刺穿构造，盐岩及周围地层构造变形强烈，在盐顶、盐间和盐侧可形成以盐岩自身作为遮挡条件的盐刺穿遮挡型圈闭。

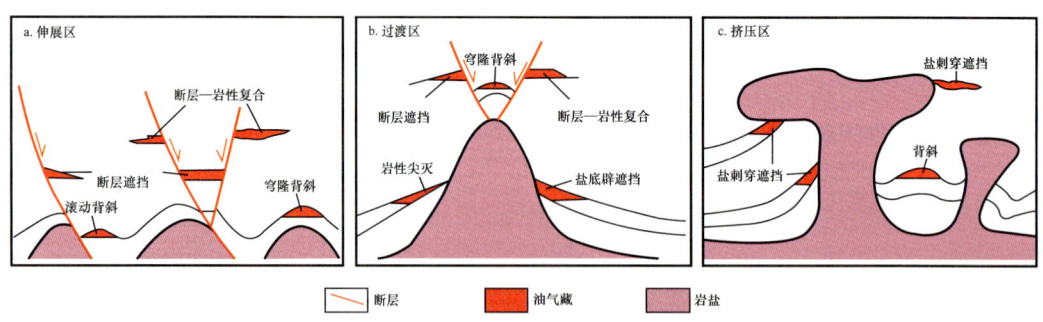

图 5-14 盐构造带内盐相关圈闭类型（据陶崇智等，2015）

盐上最重要的储层类型为浊积岩，这类储层常与盐构造复合组成构造—地层—岩性复合圈闭，这也是西非被动大陆边缘盆地盐上油气藏最重要的圈闭类型。南大西洋两岸被动大陆边缘盐盆在盐相关的构造和构造—地层复合圈闭中已发现石油可采储量约 $69×10^8t$，天然气可采储量约 $1.8×10^{12}m^3$，占盐上油气总可采储量的 84.8%（表5-5）（据陶崇智等，2015）。

表 5-5 西非被动大陆边缘盆地盐上盐相关圈闭与其他圈闭油气可采储量特征对比（据陶崇智等，2015）

盆地	圈闭类型	石油储量 $/10^6t$	天然气储量 $/10^8m^3$
加蓬盆地	盐构造	329.5	551.9
	其他	6.8	8.2
下刚果（刚果扇）盆地	盐构造	3722.3	9248.7
	其他	25.2	10.5
宽扎盆地	盐构造	19.6	33.6
	其他	0.0	0.0

第四节　油　气　运　移

根据西非被动大陆边缘深水盆地油气运移的路径，运移模式主要有垂向运移模式和侧向运移模式两类，垂向运移主要通过盐岩底辟、泥岩底辟、裂缝、输导层及断层等通道发生，侧向运移的通道主要为地层不整合面和物性好的储层。

一、垂向运移模式

1. 盐岩底辟或泥岩底辟垂向运移模式

在盐岩底辟或泥岩底辟垂向运移模式中，主要是烃源岩生成的油气，通过盐岩底辟或泥岩底辟形成的破裂面、或周围发育的张性放射状正断层等垂直运移的通道，向上作垂向运移。西非被动大陆边缘深水盆地广泛发育盐岩层，盐岩运动会产生盐底辟。尼日尔三角洲盆地不发育盐岩，但是有厚层泥岩，快速沉降往往导致不均衡压实而产生泥底辟。

在加蓬盆地盐上含油气组合中，主要烃源岩 Azile 组海相页岩在中新世达到生烃高峰，生成的油气通过盐刺穿、断层和不整合面垂向运移至 Anguille 组砂岩和 Batanga 组砂岩储层，层间页岩为局部盖层，形成构造油气藏或岩性构造复合型或岩性油气藏，其中构造油气藏的规模较大（图5-15）。

下刚果（刚果扇）盆地盐下—盐上白垩系复合成藏组合的油气运移是通过盐底辟构造形成的通道，长距离的垂向运移（图4-62）。

2. 裂缝、输导层及断层等短距离汇聚模式

西非深水盆地的短距离会聚模式主要是指烃源岩通过裂缝、叠置砂体、输导层及断层等运移通道，运移至邻近的有效圈闭，从而形成油气藏。

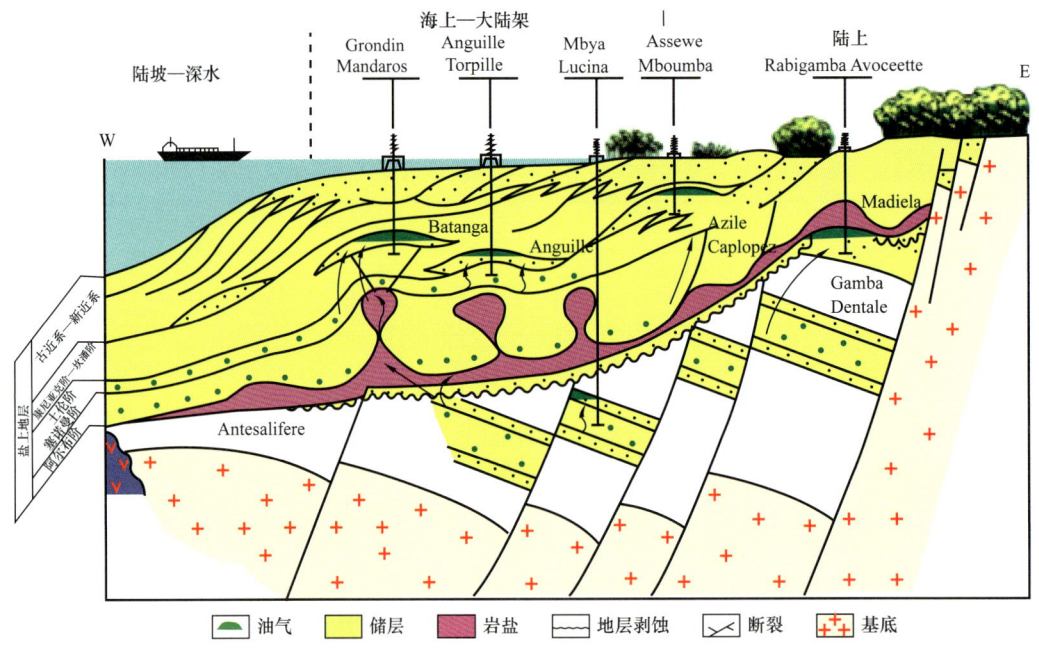

图 5-15 加蓬盆地典型油气藏及运移模式（据 Boeuf，1988；Boeuf et al.，1992；Rasmussen，1996）

例如，在西非北段的阿尤恩—塔尔法亚盆地，陆架边缘 Ounara 油田（图 5-16）的主要烃源岩为下侏罗统和中侏罗统巴柔阶—卡洛夫阶海相页岩，储层为上侏罗统 Puerto Cansado 组碳酸盐岩，盖层为下白垩统 Tah 组页岩，油气由烃源岩经过砂岩输导层或周围的断层等通道短距离运移至储层。

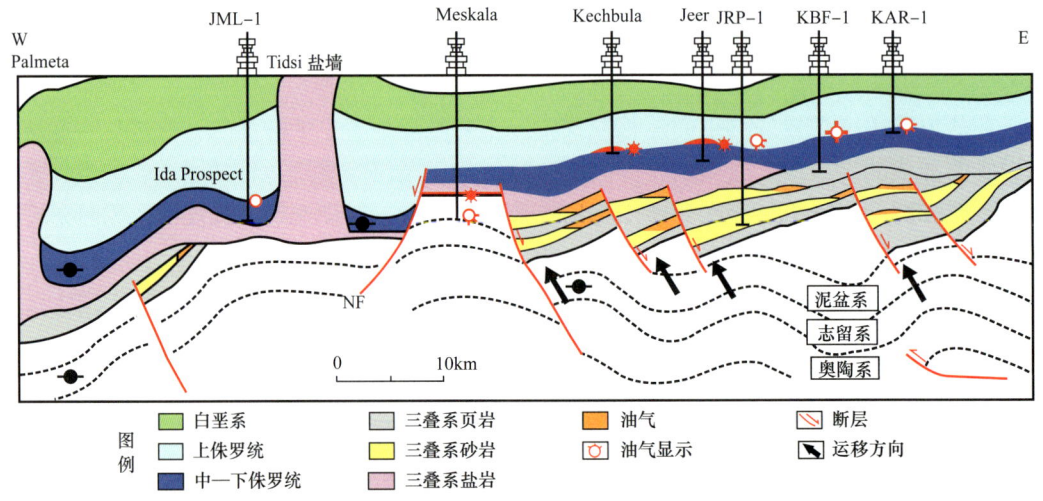

图 5-16 西非北段摩洛哥陆架边缘 Ounara 油田油藏剖面图（据 Heyman，1989）

在西南非海岸盆地南部的奥兰治次盆，主要的烃源岩是下阿普特阶和巴雷姆阶页岩，储层为巴雷姆阶—阿普特阶及阿尔布阶砂岩，盆地主要盖层是发育于不同单元的泥页岩层，同生裂谷期和被动大陆边缘期厚层页岩是良好的盖层，圈闭类型为地层—构造圈闭。

研究表明，渐新世以前的古地温梯度为38℃/km，最高可达40℃/km，渐新世以后盆地逐渐冷却，现今地温梯度平均33℃/km。埋藏史分析表明，白垩系烃源岩的排烃和运移从坎潘期开始，到渐新世，烃源岩层段已经过了生油窗并开始生气，在晚中新世—上新世进入干气生气高峰。通过对已发现油气藏或油气发现成藏特征的对比分析，认为以短距离运移为主，裂谷期形成的断裂系统及晚白垩世和古近纪—新近纪大量发育的同生断裂是油气运移的良好的通道（图5-17）。

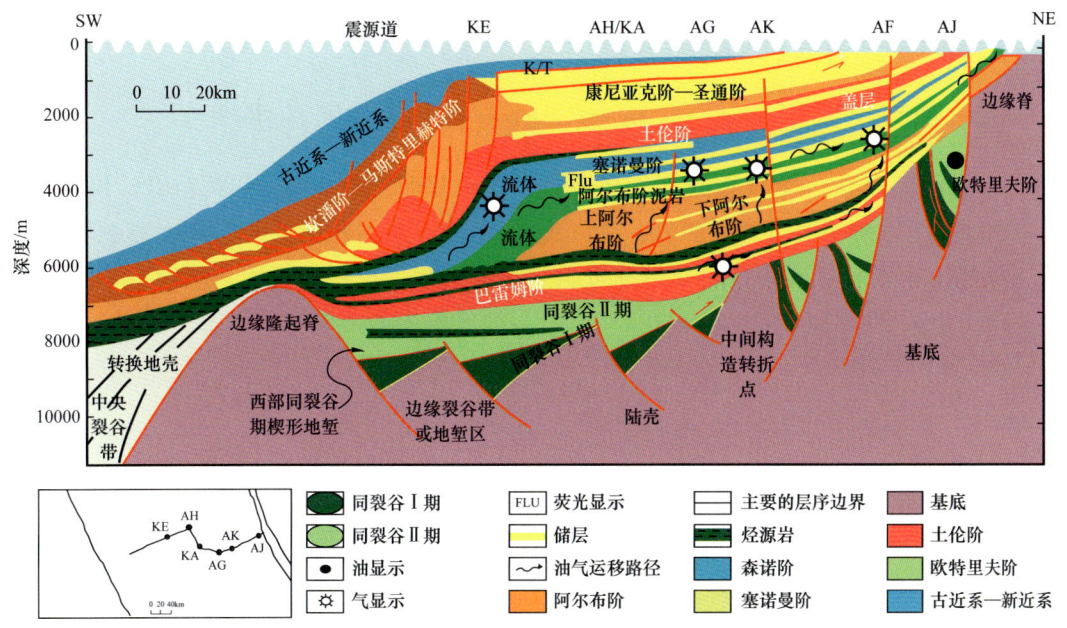

图5-17 奥兰治次盆储层及主要含油气显示层段（据Cameron，1999）

二、侧向运移模式

油气主要沿着地层不整合面做侧向运移，下伏地层中烃源岩沿着构造运动形成的不整合面做侧向运移，同时朝高部位运移，一般在遇到侵蚀谷优质储层和上覆盖层的良好储盖匹配时便会富集成藏。

同时，油气进入储层后，在没有圈闭的情况下，物性非常好的储层往往会作为油气侧向运移的良好通道。遇到圈闭或是砂体尖灭带时，便会富集成藏。西非深水盆地中存在构造脊，油气运移模式也存在，油气先垂向运移进入构造脊，然后在构造脊内部侧向运移。

第五节 成藏组合

从原油的成因类型、烃源岩的发育、烃类主要聚集层位及其相应的烃源来看（图5-1），西非被动大陆边缘盆地发育志留系—上古生界成藏组合、侏罗系成藏组合、下白垩统成藏组合、下白垩统—上白垩统复合成藏组合、上白垩统—新近系成藏组合、尼日尔三角洲 Agbada 组—Akata 组成藏组合等 6 个油气系统，后 5 个成藏组合已有不同程度的油气发现，是已证实了的。志留系—上古生界成藏组合尚无油气发现，但从区域上推测有一定的潜力，属于推测的成藏组合。而且从一定角度上看，区域上分布较广的成藏组合又可分为若干子系统（表 5-6）。

从区域油气地质条件及已发现的储量来看，油气主要富集在尼日尔三角洲 Agbada 组—Akata 组成藏组合、上白垩统—新近系成藏组合、下白垩统—上白垩统复合成藏组合和下白垩统成藏组合等 4 个油气系统中。

一、尼日尔三角洲 Agbada 组—Akata 组成藏组合特征

Agbada 组—Akata 组（已证实）成藏组合是西非油气最富集的成藏组合，该成藏组合以 Akata 组的海相页岩为烃源岩，以 Agbada 组的三角洲砂体及浊积砂体为主力储层，以同沉积滚动背斜、底辟背斜及逆冲背斜为主要圈闭，发现油气田 764 个，油气并举，以油为主，典型油气田为 Banga 油气田。由于该成藏组合位于尼日尔三角洲内，详细特征已经在第四章论述。

二、上白垩统—新近系成藏组合特征

上白垩统—新近系成藏组合是西非被动大陆边缘所有成藏组合中分布最为广泛的，自北向南依次发育古近系—新近系（阿尤恩盆地）、塞诺曼阶/土伦阶—中上上白垩统/中新统（塞内加尔）、古近系—新近系（尼日尔三角洲）、Azile 组/Anguille 组—Anguille 组（加蓬海岸盆地）、Iabe 组/Landana 组—Pinda 组/Malembo 组［下刚果（刚果扇）盆地］、Teba 组/Itombe 组/Rio Dande 组—圣通阶/古近系—新近系（宽扎盆地）等多个子成藏组合。该成藏组合以上白垩统—古近系—新近系的厌氧页岩为主要烃源岩，以上白垩统—新近系浊积体、扇三角洲砂体为主要储层段，以盐岩相关构造为主要圈闭类型。重要的子成藏组合包括下刚果（刚果扇）盆地的 Iabe 组/Landana 组—Pinda 组/Malembo 组及加蓬海岸盆地的 Azile 组/Anguille 组—Anguille 组，是近年来西非深水海域油气储量增长的主力成藏组合。典型油气藏包括下刚果（刚果扇）盆地的 Girassol 油田、加蓬海岸盆地的 Anguille Marine 油田及塞内加尔盆地的 Tiof 油田。

1. 成藏组合要素

1）烃源岩

该成藏组合发育两套主要烃源岩（上白垩统和古近系—新近系烃源岩），两套烃源岩均为海相页岩。其中上白垩统烃源岩主要形成于晚阿尔布期至土伦期，由于南大西洋的张裂引发了大规模的海进，导致盐岩沉积结束，海进沉积体系开始广泛发育。从沃尔维斯海脊到西非北段地区海域产生了区域性的缺氧事件，形成了广泛分布的上白垩统缺氧海相烃源岩，发育这套烃源岩的主要盆地自北向南依次为阿尤恩盆地、塞内加尔盆地、

表 5-6 西非被动大陆边缘盆地主要油气成藏组合（据 Evamy et al., 1978; Teisserenc et al., 2000; Harris et al., 2004; Lawrence et al., 2002; Ross et al., 1993; Burwood, 2000; Bray et al., 1998; Burke et al., 2003; Dumestre, 1985; Ranke et al., 1982; 童晓光等, 2002）

油气成藏组合		原油类型	主力烃源岩	主要储层	主要油藏类型	已发现油气情况	典型油气田
1. 尼日尔三角洲 Agbada 组—Akata 组油气成藏组合		海相原油	Agbada 组页岩	Akata 组三角洲砂体	滚动背斜、底辟构造砂岩油藏	主要、尼日利亚主要产油区	Banga 油田
2. 上白垩统—新近系油气成藏组合	古近系—新近系，阿尤恩盆地	未知	古近系—新近系页岩	古近系—新近系河道砂		次要	
	塞诺曼阶/土伦阶—中上上白垩统/中新统，塞内加尔盆地	海相原油	塞诺曼阶/土伦阶海相页岩	中上上白垩统/中新统砂岩、碳酸盐岩	盐构造砂岩油藏	次要	Tiof 油田
	上白垩统自生自储，尼日尔三角洲盆地	未知	上白垩统海相页岩	上白垩统砂岩		次要	
	Azile 组/Anguille 组—Anguille 组，加蓬盆地	海相原油	Azile 组/Anguille 组海相页岩	Anguille 组浊积砂岩	盐构造浊积砂岩油藏	主要	Anguille Marine 油田
	Iabe 组/Landana 组—Pinda 组/Malembo 组，下刚果（刚果扇）盆地	海相原油	Iabe 组/Landana 组海相页岩	Pinda 组碳酸盐岩/Malembo 组浊积砂岩	盐构造浊积砂岩油藏	主要（安哥拉深水主要产油区）	Girassol 油田
	Teba 组/Itombe 组/Rio Dande 组—中上上白垩统/古近系—新近系，宽扎盆地	海相原油	Teba 组/Itombe 组/Rio Dande 组海相页岩	中上上白垩统/Tertiary 三角洲砂岩	盐构造砂岩油藏	次要	Legua 油田
3. 下白垩统—上白垩统复合油气成藏组合	Bucomazi 组—Vermelha 组/Pinda 组/Malembo 组，下刚果盆地	湖泊相原油	Bucomazi 组湖泊相页岩	Vermelha 组滨岸砂岩，Pinda 组碳酸盐岩	盐构造碳酸盐岩油藏和砂岩油藏	主要	Sendji 油田；Takula 油田
	Cuvo 组—Cuvo 组/Binga 组/阿尔布阶/Quifangondo 组，宽扎盆地	湖泊相原油	Cuvo 组湖泊相页岩	Cuvo 组砂岩，Binga 组碳酸盐岩	盐构造碳酸盐岩油藏	次要	Tobias 油田

续表

油气成藏组合		原油类型	主力烃源岩	主要储层	主要油藏类型	已发现油气情况	典型油气田
4. 下白垩统油气成藏组合	Bucomazi组—Lucula组/Toca组/Vandji组，下刚果盆地	湖泊相原油	Bucomazi组—Lucula组湖泊相页岩	Lucula组砂岩、Toca组碳酸盐岩	古地垒高地断块砂岩油藏	主要	Malonga West油田
	Melania组/Kissenda组—Dentale组/Gamba组加蓬盆地	湖泊相原油	Melania组/Kissenda组湖泊相页岩	Dentale组/Gamba组三角洲砂岩	古地垒高地断块砂岩油藏	主要	Tabi-Kounga油田
	Binga组/Binga组，宽扎盆地	湖泊相原油	Binga组页岩	Binga组碳酸盐岩	碳酸盐岩构造圈闭	次要	Benfica油田
	巴雷姆阶—阿普特阶—欧特里夫阶/巴雷姆阶，纳米比亚	湖泊相原油	海相页岩	过渡相砂岩		尚未发现	
	巴雷姆阶—阿普特阶—巴雷姆阶/阿尔布阶，西南非海岸盆地	气	过渡相页岩	过渡相砂岩	砂岩地层圈闭	次要	Kudu气田
5. 侏罗系油气成藏组合	下侏罗统/中侏罗统—白垩系，阿比系盆地	海相原油	下侏罗统/中侏罗统页岩	侏罗系碳酸盐	盐相关碳酸盐礁体油藏	次要	Mo-2油田
6. 古生界油气成藏组合	志留系—上古生界，（塞内加尔盆地，阿尤恩盆地）	无	志留系海相页岩	上古生界砂岩		尚未发现	

尼日尔三角洲盆地、加蓬海岸盆地、下刚果盆地及宽扎盆地。上白垩统烃源岩的丰度高，有机质类型好，如下刚果盆地的 Iabe 组，TOC 超过 10%，为Ⅰ型—Ⅱ型干酪根；下刚果盆地的 Azile 组，TOC 为 3%～5%，为Ⅰ型—Ⅱ干酪根；塞内加尔盆地的塞诺曼阶/土伦阶，TOC 为 1.2%～4.5%，为Ⅱ型干酪根。

从区域上看，西非被动大陆边缘盆地上白垩统烃源岩的潜力主要取决于其成熟度，而成熟度主要取决于上覆地层的厚度，因此在西非几个主要发育三角洲、扇三角洲的盆地中，巨厚的古近系—新近系对烃源岩的成熟有举足轻重的作用，如尼日尔三角洲、下刚果盆地的刚果扇和加蓬海岸盆地的奥古三角洲。目前该成藏组合所发现的油气主要富集在此地区，并且发现油气的规模和三角洲及扇体的规模成正比，而在其他地区，如阿尤恩和宽扎等盆地由于缺乏大的三角洲和扇体，烃源岩的成熟度普遍较低，发现的油气也比较少。

受成熟度的控制，古近系—新近系有效烃源岩的分布相对局限，主要分布在下刚果盆地。该盆地的 Iabe 组和 Landana 组的古近系—新近系以开阔海沉积为主，TOC 为 4%，Ⅱ型有机质，成熟度主要受控于刚果扇厚度变化。在较深水域部分，即在刚果扇主体部分成熟度较高，基本处于大规模生油阶段，往陆上或更深海域，其成熟度变小。从区域分布上看，古近系—新近系有效烃源岩虽然分布不广，但可为安哥拉深水油气藏提供油源。

2）储层

上白垩统—新近系成藏组合是在大西洋扩张、被动大陆边缘逐渐形成的背景下发育的中新生代成藏组合。本成藏组合主要分布在西非海岸盆地的数个规模不等的浊积体、扇体和三角洲储层中，从北向南依次为阿尤恩盆地古近系—新近系浊积体、塞内加尔康尼亚克阶—坎潘阶/中新世三角洲、加蓬海岸盆地 Anguille 组浊积体，以及下刚果盆地的刚果扇沉积。

深水浊积体的展布主要取决于西非海岸古河流的发育及陆架、陆坡的坡度。由于每个子成藏组合的地质背景有一定的区别，因此其储层在时代、成因、规模、物性及储油规模等各方面有较大差异。

在上白垩统—新近系成藏组合中，下刚果盆地—刚果扇盆地的 Iabe 组/Landana 组—Pinda 组/Malembo 组子成藏组合的 Malembo 组储层是目前发现油气最多的储层，也是西非安哥拉地区目前深水的主要产层。

始新世—渐新世沉积的 Malembo 组浊积体一般为未固结透镜状浊积砂体，砂体厚度为 100～200m，渐新统浊积体在刚果河河口以南地区更发育，其厚度在 1500m 以上。储层的物性普遍较好，如安哥拉的 Bananeira 油田的孔隙度为 17%，渗透率为 128mD，17 区块的 Girassol 油田孔隙度高达 40%，渗透率为 6000mD，18 区块 Malembo 组储层的孔隙度为 15%～30%，砂体厚度为 3～53m。在下刚果盆地现今的刚果河河口附近的晚始新统浊积体以水道充填沉积为主，分选差，粒度细。加蓬海岸盆地 Azile 组/Anguille 组—Anguille 组子成藏组合的 Anguille 组、Pointe Clairette 组砂岩和 Batanga 组砂岩也是本成藏组合的重要储层，这些储层主要形成于晚白垩世的塞诺曼阶，是北加蓬次盆的主要储层，加蓬海岸盆地 69% 的储量来自该套储层，砂体主要为浊积体、三角洲相砂体，孔隙度为 10%～30%，最大渗透率为 200mD。

塞内加尔盆地的塞诺曼阶/土伦阶—中上上白垩统/中新统成藏组合发育砂岩和碳酸盐岩储层，其中马斯特里赫特阶砂岩储层是塞内加尔发现储量最多的储层，这些三角洲砂岩的孔隙度为 20%～35%。地震沉积学揭示在南部几内亚地区的马斯特里赫特阶也发育三角洲朵状体沉积。古近系—新近系储层发育砂岩和碳酸盐岩两类储层，碳酸盐岩储层主要分布在南塞内加尔的海域部分。

3）盖层

上白垩统—新近系成藏组合的盖层主要为盐上广泛分布的上白垩统和古近系—新近系海相页岩，如下刚果盆地土伦期和塞诺曼期的 Iabe 组厚层的海相页岩及其相当的沉积物是区域上重要的盖层，古近系—新近系 Landana 组和 Malembo 组页岩同样也是重要的盖层。在盐底辟形成过程中移动的盐岩提供了盐顶封闭的可能。

4）圈闭及典型油气田

上白垩统—新近系成藏组合的圈闭类型主要为与盐刺穿有关的圈闭。在盐刺穿侧翼，主要发育盐墙、盐蓬、龟背斜和侧翼岩性尖灭等；在盐刺穿顶部主要发育底辟拱升背斜和披覆背斜等。

盐刺穿类型的典型油田有南部加蓬盆地的 Baliste Marine 油田。中新统 Mandarove 组砂体在盐刺穿顶部形成了背斜油气藏；而上白垩统 Batanga 组砂体由于盐刺穿在侧部遮挡形成了盐岩侧翼遮挡油气藏。

盐刺穿类型典型油田还有北部塞内加尔盆地的 Chinguetti 油田。中新统深水浊积砂体受到盐刺穿而造成顶部的拱升，形成了刺穿顶部的断背斜油气藏。

2. 成藏模式

上白垩统—新近系的缺氧事件形成的页岩成熟后，生成的油气向圈闭运移，按照储层与烃源岩的配置关系，主要形成下生上储油气藏。

三、下白垩统—上白垩统复合成藏组合特征

下白垩统—上白垩统成藏组合是西非最主要的油气富集系统之一，它和下白垩统成藏组合共享盐下裂谷期湖泊相烃源岩所生成的油气，以被动大陆边缘阶段初期的 Pinda 组、Sendji 组高能鲕粒白云岩和藻类白云岩，以及后期的阿尔布期到塞诺曼期沉积的 Vermelha 组浅滩、潮道和陆上沙坝砂岩为主力储层，主要圈闭是与盐构造相关的滚动背斜，发育盐构造碳酸盐岩油藏和盐构造砂岩油藏两类主要油气藏，典型油气田包括 Sendji 油田（碳酸盐岩油藏）及 Takula 油田（砂岩油藏）。该成藏组合在区域上分布不广泛，主要子成藏组合包括下刚果盆地的 Bucomazi 组—Vermelha 组/Pinda 组/Maiembo 组和宽扎盆地的 Cuvo 组—Cuvo 组/Binga 组/阿尔布阶/Quifangondo 组成藏组合。

1. 成藏组合要素

1）烃源岩

下白垩统—上白垩统成藏组合的烃源岩是盐下裂谷期湖泊相烃源岩，两个子成藏组合与盐下下白垩统成藏组合共享烃源岩。

2）储层

该成藏组合发育碳酸盐岩和砂岩两大类储层，都是该系统的主力储层，特别是阿尔布阶的碳酸盐岩储层。

阿尔布阶的碳酸盐岩储层是西非中段阿普特盐盆沉积结束后，大西洋扩张初期阶段形成的碳酸岩台地相，主要包括分布在下刚果盆地安哥拉地区的Pinda组、刚果的Sendji组和宽扎盆地的阿尔布阶。储层类型主要为高能鲕粒浅滩碳酸盐岩，缺少礁体，一般都经历了不同程度的白云岩化，因此储层的性能取决于沉积环境和成岩作用的双重控制。碳酸盐岩储层的物性较好，孔隙度为25%～30%，渗透率为300～1400mD，储层的厚度主要受控于古构造。阿尔布阶的碳酸盐岩储层是复合油气系统的主力储层，特别在下刚果盆地中南部的安哥拉地区。

该成藏组合的砂岩储层主要分布在下刚果盆地的Vermelha组和宽扎盆地的Quifangondo组。其中Vermelha组砂岩主要为滨岸相固结—弱固结细到粗粒长石石英砂岩，相对于碳酸盐岩分布范围砂体分布范围更小，主要展布在Tacula地区。砂岩储层的物性极好，其中孔隙度平均为25%，最高可达35%，渗透率平均为1000mD，最好的储层为滩坝、潮道和陆上沙丘相砂岩，滩坝砂孔隙度平均为28%，渗透率平均为1500mD，潮道砂体的孔隙度和渗透率稍低，分别为20%～25%和500mD。白云岩胶结作用是使储层变差的主要原因。

3）盖层

下白垩统—上白垩统成藏组合的盖层主要为盐上广泛分布的下白垩统、上白垩统和古近系—新近系海相页岩，但以上阿尔布阶页岩及下塞诺曼阶页岩为主要盖层。土伦期和塞诺曼阶Iabe组厚层的海相页岩和与其相当的沉积物是区域上重要的盖层，古近系—新近系Landana组和Malembo组页岩也是同样重要的盖层。形成盐底辟过程中，移动的盐岩提供了盐顶封闭的可能。

4）圈闭及典型油气田

下白垩统—上白垩统成藏组合的主要圈闭类型是盐滑动形成的滚动背斜构造，可以依据储层岩性划分为碳酸盐岩油藏和盐构造砂岩油藏，典型油气田包括下刚果盆地的Takula油田和Sendji油田。

Sendji油田是上白垩统碳酸盐岩背斜油藏，而Takula油田属于上白垩统砂岩背斜油藏。N'Kossa Marine油田的上白垩统Sendji组碳酸盐岩由于盐岩塑性流动将盐边缘地层带走，使残留的Sendji组碳酸盐岩地层形成龟背斜；不整合面之上的塞诺曼阶Likouala组砂岩则因为断层作用与砂体尖灭结合形成复合油气藏。

2. 成藏模式

成藏模式为典型的下生上储式，油气来源于盐下裂谷期的优质湖泊相烃源岩，油气通过盐窗、断裂等通道向上运移，聚集到被动大陆边缘期盐滚背斜构造内的碳酸盐岩和砂岩储层中。

四、下白垩统成藏组合

下白垩统成藏组合是西非油气较为富集的油气系统之一。受烃源岩分布的影响，下白垩统成藏组合主要分布在尼日尔三角洲盆地—西南非海岸盆地之间，发育湖泊相烃源岩和三角洲砂体储层，以古地垒高地断块油藏为主要油藏类型。该成藏组合主要的子油气系统有下刚果盆地 Bucomazi 组—Lucula 组 /Toca 组 /Vandji 组、加蓬海岸盆地 Melania 组 /Kissenda 组—Dentale 组 /Gamba 组、宽扎盆地 Binga 组 /Binga 组子成藏组合系统、西南非海岸盆地的巴雷姆阶—阿普特阶—巴雷姆阶 / 阿尔布阶及纳米比盆地的巴雷姆阶—阿普特阶—欧特里夫阶—巴雷姆阶阶子成藏组合等。该成藏组合主要富集湖泊相原油，西南非海岸盆地的巴雷姆阶—阿普特阶—巴雷姆阶 / 阿尔布阶子成藏组合中主要产气。

1. 成藏组合要素

1）烃源岩

该成藏组合主要发育湖泊相和过渡相两套烃源岩，其中下白垩统湖泊相页岩是本成藏组合的主要烃源岩。在早白垩世裂谷期，现今的非洲西部被动大陆边缘由于裂谷作用形成了一系列地堑、半地堑湖盆，沉积了有机质丰度高、类型好的暗色页岩，形成了西非下白垩统成藏组合的主要烃源岩。烃源岩的分布范围、规模主要受构造格局的控制。其中在早白垩世裂谷期，南加蓬次盆、下刚果盆地是裂谷断陷的主体发育地带，形成的断陷多，而且面积广、深度大，湖泊相暗色泥岩类烃源岩的分布范围最广，如南加蓬次盆的 Vera 凹陷、Dentale 凹陷（Melania 组、Kissenda 组），特别是下刚果盆地的 Takula 次盆、Malongo 次盆及 Kambala 次盆的 Bucomazi 组，由于其规模大、质量优，不仅是下白垩统裂谷油气系统的主力烃源岩，更为盐上上白垩统复合成藏组合提供了充足的油源。大西洋对岸 Bucomazi 组的对应部分是巴西坎波斯盆地的 Lagoa Feia 组湖泊相烃源岩，为巴西深水油田提供了富足的油源。宽扎盆地的上 Cuvo 组、Binga 组由于裂谷期形成的断陷较小，其分布面积局限。在西南非海岸盆地的奥兰治次盆、纳米比盆地也有下白垩统海陆过渡相烃源岩分布。

西非被动大陆边缘盆地下白垩统湖泊相烃源岩的丰度普遍高，有机质类型好，但由于沉积环境、水体咸度、深度及水域面积大小的差异，烃源岩的有机质类型和丰度在区域分布上有较大的变化。下白垩统最好的烃源岩是下刚果盆地的 Bucomazi 组和加蓬海岸盆地的 Melania 组及 Kissenda 组，前者的 TOC 平均 1%～5%，最高可达 25%，主要为Ⅰ型和Ⅰ型—Ⅱ型干酪根，后者 TOC 平均值大于 1%，最高可达 21%，氯仿沥青"A"为 0.072%～0.365%，总烃含量为 260×10^{-6}～1400×10^{-6}，主要为Ⅰ型和Ⅰ型—Ⅱ型干酪根。

下刚果盆地以南的宽扎盆地的 Cuvo 组 TOC 超过 2%，略低于下刚果盆地 Bucomazi 组的 TOC。

另外，西南非海岸盆地下阿普特阶和巴雷姆阶海陆过渡相页岩 TOC 也较高，多为 1.61%~2.6%，最高可达 25%，虽然比下刚果盆地差，但其丰度也较高，主要为Ⅲ型干酪根，是盆地最大气田 Kudu 气田的主要气源。

由于埋藏较深，下白垩统烃源岩的成熟度普遍比较高。在下刚果盆地的主要次凹、南加蓬次盆及宽扎盆地现正处于大量生油阶段，而西南非海岸盆地由于火成岩活动频繁，具有较高的地温场，以生气为主。

2）储层

该成藏组合主要发育砂岩和碳酸盐岩两类储层，以砂岩储层为主，碳酸盐岩储层次之。砂岩储层主要分布在下刚果盆地和加蓬海岸盆地。

下刚果盆地的 Lucula 组，砂岩储层的搬运距离较短，成分成熟度低，岩屑、云母和长石等骨架矿物发育。下部一般发育冲积扇砂体，上部发育扇三角洲、沙坝和沿岸沙坝等沙体，后者多为干净的、分选好的，偶尔含云母的成熟石英砂岩，物性较好，孔隙度可达 30%，渗透率可达 700mD，是下刚果盆地盐下含油体系中发现的最大油田 Malongo West 油田的主力储层。

加蓬海岸盆地 Dentale 组 /Gamba 组是南加蓬次盆的主要储层。Dentale 组砂岩分布在盆地东侧，Gamba 组砂岩主要分布在盆地东北部，早期为河流—冲积扇沉积，晚期主要为河流—三角洲沉积，储层储集性能好，孔隙度为 18%~32%，渗透率为 100~9000mD，是盐下含油气体系的主要储层段，目前发现的西非最大的盐下裂谷期油田 Rabi-Kounga 油田的主要油气都储集在 Dentale 组 /Gamba 组砂岩中。

另外，西南非海岸盆地的巴雷姆阶 / 阿尔布阶风成砂岩储层的孔隙度为 1%~20%，渗透率为 0.1~767mD。

纳米比盆地目前还没有钻井，但据相邻盆地资料及区域地质条件推测在下白垩统的欧特里夫阶 / 巴雷姆阶发育砂岩储层。

碳酸盐岩储层主要分布在下刚果的 Toca 组、南加蓬的 Banjo 组及宽扎盆地的 Binga 组。

Toca 组由石灰岩、白云岩和泥灰岩及稍少的页岩和砂质碳酸盐岩组成，以藻丘或边缘碳酸盐建隆的形式出现，主要为孔洞和印模孔隙，这主要是由于晚阿普特期准平原作用时，海平面降低时碳酸盐建隆出露地表形成的。储层物性好，孔隙度为 16%~20%，渗透率可达 600mD，在 MalongoWest 油田渗透率可达数个达西。

宽扎盆地的 Binga 组石灰岩由裂缝性鲕粒灰岩和间夹含有硬石膏的白云岩组成。储层孔隙度为 2%~14%，平均孔隙度为 2.5%。其渗透率为 0.1~100mD，但因裂缝的存在使局部地区渗透率可达 12000mD。

下白垩统碳酸盐岩储层主要分布在下刚果盆地的卡宾达地区，也是盐下碳酸盐岩油藏储量最大的地区。

3）盖层

下白垩统成藏组合的盖层条件很好，发育区域性分布的盐岩盖层和湖泊相页岩盖层。阿普特中晚期西非海岸广泛开始发育蒸发岩沉积，在沃尔维斯海脊和几内亚湾之间的广大区域形成了一个超大型盐盆，是盐下各油气子系统的主要区域性盖层。另外，在盐下裂谷层系中，广泛分布的湖泊相页岩是重要的局部盖层，这些湖泊相页岩可以作为封盖夹层、侧向同期沉积物和不整合圈闭盖层。

4）圈闭及典型油气田

裂谷作用的时期不同，下白垩统成藏组合的圈闭发育类型、规模及分布也都具有不同的特点。

下白垩统裂谷圈闭类型主要有断层圈闭、岩性尖灭圈闭和地层圈闭等。在断层带附近，断层的侧向遮挡易于形成断层圈闭；在前裂谷期古隆起的侧翼及倾斜的断块内，由于砂体的侧向尖灭易于形成岩性尖灭圈闭；在下白垩统内不整合面附近，受不整合遮挡易于形成地层圈闭。

断层圈闭形成的典型油气藏有加蓬盆地的 ONAL/OZO 裂谷断块油田。ONAL 油田为断层遮挡的裂谷早期砂岩油田。

岩性尖灭圈闭形成的典型油气藏有宽扎盆地的 Cacuaco 油田和下刚果盆地的 Tchibala 北部油田。Tchibala 北部油田为盐下下白垩统 Dentale 组砂岩尖灭油藏。

不整合地层圈闭形成的典型油气藏有下刚果盆地的 Malongo North 油田，为裂谷早期早白垩世古隆起侧翼发育的地层超覆不整合面油藏。

坳陷期圈闭类型主要为披覆背斜圈闭。这是因为在裂谷期形成了断坳断隆相间的古地形起伏，在古潜山之上存在差异沉积作用，最终形成了披覆背斜圈闭。过渡期披覆背斜圈闭形成的典型油气藏有下刚果盆地的 Emme 油田，阿普特阶 Gamba 组储层披覆在下伏的倾斜断块之上，之上为阿普特阶盐岩盖层。

2. 成藏模式

下白垩统成藏组合中，湖泊相烃源岩生成的油气主要沿断层面纵向运移或沿岩性接触面横向运移，依据储层与烃源岩的配置关系不同，主要发育下生上储和新生古储式油气成藏模式。

五、其他油气系统特征

西非被动大陆边缘盆地还发育另外两个成藏组合，分别为侏罗系成藏组合和志留系成藏组合，这两个成藏组合均分布在油气富集程度较差的西非北段。

1. 中—下侏罗统—侏罗系/白垩系成藏组合

中—下侏罗统—侏罗系/白垩系油气系统仅在西非北段的阿尤恩盆地和塞内加尔盆地发育。虽然是西非的次要油气系统，但却是阿尤恩盆地已经证实的、可靠程度最高的成藏组合，目前认为 Mo2 油田就属于该成藏组合。中侏罗统页岩是盆地的主要烃源岩，储层以侏罗系碳酸盐岩为主，圈闭为与盐有关碳酸盐建造。

2. 志留系—上古生界成藏组合

这是一个推测的成藏组合，目前这个成藏组合的勘探程度很低。根据志留系古地理背景，西非北部的阿尤恩盆地、塞内加尔盆地发育志留系海相富有机质页岩。地表露头资料揭示的部分志留系黑色页岩厚度在 40m 左右，TOC 为 1%～5.5%，干酪根主要由无定型组成，R_o 为 0.9%～1.3%。从区域上看，西非海岸盆地北段志留系烃源岩在成因、环境、质量及丰度上与北非古达米斯盆地和穆祖克盆地 Tanezzuft 组放射性页岩均十分相似，是西非海岸盆地北段一套潜在的优质烃源岩。因此，可能存在一个以这套志留系黑色页岩为烃源岩，以上古生界砂岩为储层，以三叠系盐岩为区域盖层的成藏组合。

第六节　油气分布规律

西非大陆边缘深水区北段含盐盆地含油气系统以盐岩为界可分为盐上和盐下两套组合，以盐上组合为主。盐上组合以塞诺曼阶—土伦阶海相页岩、上侏罗统牛津阶海相页岩为烃源岩，中新统和康尼亚克阶—坎潘阶浊积砂岩、上侏罗统牛津阶裂缝型白云岩为储层，盖层为后裂谷期海相页岩。盐下组合以志留系海相页岩为烃源岩，上三叠统河流相砂岩和下侏罗统海相砂岩为储层，裂谷晚期形成的盐岩提供封盖条件，目前盐下组合主要发育在索维拉盆地。

西非大陆边缘深水区中段盆地主要发育白垩系阿尔布阶—阿尔布阶/塞诺曼阶/土伦阶含油气系统，烃源岩主要为阿尔布阶海相页岩，储层为阿尔布阶、塞诺曼阶—土伦阶滨岸相砂岩和深水浊积砂岩，盖层为各期发育的海相页岩。

西非大陆边缘深水区中南段含盐盆地和尼日尔三角洲盆地含油气系统也分成盐上和盐下两套组合。盐上组合以阿尔布阶、塞诺曼阶—土伦阶海相页岩为烃源岩，上白垩统和古近系—新近系浊积砂岩为储层，漂移期海相页岩提供封盖条件。盐下组合以下白垩统湖泊相页岩为烃源岩，下白垩统河流相—三角洲相砂岩为储层，过渡期盐岩为盖层（图 5-1）。

西非大陆边缘深水区南段盆地主要发育白垩系巴雷姆阶/阿普特阶—巴雷姆阶/阿尔布阶含油气系统，烃源岩为巴雷姆阶湖泊相页岩和下阿普特阶海相页岩，储层主要为巴雷姆阶陆相—浅海相砂岩，其次为阿尔布阶海相砂岩，盖层为白垩系湖泊相或海相页岩（图 5-2）（张光亚等，2018）。

西非大陆边缘深水区油气分布具有显著的不均一性，具体体现在以下几个方面。

一、富油少气

西非大陆边缘深水区 9 个主要盆地油气资源丰富，共发现原油 2P 储量 92513.36×10^6 bbl，发现天然气 245.7×10^{12} ft³，发现凝析油 5154.23×10^6 bbl，以产油为主（表 5-7）。

表 5-7 西非主要油气系统 2P 探明可采储量分布（据 Evamy et al.，1978；Teisserenc et al.，2000；Harris et al.，2004；Lawrence et al.，2002；Ross et al.，1993；Burwood，2000；Bray et al.，1998；Burke et al.，2003；Dumestre，1985）

成藏组合		油 /10^6bbl	气 /10^{12}ft^3	凝析油 /10^3bbl
1. Agbada 组—Akata 组（!）尼日尔三角洲盆地		61089.09	212.096	4808.2
2. 上白垩统—新近系成藏组合	塞诺曼阶/土伦阶—中上上白垩统/中新统（!）成藏组合，塞内加尔盆地	488	3.03495	38.4
	上白垩统（.）成藏组合，尼日尔三角洲盆地	0.5	0.017	0.05
	Azile 组/Anguille 组—Anguille 组（!）成藏组合，加蓬海岸盆地	2166.04	0.944075	4.5
	Iabe 组/Landana 组—Malembo 组（!）成藏组合，下刚果（刚果扇）盆地	17372.29	11.8658	18.34
	Teba 组/Itombe 组/Rio Dande 组—中上上白垩统/古近系—新近系（.）成藏组合组合，宽扎盆地	17.72	0.027	0
3. 下白垩统—上白垩统复合成藏组合	Bucomazi 组—Vermrlha 组/Pinda 组/Malembo 组（!）成藏组合，下刚果盆地	7789.64	9.298726	213.73
	Cuvo 组—Cuvo 组/Binga 组/阿尔布阶/Quifangondo 组（.）成藏组合，宽扎盆地	120.07	0.079383	0
4. 下白垩统成藏组合	Bucomazi 组—Lucula 组/Toca 组/Vandji 组（!）成藏组合，下刚果盆地	1564.94	2.8752	48.5
	Melania 组/Kissenda 组—Dentale 组/Gamba 组（!）成藏组合，加蓬海岸盆地	1892.95	1.2533	15
	Binga 组/Binga 组（!）成藏组合，宽扎盆地	6.87	0.001719	0.01
	巴雷姆阶—阿普特阶—欧特里夫阶/巴雷姆阶（?）成藏组合，纳米比盆地	0	0	0
	巴雷姆阶—阿普特阶—巴雷姆阶/阿尔布阶（!）成藏组合，西南非海岸盆地	0.25	4.172	7.5
5. 侏罗系成藏组合		5	0	0
总计		92513.36	245.665	5154.23

注：（!）表示已证实；（.）表示推测；（?）表示存疑。

二、平面分布规律

按照盆地划分，西非海岸盆地群已发现的储量主要集中在尼日尔三角洲盆地、下刚果盆地、加蓬盆地、科特迪瓦盆地、奥兰治次盆、塞内加尔盆地和里奥穆尼盆地等，它们的储量分别占西非已发现总储量的 73.7%、18.9%、4.1%、0.9%、0.6%、0.6% 和 0.5%（图 5-18）。

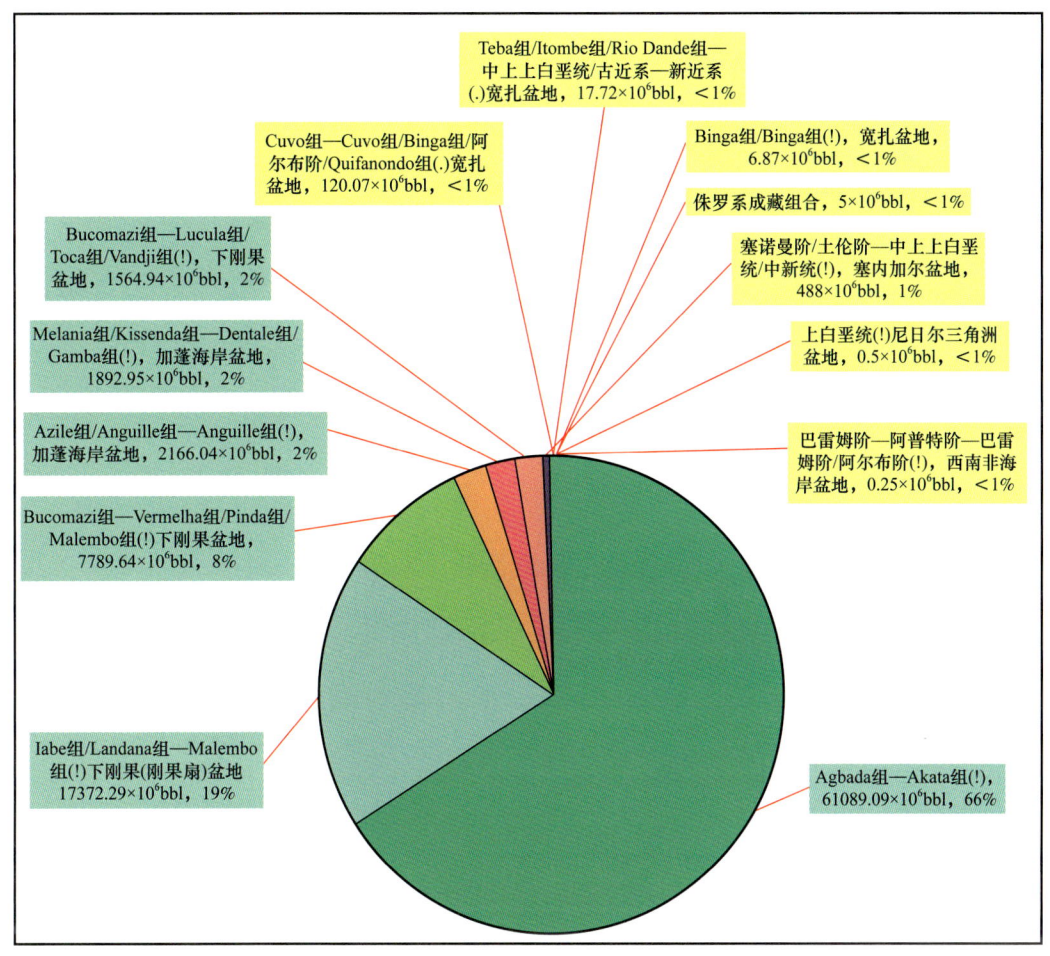

图 5-18 西非主要子油气系统探明 2P 可采原油储量分布（据 Evamy et al., 1978; Teisserenc et al., 2000; Harris et al., 2004; Lawrence et al., 2002; Ross et al., 1993; Burwood, 2000; Bray et al., 1998; Burke et al., 2003; Dumestre, 1985; Ranke et al., 1982; 童晓光等, 2002）

注："!"表示已证实；"."表示推测；"?"表示存疑。

同时，以子油气系统为单元来看，西非原油主要富集在 Agbada 组—Akata 组（尼日尔三角洲盆地）、Iabe 组/Landana 组—Malembo 组 [下刚果（刚果扇）盆地]、Bucomazi 组—Vermelha 组/Pinda 组/Malembo 组（下刚果盆地）、Azile 组/Anguille 组—Anguille 组（加蓬海岸盆地）、Melania 组/Kissenda 组—Dentale 组/Gamba 组（加蓬海岸盆地）及 Bucomazi 组—Lucula 组/Toca 组/Vandji 组等 6 个子油气系统中，这些成藏组合的原油储量都能达到 10000×10^6 bbl（图 5-18），天然气则主要富集在 Agbada 组—Akata 组（尼日尔三角洲盆地）和 Iabe 组/Landana 组—Malembo 组 [下刚果（刚果扇）盆地] 等子系统中（表 5-7），这些富油气的子系统在区域上主要分布在尼日尔三角洲及由加蓬海岸盆地、下刚果盆地所组成的阿普特阶盐盆的主体区域内（图 5-19）。这些子系统在平面上的组合使中段成为西非油气最为富集的地区（图 5-19），油气系统边界视资料而定，对于勘探程度低的盆地，盆地边界为油气系统边界；对于勘探程度高的地区，主要是依据油田资料确定。

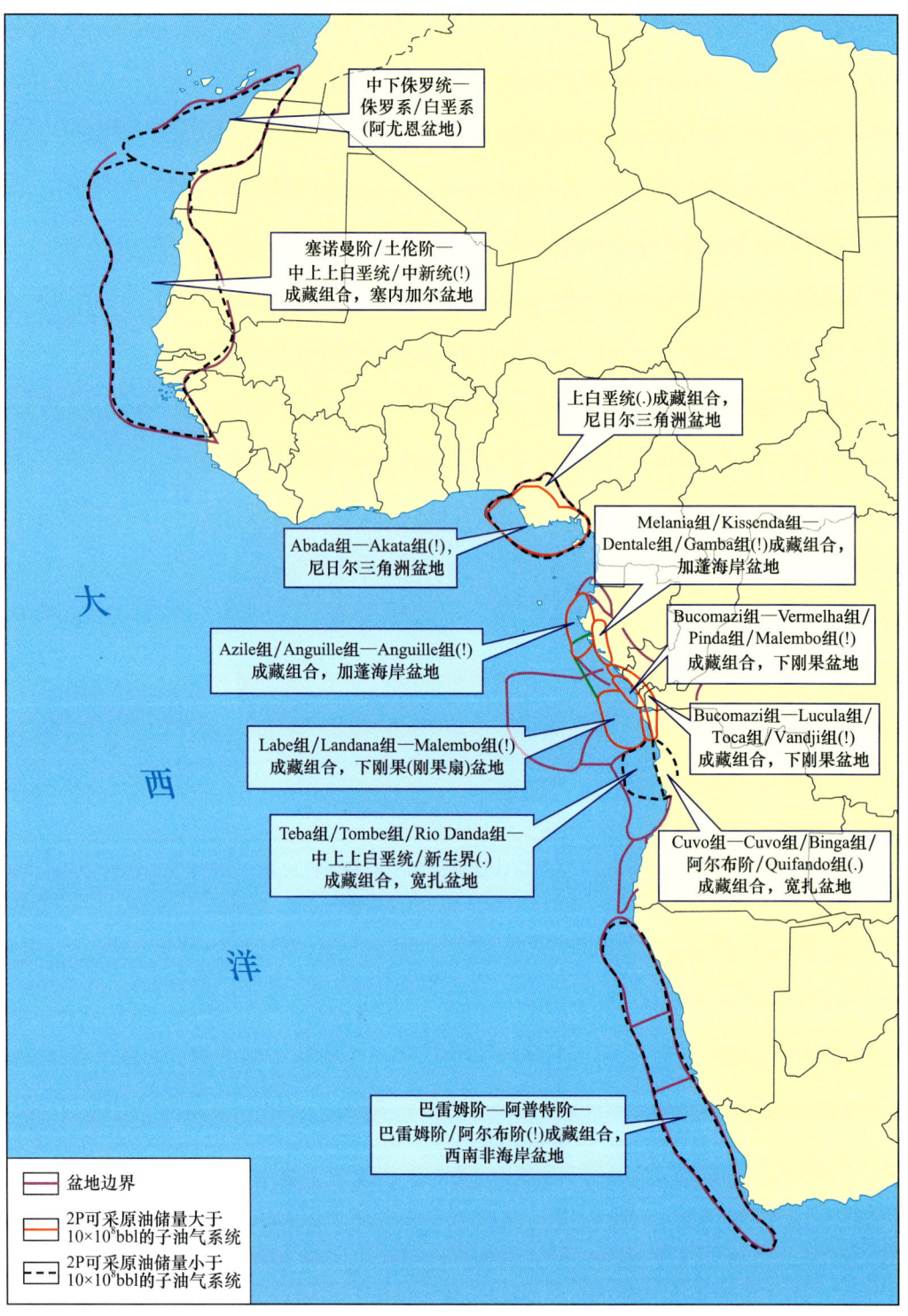

图 5-19 西非主要子油气系统分布（据 Evamy et al., 1978; Teisserenc et al., 2000; Harris et al., 2004; Lawrence et al., 2002; Ross et al., 1993; Burwood, 2000; Bray et al., 1998; Burke et al., 2003; Dumestre, 1985; Ranke et al., 1982; 童晓光等, 2002; 关增淼, 2007）

三、纵向分布规律

按照油气分布的层系划分，西非油气产量几乎全是盆地被动大陆边缘期沉积的储层，少数是过渡期、裂谷期或者前裂谷期形成的。油气在上古生界、侏罗系、中白垩统到更新统都有分布，但多数为渐新统或者时代更年轻的储层。除 Saltpond 油田为上古生界泥盆系油藏、摩洛哥塔尔法亚盆地 Mo-2 为侏罗系气田外，其余已发现油气储量均集中分布在白垩系、古近系和新近系（表5-8）。

按照油气藏分布深度划分，西非海岸盆地群已发现油气藏深度最浅为180m，最深为5350m，多数集中分布在 1000~3500m。

表 5-8 西非海岸盆地群分层系油气储量（2P）（据邓荣敬等，2008）

层位	已发现油气田（藏）数目/个	可采石油储量（2P）/10^6bbl	可采气储量（2P）/10^6ft^3	可采凝析油储量（2P）/10^6bbl
新近系	1263	70532.6	205938936.6	4350.84
古近系	150	5448.71	14982456	337.7
上白垩统	301	6979.9	8467260	83.12
下白垩统	378	8368.53	16773337	322.81
侏罗系	1	5		
泥盆系	1	3.2	22760	

纵向上，西非油气资源主要分布在 Agbada 组—Akata 组油气系统、上白垩统—新近系油气系统、下白垩统—上白垩统复合油气系统中。

其中尼日尔三角洲的 Agbada 组—Akata 组油气系统的油和气资源都很丰富，截至目前，原油 2P 可采储量是 $61089.09×10^6$bbl，占西非 9 个主要含油气盆地的 65%，天然气 2P 可采储量为 $212.1×10^{12}$ft^3，占 89%。

上白垩统—新近系油气系统是西非第二大烃类资源富集系统，以油为主，原油 2P 储量为 $20044.55×10^6$bbl，占西非 9 个主要含油气盆地的 22%；天然气 2P 可采储量为 $15.89×10^{12}$ft^3，占 7%。

下白垩统—上白垩统复合油气系统也是西非重要的烃类资源富集系统，该系统原油 2P 储量为 $7959.72×10^6$bbl，占西非 9 个主要含油气盆地的 9%，天然气很少。下白垩统—上白垩统复合油气系统的油气主要富集在下刚果盆地的 Bucomazi 组—Vermelha 组/Pinda 组/Malembo 组子系统中，其原油 2P 储量为 $7789.64×10^6$bbl。下白垩统油气系统的原油 2P 储量为 $3465.01×10^6$bbl，占西非 9 个主要含油气盆地的 4%，2P 天然气 2P 储量 $8.3×10^{12}$ft^3（表 5-7）。

作为烃类资源富集的主要油气系统之一的上白垩统—新近系油气系统是西非近年来储量增长最多的油气系统，虽然子油气系统很多，但主要富集在下刚果（刚果扇）盆地的 Iabe 组—Malembo 组子油气系统和加蓬海岸盆地的 Azile 组 /Anguille 组—Anguille 组子油气系统，其中 Iabe 组—Malembo 组子油气系统的原油 2P 储量达到了 17372.29×10^6bbl，占该油气系统的 87%；Azile 组 /Anguille 组—Anguille 组子油气系统的原油 2P 储量为 2166.04×10^6bbl，为该油气系统的 11%。另外，值得注意的是位于西非北部塞内加尔盆地的塞诺曼阶 / 土伦阶—圣通阶 / 中新世子系统也有一定的油气分布（表 5-7）。

第七节　油气富集主控因素分析

一、源控

西非海岸盆地发育志留系、侏罗系、白垩系和古近系等多套烃源岩，其中白垩系和古近系烃源岩是西非地区的主力烃源岩。

白垩系烃源岩是西非大陆边缘深水区分布最为广泛的烃源岩。北段阿尤恩—塔尔法亚盆地和塞内加尔盆地以开阔海海相页岩为主，南段以下白垩统湖泊相暗色页岩和上白垩统海相页岩为主。白垩系烃源岩在西非南段普遍丰度高，如下刚果盆地下白垩统贝里阿斯阶—欧特里夫阶 Bucomazi 组、加蓬盆地的 Melania 组和宽扎盆地的 Binga 组湖泊相暗色页岩的 TOC 分别可达 30%、20% 和 6.3%，有机质类型以 II 型为主，现处于生油阶段（表 5-9）。

表 5-9　西非盆地主要烃源岩地球化学数据（据孙海涛等，2010）

盆地	地层	烃源岩	岩性	干酪根类型	TOC/%	成熟度/%	潜力指数/(kg/t)
尼日尔三角洲	古新统	Akata	海相页岩	II	2.00~10.00		
下刚果	下白垩统	Bucomza	湖泊相页岩	I、II	6.00	0.5~1.0	46.0
加蓬	下白垩统巴雷姆阶	Melania	湖泊相页岩	I、II	6.10	0.5~1.0	46.0
加蓬	下白垩统阿尔布阶	Madiela	海相页岩	II	最大 10.00		10.0
加蓬	上白垩统土伦阶	Azile	海相页岩	I、II	3.00~5.00		10.0
西南非海岸	下白垩统巴雷姆阶	R-Q unit	湖泊相页岩	II	1.30~2.60		3.0~43.0
西南非海岸	下白垩统阿普特阶	O-P unit	海相页岩	II	1.98	1.3	20.0
科特迪瓦	下白垩统阿尔布阶	ALbian	海相页岩	II	0.60~2.70	0.6~1.2	2.0~16.5
科特迪瓦	上白垩统塞诺曼阶	Cenomanian	海相泥岩	II、III	0.50~3.70	0.4~0.6	2.0
毛塞几比	上白垩统塞诺曼阶	Cenomanian	海相页岩	II	1.20~8.72		17.0
塔尔法亚	上侏罗统	Liassic	海相页岩	II、III	0.50~0.70	0.7	8.0

古近系烃源岩广泛分布在几内亚湾的尼日尔三角洲盆地、下刚果盆地和宽扎盆地，是西非另一套主力烃源岩。古近系烃源岩和白垩系烃源岩相比，丰度和有机质类型稍逊，如尼日尔三角洲盆地的 Akata 组前三角洲相和开阔海海相页岩，其 TOC 为 0.5%～4.4%，平均 1.7%，Ⅱ型—Ⅲ型有机质，但古近系巨厚的沉积规模弥补了烃源岩质量的不足，为形成西非最大的石油储集系统提供了雄厚的物质基础。

志留系烃源岩主要发育在西非北段的阿尤恩—塔尔法亚盆地和塞内加尔盆地，这套烃源岩属于前裂谷期沉积。根据地表露头资料，志留系黑色页岩类烃源岩的厚度在 40m 左右，TOC 为 1%～5.5%，以无定型干酪根为主，R_o 值在 0.9%～1.3% 之间。西非海岸盆地北段志留系烃源岩在成因、环境及质量和丰度上与北非古达米斯盆地和穆祖克盆地 Tanezzuft 组放射性页岩均非常相似，为西非海岸盆地北段一套潜在的优质烃源岩。

侏罗系烃源岩主要分布在阿尤恩—塔尔法亚盆地，属于后裂谷被动大陆边缘开阔海海相页岩沉积，TOC 为 1.47%～2.49%，有机质类型为Ⅱ型；在白垩纪坎潘期已经成熟，目前处于生气阶段。

二、相控

特定的沉积相发育特定的生储盖组合，西非地区中—新生界从侏罗系到新近系共有 40 多个产油气层，以裂谷期后过渡阶段盐岩及相对应地层为界面，分为盐下、盐间和盐上 3 大套储盖组合，油气主要富集在白垩系和古近系—新近系碎屑岩储层中。

盐下属于裂谷期陆相河流—湖盆沉积建造，储盖组合以下白垩统砂岩为主要储层，在西非南段的下刚果盆地、加蓬盆地、宽扎盆地、纳米比盆地和西南非海岸盆地广泛发育。储层物性好，孔隙度为 10%～30%，渗透率在 100～5000mD 之间。下白垩统储层和其上覆区域性分布的盐岩构成了良好的储盖组合。

盐间发育盐岩沉积建造，是蒸发环境。储盖组合分布局限，仅在西非中段的下刚果盆地和宽扎盆地有小规模的分布。

盐上为海相环境，广泛沉积浊积扇和碳酸盐岩。在西非南段，储盖组合以上白垩统—新近系为主力储层；中段的尼日尔三角洲盆地、下刚果盆地和宽扎盆地被动大陆边缘阶段三角洲和水下扇砂体最发育，这些盆地的古近系—新近系储层规模巨大，物性好，例如尼日尔三角洲具有高建设性特征，形成了独特的生储盖组合（图 5-20），主要烃源岩为前三角洲亚相的 Akata 组页岩、三角洲前缘亚相的 Agbada 组泥页岩，TOC 为 1.4%～1.6%，最高可达 14.4%，有机质类型为Ⅱ型和Ⅲ型。储层主要为 Agbada 组及 Akata 组，前者以三角洲前缘亚相水下分流河道及河口坝砂岩为主，孔隙度 15%～40%，渗透率 100～5000mD（温志新等，2013），是西非主要产油层；在西非北段，盐上组合以碳酸盐岩储层为主，储层规模较小，主要分布在西非北部的阿尤恩—塔尔法亚盆地和塞内加尔盆地，以礁体为主，目前在碳酸盐岩储层中发现的储量非常有限。

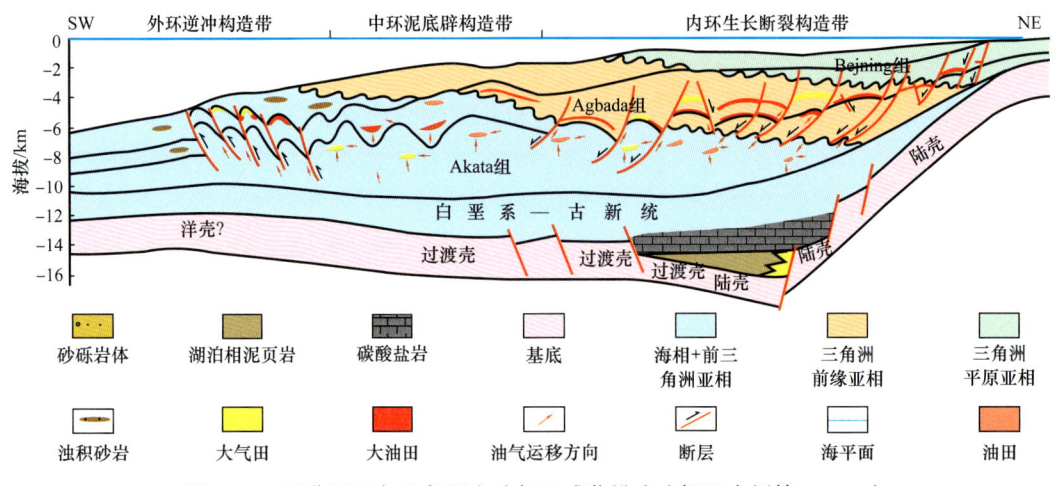

图 5-20　西非尼日尔三角洲大油气田成藏模式（据温志新等，2013）

注："?" 表示存疑。

三、圈闭和成烃匹配好

西非大陆边缘深水区以构造—地层复合圈闭为主，不同阶段圈闭特征有很大的区别。盐下构造层主要受控于裂谷期的伸展构造作用，以正断层为主，形成翘倾断块和褶皱构造圈闭。由于剥蚀作用，裂谷系隆起区经过剥蚀形成碳酸盐岩发育区，上覆地层发育披覆构造。

盐岩相关构造圈闭和滚动背斜构造圈闭是西非盐上被动大陆层序内最发育的 2 类圈闭。盐岩相关构造圈闭主要受盐运动控制，盐丘在刺穿过程中，引起围岩强烈变形，盐核周围地层向上翘起，盐核顶部地层向上隆起形成背斜，并伴生复杂的地堑断裂系。与盐岩相关的圈闭样式繁多，主要有盐丘上部复合背斜构造、龟背式背斜圈闭、盐丘上部断背斜、盐丘上部复合地堑系统断层圈闭、盐墙侧翼砂体上倾尖灭地层圈闭和断层遮挡圈闭及岩性尖灭复合圈闭等。盐构造活动从东至西，在邻近陆上的基底露头处盐岩变形小，向海上伸展构造发育，再向西为过渡构造（与盐垂向运动有关），盆地最西边界发育复杂的与盐挤压变形相关的构造。

滚动背斜圈闭是盐上另一类重要的圈闭，主要发育在尼日尔三角洲盆地新生界中。滚动背斜的形成与前三角洲相的 Akata 组黏土岩的塑性流动有关，是在重力或差异压实等作用下，因生长断层下降盘岩层发生弯曲所形成的逆牵引构造，构造幅度一般不大，呈丘状，圈闭面积小，多在 10km² 以下，分布在同生断层的南侧，常见基本没有错断的单纯滚动背斜和由多条断层与主要同生断层共同作用形成的滚动背斜。后者在尼日尔三角洲盆地中分布较为普遍，约有 70 个油田。

岩性圈闭是目前储量发现较少的圈闭类型，主要为砂岩尖灭型和碳酸盐岩礁体 2 大类，其中前者主要发育在西非南段被动大陆边缘三角洲和水下扇体中，而后者则主要在西非北段碳酸盐岩发育的中新生界中。

西非大陆边缘深水油气区圈闭的形成和生烃期有良好的匹配关系，西非地区圈闭主要是在晚白垩世开始形成，新近纪定型，绝大多数盆地的烃源岩生油阶段和圈闭形成同期，持续沉降埋藏，生油期和烃类充注期长且不间断。由于被动大陆边缘阶段西非区域构造较为稳定，烃类通过断层和砂体输导体系进入滚动背斜和盐岩相关构造成藏后未经过改造和调整，形成了许多整装原生大油田。

第六章　西非主要深水油气田

非洲西部被动大陆边缘深水区形成了众多大油气田，发现的油气田从中段几内亚湾向北段、南段扩展，油气层从盐上向盐下、油气藏类型从构造向隐蔽发展，勘探潜力巨大。对已发现油田油气藏地质条件的剖析，会大大促进未知区域油气的勘探开发进程。

第一节　概　况

根据全球油气资源的评价结果，非洲地区待发现油气资源（可采）为 $335.5×10^8$ t 油当量，其中油 $185.8×10^8$ t，气 $18.5×10^{12}m^3$，占全球待发现资源量的 10.5%。待发现的油气资源主要分布在西非被动大陆边缘和东非被动大陆边缘等盆地。非洲是世界上重要的油气产地之一，2016 年产油 $3.75×10^8$ t，天然气 $2083×10^8m^3$。统计发现，西非 54 个大油气田的可采储量为 $522.25×10^8$ bbl。而尼日尔三角洲盆地 33 个大油气田的可采储量为 $256.61×10^8$ bbl，下刚果盆地 16 个大油田的可采储量为 $217.63×10^8$ bbl，由此可以看出分布在这两大盆地的可采储量达到了西非大油气田可采储量的 90.8%（表 6-1）（何登发等，2014）。

表 6-1　西非海岸盆地带主要盆地大油气田储量分布表（据何登发，2015）

盆地名称	大油气田种类	大油气田个数	可采油储量/10^6bbl	可采气储量/$10^{12}ft^3$	可采凝析储量/10^6bbl	油当量/10^6bbl
尼日尔三角洲盆地	大油田	24	14440.68	11.71	1190.55	18222.62
	大气田	9	1458.40	35.47	68.00	7439.00
下刚果盆地	大油田	16	21588.33	1.05		21763.33
加蓬盆地	大油田	2	1500.00			1500.00
科特迪瓦阿比让盆地	大油田	1	1000.00			1000.00
西北非海岸盆地	大气田			13.60		2300.00
合计			39987.41	61.83	1258.55	52224.95

截至 2007 年，西非海岸盆地已发现油气田 1441 个，海上发现 885 个（占 61%），陆上 556 个（占 39%）。这些已经发现的西非被动大陆边缘盆地油田的规模变化极大。根据油当量规模来看，油田的规模变化范围从 $7×10^6$ bbl（油当量）（加蓬的 Etame 油田）到将近 $852.5×10^6$ bbl（油当量）（尼日利亚的 Meren 油田），尽管多数油田的储量是在 $100×10^6$~$800×10^6$ bbl（油当量）。

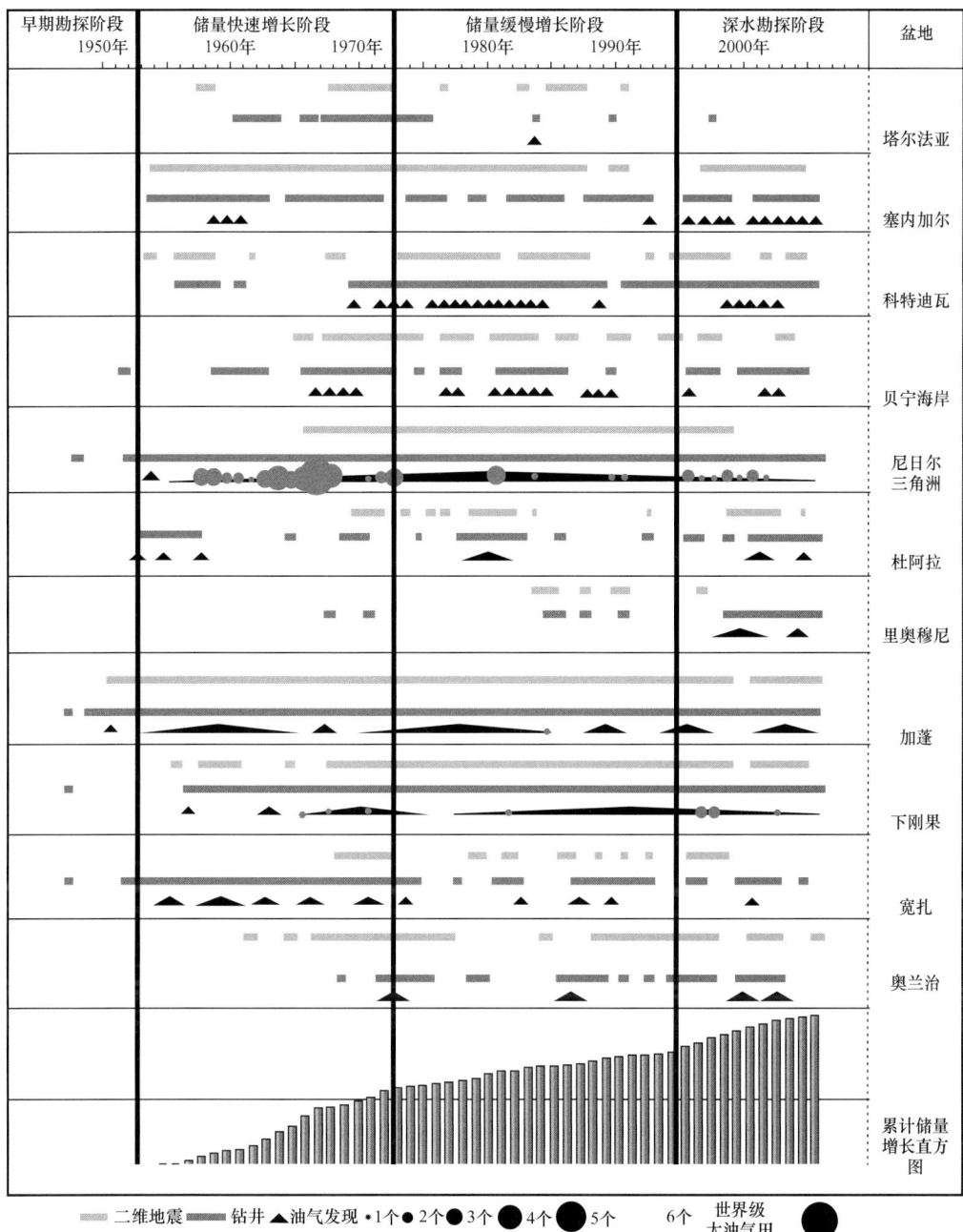

图 6-1 西非被动大陆边缘盆地勘探阶段及油气田规模统计（据邓荣敬等，2008）

按照 Mann P（2003）的世界级大油气田定义（最终可采油当量超过 $5×10^8$ bbl），截至 2008 年，西非海岸盆地群已发现世界级大油气田 71 个，其中尼日尔三角洲盆地最多（59 个），其次是下刚果盆地 10 个，加蓬盆地和科特迪瓦盆地各 1 个，它们的可采储量为 $62386.44×10^6$ bbl（油当量），占整个西非海岸盆地群已发现可采储量的 34%。截至 2016 年，非洲已发现 161 个大型油气田，其中可采储量大于 $10×10^8$ bbl（油当量）的油气田 61 个（油田 42 个，气田 19 个），$5×10^8$～$10×10^8$bbl（油当量）的油气田 100 个（油田 63 个，气田 37 个）（张光亚等，2018）。

非洲西部深水区（水深超过 450m）主要的巨型油田（储量大于 $14000×10^4$t）有 5 个，分别为 Dalia 油田、Banzala 油田、Girassol 油田、Kuito 油田和 Bonga 油田，总储量达 $7.5×10^8$t（表 6-2）。

表 6-2 西非被动陆缘盆地深水区巨型油田简表（据关增淼等，2007）

名称	石油储量 /10^8t	区块	水深 /m
Dalia 油田	1.9	安哥拉 17 区块	2250
Banzala 油田	1.4	安哥拉卡宾达 A 区	1400
Girassol 油田	1.4	安哥拉 17 区块	1350
Kuito 油田	1.4	安哥拉 14 区块	1200
Bonga 油田	1.4	尼日利亚	1020

第二节 主要油气田

一、Kizomba 油田

Kizomba 油田位于安哥拉海域 15 区块，水深 1000～1250m，油田中的数个断块和油气藏的可采原油储量大于 $20×10^8$bbl（Reeckmann et al.，2001）。该油田是通过 1997—1999 年间钻探的 4 口探井发现的。15 区块的特许拥有者为安哥拉国家石油公司，作业者为埃索石油公司，埃索石油公司（占 40% 股份）、碧辟（占 26.7% 股份）、阿吉普公司（占 20% 股份）和挪威国家石油公司（占 13.33% 股份）联合勘探开发。

构成 Kizomba 油田群的单个油田为构造—地层复合圈闭，这些圈闭的形成与穿越背斜的向西延伸的中新世河道沉积及垂直切断河道的正断层有关。油藏的油柱高度为 400～1000m。油水界面受构造溢出点高度及断层两侧复杂的储层对接关系的控制，或者受顶部泥岩层的封堵能力的控制。油气柱的浮力作用及构造顶部埋深浅，导致油气柱高度小于 1000m。

Kizomba 油气田的储层是发育在中、下陆坡环境的多期深海河道复合体沉积。储层段厚 50～400m，宽 1.5～6km，时代为中新世中期。单个河道复合体自东向西穿越 15 区块，可追踪成图区达数十千米。根据振幅响应及其他地震属性，可将河道复合体中的砂岩储层与陆坡泥质围岩区分开来。综合地震属性、等时间及地震相图可解释出河道地貌及内部的具体地层学特性（Goulding et al.，2000）。

构成 Kizomba 油田群的 8 个河道复合体，是限制性或弱限制性沉积系统。河道内部结构复杂，经多期侵蚀和沉积形成了该复合体垂向的叠置模式和横向的岩相组合关系。

图 6-2a 是穿越这类多期河道复合体的地震剖面，图中标注出了河道复合体的主要界面。图 6-2b 是该河道的三维示意图，图 6-2c 是这类河道复合体的沉积环境图。可将河道复合体再细分成更具体的组成部分，以用于三维地质建模和油藏模拟。

地震精细成图及可视化与测井和岩心分析及类似地层的露头区观测相结合，可将河道复合体细分为主河道、河道边缘、泛滥漫滩，以及泥质和砂质的岩屑相（Campion et al.，2000）。各种亚相具有独特的储层特性（Garfield et al.，1998）。主河道中的储层物性最好，河道边缘区储层的物性较差。局部发育的岩屑相可能是储层物性很好的砂质岩屑，也可能是泥质非储层岩屑（Garfield et al.，1998）。泛滥漫滩、废弃河道及陆坡沉积可成为垂向和侧向封堵层（图 6-2）。

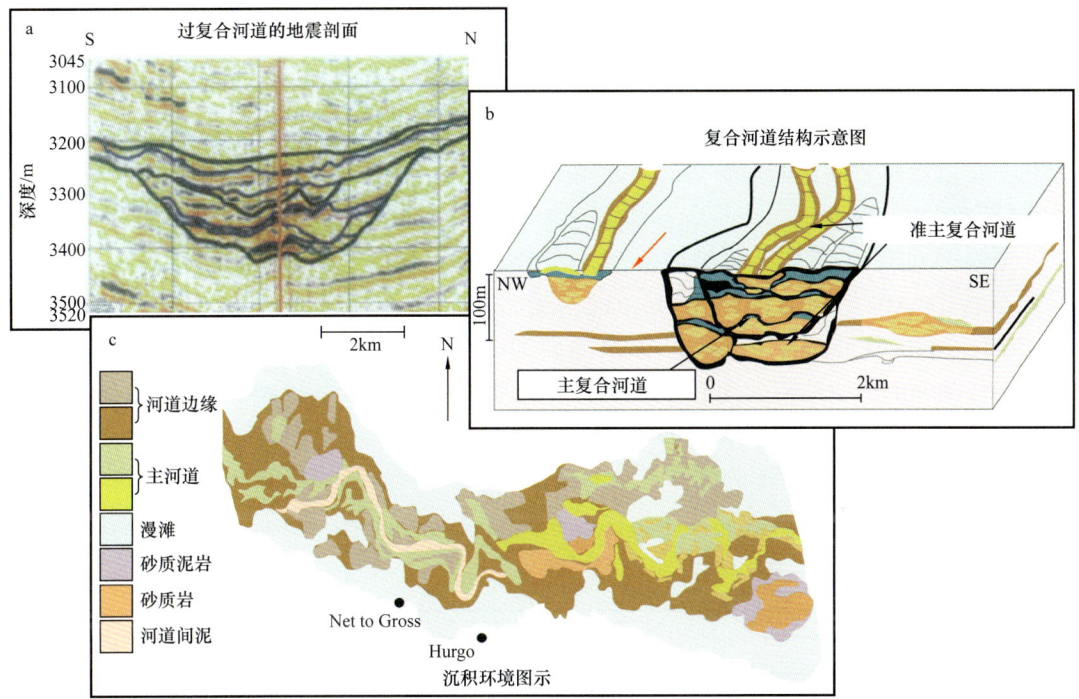

图 6-2 Kizomba 油田披覆在 Hurgo 背斜之上的复合河道砂的地震剖面（a）及其结构示意图（b），底部为其中一条河道的沉积环境图（c）（据 Anne Reeckmann et al.，2007）

岩心数据库拥有区块早期的探井和评价井岩心 850m，这些数据对于全面了解该区各种岩相的具体沉积环境、沉积作用、测井解释校正及确定储层品质很有价值。对各种主要岩相（包括牵引流和高密度浊流及少量岩屑流）的孔隙度和渗透率变化范围作了测定，孔隙度变化范围为 15%～35%，渗透率为 1000～50000mD。低密度浊积岩、泥质及泥质或砂质组成的混合岩屑的物性较差，它们的孔隙度变化范围也是 15%～35%，但渗透率只有 1～100mD。渗透率的不同是由岩石中的泥质成分含量及其碎屑颗粒的分选性的差异所导致的。

油气被圈闭在穿越 Hurgo 盐背斜的数个限制性河道复合体及附近的基山杰断块中，这些油藏又被向北延伸的正断层分割。披覆油藏穿越 Hurgo 大型盐背斜。Hurgo 背斜北端的油藏上方存在一外来盐盖。盐流活动自中新世晚期开始，延续至今。这些盐构造的海底地貌特征及上超沉积结构都说明了盐流的活动。

向北延伸的数条断层将油田分隔成数块。穿越 Hurgo 背斜的中新世深海河道砂体上倾方向的断层使砂体形成上倾油气藏，断层成为大型油气柱的封堵，尽管这类断层有些已延伸至海底，并出现海底断崖和海底油苗。储层段的断层落差大致是 100~900m。Hurgo 背斜侧翼及附近的基山杰断块剧烈起伏的地貌极大的构造倾角（15°~25°）为深度达到 1200m 的构造圈闭提供了形成大油气柱的条件。

二、Agbada 油田

Agbada 油气田发现于 1960 年，是尼日尔三角洲最早发现的油气田之一，属于尼日尔三角洲盆地发育的两类油气藏之一，为陆上三角洲及近海滚动背斜类油气藏的典型案例。该油气田位于尼日尔三角洲中央沼泽带 I 号沉积带内，是典型的陆上三角洲滚动背斜油藏。该油藏向西轻微倾伏，发育 4 个被鞍部分隔的局部高点。构造脊部随深度增加向南偏移，东段被一些次级断层分隔为一些微小断块。油源为 Agbada 组及 Akata 组的页岩，油气运聚发生在新近纪。

Agbada 油气田在 Agbada 组内发育 56 个储层段，其中 1/3 的产量来自 D5.20X 砂体，该砂体含 24°API 的原油 $180×10^6$bbl（油当量）。D5.20X 砂体从边界断层向南减薄，厚度为 80~140ft（Oladapo，1991）。油水界面为 2185m，储层净毛比大于 0.6，渗透率为 2000~12000mD。原油密度为 0.91g/cm^3，为中质油，凝固点约 12.8℃。储层原始压力约为 21.37MPa，压力梯度约 0.97MPa/100m。这些储层主要为三角洲前缘的障壁坝及分流河道/潮道相砂体，以及少部分潮汐三角洲沉积砂体。分流河道沉积在油田西北部较发育，而障壁坝则在东南部更为常见。净毛比向油田东南方向减少，反映了海进影响在逐渐增大（图 6-3）。

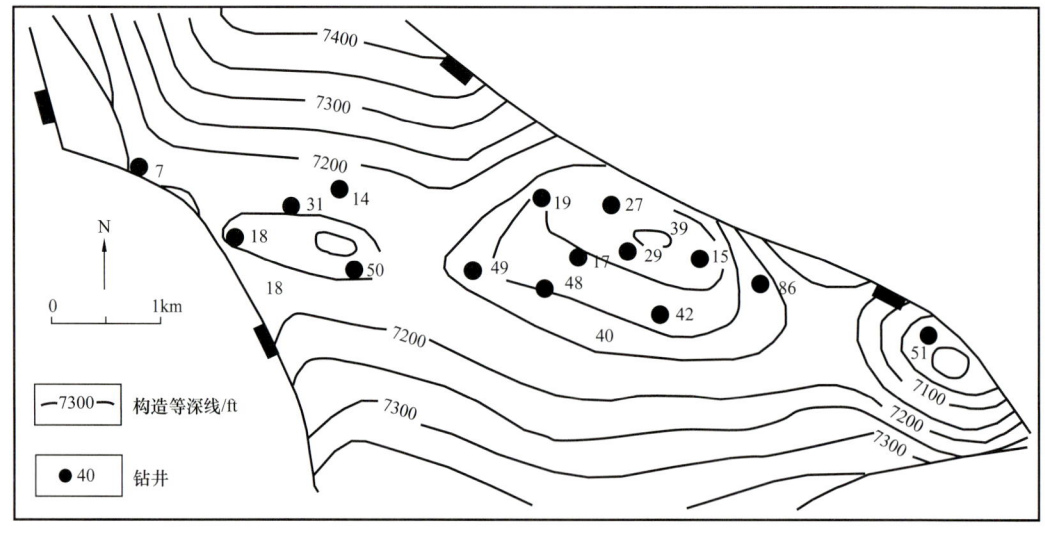

图 6-3 Agbada 油田 D5.20x 产层顶面构造图（据 Oladapo，1991）

D5.20X 油藏的开发始于 1970 年，最初的产量为 8000bbl/d，1990 年用天然能量开采的产量为 1640bbl/d。至 1990 年底，17 口井已开采出最终可采储量的 11.4%。Agbada 油田的天然能量主要为底水驱，最终采收率为 55%，其中 20% 为天然能量驱动，35% 为其他驱动方式。

三、Bonga 油田

1996 年发现的 Bonga 油田位于尼日尔三角洲盆地深水区（3115～3775ft），属于尼日尔三角洲盆地发育两类油气藏的另外一种类型，属深海泥底辟和盆地南部挤压逆冲构造油气藏。在构造上处于南东—北西向的和泥底辟有关的断背斜的西南翼（图 6-4），核部为刺穿海底的活动泥岩。该构造至少从中新世开始生长。Bonga 油田主体长 10km，宽 4～7km，面积为 60km²，原始地质储量为 2500×10⁶bbl（油当量），可采储量 1000×10⁶bbl（油当量），自开始投产，累计产量 1.57×10⁶bbl（截至 2005 年），是目前尼日利亚深水区的第二大油田。

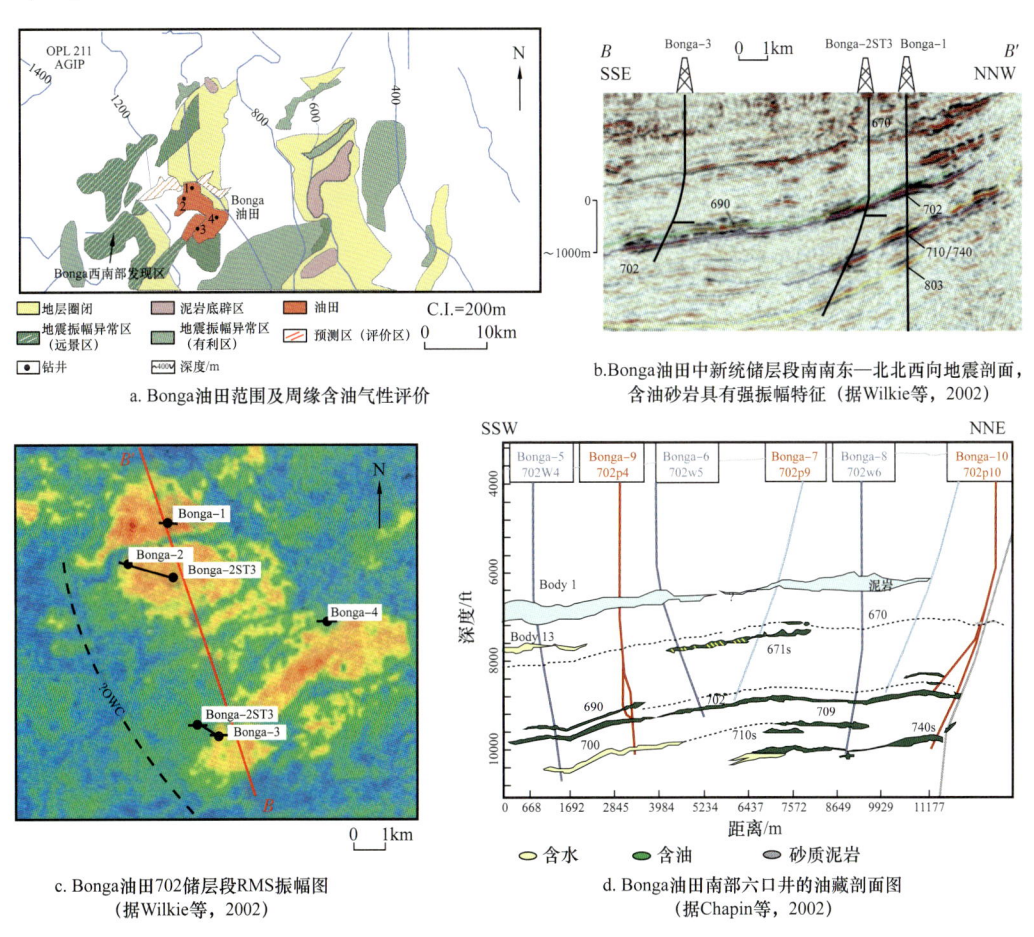

a. Bonga 油田范围及周缘含油气性评价

b. Bonga 油田中新统储层段南南东—北北西向地震剖面，含油砂岩具有强振幅特征（据 Wilkie 等，2002）

c. Bonga 油田 702 储层段 RMS 振幅图（据 Wilkie 等，2002）

d. Bonga 油田南部六口井的油藏剖面图（据 Chapin 等，2002）

图 6-4 尼日尔三角洲盆地 Bonga 油田综合图（据 Baskin et al.，1995）

据研究，Bonga 地区储层总体为一系列逐渐进积的中中新世—早上新世浊积砂体，发育 690、702、710/740 及 803 等四套砂体（图 6-4），砂体的厚度和净毛比变化很大，发育三种沉积相砂体：厚层叠加砂体为浊积水道沉积；薄层、高净毛比为席状砂；分布于河道轴部以外的废弃河道、漫滩沉积的块状薄层砂岩或薄层相间的砂泥岩单元。储层的沉积相和产量有明显的正相关关系，其中浊积水道砂体是主力产层，原生粒间孔较发育，孔隙度多为 20%～37%。虽然随深度增加孔隙度略有下降，但每个储层单元的孔隙度变化较小。另外，受泥底辟生长的影响，砂体主要卸载在泥底辟的西南翼。

四、Ceiba 油田

Ceiba 油田是里奥穆尼盆地发现的第一个油田（图 6-5），水深范围 670～800m，面积 24km^2，石油可采储量超过 3×10^8bbl。该油田于 2000 年 12 月开始生产，创造了油田从发现到投入生产间隔最短的世界纪录。

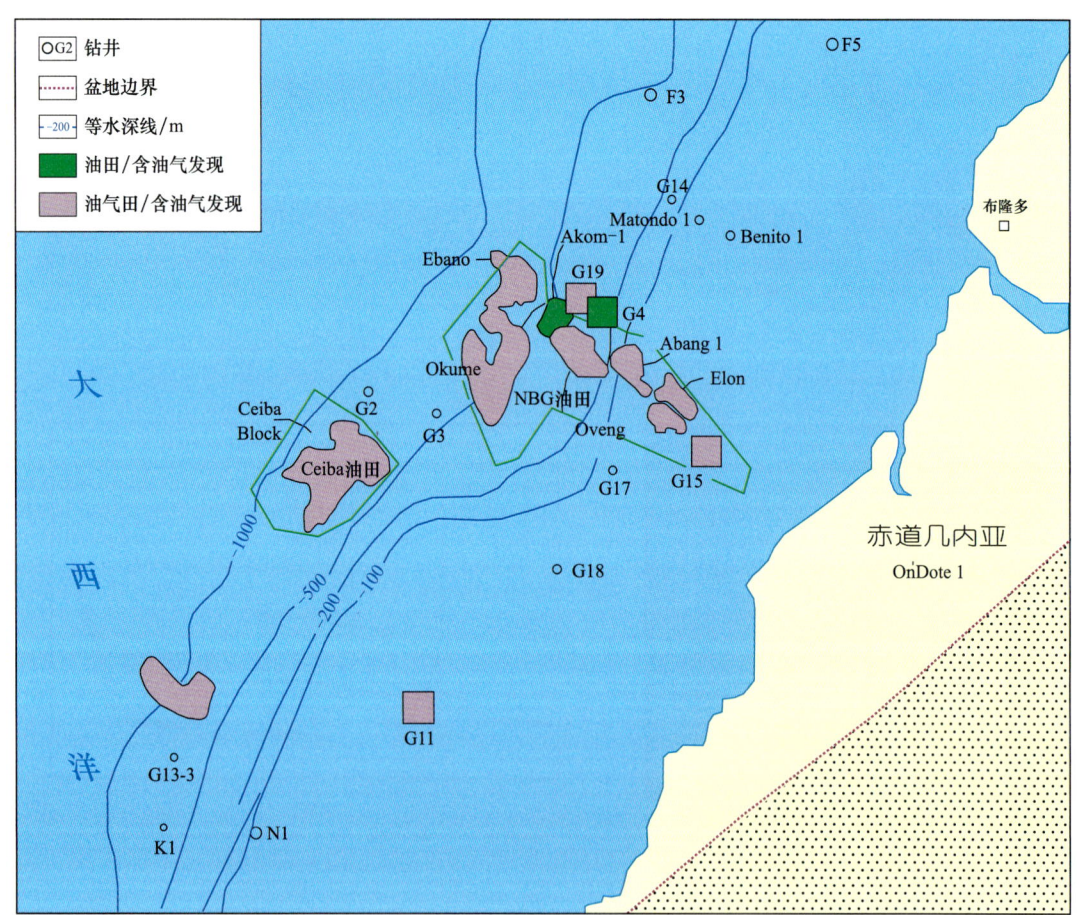

图 6-5 里奥穆尼盆地 Ceiba 油田及 NBG 油田位置图（据 Turner，1995；吕福亮等，2011）

Ceiba 油田和 G-13 含油构造属于典型的岩性—构造油藏。其中油田构造背景为盐拱冲断所形成的背斜圈闭，背斜宽约 4km，长约 1km，整体呈北东—南西向展布，主力储层为上白垩统坎潘阶的深水浊积砂体，水道砂体的展布受到盐岩活动所形成的古地形控制，发育在背斜构造的东南翼部（图 6-6）。油藏的分布范围受限于构造圈闭线和岩性尖灭线。对比油层顶面深度构造图，油藏的油柱高度已经超出构造最低圈闭线约 100m，溢出点位于背斜圈闭的东侧。钻探结果显示，油田已发现的油井主要分布在强振幅异常所预测的砂体范围内，而在强振幅体以外的钻井均失利。含油构造的圈闭表现为与盐拱活动有关的背斜形态，储层为上白垩统圣通阶的深水浊积砂体。从油层顶面深度构造图和储层砂体叠合图可知，整体上构造的走向为近南北方向，而砂体的展布方向为北西向，由于受到下部盐刺穿作用的影响，在背斜圈闭的顶部发育盐岩，而储层砂体主要分布于构造的翼部低部位，该构造的两口油气发现井均位于构造和砂体的叠合范围内，油层则位于构造相对较高的部位（吕福亮等，2011）。

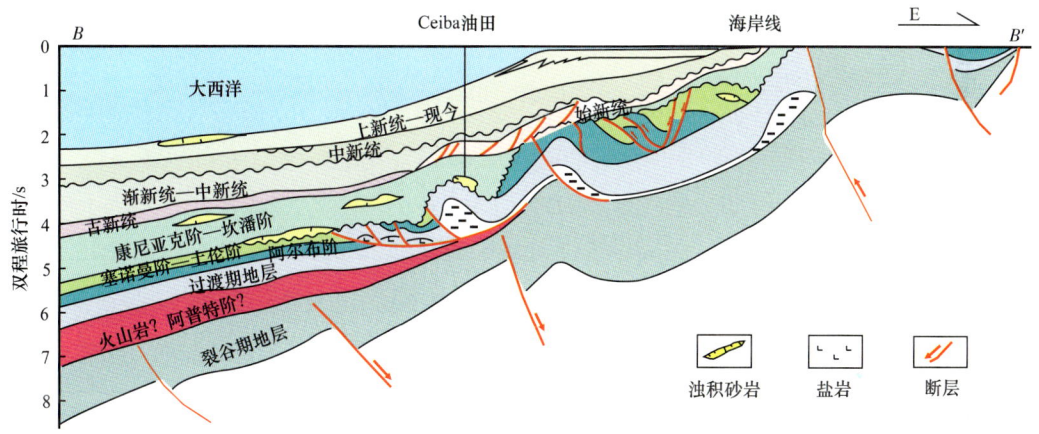

图 6-6 里奥穆尼盆地过 Ceiba 油田地质剖面（据吕福亮等，2011）

注："?"代表存疑

上白垩统坎潘阶深水浊积砂体是盆地的主力产层，盆地内截至目前的两个重要发现和油田的主力产油层均属于该套地层。其中，油田为发育在斜坡中上部的下切谷水道充填，以垂向相互叠置的厚层中粗粒或中细粒砂岩重复出现为特征，单层厚度大，横向变化较快，呈透镜状分布。在地震相上为大切谷背景下多期相互切割或垂向叠加的充填状，电性特征表现为低平背景下的中、高幅大型箱状或钟状。油田则为发育在斜坡中下部的侧向迁移叠加水道充填，水道沉积垂向上呈明显的正韵律，多期砂体相互叠置构成叠合砂体。地震上表现为多期透镜状地震相的侧向叠加，电性曲线特征为低平背景下的中、高幅大中型箱状或指状（吕福亮等，2011）。

上白垩统坎潘阶浊积砂体为 Ceiba 油田的主要储油层（图 6-7、图 6-8），浊积水道砂体近北东—南西向展布（图 6-9），含油后具有明显的强振幅异常（图 6-10）和典型 III 类 AVO 特征。据 Ceiba 油田钻井岩心物性分析结果可知，储层孔隙度在 20%～30%，平均26%,平均渗透率为500mD,局部渗透率高,达到5～8mD(吕福亮等,2011)。油层顶面深度2125m,油田底水深度平均为2471m,油柱高度为346m,已经超出构造最低圈闭线约100m,是一个典型的岩性—构造油气藏(图6-11)。

五、NBG 油田

NBG 油田是继 Ceiba 油田之后在里奥穆尼盆地发现的第二个油田。NBG 油田位于 S 区块的东侧(图6-5),是一个由 Okume、Ebano、Akom、Oveng、Abang、Elon 等油田组成的油田群(图6-12)。该油田已经于2006年12月投产。

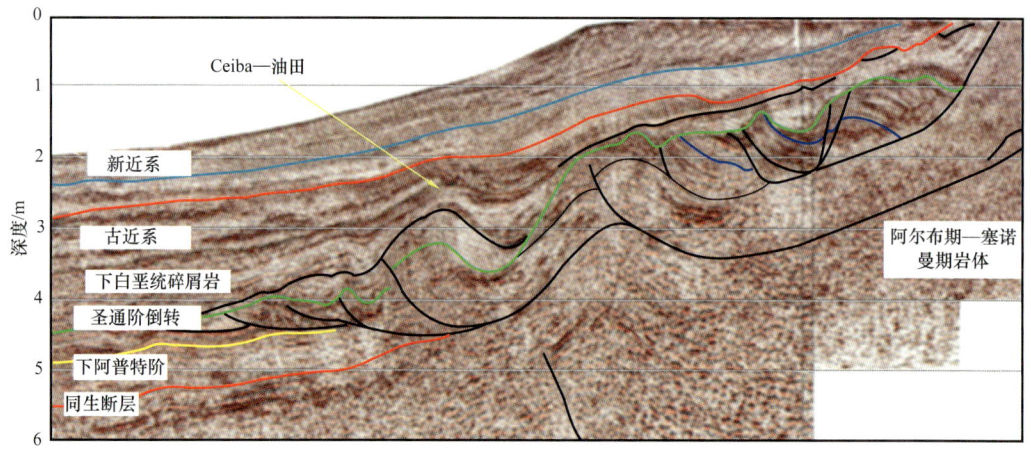

图6-7 里奥穆尼盆地 Ceiba 油田横穿 G 区块的一条北西—南东向二维地震剖面(据 Dailly et al., 2002)

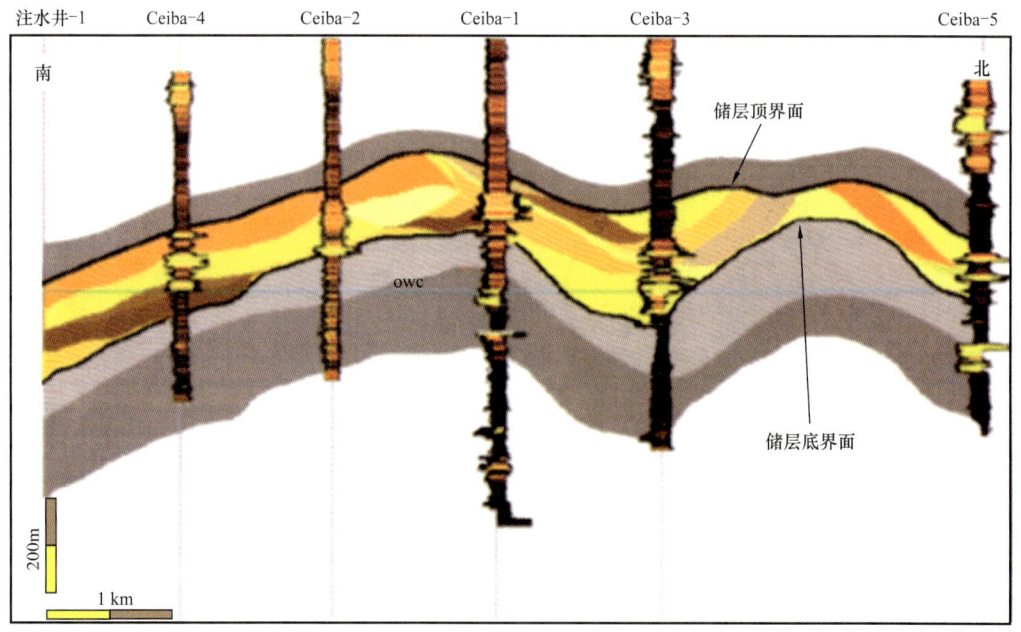

图6-8 里奥穆尼盆地 Ceiba 油田主要储层段浊积水道砂体对比剖面图(据 Dailly et al., 2002)

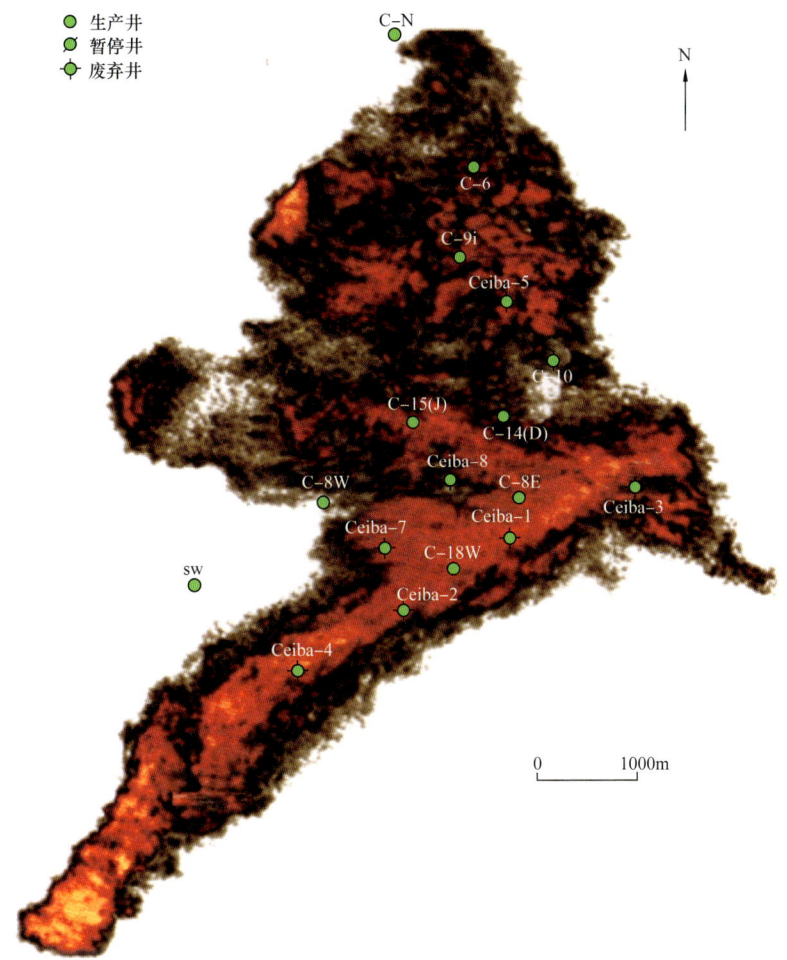

图 6-9 Ceiba 油田主力油层地震均方根振幅属性平面分布图（据 Dailly et al., 2002）

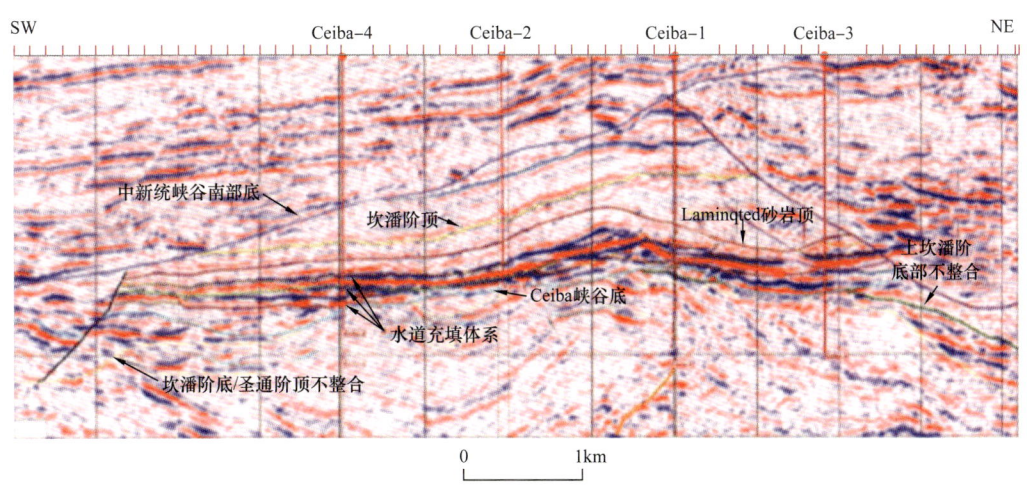

图 6-10 里奥穆尼盆地过 Ceiba 油田西南—东北向地震剖面（据 Dailly et al., 2002）

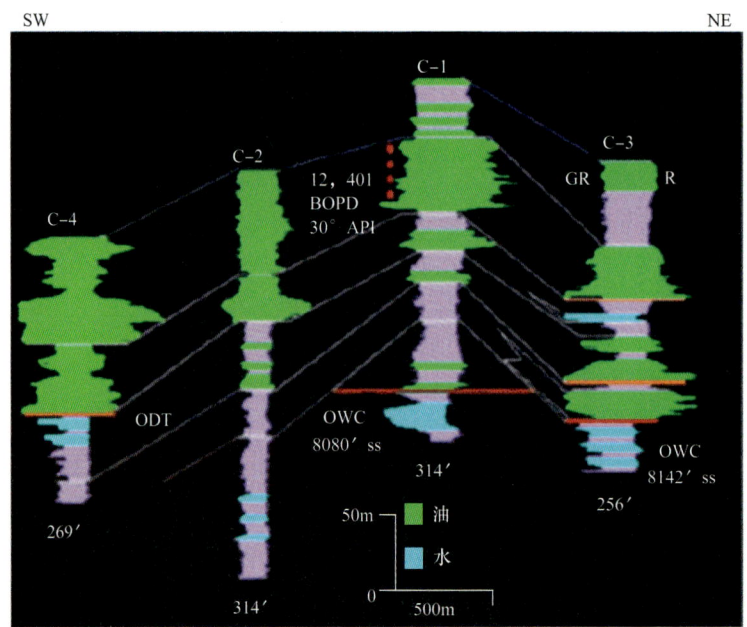

图 6-11　里奥穆尼盆地 Ceiba 油田油层对比图（据 Dailly et al., 2002）

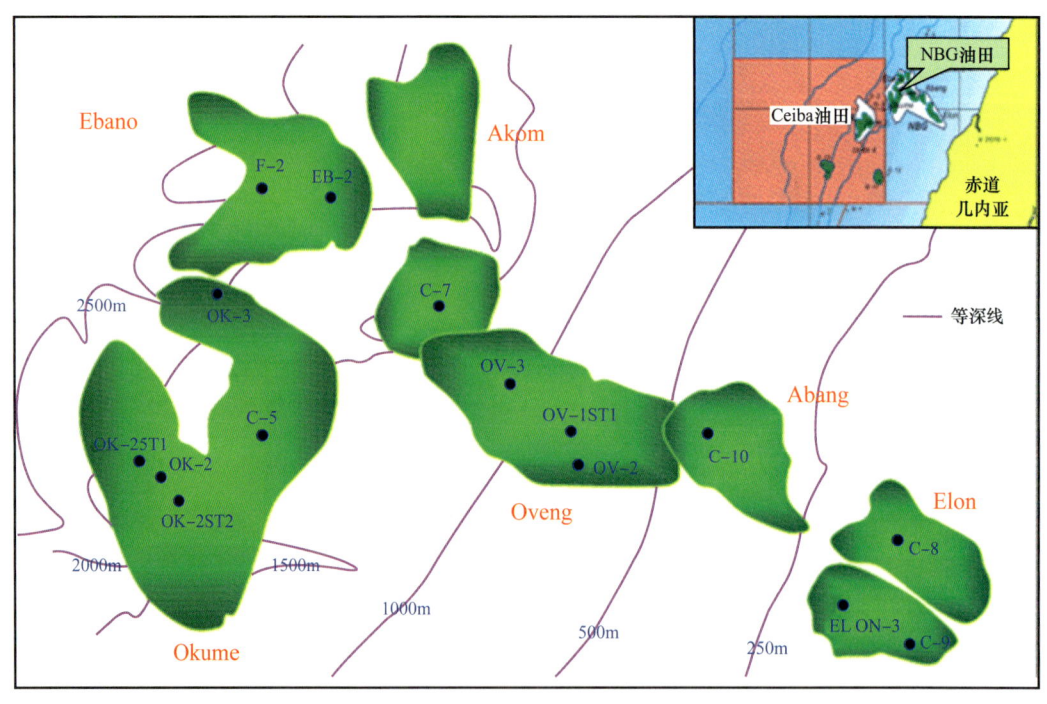

图 6-12　NBG 油田各个子油田分布（据 Lawrence et al., 2002）

NBG 油田是典型的岩性油藏，由 Okume、Ebano、Akom、Oveng、Abang、Elon 等多个子油田组成。储层为上白垩统坎潘阶的深水浊积砂体，整体表现为切谷背景下的水道充填。由于受到切谷两侧地形的限制，不同沉积时期的浊积水道在切谷内发生小范围的摆动，垂向上多期砂体纵向叠置，向水道两侧发生岩性尖灭，从而形成在平面上呈带状分布的岩性油气藏，且这些油藏多呈不连续的孤立分布（刘琼等，2013）。

NBG 油田水深介于 50~800m，估计储量 2×10^8~5×10^8bbl。主要储油砂体为充填在陆架和陆坡侵蚀沟谷和水道中的坎潘阶浊积砂岩（图 6-13）。同 Ceiba 油田一样，砂体含油后具有明显的强振幅异常和典型Ⅲ类 AVO 特征。

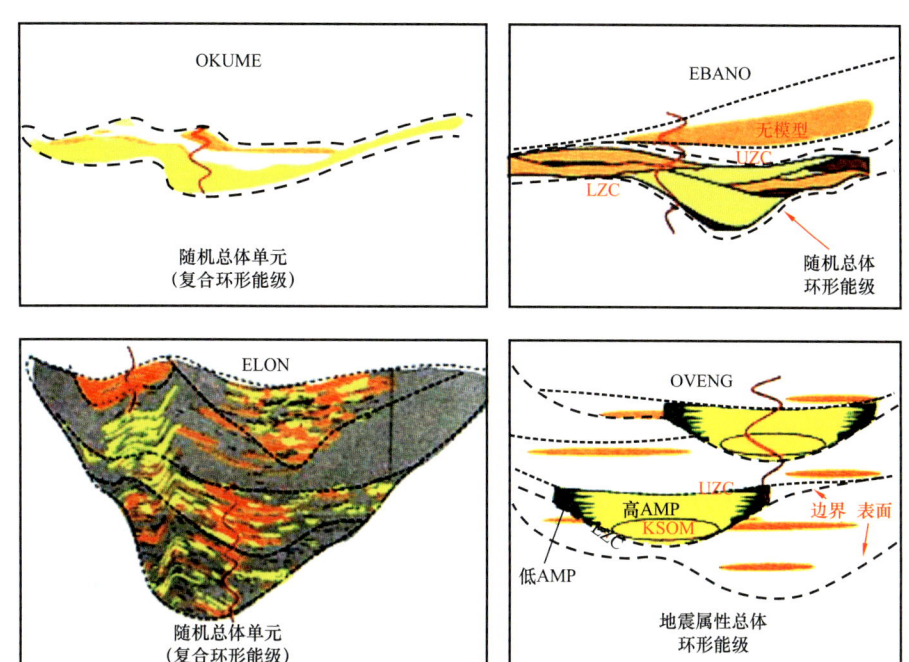

图 6-13　NBG 油田侵蚀沟谷和浊积水道砂岩储层沉积特征（据 Lawrence，2002；陈全红等，2009）

六、Rabi-Kounga 油田

加蓬已经发现多个油田，规模较大的两个油田均位于南加蓬次盆陆上。其中最大的油田为壳牌公司发现的 Rabi-Kounga 油田。第二大油田为 1963 年壳牌公司发现的 Gamba-Ivinga 油田。海上油田主要为位于北加蓬次盆的 Grondin 油田和 Anguille 油田。Anguille 油田是与盐隆构造相关的油田，位于浅水区（水深 30m），本书不做论述。

Rabi-Kounga 油田为一呈北北西—南南东走向的断背斜圈闭油田（图 4-49），该背斜大致长 14km，宽 4km，产层顶部埋深在海平面以下 1080m，油柱高度 46m，气顶高 30m。该油田最终可采储量为 5.44×10^8bbl（油当量）（1994 年），目前处于产量下降期。

Rabi-Kounga 油田属盐下成藏系统，油气成藏条件优越，生储盖组合良好，含气丰度高。其烃源岩为巴雷姆阶 Melania 组湖泊相黑色页岩，TOC 平均为 6.1%，最大为 21%，干酪根为Ⅰ型、Ⅱ型，有机质丰度高，类型好，具有较大的生烃潜力。储层为下白垩统 Demmle 组和 Gamba 组盐下砂岩。Denmle 组为河流—湖泊—三角洲复合体，剖面上可以分为 7 个砂层，其间被页岩所隔。Gamba 组为辫状河道沉积，不整合于 Denmle 组之上。储层砂岩胶结疏松,孔渗性能好。盖层为晚阿普特期 Ezanga 组蒸发岩。原油重度为 34.6° API,油质轻,含硫量低。

七、Sendji 油田(浅水)

Sendji 油田位于下刚果盆地,距离 Pointe-Noire 油田和 Pointe-Indienne 油田约 40km 处。Sendji 油田原始地质储量为 $5.13×10^8$ bbl,最终可采储量为 $1.25×10^8$ bbl。圈闭类型为盐丘底辟构造引起的穿隆背斜圈闭,闭合面积为 $8.9～14.2km^2$,闭合高度为 34～94m。产层为下白垩统阿尔布阶 Sendji 组,沉积环境为浅海、近滨环境,岩性为砂岩与砂质鲕粒白云岩,储层总厚 450m,油层平均 110m,最大 180m,主要孔隙为砂岩粒间孔及白云岩晶间孔,次生孔隙为白云岩溶孔及铸模孔,平均含水饱和度 25%。

烃源岩为盐下下白垩统巴雷姆阶 Pointe-Noire 组富含有机质的黑色湖泊相含白云石页岩,TOC 为 1%～5%,为Ⅰ型、Ⅱ型干酪根。盖层为下白垩统阿尔布阶 Sendji 组潮坪相页岩及白云岩,大部分产层有各自单独的盖层。盐下生成的油气是如何通过区域性盐岩层到达盐上形成油气藏目前尚无定论,可能是通过区域性盐层中的孔洞或断层运移至盐上聚集成藏(图 6-14)。

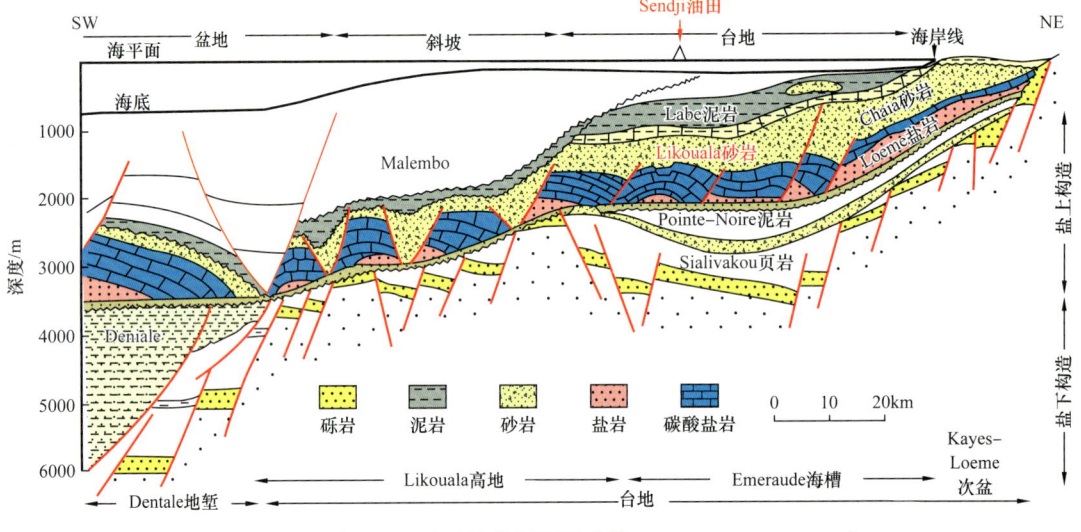

图 6-14 过 Sendji 油田油藏剖面图(据 Baudouy et al., 1991)

八、Mulenvos South 油田

Mulenvos South 油田位于宽扎盆地,在阿尔布阶 Catumbela 组顶面为穿隆状背斜圈闭,该圈闭面积约 $7km^2$,产层顶部埋深在海平面以下 1830m。该油田发现于 1966 年,并于同年投产,钻井 11 口,其中有 8 口被关闭,3 口生产井,累计原油产量 $24.3×10^6$ bbl。该油田 Catumbela 组原油地质储量 $4.5×10^6 m^3$,可采储量 $85×10^4 m^3$,剩余可采储量 $16.1×10^4 m^3$(1994 年)。Binga 组原油地质储量 $1.5×10^6 m^3$,可采储量 $20×10^4 m^3$,剩余可采

储量 $4.3 \times 10^4 \text{m}^3$。

Mulenvos South 油田属盐上—盐间成藏系统，油气成藏条件优越，生储盖组合良好。圈闭类型为与盐岩有关的龟背斜。烃源岩为 Binga 组黑色黏土质灰岩，产层为 Catumbela 组和 Binga 组碳酸盐岩。Catumbela 组原油重度为 22°API，初始油藏压力 2975Psia，油藏温度 116℃，饱和压力 1327psia（图 6-15）。

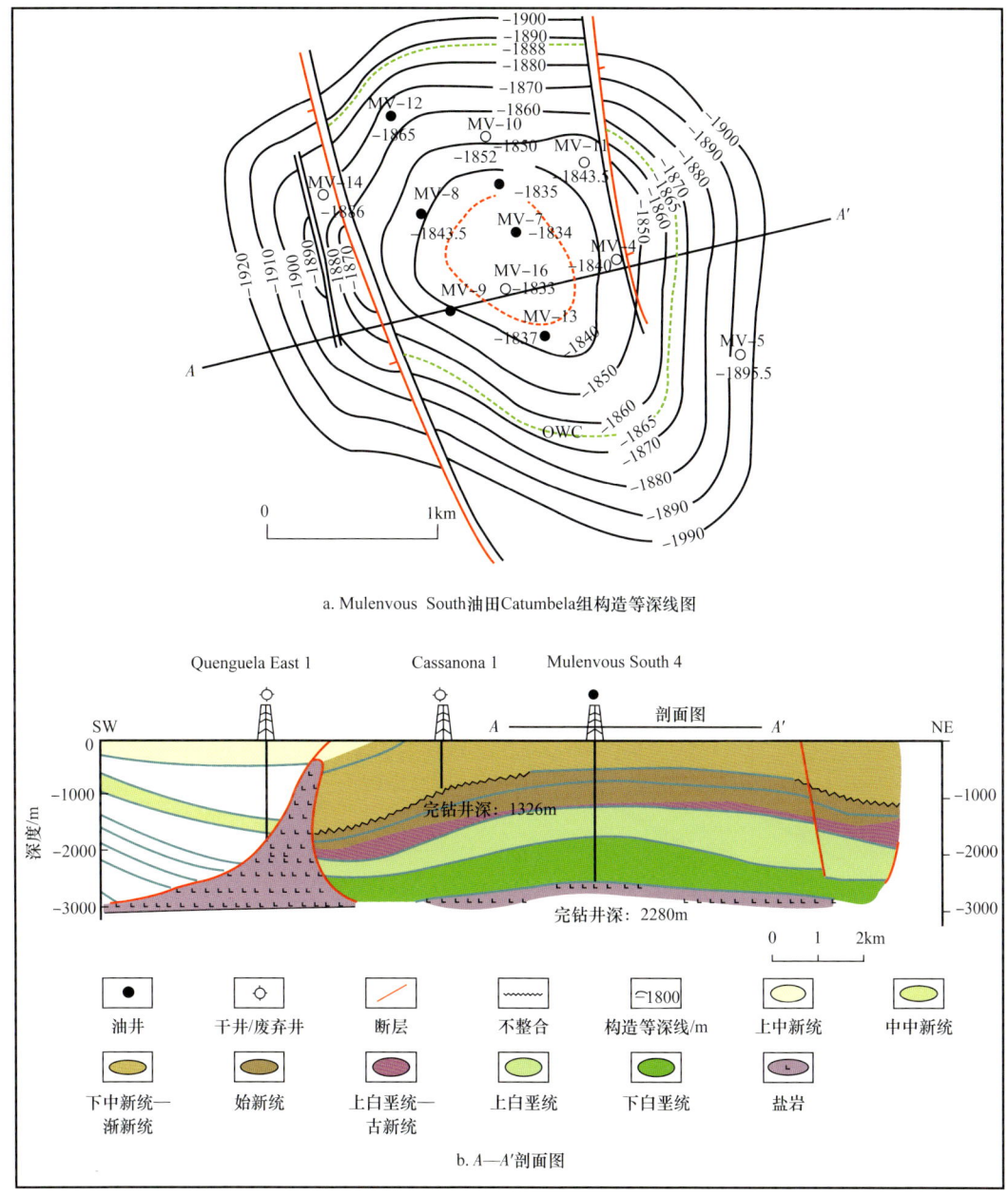

图 6-15 宽扎盆地典型油气藏 Mulenvos South 油田 Catumbela 组构造等深线图（a）及过 A—A′ 剖面图（b）（据 Littlefield，1968）

九、Kudu 气田

西南非海岸盆地的油气发现主要集中在奥兰治次盆，其中 Kudu 气田是该盆地最大的气田，位于海上距海岸线 130km 的位置，水深超过 600m，是至今西南非海岸盆地唯一有商业开采价值的油气发现。

早期 Kudu 气田的所有者为壳牌（75%）、德士古（雪弗龙—德士古的前身之一）（15%）及非洲能源公司（10%），2001 年后，壳牌、雪弗龙—德士古全部退出，目前的所有者为英国塔洛石油公司（70%）、纳米比亚国家石油公司（10%）及伊藤忠石油开发株式会社（20%）。Kudu 气田的发现井为 Kudu 1 井，目前共钻 6 口探井，探明天然气 2P 储量 $4.4 \times 10^{12} ft^3$，可采储量 $3.3 \times 10^{12} ft^3$，采收率为 75%。

Kudu 气田的烃源岩可能为巴雷姆阶—阿普特阶页岩，储层为裂谷盆地在海进期形成的两套巴雷姆阶砂岩，下巴雷姆阶储层为陆相风成硬石膏砂岩，平均厚度 64m，渗透率为 7~100mD。上巴雷姆阶储层为海岸砂岩和砾岩，平均厚度 52m，渗透率 0.1~0.2mD，储层温度平均 160°C。地层—岩性圈闭为 Kudu 气田的主要圈闭类型，是由巴雷姆阶砂岩储层向东在阿普特阶不整合面下向上倾尖灭及储层内部相变形成的（图 6-16）。

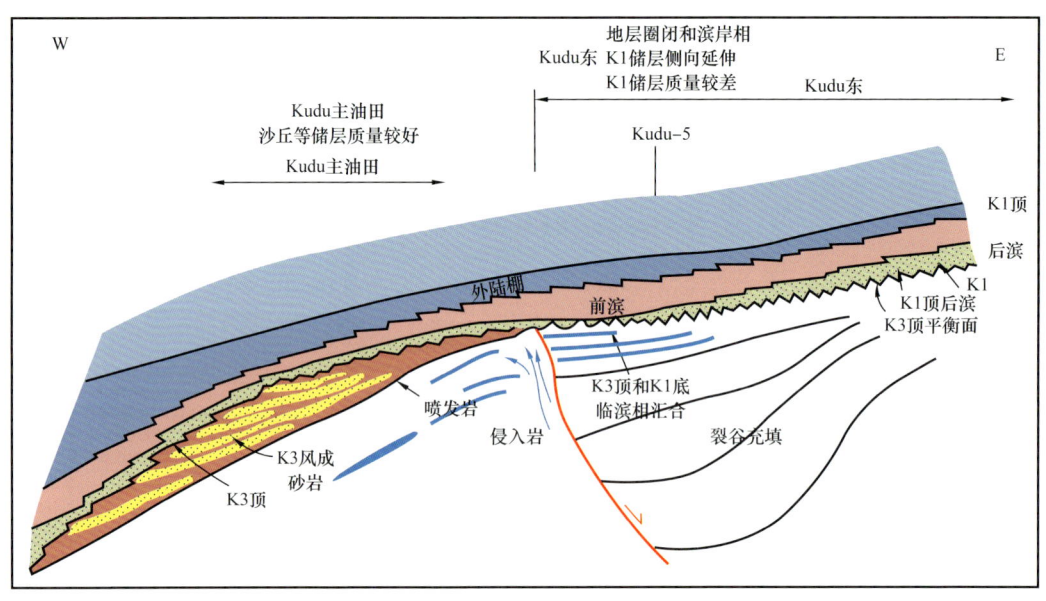

图 6-16　Kudu 气田地质剖面（据 Alison et al.，1995）

十、Chinguetti 油田

2001 年 5 月，伍赛德毛里塔尼亚公司在发现油气储量最多的毛里塔尼亚次盆的北部深 1080m 的深水海域发现了 Chinguetti 油田。该油田 2006 年开始生产，其原油地质储量为 $350 \times 10^6 bbl$，2P 储量为 $53 \times 10^6 bbl$，天然气地质储量为 $120000 \times 10^6 cf$，天然气 2P 储量为 $84000 \times 10^6 cf$，是塞内加尔盆地较大的油气田之一。

Chinguetti 油田是与盐构造相关的油气田，其盐构造为三叠系盐岩刺穿而形成的断背斜，南、北断块都含油，顶部有气顶，储层为中新统浊积砂体，油源来自土伦阶页岩。目前在塞内加尔盆地发现的油气田大多和 Chinguetti 油田相似，都与盐构造有关。由于三叠系盐岩属于裂谷沉积，和西非中段的阿普特盐盆相比，在平面上分布范围小，盐构造的种类也较少，以底辟和刺穿背斜为主，塞内加尔盆地的油气成藏和西非中段相比，其规模较小（图 6-17、图 6-18）。

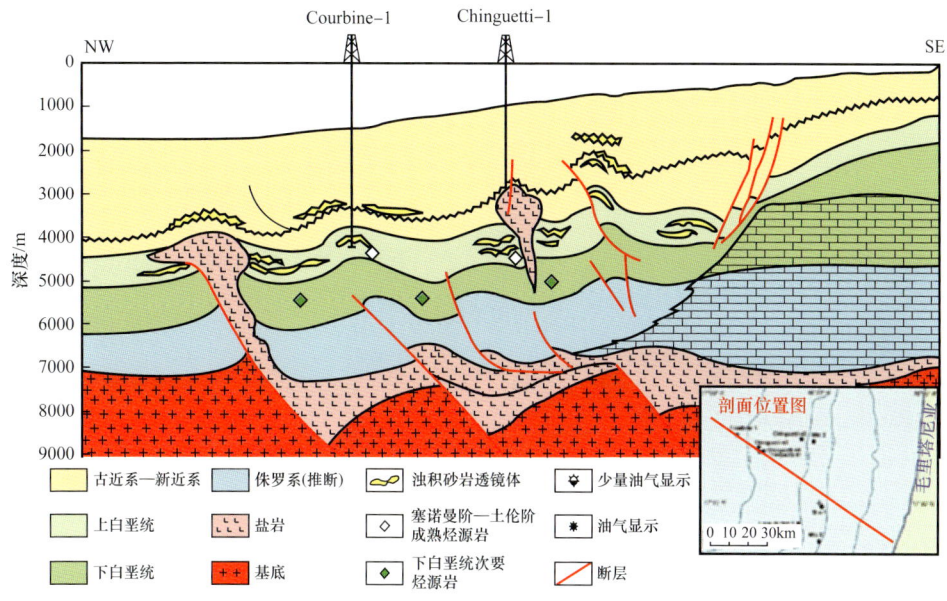

图 6-17 毛里塔尼亚次盆深水 Chinguetti 油田地质剖面（据 Davison，2005）

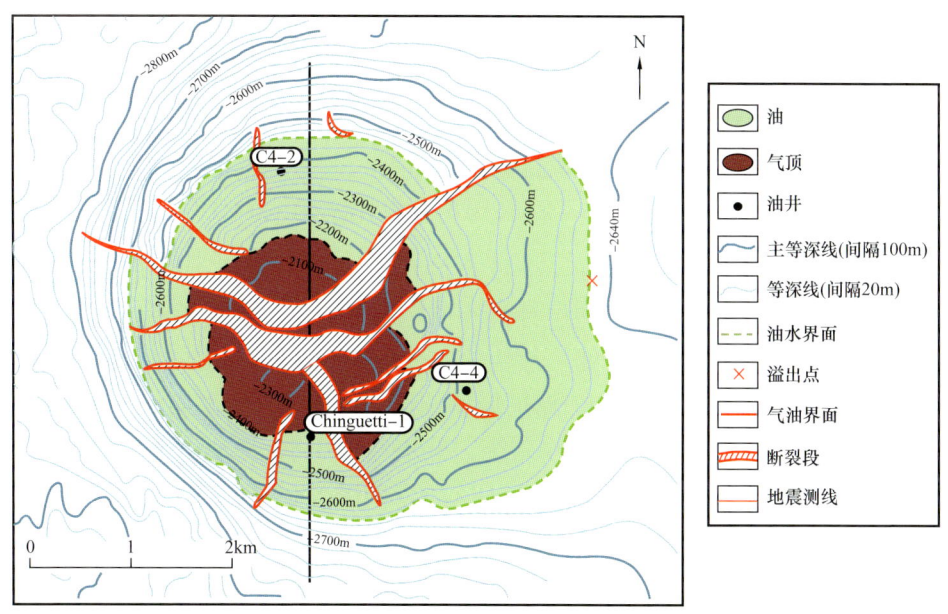

图 6-18 Chinguetti 油田砂岩顶部深度构造图（据 Davison，2005）

十一、安哥拉下刚果盆地 Girassol 深水油田

Girassol 油田位于西非安哥拉 17 号区块，距离安哥拉海岸 150km，位于索约和罗安达之间，水深 1200～1400m（图 6-19）。Girassol 油田发现于 1996 年，是 17 号区块的第一个深水油气发现。随后又在此区块发现了 Dalia、Rosa、Lirio、Jasmin、Cravo 及 Orquidea 等油田。

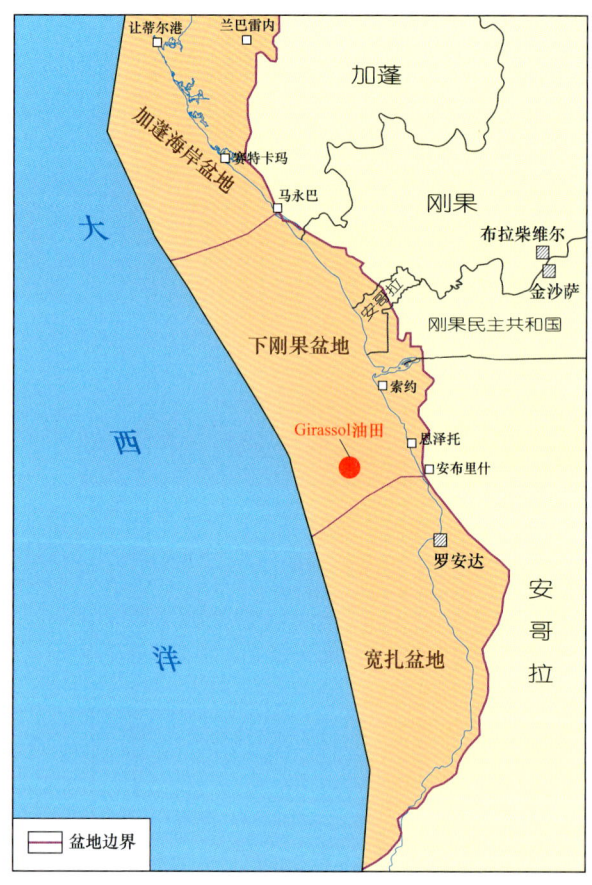

图 6-19　Girassol 油田位置图（据吕福亮等，2007）

Girassol 油田亦是 17 号区块第一个投产的深水油田。油田为北东走向，面积约 140km^2，油柱高达 250m。油田的储层是物性极好的古近系—新近系浊流水道砂体，储层砂岩固结差，物性很好，孔隙度一般为 20%～33%，最高可达 40%，渗透率一般为 400～4000mD，最高可达 10000mD。储层埋深较浅，顶部位于海平面以下 2450m、海底以下 1100m 左右。产层为上渐新统—中新统，单井产量很高，原油比重为 32° API，气油比为 110～130m^3/m^3，B3 复合体黏度为 1Pa·s（油藏状况），B1 复合体黏度为 1.3Pa·s（油藏状况），油藏温度 58～69℃，平均 62℃，初始油藏压力为 255～275Pa，平均 265Pa，油藏水体盐度为 115～120g/L。所有浊积复合体地层压力正常，B3 复合体储层物性极佳，因此该复合体的油井产量很高，可达 4×10^{4}bbl/d。油藏压力通过注入海水或回注伴

生的天然气得到维持（吕福亮等，2007）。油田地质储量约为 15.5×10^8 bbl，可采储量约为 7.25×10^8 bbl。

1. 勘探历史

1992 年 12 月，安哥拉国家石油公司与当时的法国埃尔夫石油公司等几家国际石油公司签订了 17 号深水区块的产量分成协议。根据该协议，埃尔夫公司为该区块的作业者，合作伙伴为美国埃克森美孚旗下的埃索、英国的碧辟、挪威国家石油公司和挪威海德鲁石油公司。1993 年，开始 17 号区块的勘探活动，通过前期类比评价，对其油气地质条件进行了研究。1994 年 1 月，开始做二维地震勘探，通过地震解释，认为位于海底 3000~4000m 深处的白垩系为主要目的层，但勘探家们认为其含油气潜力很低，便把注意力集中在更浅的新生界上。1995 年，作为合同承诺的一部分，埃尔夫公司决定钻探 4 口针对新生界的探井。1996 年初，钻探了该区块的第一口钻井——Margarita-1 井，虽没有获得成功，但获得了油气显示，并揭示了具体的地层和构造情况。随后，Neddrill3 号钻井船在 1300m 水深处开钻了 GIR-1 井，在海面 2500m 以深钻遇一个砂岩尚未固结、但富含油砂的油藏，从而发现了 Girassol 油田，随后测试日产 32°API 的原油 1.25×10^4 bbl。接着由 Jim Cunningham 半潜式钻井平台钻探了两口评价井：GIR-2A 和 GIR-2B，进一步证实了该区极其丰富的油气地质储量。两年后的 1998 年 7 月，埃尔夫公司获得了安哥拉国家石油公司及该项目合作伙伴的正式授权，启动了该油田的开发项目。2001 年 12 月，油田正式投产。2002 年 4 月，油田产量达到稳产期的 20×10^4 bbl/d。2002 年和 2004 年分别进行了四维地震和示踪剂实验，对油田开发动态进行了有效监控和管理（吕福亮等，2007）。

Girassol 油田的发现和开发，广泛应用了常规三维地震、高分辨率三维地震及四维地震等高新技术，摸清了 Girassol 油田地下地质条件，为后期快速、高效、可靠的开发奠定了基础（吕福亮等，2007）。

2. 含油气系统

Girassol 油田主要发育在隆起背景上的上渐新统—中新统浊流水道砂岩透镜体中，圈闭类型为构造—地层圈闭。油田由几个不同时期的河道砂岩透镜复合体和几个席状薄层砂岩层在垂向上叠置而成（图6-20）。

Girassol 上渐新统浊积体系沉积于 17 号区块外缘，它们由未固结的细至粗粒砂岩组成，这些砂岩通过刚果河河口后在 Girassol 地区沉积下来。据吕福亮等（2007）研究，Girassol 构造演化受重力构造牵引影响，可分为两个主要阶段：

（1）晚白垩世至渐新世，以发育受盐脊围限的北西—南东向地槽为特征。晚渐新世则在北西—南东向展布的盆地中发育北东—南西向展布的河道沉积体系。

（2）中新世至今，对应圈闭的形成和油气充注期，以前期凹陷的反转为特征。首先是地层弯曲，形成对称的龟背斜，然后在大陆边缘发育滚动向斜。由于深部盐层的运动，发生地层反转及盆地沉降中心的横向迁移，从而导致晚期的褶皱和浊流河道被一系列断层切割。

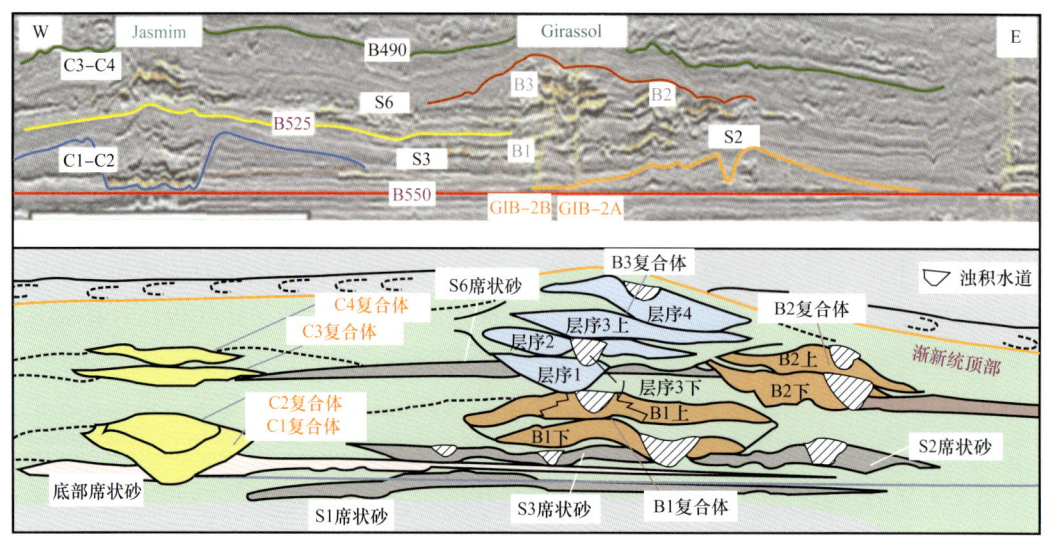

图 6-20　Girassol 油田剖面图（据吕福亮等，2007）

Girassol 油田储层主要由几个浊积复合体组成，另发育几个展布广泛的席状薄层砂岩层。浊积复合体为浊积水道砂在不同时期浊流水道充填沉积中的垂向叠置（图 6-20）。Girassol B 体系由 3 个不同的浊积复合体 B1、B2 和 B3 组成，其中主要复合体为 B3 复合体。每个复合体厚 50～100m，数千米宽，数十千米长。每个浊积复合体通过局部盖层与其他浊积体分隔开，这些盖层在 Girassol 地区规模较大（据吕福亮等，2007）。

在具统一油水界面的圈闭中，所有的浊积复合体均含油。通过高分辨率三维地震资料，可对 Girassol 构造有进一步了解。复合体 B1、B2、B3 被细分为不同的层序，每个层序厚 10～30m，宽 1～2km，数千米长。层序之间为数米厚的页岩分隔，这些页岩可作为良好的封盖层。这些内部封盖有时被后期沉积的层序侵蚀，因此在一些井中发现砂层已合并形成复合厚砂体。

对 B3 浊积层序的详细分析表明，下部层序的河道相对平直，沉积砂岩成熟度低，非均质性较强。相对而言，上部层序的河道更弯曲，沉积砂岩成熟度更高。

通过对开发井进行广泛的随钻测井评价、取样及测井解释，很好地了解了储层物性。细—中粒砂岩具有非常好的孔隙度（30%～40%）和良好的渗透率（1000～5000mD），中—粗粒砂岩具有良好的孔隙度（20%～30%）和非常好的渗透率（3000～10000mD），粗砂岩和砾岩具有较好的孔隙度（15%～20%）和渗透率（100～1000mD）。

从非洲西部大陆边缘北段塞内加尔盆地的 Chinguetti 油田到西南非海岸盆地的 Kudu 气田，这些已投入开发的大型油气田，呈串珠状分布于非洲大陆西部大西洋海域，从陆上—浅水—深水，油气层从盐上到盐下、油气藏圈闭从构造到岩性，储层从碎屑岩（河道砂、浊积砂）到碳酸盐岩（砂质白云岩）。近年来，非洲西部大陆边缘深水油气新发现更是突破 2700m 水深，展现了非洲西部被动大陆边缘深水油气勘探的巨大潜力。

第七章　深水油气资源勘探潜力分析

自 20 世纪 90 年代以来，非洲西部被动大陆边缘盆地共发现大油气田 53 个，主要分布于尼日尔三角洲盆地、加蓬盆地、下刚果盆地、西南非海岸盆地，累计可采储量 51224.95×10^6 bbl，约占总发现量的 1/3，成为全球海上发现油气最多的被动大陆边缘盆地群。与世界其他区域相比，其海域盆地，特别是深水盆地勘探开发程度还较低。根据全球油气资源评价结果，非洲地区待发现油气资源（可采）为 335.5×10^8 t（油当量），其中油 185.8×10^8 t，气 18.5×10^{12} m³，占全球待发现资源量的 10.5%；待发现的油气资源主要分布在非洲西部被动大陆边缘和非洲东部被动大陆边缘等盆地（张光亚等，2018）。

第一节　油气资源概况

西非大陆边缘深水区油气资源丰富，油田储量大、产量高、效益好，成为世界关注的焦点，各大石油公司纷纷涉足参与该地区的勘探开发活动，使西非海域成为世界深水开发活动最为活跃的地区。目前，西非大陆边缘深水油气田主要集中于几内亚湾，即安哥拉和尼日利亚海域，各大跨国石油公司纷纷进入这些地区进行勘探开发。20 世纪 90 年代中后期，全球八大深水油气发现中，西非深水海域就占了五席。安哥拉、尼日利亚、加蓬等国家通过优惠的政策，吸引了大量资金和技术，大大促进了西非深水海域的油气勘探与开发。从油气储量来看，尼日利亚居第一位，其次为安哥拉、加蓬、赤道几内亚等国家（表 7-1）；从深水开发情况来看，安哥拉最为活跃，目前深水油气田数量约为 50 个，其次为尼日利亚、赤道几内亚等国家（张光亚等，2014）。

几内亚湾为西非海上油气最富集的地方，大约占整个非洲海上油气储量的 3/4，尤以尼日利亚—安哥拉一带近海海域最为集中。由于尼日利亚、安哥拉油气产量持续增长，使西非近两年的油气产量也保持稳定增长的态势。

根据美国地质勘探局（USGS）2010 年公布的西非各深水盆地油气储量来看（表 7-2），尼日利亚、安哥拉、加蓬和刚果是西非地区油气资源最丰富的国家。西非已探明油气储量 166.478×10^8 t，其中石油储量约 114.16×10^8 t，天然气储量约 122.570×10^{12} ft³（折合 34.708×10^8 t 油当量），液化天然气储量 17.16×10^8 t。其中尼日尔三角洲盆地已探明油气储量 51.239×10^8 t，其中石油储量 24.696×10^8 t（15534.00×10^6 bbl），天然气 58.221×10^{12} ft³（折合 16.486×10^8 t 油当量），液化天然气 10.057×10^8 t（6326.00×10^6 bbl）。位于西非中部深水盆地群的安哥拉是非洲西部的石油大国，深水油气储量很大，赤道几内亚、贝宁、喀麦隆、科特迪瓦、加纳和刚果民主共和国等国油气储量也相当可观。西非中部深水盆地

群已探明油气储量 $105.108×10^8$t，其中石油储量 $79.072×10^8$t（$49736.00×10^6$bbl），天然气 $75.790×10^{12}$ft³（折合 $21.462×10^8$t 油当量），液化天然气 $4.574×10^8$t（$2877.00×10^6$bbl）。西南非海岸盆地已探明油气储量 $1.464×10^8$t，其中石油储量 $0.185×10^8$t（$116.18×10^6$bbl），天然气 $3.603×10^{12}$ft³（折合 $1.020×10^8$t 油当量），液化天然气 $0.259×10^8$t（$162.58×10^6$bbl）。几内亚湾盆地群已探明油气储量 $18.05×10^8$t，其中石油储量 $6.472×10^8$t（$4071.00×10^6$bbl），天然气 $9.758×10^{12}$ft³（折合 $34.461×10^8$t 油当量），液化天然气 $1.820×10^8$t（$1145.00×10^6$bbl）。西非北段塞内加尔盆地已探明油气储量 $9.935×10^8$t，其中石油储量 $3.736×10^8$t（$2350.00×10^6$bbl），天然气 $5.297×10^{12}$ft³（折合 $18.706×10^8$t 油当量），液化天然气 $0.902×10^8$t（$567.00×10^6$bbl）。近 15 年来，在西非发现可采储量大于 $500×10^6$bbl（油当量）的油气田 17 个，11 个位于尼日尔三角洲，5 个位于下刚果（刚果扇）盆地，1 个位于科特迪瓦盆地，单个油气田平均可采储量达 $906×10^6$bbl（油当量）（张树林等，2012）。

表 7-1 西非深水油田规模及投资状况（据张光亚等，2014）

国家 油田名称	水深/m	离岸距离/m	安装/投产年份	油藏规模	投资/亿美元	操作方
安哥拉 Kizomba C	1006~1281	368	1999/2008	$0.159×10^8$m³（$1×10^8$bbl）	35	埃克森美孚
安哥拉 Girassol	1350	210	1998/2001	$1.153×10^8$m³（$7.25×10^8$bbl）	28	道达尔
安哥拉 Rosa	1350	135	1998/2007	$0.588×10^8$m³（$3.7×10^8$bbl）	15	道达尔
安哥拉 Dalia	1200~1500	135	1997/2006	$0.588×10^8$m³（$3.7×10^8$bbl）	34	道达尔
安哥拉 PSV M	1200~1500	160	1999—2001/2007	$1.193×10^8$m³（$7.5×10^8$bbl）	10	碧辟
安哥拉 Pazflor	600~1200	150	2000—2003/2011	日产 $3.2×10^4$m³（$20×10^4$bbl）原油，$4.2×10^6$m³（$1.5×10^8$ft³）天然气	18	道达尔
尼日利亚 Akpo	1200~1400	200	2000/2009	$0.986×10^8$m³（$6.2×10^8$bbl）凝析油和超过 $2.83×10^{10}$m³（$1×10^{12}$ft³）的天然气	>50（中国海油 23）	道达尔（中国海油占45%）
尼日利亚 Agbami	1470	112	1998/2004	$1.59×10^8$m³（$10×10^8$bbl）	35	雪弗龙
赤道几内亚 Zafiro	1650	68	1995/2001	$1300×10^9$bbl（油当量）	13.6	埃克森美孚
尼日利亚 Bonga	>1000	120	1996/2005	$0.954×10^8$m³（$6×10^8$bbl）	27	壳牌尼日利亚勘探与生产公司

2007 年发现的西非科特迪瓦盆地 Jubilee 油田，油气储量达 $13.99×10^8$ bbl（油当量）；2010 发现的利比里亚盆地 Mercury 油田，油气储量达 $5×10^8$ bbl（油当量）。它们的平均水深达 1500m，储层主要是土伦阶的浊积砂体，烃源岩为下白垩统湖泊相—海相页岩，盖层为漂移期页岩，截至 2012 年累计探明储量（2P）达 $3.4×10^8$ t。西非几内亚湾北部盆地隶属于赤道大西洋被动大陆边缘盆地，主要发育中阿尔布阶湖泊相烃源岩和土伦阶海相烃源岩；阿尔布阶湖泊相烃源岩处于晚成熟期，主要分布在科特迪瓦盆地浅水区，生成的油气亦主要分布于科特迪瓦盆地浅水区。上白垩统土伦阶海相页岩广泛分布，生成的油气分布于科特迪瓦盆地深水区、利比里亚盆地、塞拉利昂盆地及南美的法属圭亚那盆地、圭亚那盆地、苏里南盆地；土伦阶海相烃源岩成熟度控制着油气的分布（何登发等，2013）。

2004 年西非原油产量 $2.1266×10^8$ t，占非洲总产量的 52.4%；天然气产量 $149.6×10^8 m^3$，占非洲总产量的 11.8%。2005 年原油产量 $2.29×10^8$ t，占非洲总产量的 49%；天然气产量 $224×10^8 m^3$，占非洲总产量的 13.6%。2006 年原油产量 $23457×10^4$ t，占非洲总产量的 49.5%；天然气产量 $282×10^8 m^3$，占非洲总产量的 17.1%。

表 7-2 西非深水盆地油气储量（据张树林等，2012）

盆地	石油		天然气		液化天然气（LNG）		资料来源
	$×10^6$ bbl	$×10^8$ t	$×10^{12} ft^3$	$×10^8$ t	$×10^6$ bbl	$×10^8$ t	
尼日尔三角洲盆地	15534.00	24.696	58.221	16.486	6326.00	10.057	USGS，2006
西非中部盆地群	49736.00	79.072	75.790	21.462	2877.00	4.574	USGS，2006
西南非海岸盆地	116.18	0.185	3.603	1.020	162.58	0.259	USGS，2006
几内亚湾盆地群	4071.00	6.472	34.461	9.758	1145.00	1.820	USGS，2006
塞内加尔盆地	2350.00	3.736	18.706	5.297	567.00	0.902	USGS，2006
科特迪瓦阿比让盆地	1000						何等发等，2013
总计	72807.18	114.161	190.781	54.023	11077.58	17.612	—
	$185.796×10^8$ 油当量						

第二节　西非被动大陆边缘盆地深水勘探潜力分析

非洲具有丰富的油气资源。沿西非大陆边缘海岸发育了 15 个含油气盆地，可勘探面积达 $331×10^4 km^2$。西非海岸盆地发育 3 套主要的烃源岩、4 套主要的储层，存在 4 个重要的勘探领域，既有成熟领域，也有新领域。盐岩和巨厚泥岩的发育及活动对油气成藏具有重要影响。目前已经在整个西非海岸15个盆地中发现了2095个油气田（藏），待发现资源量仍然很大，预计达$1169×10^8$bbl（油当量）。近几年来，在西非中部含盐盆地群、尼日尔三角洲盆地和科特迪瓦盆地深水区发现了多个巨型、大型油气田，掀起了西非深水勘探热潮（张树林等，2012）。

西非的勘探已经有100年历史（中油集团经济技术中心，2005，2007），但早期投入的工作量很少，近20年才加大力度，油气发现也接连不断。近几年接连在安哥拉与刚果深水、尼日尔三角洲和科特迪瓦盆地深水获得大的油气发现（中油集团经济技术中心，2008）。据统计，西非已经发现2095个油气田（中油集团经济技术中心，2009），除南部纳米比盆地至今无油气发现外，其他盆地均有不同程度的油气发现。

非洲油气资源丰富，但勘探开发程度低，还有很大的资源潜力。西非的油气资源前景比较广阔，待发现资源量还很大（熊利平等，2006）。据USGS（2000）预测，西非待发现油气资源量可达$1169×10^8$bbl（油当量）。

非洲西部海岸，特别是几内亚湾一带，分布着由一系列盆地组成的巨大海岸盆地群，从北至南绵延数千千米。其中尼日利亚、安哥拉、加蓬和刚果是西非地区油气资源最丰富的国家，近些年来西非地区油气勘探开发活动十分活跃。由于该区地质研究程度低，勘探不成熟，已发现的油气资源不过是"冰山一角"，还有更多的油气储量待发现，勘探潜力较大，特别是深水区，更是近些年来储量的主要增长点。

依据构造活动的特点及前述基本的石油地质条件，西非被动大陆边缘盆地可划分为北段、中段和南段三个油气区。而且，由于上述要素上的差异，三个含油气区的勘探潜力的大小相差比较悬殊，现分述如下。

一、西非北段深水区勘探潜力分析

西非北段发育阿尤恩—塔尔法亚盆地和塞内加尔盆地，北段油气区的最大特点是盆地面积大、勘探程度低，两个盆地的面积分别为332808km^2和1040000km^2。

截至2006年12月，阿尤恩盆地总计钻探79口井，其中油井2口，油气显示井3口，其余均为干井，探井成功率很低。塞内加尔盆地的大部分地区只进行了有限的勘探活动，钻井密度约为每10000km^2/口新区勘探井。

近年来，塞内加尔盆地深水区取得了一系列油气发现，如凯恩能源公司2014年发现的油气可采储量超过$630.0×10^6$bbl的SNE大油田；科斯莫斯能源公司2015年发现了油气可采储量超过$15.0×10^{12}ft^3$的Tortue大气田，2016年发现的天然气可采储量超过$5.0×10^{12}ft^3$的Teranga大气田等。这些深水大油气田的发现带动了西非北段深水区的油气勘探，使西非塞内加尔盆地成为近年来全球油气勘探最活跃和最成功的地区（王大鹏等，2017）。

西非北段发育古生界、侏罗系和白垩系—新近系等多个成藏组合或油气系统。

其中白垩系—新近系油气系统具有相对较好的石油地质条件和勘探潜力，特别是塞内加尔盆地的塞诺曼阶/土伦阶—上白垩统/中新统子系统，上白垩统海相烃源岩在三角洲沉积物负载及古近系火山作用下具有较好的成熟度，三叠系盐岩活动形成的盐相关构造提供了一定的圈闭基础，上白垩统—古近系三角洲及滨岸砂体为成藏提供了较好的储层。

白垩系—新近系油气系统在阿尤恩盆地的潜力相对较小，其主要风险是烃源岩的成熟和圈闭条件。

侏罗系作为西非北段的一套较厚的沉积盖层，目前发现很少，仅在阿尤恩盆地有几个小油气田的发现，侏罗系的成藏条件不好，特别是储层和圈闭条件相对较差。另外，从区域上看，其相邻的北非、墨西哥湾、欧洲及南美西非海岸均没有大的发现，因此推测侏罗系的潜力较小。

另外，以志留系为烃源岩的古生界是西非北段的一套潜在的油气系统，根据钻井和地表调查资料，西非北段还发育前裂谷期志留系的 Tanezzuft 组放射性页岩烃源岩，这套烃源岩在北非分布广泛，是穆祖克盆地和古达米斯盆地的主力烃源岩，其丰度可达 2%～20%，据此推测以 Tanezzuft 组放射性页岩为源、以三叠系—侏罗系盐岩为区域盖层的成藏组合可能有一定的勘探潜力。

二、西非中段重点深水盆地勘探潜力分析

西非中段重点盆地包括科特迪瓦盆地、尼日尔三角洲盆地、加蓬海岸盆地、下刚果盆地及宽扎盆地等，成藏条件优越，油气具有成带分布的特点，具有较好的勘探前景。从成藏组合的角度来看，西非中段重点盆地可以划为三个相对独立的子含油气区：科特迪瓦转换型盆地、尼日尔三角洲盆地和包括加蓬海岸盆地、下刚果盆地和宽扎盆地的阿普特盐盆含油气区。如前所述，西非中段重点盆地的勘探程度虽然普遍较高，但仍具有较大的勘探潜力。三个含油气区的潜力分别体现在如下几个领域。

1. 科特迪瓦转换型盆地

科特迪瓦转换型盆地位于西非中部，几内亚湾的北部，与相邻的被动大陆边缘盆地不同，该盆地是典型的转换型被动大陆边缘盆地，其发育明显受到转换断层的影响。

科特迪瓦盆地的油气勘探始于 1953 年，可划分为 3 个阶段（朱起煌，2002）：第一阶段为 1953—1963 年，主要是在陆上发现了一些油气显示，并未找到商业性油气藏；第二阶段为 1970—1990 年，勘探目标从陆上扩展到海上，并发现了多个油气田；三阶段为 1990 年至今，勘探目标逐渐向深海延伸，并取得了一系列重大突破。截至目前，该盆地已取得了 20 余个深水油气发现（张凤廉等，2017），如表 7-3 所示。2007 年，英国塔洛石油公司在盆地内发现了可采储量为 $6×10^8$～$12×10^8$bbl 的 Jubilee 油田，随后在邻近该油田的区块中也发现了大型油气田，使该盆地受到广泛的关注，但是相对于尼日尔三角洲及其以北的典型的被动大陆边缘盆地而言，该盆地的深水勘探程度仍相对较低。

科特迪瓦盆地属转换型大陆边缘盆地，经历了 3 个主要构造演化阶段，即前转换阶段、同转换阶段和后转换被动大陆边缘阶段。两条大型转换断裂带控制盆地边界，盆地内存在两个主要的走向与海岸平行的正向构造带。

表 7-3 科特迪瓦盆地主要的深水油气发现（据张凤廉等，2017）

发现井/油田	发现时间	区块	水深/m	作业者	类型	储量或勘探发现情况
Espoir	1979 年	CI-26	100~600	菲利普斯石油公司	油/气	1.24×10^{8}bbl（油当量）
Baobab	2001 年	CI-40	900~1300	加拿大自然资源部	油	2×10^{8}bbl（油当量）
Jubilee	2007 年	WCTP	1100	塔洛石油公司	油/气	6.5×10^8~12×10^{8}bbl（油当量）
Tweneboa	2009 年	Tano	>1300	塔洛石油公司	油/气	2.16×10^{8}bbl（油当量）
Dzatal	2010 年	WCTP	1878	万科能源公司	油/气	1.09×10^{8}bbl（油当量）
Owol	2010 年	Tano	1428	塔洛石油公司	油/气	4.9×10^{8}bbl（油当量）
Teak	2010 年	WCTP	885	科斯莫斯能源公司	油/气	共钻遇 100 余米厚油气层
Sankofa-2 井	2011 年	OCTP	864	埃尼石油	油/气	钻遇 35m 厚油气层
Banda-1 井	2011 年	WCTP	921	塔洛石油公司	油	300m 浊积岩中钻遇气层
Paradise-1 井	2011 年	Tano	1840	赫斯公司	油/气	钻遇 149m 厚的油气层
Gye Nyame-1 井	2011 年	Tano/OCTP	519	埃尼石油等	油/气	发现 Gye Nyame 油气田
Akasa-1 井	2011 年		1160	阿纳达科石油公司	油	钻遇 33m 厚的含油储层
Ntomme-2A 井	2012 年	Tano	1730	塔洛石油公司	气	钻遇 39m 厚的净气层
Enyenra-4A 井	2012 年	Tano	1878	塔洛石油公司	油	钻遇 32m 厚的净油层
Paon-1x 井	2012 年	CI103	2193	塔洛石油公司	油	钻遇 31m 厚净产层
Sankofa East-1X 井	2012 年	Tano/OCTP	825	埃尼石油公司	油/气	2.03×10^{8}bbl（油当量）
Pecan-1 井	2012 年	Tano/CTP	2513	赫斯公司	油	钻遇 75m 厚的净油层
Starfish-1 井	2012 年	CTP	1500	奥菲尔能源加纳公司等	油	潜在资源量 4.31×10^{8}bbl
Sankofa East-2A 井	2013 年	Tano/CTP	990	埃尼石油	油/气	钻遇 32m 厚的净油层和 17m 厚的净气-凝析油层
Ivoire-1X 井	2013 年	CI-100	2280	道达尔	油	钻遇 28m 厚的净油层
Saphir-1XB 井	2014 年	CI-514	2300	道达尔	油	钻遇 40m 厚的净油层

注：数据均来自 http://www.offshore-technology.com/

盆地主要烃源岩包括阿尔布阶烃源岩和塞诺曼阶—土伦阶浅海相页岩，成熟烃源岩主要分布在阿比让边缘构造带和塔诺次盆一带，主要储层为阿尔布阶、土伦阶—康尼亚克阶。阿尔布阶储层分布广泛，土伦阶—康尼亚克阶为浊积砂岩储层，主要分布在塔诺次盆深水区。盆地主要的区域盖层是康尼亚克阶—坎潘阶页岩。盆地内构造圈闭主要分布于盆地内两个正向构造带，岩性及地层圈闭主要分布于塔诺次盆深水区。

成熟烃源岩的分布和圈闭的发育情况是科特迪瓦盆地裂谷层序的成藏主控因素，油气集中分布在阿比让边缘正向构造带。烃源岩的成熟度及浊积砂体分布是被动边缘层序成藏主控因素，油气主要分布在塔诺次盆的深水区。科特迪瓦盆地裂谷期成藏组合的有利区位于阿比让边缘构造带的东部，塔诺次盆深水区是被动大陆边缘成藏组合的有利区，这两个地区油气成藏条件有利，目前已有大量油气发现，但仍有大量的未钻圈闭，具有良好的勘探潜力（据邬长武等，2012）。

2. 尼日尔三角洲盆地

1）油气发现

尼日尔三角洲盆地是西非油气最为富集的盆地。该盆地的主要烃源岩为 Agbada 组和 Akata 组，累计可采储量为 $47.9×10^8$ t，油藏类型主要是与古海岸线走向近平行的同生断层控制下的滚动背斜。该盆地由于复杂的沉积断裂构造和滚动背斜构造影响了油气藏的分布，控制了油气藏规模。现已发现的油田主要在渐新世至中新世三角洲相 Agbada 组砂岩或砂、页岩互层的地层中。

尼日尔三角洲盆地已经分辨出 8 个油气区带，其中只有 3 个区带对储量有较大贡献。最大的油气区带是 Agbada 构造油气区带，其油气储量占盆地最终可采储量的 92%。每个连续沉积带的近端构造发育最好，即在主要生长断层部位发育有伴生的滚动背斜。其次为 Agbada 构造地层（相变）油气区带，其油气储量占盆地最终可采储量的 2.7%。圈闭以与相变有关的尖灭为特征（水道充填），有时伴有生长断层形成构造圈闭。Agbada 构造地层（不整合）油气区带中有 14 个油气田，其油气储量占盆地最终可采储量的 2.8%。该带的特点是油藏位于不整合面以下断层下降盘滚动背斜的脊部。

2）勘探潜力及有利区预测

盆地的资源潜力主要体现在两个大的领域：一是包括陆上及近海三角洲的除北部沉积带的大部分三角洲地区及海上伸展构造区；二是尼日尔三角洲的深水陆坡区，主要泥底辟逆冲变形及拉张变形带，另外，盆地最远端的深海海底扇也是值得关注的地区。

陆上及近海三角洲地区富集着盆地目前发现的大部分资源，和其他地区相比，该区发育分布广泛的三角洲前缘及海岸砂岩，具有区域分布的滚动背斜构造带，形成砂体—生长断层—不整合面油气运移体系，相对稳定的发展历程造就良好的保存条件。尽管勘探程度高，但仍有一定的勘探潜力，是尼日尔三角洲盆地首先需要关注的地区。

该区内不同地区的勘探潜力仍有较大的差异。在三角洲主体的横跨三角洲中部的弧形状油气富集带是首先值得关注的地区，弧形状油气富集带位于数个相互独立的受基底控制的优质海相生烃中心之上，热演化程度适中，具有优越的烃源条件；同时，该弧形富集带位于早期继承性发育的几个三角洲朵体之上，砂体规模大，沉积带发育的时间长，滚动背斜构造带的幅度大，是盆地油气最为富集的地区。三角洲南端中部的成藏条件相对较差，以陆源有机质为主要烃源岩，该区三角洲的发展受沿岸流及三角洲外凸（朝海）海岸线的影响，分流河道频繁改道，砂体的发育不像初期三角洲朵体那样具继承性，因此没有大型的油田分布，并且以气为主。

尼日尔三角洲的深水陆坡区是近年来西非新增储量最多的地区之一，截至目前，已发现了 Bonga 油田、Bonga Southwest 油田、Agbami-Ekoli 凝析油气田、Akpo 凝析油气田、Uge 油田、N'Golo 油田及 Obo 北油田等众多油气田。深水区以背斜构造+陆坡浊积体砂岩组合为基本成藏要素，大部分油藏在背斜构造中，背斜构造在页岩底辟区、内褶皱冲断带、滑脱褶皱带及外指状冲断带都有发育。虽然和三角洲主体相比有一定的差距，但仍具有非常优越的成藏条件，而且勘探程度低，因此也是尼日尔三角洲盆地最具勘探潜力的地区。

另外，在尼日尔三角洲盆地还发育 Avon 峡谷、Niger 峡谷和 Principe 峡谷等 3 个大的海底峡谷，这些海底峡谷的沉积物重力流规模大且速度快，在深海平原形成 3 个规模较大的海底扇，自西向东依次为艾文扇、尼日尔扇及卡拉巴扇（图 4-25）。据研究，这些扇体始新世开始发育，并在渐新世—中新世就已具规模。根据墨西哥湾深水及巴西深水勘探的经验来看，这些扇体有一定的勘探潜力。

3. 阿普特盐盆含油气区

阿普特盐盆含油气区是西非重要的油气能源产区和聚集区之一。自北向南主要包括加蓬海岸盆地、下刚果盆地和宽扎盆地。和尼日尔三角洲盆地相似，阿普特盐盆子油气区的勘探程度相对较高，各盆地发育相似的油气系统或成藏组合，其勘探潜力主要体现在以下三个领域。

1）盐下裂谷下白垩统成藏组合

阿普特盐盆含油气区盐下裂谷下白垩统成藏组合是西非裂谷体系中成藏条件最好的组合。

第一，该成藏组合具有优越的烃源岩条件，特别是在加蓬、下刚果盆地发育若干个规模较大的断陷湖泊，形成了高丰度湖泊相烃源岩，而且烃源岩的成熟度处于大规模生油阶段。

第二，成藏有利条件是优越的盖层，广泛分布的下白垩统阿普特阶盐岩为盐下裂谷提供了其他油气区无法比拟的封盖条件。

第三，裂谷后期的三角洲、扇三角洲砂体及其他类储层提供了较好的储集空间。

此外，阿普特盐盆子油气区盐下裂谷下白垩统油气系统还具有较好的圈闭条件，特别是裂谷后期高垒块古高地背景上的构造—岩性复合圈闭，其圈闭规模大，具有形成大油气田的条件。

盐下裂谷下白垩统油气系统在平面上主要分布在各盆地的东部陆上部分及近海大西洋枢纽带附近。3个盆地中，宽扎盆地由于盐下裂谷火成岩发育并且断陷规模小，烃源岩的面积和厚度都大打折扣，其生烃条件远不如下刚果和加蓬海岸盆地，因此勘探潜力较小。

2）盐下—盐上白垩系复合油气系统

盐下—盐上白垩系复合油气系统是阿普特盐盆子油气区成藏较特殊的一个领域。截至目前，在该油气系统已发现 2P 可采原油储量 $7909.71×10^6$ bbl，发现的储量主要富集在下刚果盆地。该油气系统的成藏模式可以简单概括为盐下湖泊相优质烃源岩+盐上被动大陆边缘初期碳酸盐岩/滨岸砂岩+盐岩相关构造，盐运动形成的盐窗等是油气运移的主要通道。盐下—盐上白垩系复合油气系统勘探的有利区分布受控于盐下生烃灶的面积、分布范围、供烃强度及被动大陆边缘初期碳酸盐岩台地和滨岸砂岩的空间展布，通常该油气系统具有较好的圈闭条件。受上述因素的控制，盐下—盐上白垩系复合油气系统在平面上的分布有部分和裂谷油气系统重叠，但有相当一部分向西往海方向扩展。南加蓬次盆的部分地区和下刚果在该油气系统具有相似的成藏条件，虽然还没有大的突破，但亦是值得关注的领域之一。

3）盐上白垩系—新近系油气系统

盐上白垩系—新近系油气系统是西非中段油气区阿普特盐盆子油气区最具潜力的领域，包括安哥拉深水区和加蓬海岸盆地深水区，是近年来西非深水勘探储量增长最多和最快的地区之一。盐上白垩系—新近系油气系统具有形成规模油气田群的油气成藏条件。

首先，区域性分布的盐上白垩系缺氧海相暗色页岩的有机质丰度高（下刚果盆地的 Iabe 组、加蓬海岸盆地的 Azile 组）、类型好，在刚果扇等大型上白垩统—新近系扇体的作用下已进入生油窗内，为成藏提供了充足的油气源。

其次，上白垩统—新近系深水浊积体系储层的储集性能普遍较好、规模大。

最后，广泛发育的各类盐岩相关构造为成藏提供了成排成带的构造和圈闭，圈闭条件非常优越。

盐上白垩系—新近系油气系统中目前已取得大发现的安哥拉深水区及加蓬海岸盆地深水区仍然是该领域勘探的两个重点和热点地区，另外，宽扎盆地和这两个地区相比，在构造和圈闭条件上非常相似，唯一不同的是宽扎盆地缺乏大的扇体发育，储层的规模比安哥拉深水区要小，而且宽扎盆地的盐上烃源岩成熟度较低，其勘探潜力可能相对较小。

三、西非南段深水区勘探潜力分析

西非南段油气区的最大特点是盆地面积大、勘探程度低，具有较大的勘探空间。西南非海岸盆地近 $50×10^4 km^2$ 的范围内仅钻井 80 口，而纳米比盆地更是世界上极少数没有勘探的地区。

西非南段油气区具有一定的油气成藏条件，烃源岩主要为下白垩统页岩，质量好。其中西南非海岸盆地主要的烃源岩是下阿普特阶和巴雷姆阶页岩，次要烃源岩是欧特里夫阶裂谷期页岩，而纳米比盆地烃源岩大部分是发育于过渡单元中上巴雷姆阶—阿普特阶中的页岩，另外纳米比盆地白垩系阿普特阶主要为深海环境，沉积物为深色泥页岩，因而可能在阿普特阶存在大套潜在烃源岩。

储层主要为裂谷期的三角洲砂岩和湖泊相砂岩，另有部分风成砂岩储层，后期被动大陆边缘阶段发育的海底扇可成为潜在储层。盆地主要盖层是发育于不同单元的泥页岩层，同生裂谷期和被动大陆边缘期厚层页岩是良好的盖层。

裂谷期主要为地层—构造圈闭，而被动大陆边缘期可能以地层—岩性圈闭为主。

西非南段油气区发育裂谷期下白垩统和被动大陆边缘期上白垩统两套油气系统，裂谷期下白垩统油气系统烃源岩受火山作用的影响过成熟，以生气为主，目前在西非南段油气区的油气发现全部位于西南非海岸盆地的奥兰治次盆，均为气藏，同时由于裂谷期在西非的成藏条件普遍不如其他油气系统或成藏组合，因此潜力较小。和中段相比，南段被动大陆边缘期上白垩统油气系统的烃源岩的成熟度及圈闭条件相对较差，但由于勘探程度低，也是值得关注的领域之一，特别是西南非海岸盆地的奥兰治次盆，面积较大，沉积盖层厚度大，是一个较具潜力的、勘探程度低的地区。

第三节　结论与认识

（1）非洲油气资源丰富，从其油气资源分布上看，大部分位于陆上，陆上油气储量约占非洲全部储量的三分之二，其余为海上油气储量。四分之三的海上油田分布在几内亚湾一带，尤其以尼日利亚—安哥拉一带近海海域更为集中。与世界其他区域相比，其海域盆地，特别是深水盆地勘探开发程度还较低。

（2）西非海岸盆地群属于典型的大陆裂谷和被动大陆边缘形成的叠合盆地，盆地的形成与中生代以来的大西洋裂谷作用、大西洋持续扩张作用有关，它们是冈瓦纳大陆解体和大西洋扩张形成的大陆裂谷和被动大陆边缘盆地。从盆地演化的大地构造背景分析，西非北段盆地的形成主要与北大西洋的裂开和非洲板块与北美板块的分离有关；而中段和南段盆地的形成主要与南大西洋的形成和非洲板块与南美板块的分离有关。因此，中段和南段盆地具有相同的大地构造环境，与北段盆地形成的大地构造环境有一定的差别。

（3）西非板块演化始于晚三叠世—早侏罗世冈瓦纳大陆解体，与北美板块、南美板块和非洲板块的分离及大西洋的形成和持续扩张有关。在二叠纪时，西非北段—北美板块处于挤压应力状态下，发育前陆盆地。在中三叠世—晚三叠世，随着北美板块与非洲板块的分离，进入裂谷发育阶段，形成早期裂谷及半地堑盆地沉积充填。晚三叠世后期（裂谷后期）海水可能从东面（古特提斯洋）和北面（原始大西洋）侵入半地堑。在盆地的北、西北和南部的较远物源区只提供很少量的碎屑进入半地堑。此时期在这种强烈受限的局限海中沉积了巨厚蒸发岩、局部的湖泊相和潟湖相细粒碎屑岩沉积，而且蒸发岩沉积持续到早侏罗世。到中侏罗世，海底扩张加速，逐渐开始从裂谷阶段向热沉降阶段转换，并开始中晚侏罗世海相碳酸盐岩台地及局部碎屑岩沉积。此时北美板块东部的大部分地区经历了北西—南东方向的挤压，从而发育了小范围的褶皱和断层反转及盆地倒转。

（4）西非中、南段盆地的形成主要与南大西洋的形成和非洲与南美洲板块的分离有关。在南大西洋这种从南到北"拉链式"的打开过程中，构造对沉积和油气成藏具有一定的控制作用。从南到北，盆地开裂和不整合的时代都呈渐新的趋势，并造成大西洋两边发育的地层层序也呈有规律的新老变化。通过对盆地的形成、演化和沉积充填模式的分析，西非中、南段盆地主要经历了以下四个构造演化阶段：晚古生代—早中生代大陆克拉通阶段（前裂谷阶段）、中生代—晚中生代以来的裂谷阶段、过渡阶段和中生代末—新近纪的被动大陆边缘阶段（即后裂谷坳陷阶段，分为坳陷早期、中期和晚期）。在盆地持续稳定的坳陷阶段，形成了裂谷后期优质的烃源岩，这是形成西非中、南段盆地油气富集区的基础。

（5）西非被动大陆边缘盆地盐岩分布在区域上具有不均衡性，其中北段盐岩沉积主要分布在阿尤恩—塔尔法亚盆地及塞内加尔盆地，西非中、南段盆地主要发育在加蓬—安哥拉一带。从沉积特征上看，盐下地层均为裂谷沉积，盐上地层为被动大陆边缘沉积，而且盐上地层均是下部为海相石灰岩沉积，上部为海相和陆相碎屑岩沉积。由于形成的大地构造背景不同，西非北部盐盆盐岩发育时期早（晚三叠世），多为孤立盐盆，属北大西洋盆地上三叠统—下侏罗统同裂谷期沉积，其盐上海相石灰岩沉积更厚，陆相碎屑岩相对较薄。西非中南部盐盆连续分布，范围大，在阿普特期南大西洋裂谷作用之后的过渡阶段形成。

（6）西非北段发育阿尤恩—塔尔法亚盆地和塞内加尔盆地两个重点盆地，北段油气区的最大特点是盆地面积大、勘探程度低。盆地发育古生界、侏罗系和白垩系—新近系等多个成藏组合或油气系统，其中白垩系—新近系油气系统具有相对较好的石油地质条件和勘探潜力，特别是塞内加尔盆地的塞诺曼阶/土伦阶—上白垩统/中新统子系统，上白垩统海相烃源岩在三角洲沉积物负载及新近系火山作用下具有较好的成熟度，三叠系盐岩活动形成的盐相关构造提供了一定的圈闭基础，上白垩统—古近系三角洲及滨岸砂体为成藏提供了较好的储层。白垩系—新近系油气系统在阿尤恩盆地的潜力可能相对较小，其主要风险是烃源岩的成熟和圈闭条件。

（7）在西非被动大陆边缘盆地富油气盆地最典型的构造特征是发育在早白垩世阿普特期蒸发岩之上的薄皮拉伸构造及深水区的盐构造。由超深水区的薄皮逆冲构造形成的圈闭类型在浅水区则以断陷期形成的古潜山、披覆背斜、掀斜断块等为主，而在深水、超深水区则以热沉降期形成的盐塑性运动或滑脱运动形成的各类圈闭为主，如龟背斜、滚动构造、盐岩构造及三角洲砂体或浊积砂体形成的岩性和复合圈闭等。盐岩群构造控制了一些小盆地和海底地貌，并在一定时间内、一定程度上控制浊积砂体的分布。在尼日尔三角洲的深水区，逆冲断层带的发育形成了一些挤压背斜及尖灭、上超等地层岩性圈闭，另外泥岩群的活动也形成了一些底辟构造。

（8）西非被动大陆边缘盆地发育侏罗系、下白垩统、上白垩统和古近系—新近系等四套大的储集体系，油气主要富集在后三套体系中。从油气产出的岩性来看，油气主要产出于砂岩储层中，砂岩油气储量占总储量的75.3%，碳酸盐岩油气储量仅占22.3%。其中浊积体为深水油田主要储集体，主要为水道和席状砂储层（大约各占三分之一），其次为天然堤+水道储层、切谷充填储层及碎屑流储层，其中底流改造储层相对较少。而且这几种相带在浊流沉积的时空发展演化中，伴随着沉积时的坡度、浊流的能量及其他的因素耦合影响下产生不同主体相的沉积微相组合，不同储集性能的砂体按其浊流沉积的特点在区域上就形成了不同的有利相带，对勘探具有一定指导价值。其中切谷充填储层多发育在外部陆架和上部斜坡，水道为主的储层在中部斜坡大量发育，而天然堤+水道储层在上部斜坡大量发育，越向斜坡下部，浊积储层类型、数量及规模变得越小，但是直到盆地底部还有天然堤+水道型储层发育，这也说明了浊积储层发育影响因素的复杂性。

（9）西非中段重点盆地包括科特迪瓦转换型盆地、尼日尔三角洲盆地、加蓬海岸盆地、下刚果盆地及宽扎盆地等。中段重点盆地成藏条件优越，油气具有成带分布的特点，具有较好的勘探前景。从成藏组合的角度来看，中段重点盆地可以划为3个相对独立的子含油气区：科特迪瓦转换型盆地、尼日尔三角洲盆地和包括加蓬海岸盆地、下刚果盆地和宽扎盆地的阿普特盐盆含油气区。西非中段重点盆地的勘探程度虽然普遍较高，但仍具有较大的勘探潜力。3个含油气区的潜力分别如下：

① 科特迪瓦盆地深水区油气成藏条件优越，发育塞诺曼阶—土伦阶优质海相烃源岩，土伦阶—上白垩统深水浊积扇储层及新生界巨厚盖层，且盆地深水区圈闭发育，以地层—构造圈闭为主。盆地深水油气藏的分布在横向上主要受深水浊积扇的控制，而在垂向上则主要受断层控制，具有"深水浊积扇控位，断层控层"的特点。未来盆地重点的油气勘探领域应为上白垩统地层—构造圈闭（张凤廉等，2017）。

科特迪瓦盆地裂谷期成藏组合的有利区位于阿比让边缘构造带的东部，塔诺次盆深水区是被动大陆边缘成藏组合的有利区，这两个地区的油气成藏条件有利，目前已有大量油气发现，仍有大量的未钻圈闭，具有良好的勘探潜力。

② 尼日尔三角洲盆地是西非油气最为富集的盆地。油藏类型主要是与古海岸线走向近平行的同生断层控制下的滚动背斜。该盆地由于复杂的沉积断裂构造和滚动背斜影响了油气藏的分布，控制了油气藏规模。现已发现的油田主要在渐新统的至中新统的三角洲相Agbada组砂岩或砂、页岩互层地层中。尼日尔三角洲盆地已经分辨出8个油气区带，其中只有3个区带对储量有较大贡献。最大的油气区带是Agbada构造油气区带，其油气储量占盆地最终可采储量的92%，其次为Agbada构造地层（相变）油气区带，其油气储量占盆地最终可采储量的2.7%。

尼日尔三角洲盆地油气富集的主要控制因素众多：主要为：三角洲持续发展，沉积物厚度大，为油气富集奠定了雄厚的物质基础；生、储、盖组合发育全，配套好；位于构造拉张区的滚动背斜可形成良好的圈闭；砂体发育可形成岩性油气藏。盆地的资源潜力主要体现在两个大的领域，一是包括陆上及近海三角洲的（除北部沉积带）大部分三角洲地区及海上伸展构造区，二是尼日尔三角洲的深水陆坡区，主要是泥底辟逆冲变形及拉张变形带，背斜构造+陆坡浊积体砂岩组合为深水区的基本成藏要素。另外，在盆地最远端的渐新统—中新统海底扇也是值得关注的地区。

③ 西非中段盆地阿普特盐盆含油气区主要分布在加蓬海岸盆地、下刚果盆地和宽扎盆地，其勘探潜力主要体现在以下3个领域：

阿普特盐盆子含油气区盐下裂谷下白垩统油气系统是西非裂谷体系中成藏条件最好的地区。该成藏组合具有优越的烃源岩条件、优越的盖层、有利储集体发育的环境和较好的圈闭条件，具有形成大油气田的条件，在平面上主要分布在各盆地的东部陆上及近海大西洋枢纽带附近。

阿普特盐盆子含油气区盐下—盐上白垩系复合成藏组合是阿普特盐盆子含油气区的成藏较特殊的一个领域。该油气系统的成藏模式可以简单概括为盐下湖泊相优质烃源岩+盐上被动大陆边缘初期碳酸盐岩/滨岸砂岩+盐岩相关构造，盐运动形成的盐窗等是油气运移的主要通道。盐下—盐上白垩系复合油气系统勘探的有利区分布受控于盐下生烃灶的面积、分布范围、供烃强度及被动大陆边缘初期碳酸盐岩台地和滨岸砂岩的空间展布，通常该油气系统具有较好的圈闭条件。该复合成藏组合在平面上的分布有部分和裂谷油气系统重叠，但有相当一部分向西往海方向扩展。

阿普特盐盆子含油气区盐上白垩系—新近系成藏组合是西非中段油气区最具潜力的领域，包括安哥拉深水区和加蓬海岸盆地深水区，是近年来西非深水勘探储量增长最多和最快的地区之一。盐上白垩系—新近系油气系统具有形成规模油气田群的油气成藏条件。其区域性分布的盐上白垩系缺氧海相暗色页岩的有机质丰度高、类型好；储层的储集性能普遍较好、规模大；广泛发育的各类盐岩相关构造为成藏提供了成排成带的构造和圈闭，圈闭条件非常优越。目前已取得大发现的安哥拉深水区及加蓬海岸盆地深水区仍然是该领域勘探的两个重点和热点地区，另外，宽扎盆地和这两个地区相比，在构造和圈闭条件上非常相似，但大的扇体不发育，而且其盐上烃源岩的成熟度较低，储层的规模比安哥拉深水区要小，其勘探潜力可能相对较小。

（10）西非南段重点盆地为西南非海岸盆地，其含油气区具有一定的油气成藏条件。烃源岩主要为下阿普特阶和巴雷姆阶页岩，次要烃源岩是欧特里夫阶裂谷期页岩，储层主要为裂谷期的三角洲砂岩和湖泊相砂岩，后期被动大陆边缘阶段发育的海底扇可成为潜在储层。盖层主要是发育于不同单元的泥页岩层，同生裂谷期和被动大陆边缘期厚层页岩是良好的盖层。裂谷期主要为地层—构造圈闭，而被动大陆边缘期可能以地层—岩性圈闭类型为主。在南段发育裂谷期下白垩统和被动大陆边缘期上白垩统等两套油气系统。目前，油气发现全部位于西南非海岸盆地奥兰治次盆，均为气藏，同时由于裂谷期在西非的成藏条件普遍不如其他油气系统或成藏组合，因此潜力较小。和中段相比，南段被动大陆边缘期上白垩统油气系统的烃源岩的成熟度及圈闭的条件相对较差，但由于勘探程度低，也是值得关注的领域之一，特别是西南非海岸盆地的奥兰治次盆，面积较大，沉积盖层厚度大，是一个较具潜力的、勘探程度低的地区。

参 考 文 献

陈安清, 胡思涵, 楼章华, 等, 2014. 西非加蓬海岸盆地盐构造及其对成藏组合的控制[J]. 天然气地球科学, 25(2): 228-237.

陈全红, 姜培海, 胡孝林, 等, 2009. 里奥穆尼盆地上白垩统浊积体系及有利储集相带评价[C]//第三届中国石油年会学术委员会. 第三届中国石油年会论文集. 北京: 石油工业出版社, 163-169.

陈彤, 吴慕宁, 2008. 加蓬海岸盆地LT2000区块石油地质特征与勘探前景[J]. 江汉石油职工大学学报, 21(6): 10-13.

陈志鹏, 鲍志东, 任战利, 等, 2017. 尼日尔三角洲盆地某油田深水海底扇沉积特征[J]. 地质科技情报, 36(3): 174-181.

邓荣敬, 邓运华, 于水, 等, 2008. 尼日尔三角洲盆地油气地质与成藏特征[J]. 石油勘探与开发, 36(6): 755-762.

冯国良, 徐志诚, 靳久强, 等, 2012. 西非海岸盆地群形成演化及深水油气田发育特征[J]. 海相油气地质, 17(1): 23-29.

关增淼, 李剑, 2007. 非洲油气资源与勘探[M]. 北京: 石油工业出版社.

郭念发, 2015. 北加蓬次盆油气成藏主控因素分析及勘探潜力评价[J]. 石油实验地质, 37(2): 194-198.

何登发, 童晓光, 贾小乐, 等, 2013. 全球大油气田形成条件与分布规律[M]. 北京: 科学出版社.

胡朝元, 1982. 生油区控制油气田分布——中国东部陆相盆地进行区域勘探的有效理论[J]. 石油学报, 3(2): 9-13.

黄兴, 杨香华, 朱红涛, 等, 2017. 下刚果盆地Madingo组海相烃源岩岩相特征和沉积模式[J]. 石油学报, 38(10): 1168-1182.

黄兴文, 2015a. 加蓬盆地盐下油气成藏特征与勘探潜力分析[J]. 长江大学学报(自科版), 12(17): 1-7.

黄兴文, 胡孝林, 郭允, 等, 2015b. 加蓬盆地盐岩特征及其对盐下油气勘探的影响[J]. 中国地质调查, 2(3): 40-48.

黄兴文, 胡孝林, 刘新颖, 等, 2015c. 西非里奥穆尼盆地上白垩统小型深水扇沉积特征及勘探潜力[J]. 复杂油气藏, 8(4): 13-18.

霍红, 熊利平, 张克鑫, 2008. 宽扎盆地油气地质特征及成藏主控因素[J]. 内蒙古石油化工, 24(3): 175-179.

孔令武, 赵红岩, 段晓梦, 等, 2018. 陆边缘盆地构造特征———以西非贝宁盆地为例[J]. 海洋地质前沿, 34(5): 29-35.

李国玉, 金之均, 2005. 新编世界含油气盆地图集[M]. 北京: 石油工业出版社.

李莉, 吴慕宁, 李大荣, 2005. 加蓬含盐盆地及邻区油气勘探现状和前景[J]. 海外勘探, 27(3): 57-68.

林卫东, 陈文学, 熊利平, 等, 2008. 西非海岸盆地油气成藏主控因素及勘探潜力[J]. 石油实验地质, 30(5): 450-455.

刘剑平, 潘校华, 马君, 等, 2010. 赤道西非科特迪瓦—加纳转换边缘油气勘探方向[J]. 石油勘探与开发, 37(1): 43-50.

刘静静, 邬长武, 丁峰, 2018. 南大西洋两岸含盐盆地类型与油气分布规律[J]. 石油实验地质, 40(3):

372-380.

刘琼,陶维祥,于水,等,2013.西非下刚果—刚果扇盆地圈闭类型和分布特征[J].地质科技情报,32（3）:107-112.

刘深艳,胡孝林,常迈,2011.西非加蓬海岸盆地盐岩特征及其石油地质意义[J].海洋石油,31（3）:1-10.

刘新颖,2013.西非第三系深水扇沉积特征及发育演化规律[J].东北石油大学学报,37（3）:24-32.

刘亚雷,柳永杰,李梅,等,2017.西非宽扎盆地盐下构造特征及成藏条件分析[J].断块油气田,24（1）:1-4.

刘延莉,邱春光,熊利平,2008.西非加蓬盆地沉积特征及油气成藏规律研究[J].石油实验地质,30（4）:352-362.

刘祚冬,李江海,2009.西非被动大陆边缘含油气盐盆地构造背景及油气地质特征分析[J].海相油气地质,14（3）:46-52.

吕福亮,贺训云,武金云,等,2007.安哥拉下刚果盆地吉拉索尔深水油田[J].海相油气地质,12（1）:37-42.

吕福亮,徐志诚,范国章,等,2011.赤道几内亚里奥穆尼盆地石油地质特征及勘探方向[J].海相油气地质,16（1）:45-51.

马君,刘剑平,潘校华,等,2008.西非被动大陆边缘构造演化特征及动力学背景[J].海外勘探（3）:60-64.

马君,刘剑平,潘校华,等,2009.东、西非大陆边缘比较及其油气意义[J].成都理工大学学报（自然科学版）,36（5）:538-545.

逄林安,2018.西非下刚果盆地大型湖相浊积岩特征及勘探意义[J].海洋地质前沿,34（4）:41-48.

钱兴坤,姜学峰,2014.2014年国内外油气行业发展报告[M].北京:石油工业出版社.

谯汉生,于兴河,2004.裂谷盆地石油地质[M].北京:石油工业出版社.

秦雁群,张光亚,巴丹,等,2016.转换型被动陆缘盆地地质特征与深水油气聚集规律:以赤道大西洋西非边缘盆地群为例[J].地学前缘,23（1）:229-239.

苏玉山,王桐,李程,等,2019.尼日尔三角洲的沉积—构造特征[J].岩石学报,35（4）:1238-1256.

孙海涛,钟大康,张思梦,2010.非洲东西部被动大陆边缘盆地油气分布差异[J].石油勘探与开发,37（5）:561-568.

孙涛,王建新,孙玉梅,等,2017a.西非塞内加尔盆地海相优质烃源岩控制因素讨论[J].海洋石油,37（4）:41-47.

孙涛,王建新,孙玉梅,2017b.西非塞内加尔盆地深水区油气地球化学特征与油气成藏[J].沉积学报,35（6）:1284-1293.

陶崇智,殷进垠,陆红梅,等,2015.南大西洋被动陆缘盆地盐岩对油气成藏的影响[J].石油实验地质,37（5）:614-619.

童晓光,关增淼,2002.世界石油勘探开发图册（非洲地区分册）[M].北京:石油工业出版社.

王大鹏,殷进垠,田纳新,等,2017.塞内加尔盆地成藏组合划分与资源潜力评价[J].现代地质（6）:1201-1213.

王剑,杜向东,张树林,等,2016.西南非海岸盆地层间麻坑的形成机理及其指示意义[J].地球物理学进展,31（1）:469-475.

王震,陈船英,赵林,2010.全球深水油气资源勘探开发现状及面临的挑战[J].中外能源,15（1）:

46-49.

温志新, 万仑坤, 吴亚东, 等, 2013. 西非被动大陆边缘盆地大油气田形成条件分段对比[J]. 新疆石油地质, 34（5）: 607-613.

邬长武, 熊利平, 徐向华, 2012. 科特迪瓦盆地油气地质特征及有利区优选[J]. 内蒙古石油化工（18）: 118-122.

夏景生, 王志坤, 陈刚, 等, 2009. 东营凹陷东部深层浊积扇油藏成藏条件与模式研究[J]. 岩性油气藏, 21（1）: 55-60.

熊利平, 2005. 西非构造演化及其对油气成藏的控制作用[J]. 石油与天然气地质, 25（6）: 25-29.

熊利平, 胡学志, 高宇庆, 2006. 西非地区沉积盆地形成分布及油气成藏特征对比研究[C]// 童晓光, 张湘宁主编. 跨国油气勘探开发国际研讨会论文集. 北京: 石油工业出版社: 35-37.

徐志诚, 吕福亮, 范国章, 等, 2012. 西非海岸盆地深水区油气地质特征和勘探前景[J]. 油气地质与采收率, 19（5）: 1-5.

薛保山, 张树林, 2014. 宽扎盆地盐岩发育特征及其与油气成藏关系[J]. 天然气地球科学, 25（2）: 221-227.

杨永才, 张树林, 孙玉梅, 等, 2013. 西非宽扎盆地烃源岩分布及油气成藏[J]. 海洋地质前沿, 29（3）: 29-36.

应维华, 潘校华, 1998. 非洲锡尔特盆地和尼日尔三角洲盆地[M]. 北京: 石油工业出版社.

岳来群, 吴裕根, 殷进垠, 等, 2013. 阿尤恩盆地沉积特征、构造背景及油气资源[J]. 海洋地质前沿, 29（6）: 13-22.

岳鹏升, 2012. 尼日尔三角洲盆地地质特征及油气资源潜力研究[D]. 西安: 长安大学.

张凤廉, 屈红军, 张功成, 等, 2017. 西非科特迪瓦盆地深水区油气地质特征及成藏主控因素[J]. 地质科技情报, 36（5）: 112-117.

张功成, 屈红军, 冯杨伟, 等, 2015. 深水油气地质学概论[M]. 北京: 科学出版社.

张功成, 屈红军, 张凤廉, 等, 2019. 全球深水油气重大新发现及启示[J]. 石油学报, 40（1）: 1-34.

张功成, 屈红军, 赵冲, 等, 2017. 全球深水油气勘探40年大发现及未来勘探前景[J]. 天然气地球科学, 28（10）: 1447-1477.

张光亚, 温志新, 梁英波, 等, 2014. 全球被动陆缘盆地构造沉积与油气成藏: 以南大西洋周缘盆地为例[J]. 地学前缘, 21（3）: 18-25.

张光亚, 余朝华, 陈忠民, 等, 2018. 非洲地区盆地演化与油气分布[J]. 地学前缘, 25（2）: 1-14.

张树林, 邓运华, 2009. 下刚果盆地油气勘探策略[J]. 海洋地质动态, 25（9）: 24-29.

张树林, 杜向东, 2012. 西非油气富集的关键地质因素及勘探战略部署建议[J]. 中国石油勘探（3）: 70-76.

赵红岩, 陶维祥, 于水, 等, 2012. 下刚果盆地烃源岩对油气分布的控制作用分析[J]. 中国海上油气, 24（5）: 16-20.

赵红岩, 于水, 黄兴文, 等, 2017. 加蓬盆地盐下油气勘探潜力评价[J]. 中国石油勘探, 22（5）: 96-106.

赵欢欢, 2011. 尼日尔三角洲OML64区块沉积微相研究及其砂体刻画[D]. 北京: 中国地质大学（北京）, 8-15.

中国石油经济技术研究院, 2005. 世界石油年鉴[M]. 北京: 石油工业出版社.

中国石油经济技术研究院, 2007. 世界石油年鉴[M]. 北京: 石油工业出版社.

中国石油经济技术研究院,2008.世界石油年鉴[M].北京:石油工业出版社.
中国石油经济技术研究院,2009.世界石油年鉴[M].北京:石油工业出版社.
朱起煌,2002.科特迪瓦的油气地质特征与勘探开发机会[J].石油地质科技动态(1):39-49.

Akande S, Ojo O, Erdtmann B, et al., 1998a. Paleoenvironments, source rock potential and thermal maturity of the Upper Benue rift basins, Nigeria: Implications for hydrocarbon exploration[J]. Organic Geochemistry, 29(1-3): 531-542.

Akande S, Erdtmann B, 1998b. Burial metamorphism(thermal maturation) in Cretaceous sediments of the southern Benue trough and Anambra Basin Nigeria[J]. AAPG, 82(6): 1191-1200.

Akanni F, 1998. Structural styles in deep offshore West Africa: Deepwater geology in extension of inshore basins[J]. Offshore(3): 80-84.

Alison Ries, Mike Coward, Jeremy Benton, 1995. Southwest African Coastal basin[A]. Global energy information services.

Allen J, 1976. The Nigeria continental marginal: Bottom sediments, Submarine morphology, and geological evolution[J]. Marine Geology(1): 289-332.

Anka Z, Séranne M, Lope M, et al., 2009. The long-term evolution of the Congo deep-sea fan: A basin-wide view of the interaction between a giant submarine fan and a mature passive margin(ZaiAngo project)[J]. Tectonophysics(470): 42-56.

Antobreh A, Faleide J, Tsikalas F, et al., 2009. Rift-shear architecture and tectonic development of the Ghana margin deduced from multichannel seismic reflection and potential field data[J]. Marine and Petroleum Geology, 26(3): 345-368.

Attoh K, Brown L, Guo J, et al., 2004. Seismic stratigraphic record of transpression and uplift on the Romanche transform margin, offshore Ghana[J]. Tectonophysics, 378(1/2): 1-16.

Avbovbo A, 1978. Tertiary lithostratigraphy of Niger Delta[J]. AAPG Bulletin, 62(2): 295-300.

Basile C, Maillard A, Patriat M, et al., 2013. Structure and evolution of the Demerara Plateau, offshore French Guiana: Rifting, Tectonic inversion and postrift tilting at transform-divergebt marginsintersection[J]. Tectonophysics, 59(1): 16-29.

Basile C, Mascle J, Popoff M, et al., 1993. The Ivory Coast-Ghana transform margin: A marginal ridge structure deduced from seismic data[J]. Tectonophysics, 222(1): 1-19.

Baskin D, Hwang R, Purdy R, 1995. Prediction Gas, Oil and water intervals in Niger delta reservoirs using gas chromatography[J]. AAPG, 79(3): 337-350.

Baudouy S, LeGorjus C, 1991. Treatise ofPetroleum Geology, Atlas of Oil and Gas Fields3/Structural Traps V[C]. AAPG: 121-149.

Beydoun W, Kerdraon Y, Bancelin J, et al., 2002. Benefits of a 3 DHR survey for Girasols field appraisal and development, Angola[J]. The Leading Edge, 22(11): 1152-1155.

Boeuf M, 1988. Rabi-Kounga Field, southern Gabon(in 1988 AAPG annual convention with DPA/EMD divisions and SEPM, Anonymous)[J]. AAPG Bulletin, 72(2): 164.

Boeuf M, Cliff W, Hombroek J, 1992. Discovery and development of the Rabi-Kounga Field; a giant oil field in a rift basin, onshore Gabon[J]. Exploration and production, 13(2): 33-46.

Bray R, Lawrence S, Swart R, 1998. Source rock, maturity data indicate potencial off Namibia[J]. Oil & Gas Journal(1): 1-10.

Brownfield M, Charpentier R, 2003. Assessment of the undiscovered oil and gas of the Senegal Province, Mauritania, Senegal, The Gambia, and Guinea-Bissau, northwest Africa [M]. USGS.

Bumby A, Guiraud R, 2005. The geodynamic setting of the Phanerozoic basins of Africa [J]. Journal of African Earth Sciences, 43 (1-3): 1-12.

Burke K, Dessauvagie T, Whiteman A, 1971. Opening of the Gulf of Guineaand geological history of the Benue depression and Niger Delta [J]. Nature physicalScience, 23 (3): 51-55.

Burke K, McGregor D, Cameron N, 2003. African Petroleum Systems: four tectonic Aces in the past 600 million years [M]. Special Publication 207 of the Geological Society of London: 21-60.

Burwood R, 1999. Angola: source rock control for Lower Congo Coastal and Kwanza Basin petroleum systems [A] //The oil and gas habitats of the South Atlantic: Geological Society. London, Special Publication: 181-194.

Burwood R, 2000. Angola: source rock control for Lower Congo coastal and Kwanza basin petroleum systems [A] //Atlantic Rifts and Continental margins [C]. Am Geoph Union, 11 (5): 181-194.

Bustin R, 1988. Sedimentology and origin of source rocks in the tertiary niger delta [J]. AAPG Bulletin-American Association of Petroleum Geologists, 72 (8): 993-993.

Champion M, Swinburn P, Van Der Weiden R, et al., 2002. Integrated seismic and subsurface characterization of Bongafield, offshore Nigeria [J]. The Leading Edge, 21: 1125-1131.

Cole G, Yu A, Ormerod D, 1998. Predicting oil charge types and quality in the deepwater offshore lower Congo Basin, Angola [J]. AAPG Bulletin, 8 (2): 190-200.

Corredor F, Shaw J, Bilotti F, 2005. Structural styles in the deep-water fold and thrust belts of the Niger Delta [J]. AAPG Bulletin, 89 (6): 753-780.

Dailly P, Henderson T, Hudgens E, et al., 2013. Exploration for cretaceous stratigraphic traps in the gulf of Guinea, West Africa and the discovery of the Jubilee Field: A play opening discovery in the Tano basin, offshore Ghana [M] //Conjugate Divergent Margins.London: Geological Society: 235-248.

Dailly P, Lowry P, Goh K, et al., 2002. Exploration and development of Ceiba Field, Rio Muni Basin, Southern Equatorial Guinea [J]. The Leading Edge (10): 1140-1146.

Davison I, 2005. Central Atlantic margin basins of North West Africa: Geology and hydrocarbon potential (Morocco to Guinea) [J]. Journal of African Earth Sciences (43): 254-274.

Dickson William, Fryklundb Robert, Odegardc Mark, et al., 2003. Constraints for plate reconstruction using gravity data-implications for source and reservoir distribution in Brazilian and West African margin basins [J]. Marine and Petroleum Geology (20): 309-322.

Doust H, Omatsola E, 1990. Niger Delta [A] //Divergent/passive Margin basins. Tulsa: AAPG Memoir 48: 201-238.

Dumestre M A, 1985. petroleum geology of Senegal [J]. Oil Gas Janual, 83 (43): 146-152.

Dupré S, Bertotti G, Cloetingh S, 2007. Tectonic history along the South Gabon Basin: Anomalous early post-rift subsidence [J]. Marine and Petroleum Geology, 24 (3): 151-172.

Duval B, Cramez C, Jackson A, 1992. Raft tectonics in the Kwanza Basin, Angola [J]. Marine and Petroleum Geology (9): 389-404.

Ekweozor M, Daukoru M, 1984. Petroleum source bed evaluation of Tertiary Niger Delta-reply [J]. AAPG Bulletin, 68 (3): 390-394.

Evamy D, Haremboure J, Kamerling P, et al., 1978. Hydrocarbon habitat of Tertiary Niger Delta [J]. AAPG Bulletin, 6(2): 1-39.

Gadd S, Scrutton R, 1997. An integrated thermomechanical model for transform margin evolution [J]. Geo-Marine Letters, 17(1): 21-30.

Gasperini L, Bernoulli D, Bonatti E, et al., 2001. Lower Cretaceous to Eocene sedimentary transverse ridge at the Romanche Francture Zone and the opening of the equatorial Atlantic [J]. Marine Geology, 17(6): 101-119.

Giresse P, 2005. Mesozoic-Cenozoic history of the Congo Basin [J]. Journal of African Earth Sciences, 4(3): 301-315.

Goulding P, Lennox B, Sandoz D, et al., 2000. Fault detection in continuous processes using multivariate statistical methods [J]. International Journal of Systems Science, 31(11): 1459-1471.

Grand S P, Van Der Hilst, Widiyantoro S, 1997. Global seismic tomography: a snapshot of convection in the earth [J]. GSA Today, 7(4): 1-7.

Haack R, Sundararaman P. Diedjomahor J O, et al., 2000. Niger Delta petroleum Systems, Nigeria [A] //Petroleum systems of South Atlantic margins [C]. Tulsa: AAPG: 213-231.

Hansen D, Redfern J, Federici F, et al., 2008. Miocene igneous activity in the Northern Subbasin, offshore Senegal, NW Africa [J]. Marine and Petroleum Geology, 2(5): 1-15.

Haq B, Hardenbol J, Vail P, 1987. Chronology of fluctuating sea levels since the triassic [J]. Science, 235(4793): 1156-1167.

Harris N, 2000. Evolution of the Congo rift basin, West Africa: an inorganic geochemical record in lacustrine shales [J]. Basin Research, 12(3-4): 425-445.

Harris N, Freeman K, Pancost R, et al., 2004. The character and origin of latchstring source racks in the Lower Cretaceous synrift section, Congo Basin, West Africa [J]. AAPG, 88(8): 1163-1184.

Heyman M, 1989. Tectonic and depositional history of the Moroccan Continental Margin [A] //Extensional Tectonics and Stratigraphy of the North Atlantic Margin [C]. AAPG Memoir (46): 323-340.

Hospers J, 1965. Gravity field and structure of the Niger delta, Nigeria, West Africa [J]. Geological Society of America Bulletin, 76(4): 407-422.

Houten F, 1977. Triassic-Liassic deposits of Morocco and eastern North America: comparison [J]. AAPG Bulletin, 61(1): 79-99.

Huc A Y, 2004. Petroleum in the South Atlantic [J]. Oil & Gas Science and Technology-Rev. IFP, 59(3): 243-253.

Hudec M, Jackson M, 2004. Regional restoration across the Kwanza Basin, Angola: Salt tectonics triggered by repeated uplift of a metastable passive margin [J]. AAPG Bulletin, 88(7): 971-990.

Hudec M, Jackson Martin, 2002. Stuctural segmentation, inversion, and salt tectonics on a passive margin: Evolution of the Inner Kwanza Basin, Angola [J]. Geological Society of America, 114(10): 1222-1244.

Jackson M, Cramez C, Fonck, 2000. Role of subaerial volcanic rocks and mantle plumes in creation of South Atlantic margins: implications for salt tectonics and source rocks [J]. Marine and Petroleum Geology, 17(4): 477-498.

Joyes R, 1995. Lower Congo and Kwanza Basins [C]. Africa Exploration Opportunities, Petroconsultants

Non-Exclusive Report.

Joyes R, Leu W, 1995. Deep water exploration opportunities in South Atlantic African Basins [A]. Global energy information services: 5-172.

Kaplan A, Lusser C, Norton I, 1994. Tectonic Map of the World, Panel 10 [M]. Tulsa: AAPG.

Khain V, Polakova I, 2004. Oil and gas potential of deep and ultra-deep water zones of continental margins [J]. Lithology and Mineral Resources, 39 (6): 610-621.

Kuhnt W, Wiedmann J, 1995. Cenomanian-Turonian source rocks: Paleobiogeographic and paleoenvironmental aspects [J]. AAPG Studies in Geology (40): 213-231.

Kuo L, 1994. Lower Cretaceous lacustrine source rocks in northern Gabon: effect of organic facies and thermal maturity on crude oil quality [J]. Organic Geochemistry, 22 (2): 257-273.

Lawrence S, Munday, Bray R, et al., 2002. Regional geology and geophysics of the eastern Gulf of Guinea (Niger Delta to Rio Muni) [J]. The Leading Edge, 22 (11): 1112-1117.

Littlefield L, 1968. Petroleum Developments in Central and Southern Africa in 1967 [J]. AAPG Bulletin, 52 (8): 1512-1551.

Lundin E, 1992. Thin-skinned extensional tectonics on a salt detachment, Northern Kwanza basin, Angola [J]. Marine and Petroleum Geology (9): 405-411.

Macgregor D, Robinson J, Spear G, 2003. Play fairways of the Gulf of Guinea transform margin [M] // Petroleum Geology of Africa: New Themes and Developing Technologies. London: Geological Society, Special Publications 207: 131-150.

Mann P, Gahagan L, Gordon M, 2003. Tectonic setting of the world's giant oil fields [J]. AAPG, 78 (Memoir): 15-105.

Mascle J, Lohmann G, Moullade M, 1998. Geodynamic evolution of the Cote D'Ivoire-Ghana transform margin: An overview of Leg159 results [J]. Proceedings of the Ocean Drilling Program, 195 (1): 101-110.

Massonnat G, Giudicelli C, Alabert F, et al., 1992. Une approached nouvelle pour ladescription etlamodelisation des heterogeneities de reservoir legisement d'Anguille Marine-offshore (Gabon) [J]. Bulletin des Centers de Recherché Exploration-Production delft-Aquitaine, 16 (2): 319-355.

Mbassani P, Khamli N, 2005. Cenomanian-Turonian organic sedimentation in North-West Africa: A comparison between the Tarfaya (Morocco) and Senegal Basins [J]. Sedimentary Geology (177): 271-295.

McHargue T, 1990. Stratigraphic Development of Proto-South Atlantic Rifting in Cabinda, Angola--A Petroliferous Lake Basin [M]. The AAPG/Datapages Combined Publications Database: 307-326.

Michel Seranne, Zahie Anka, 2005. South Atlantic continental margins of Africa: A comparison of the tectonic vs climate interplay on the evolution of equatorial west Africa and SW Africa margins [J]. Journal of African Earth Sciences, 43: 283-300.

Morgan R, 2003. Prospectivity in ultradeep water: the case for petroleum generation and migration within the outer parts of the Niger Delta apron [J]. Geological Society, London, Special Publications, 207 (1), 151-164.

Mougamba R, 1999. Chronologie et architecture des systemes turbiditiques Cenozoique du prisme sédimentaire de l'Ogooué. (Marge Nord-Gabon) [D]. P.H.D. Thesis, Université des Sciences et Technologies de Lille,

Lille: 219 (in French).

Moulin M, Aslanian D, Unternehr P, 2010. A new starting point for the South and Equatorial Atlantic Ocean [J]. Earth-Science Reviews, 98 (1): 1-37.

Mutti E, Normark W, 1987. Comparing Examples of Modern and Ancient Turbidite Systems: Problems and Concepts [M]. Marine Clastic Sedimentology: 1-38.

Navarre J, Claude D, Liberelle E, et al., 2002. Deepwater turbidite system analysis, West Africa: Sedimentary model and implications for reservoir model construction [J]. The Leading Edge, 21 (11): 1132-1139.

Ochoa O, 2005. Salama M Offshore composites: Transition barriers to an enabling technology [J]. Composites Science and Technology, 12 (6): 129.

Oladapo L, 1991. Agbada D5.20X reservoir simulation study [Z]. Proceedings of the SPE Nigerian council conference, Port Harcourt: 56-64.

Pérez-Díaz L, Eagles G, 2017. A new high-resolution seafloor age grid for the South Atlantic [J]. Geochemistry, Geophysics, Geosystems, 18 (1): 457-470.

Pettingill H, Weimer P, 2002. Worldwide deepwater exploration and production: Past, present, and future [J]. The Leading Edge, 21 (4): 371-376.

Rasmussen E, 1996. Structural evolution and sequence formation offshore South Gabon during the Tertiary [J]. Tectonophysics, 266 (1): 509-523.

Reeckmann S, Wilkin D K, Flannery J, et al., 2001. A deepwater giant field, block 15 Angola [J]. AAPG Annual Meeting, 9: 3-6.

Regg J, 1999. Deepwater Gulf of Mexico and the MMS [J]. The Leading Edge, 18 (4): 509-510.

Reyment R, 1970. Spectral breakdown of morphometric chronoclines [J]. Mathematical Geology, 2 (4): 365-376.

Reymond A, Negroni P, 1989. Hydrocarbon occurrence in NW Africa's MSGBC area [J]. World Oil (208): 6.

Ross D, Hempstead N, 1993. Geology, hydrocarbon potential of Rio Muni area, Equatorial Guinea [J]. Oil & Gas Journal (91): 96-100.

Schiefelbein C, Zumberge J, Cameron N, et al., 1999. Petroleum systems in the South Atlantic margins [J]. Geological Society London Special Publications, 153 (1): 169-179.

Shanmugam G, Moiola R, 1991. Types of submarine fan lobes: Models and implications [J]. AAPG Bulletin (75): 156-179.

Shanmugam G, 2000. 50 years of the turbidite paradigm (1950s—1990s): deep-water processes and facies models—a critical perspective [J]. Marine and Petroleum Geology, 17 (2): 1-342.

Short K, Staeuble A, 1967. Outline of geology of Niger delta [J]. AAPG Bulletin, 51 (5): 761-799.

Stoneley R, 1966. The Niger Delta Region in the Light of the Theory of Continental Drift [J]. Geological Magazine, 103 (5): 385-397.

Sun H, Zhong D, Zhang S, et al., 2010. Forma tion and evolution of petroliferous ba sins in Afr ican continent and the ir hydrocarbon distr ibution [J]. Global Geology, 13 (1): 41-49.

Tamunosiki D, 2014. Study and application of reservoir characterization in the Niger Daelta, Nigeria, using seismic inversion technique [D]. Wuhan: China University of Geosciences.

Tari G, Ashton P, Coterill K, et al., 2002. Are West Africa deepwater salt tectonics analogous to the Gulf of Mexico [J]. Oil & Gas Journal, 100 (9): 73-74, 76-82.

Teisserenc P, Villemin J, 2000. Sedimentary basin of Gabon: geology and oil systems [J]. AAPG (48): 117-199.

Tissot B, Demaison G, Masson P, et al., 1980. Paleo-environment and petroleum potential of middle Cretaceous black shale in Atlantic basins [J]. AAPG Bull, 64 (12): 2051-2063.

Torsvik T, Rousse S, Labails C, et al., 2009. A newscheme for the opening of the South Atlantic Ocean and the dissection of an Aptian salt basin [J]. Geophysical Journal International, 177 (3): 1315-1333.

Turner J, 1995. Gravity-driven structures and rift basin evolution: the Rio Mona Basin, offshore Equatorial West Africa [J]. AAPG Bulletin, 79 (8): 1138-1158.

Turner J, 1996. Detachment faulting and petroleum prospectivity in the Rio Muni Basin, Equatorial Guinea, West Africa [J] //The oil and gas habitats of the South Atlantic. London: Geological Society: 303-320.

Turner J, Rosendahl B, Wilson P, 2003. Structure and evolution of an obliquely sheared continental margin: Rio Muni, West Africa [J]. Tectonophysics, 37 (4): 41-55.

Weber K, Daukoru E, 1979. Petroleum geology of the Niger Delta [M]. London: Elsevier: 209-221.

Wescott W, 1992. Deltaic provinces a major focus of worldwide exploration efforts [J]. Oil & Gas Journal, 90 (24): 52-55.

Whiteman A, 1982. Nigeria: Its Petroleum Geology, Resources and Potential [M]. London, Graham and Trotman: 1-394.

Withjack M, Schlische R, Olsen P, 1998. Diachronous Rifting, Drifting, and Inversion on the Passive Margin of Central Eastern North America: An Analog for Other Passive Margins [J]. AAPG Bulletin, 82 (5): 817-835.

Ziegler D, 1983. Hydrocarbon potential of newark rift system, eastern North-America [J]. AAPG Bulletin-American association of petroleum geologists, 67 (3): 574-575.